Craftsman Air-Conditioning and Refrigerating Machinery

공조냉동기계기능사 필기

최근기출문제(기출 + 적중모의고사)

최근 경제성장과 더불어 산업체에서부터 가정에 이르기까지 냉동기 및 공기조화 설비 수요가 큰 폭으로 증가하고 있으며, 생활수준의 향상으로 냉난방 설비수요가 증가함에 따라 공조냉동기계의 설치 및 관리, 보수, 점검의 업무를 담당할 기능인력의 수요증가가 기대되고 있습니다.

본 수험서는 한국산업인력공단이 주관 및 시행하고 있는 공조냉동기계기능사 자격시험에 보다 쉽고 빠르게 대비할 수 있도록 구성하였습니다. 필자들은 교단과 현장에서의 경험을 토대로 공조냉동기계기능사 자격을 취득하고자 하는 수험생들을 위하여 다음과 같은 내용에 중점을 두고 이 책을 집필하였습니다.

1. 새로 개정된 출제기준과 관련법규에 따라 핵심적인 이론만을 간추려 수록하였습니다.
2. 본문 이해가 쉽도록 삽화와 일러스트를 추가하였습니다.
3. 한국산업인력공단이 주관하여 시행한 최근 5년간의 기출문제 및 CBT 시험 출제문제를 반영한 5회분의 적중모의고사를 상세한 해설과 함께 수록하였습니다.

공조냉동기계기능사 관련 자격시험을 다년간 연구하고 분석해 온 저자들이 심혈을 기울여 집필한 교재인 만큼 이 교재를 선택한 여러분들에게 큰 도움이 있을 것으로 확신합니다. 끝으로, 이 교재의 발간을 위해 도움을 주신 많은 교육 현장의 선생님들과 ㈜도서출판 책과상상의 임직원 여러분들에게 감사의 말씀을 드립니다.

- 시 행 처 : 한국산업인력공단
- 자격종목 : 공조냉동기계기능사
- 직무내용 : 건축물 및 기타공작물, 산업공장의 기반시설과 현장조건을 바탕으로 최적의 실내환경을 조성함과 더불어 생산제품의 냉각가열공정과 제품의 위생적관리 및 물류를 위해 냉동냉장설비를 주어진 조건으로 유지하는 동시에 신 · 재생에너지의 적용 등 에너지를 절약할 수 있는 방안을 구축하기 위하여 건축물 및 공작물과 산업공장에 공조냉동, 유틸리티 등 필요한 설비를 조작하고 유지관리 하는 일
- 시험방법 : 필기_ 전과목 혼합, 객관식 60문항(60분)
  실기_ 작업형(3시간 20분 정도)
- 합격기준 : (필기 · 실기) 100점을 만점으로 하여 60점 이상
- 시험시간 : 1시간

필기과목 : 공조냉동 안전관리, 냉동기계, 공기조화

주요항목	세부항목	세부항목
1. 공조냉동 인전관리	1. 안전관리의 개요	1. 안전관리의 개요 / 2. 재해 및 안전점검 / 3. 보호구 및 안전표시 4. 고압가스안전관리법(냉동 관련) / 5. 산업안전 보건법
	2. 안전관리	1. 기계설비의 안전 / 2. 각종 기계 안전 / 3. 운반기계 안전 4. 전격재해 및 정전기의 재해 안전 / 5. 전기설비기기 안전 / 6. 가스 및 위험물 안전 7. 보일러 안전 / 8. 냉동기 안전 / 9. 공구취급 안전 / 10. 화재 안전
2. 냉동기계	1. 냉동의 기초	1. 단위 및 용어 / 2. 냉동의 원리 / 3. 기초 열역학
	2. 냉매	1. 냉매 / 2. 신냉매 및 천연냉매 / 3. 브라인 / 4. 냉동기유
	3. 냉동 사이클	1. 모리엘 선도와 상변화 / 2. 카르노 및 이론 실제 사이클 3. 단단 압축 사이클 / 4. 다단 압축 사이클 / 5. 이원 냉동 사이클
	4. 냉동장치의 종류	1. 용적식 냉동기 / 2. 원심식 냉동기 / 3. 흡수식 냉동기 4. 신 · 재생에너지(지열, 태양열 이용 히트펌프 등)
	5. 냉동장치의 구조	1. 압축기 / 2. 응축기 / 3. 증발기 / 4. 팽창밸브 / 5. 부속장치 / 6. 제어용 부속 기기
	6. 냉동장치의 응용	1. 제빙 및 동결장치 / 2. 열펌프 및 축열장치
	7. 배관	1. 배관재료 / 2. 배관도시법 / 3. 배관시공 / 4. 배관공작
	8. 전기 및 자동제어	1. 직류회로 / 2. 교류회로 / 3. 시퀀스회로
	9. 냉동장치유지 및 운전	1. 냉동장치유지 및 운전
3. 공기조화	1. 공기조화의 기초	1. 공기조화의 개요 / 2. 공기의 성질과 상태 / 3. 공기조화의 부하
	2. 공기조화 방식	1. 중앙 공기조화 방식 / 2. 개별 공기조화 방식
	3. 공기조화 기기	1. 송풍기 및 에어필터 / 2. 공기 냉각 및 가열코일 / 3. 가습 · 감습장치 4. 열교환기 / 5. 열원 기기 / 6. 기타 공기조화 부속 기기
	4. 덕트 및 급배기설비	1. 덕트 및 덕트의 부속품 / 2. 급 · 배기설비
	5. 난방	1. 직접난방 / 2. 간접난방

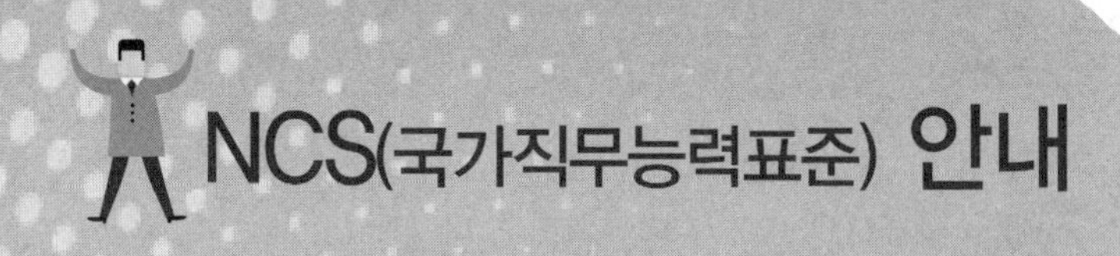

NCS(국가직무능력표준) 안내

NCS(국가직무능력표준)와 NCS 학습모듈

- 국가직무능력표준(NCS, National Competency Standards)이란 산업현장에서 직무를 수행하기 위해 요구되는 지식 · 기술 · 소양 등의 내용을 국가가 산업부문별 · 수준별로 체계화한 것으로 국가적 차원에서 표준화한 것을 의미합니다.
- NCS 학습모듈은 NCS 능력단위를 교육 및 직업훈련 시 활용할 수 있도록 구성한 교수 · 학습자료입니다. 즉, NCS 학습모듈은 학습자의 직무능력 제고를 위해 요구되는 학습 요소(학습 내용)를 NCS에서 규정한 업무 프로세스나 세부 지식, 기술을 토대로 재구성한 것입니다.

NCS 개념도

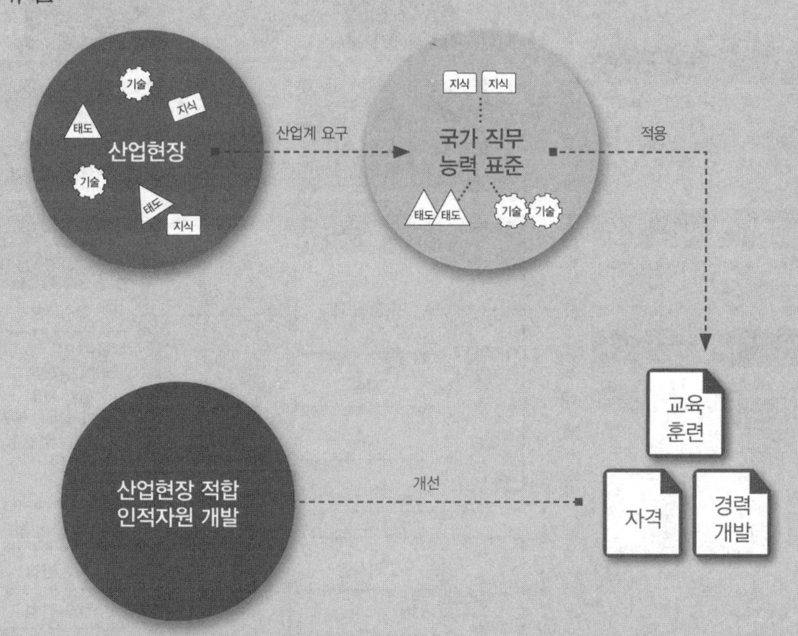

NCS의 활용영역

구분		활용 콘텐츠
산업현장	근로자	평생경력개발경로, 자가진단도구
	기업	현장수요 기반의 인력채용 및 인사관리기준, 직무기술서
교육훈련기관		직업교육 훈련과정 개발, 교수계획 및 매체 · 교재개발, 훈련기준 개발
자격시험기관		자격종목설계, 출제기준, 시험문항, 시험방법

NCS 학습모듈의 특징

- NCS 학습모듈은 산업계에서 요구하는 직무능력을 교육훈련 현장에 활용할 수 있도록 성취목표와 학습의 방향을 명확히 제시하는 가이드라인의 역할을 합니다.
- NCS 학습모듈은 특성화고, 마이스터고, 전문대학, 4년제 대학교의 교육기관 및 훈련기관, 직장교육기관 등에서 표준교재로 활용할 수 있으며 교육과정 개편 시에도 유용하게 참고할 수 있습니다.

NCS와 NCS 학습모듈의 연결 체제

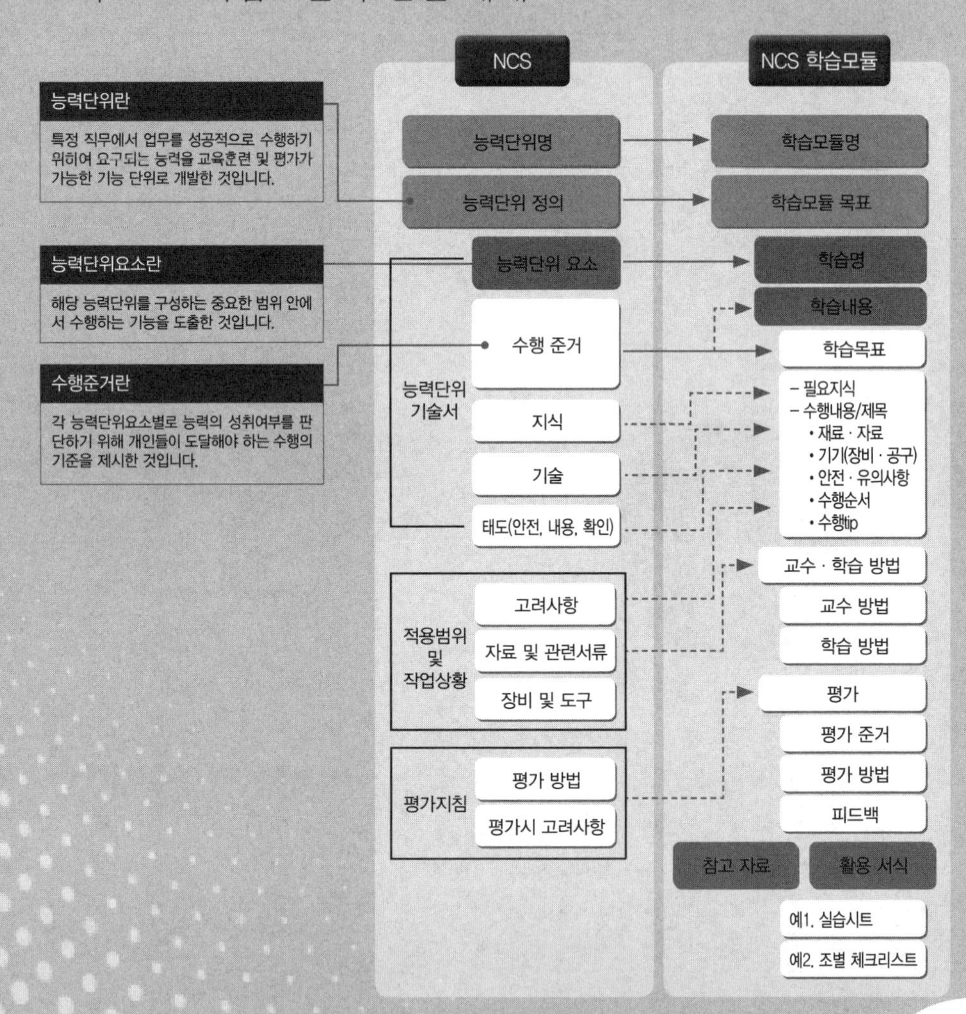

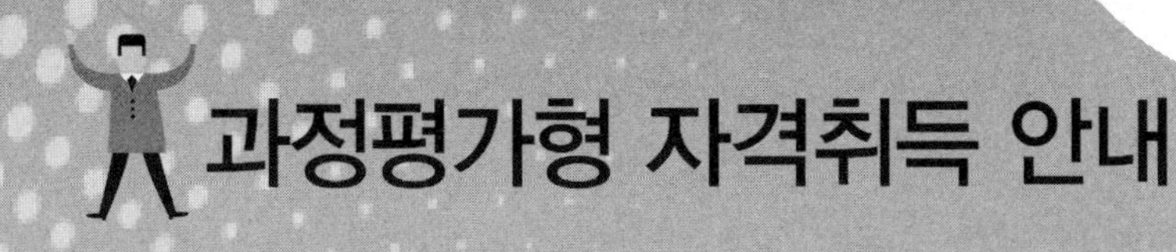

과정평가형 자격취득 안내

과정평가형 자격

과정평가형 자격은 국가기술자격법에 근거하여 국가직무능력표준(NCS)에 따라 설계된 교육 · 훈련과정을 체계적으로 이수한 교육 · 훈련생에게 내 · 외부 평가를 통해 국가기술자격증을 부여하는 새로운 개념의 국가기술자격 취득 제도로서 2015년부터 시행되고 있다.

과정평가형 자격 운영 절차

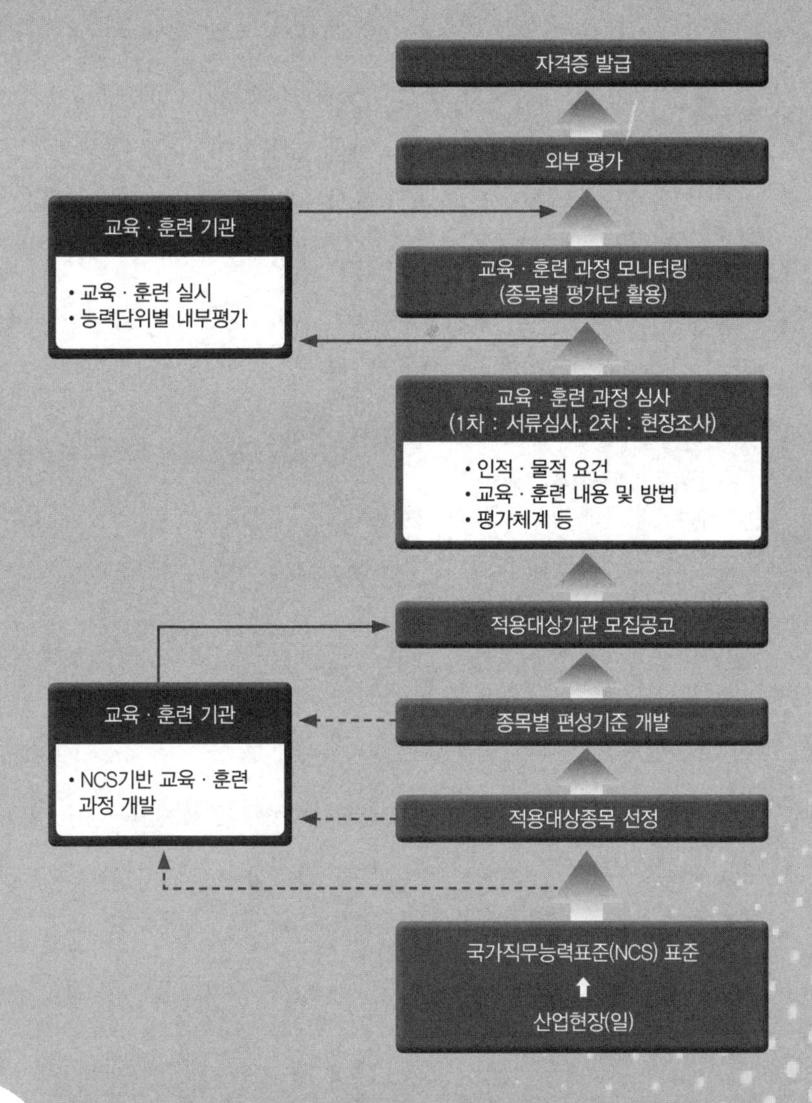

시행 대상

국가기술자격법의 과정평가형 자격 신청자격에 충족한 기관 중 공모를 통하여 지정된 교육 · 훈련기관의 단위과정별 교육 · 훈련을 이수하고 내부평가에 합격한 자

교육 · 훈련생 평가

① 내부평가(지정 교육 · 훈련기관)
- ㉮ 평가대상 : 능력단위별 교육 · 훈련과정의 75% 이상 출석한 교육 · 훈련생
- ㉯ 평가방법
  - ㉠ 지정받은 교육 · 훈련과정의 능력단위별로 평가
  - ㉡ 능력단위별 내부평가 계획에 따라 자체 시설 · 장비를 활용하여 실시
- ㉰ 평가시기
  - ㉠ 해당 능력단위에 대한 교육 · 훈련이 종료된 시점에서 실시하고 공정성과 투명성이 확보되어야 함
  - ㉡ 내부평가 결과 평가점수가 일정수준(40%) 미만인 경우에는 교육 · 훈련기관 자체적으로 재교육 후 능력단위별 1회에 한해 재평가 실시

② 외부평가(한국산업인력공단)
- ㉮ 평가대상 : 단위과정별 모든 능력단위의 내부평가 합격자
- ㉯ 평가방법 : 1차 · 2차 시험으로 구분 실시
  - ㉠ 1차 시험 : 지필평가(주관식 및 객관식 시험)
  - ㉡ 2차 시험 : 실무평가(작업형 및 면접 등)

합격자 결정 및 자격증 교부

① 합격자 결정 기준

내부평가 및 외부평가 결과를 각각 100점을 만점으로 하여 평균 80점 이상 득점한 자

② 자격증 교부

기업 등 산업현장에서 필요로 하는 능력보유 여부를 판단할 수 있도록 교육 · 훈련 기관명 · 기간 · 시간 및 NCS 능력단위 등을 기재하여 발급

NCS 및 과정평가형 자격에 대한 내용은 NCS국가직무능력표준 홈페이지(www.ncs.go.kr)에서 보다 자세하게 살펴볼 수 있습니다.

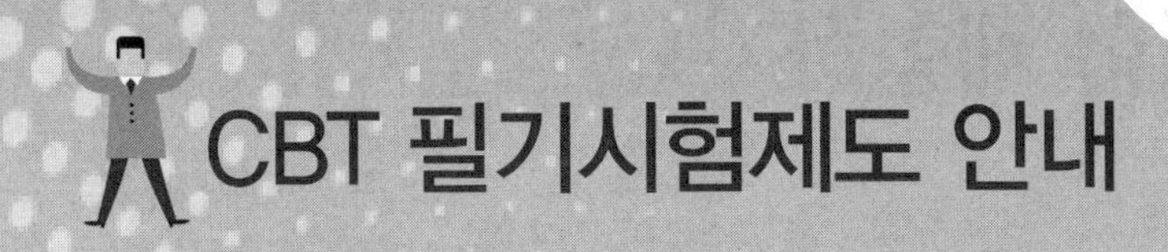

CBT 필기시험제도 안내

변경된 제도 개요

기능사 CBT(컴퓨터 기반 시험) 필기시험제도는 한국산업인력공단 상설시험장과 외부기관의 시설 및 장비를 임차하여 시행하기 때문에 시험장 사정에 따라 시험일자가 달라질 수 있으며, 수험생들이 선호하는 시험장은 조기 마감될 수 있으므로 주의하여야 합니다.

원서접수 기간 및 접수처

- 한국산업인력공단이 주관 및 시행하는 기능사 정기 CBT 필기시험 및 상시 CBT 필기시험과 관련한 정보는 큐넷 홈페이지(http://www.q-net.or.kr)를 방문하여 확인합니다.
- 기능사 필기시험의 원서접수는 인터넷으로만 가능하며 정기 및 상시시험 모두 큐넷 홈페이지(http://www.q-net.or.kr)에서 접수할 수 있습니다.
- 기능사 상시시험 종목 : 한식조리기능사, 양식조리기능사, 일식조리기능사, 중식조리기능사, 제과기능사, 제빵기능사, 지게차운전기능사, 굴삭기운전기능사, 미용사(일반), 미용사(피부), 미용사(네일), 미용사(메이크업) [12종목]

CBT 부별 시험시간 안내

구분	입실시간	수험자교육	시험시간
1부	09:10	09:10 ~ 09:30	09:30 ~ 10:30
2부	09:40	09:40 ~ 10:00	10:00 ~ 11:00
3부	10:40	10:40 ~ 11:00	11:00 ~ 12:00
4부	11:10	11:10 ~ 11:30	11:30 ~ 12:30
5부	12:40	12:40 ~ 13:00	13:00 ~ 14:00
6부	13:10	13:10 ~ 13:30	13:30 ~ 14:30
7부	14:10	14:10 ~ 14:30	14:30 ~ 15:30
8부	14:40	14:40 ~ 15:00	15:00 ~ 16:00
9부	15:40	15:40 ~ 16:00	16:00 ~ 17:00
10부	16:10	16:10 ~ 16:30	16:30 ~ 17:30

합격자 발표

종이 시험과 달리 CBT 필기시험은 시험이 종료된 후 시험점수와 함께 합격 여부를 확인할 수 있으며, 이 결과는 시험일정 상의 합격자 발표일에 최종 확인할 수 있습니다.

CBT 필기시험 체험하기

01 CBT 필기시험 응시를 위해 지정된 좌석에 앉으면 해당 컴퓨터 단말기가 시험감독관 서버에 연결되었음을 알리는 연결 성공 메시지가 나타납니다.

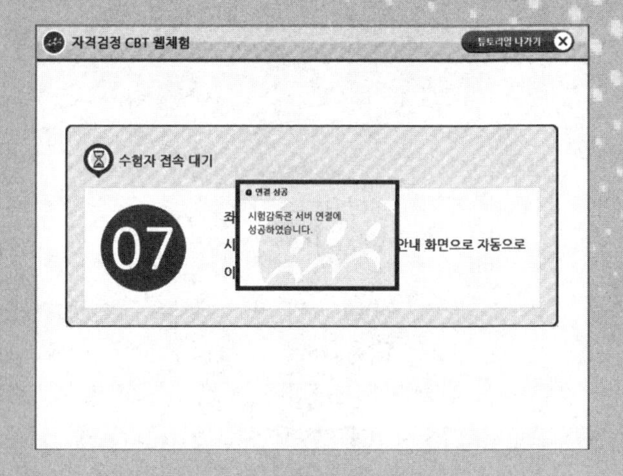

02 수험자 접속 대기 화면에서 좌석번호를 확인합니다. 좌석번호 확인이 끝나면 시험감독관의 지시에 따라 시험 안내 화면으로 자동으로 이동합니다.

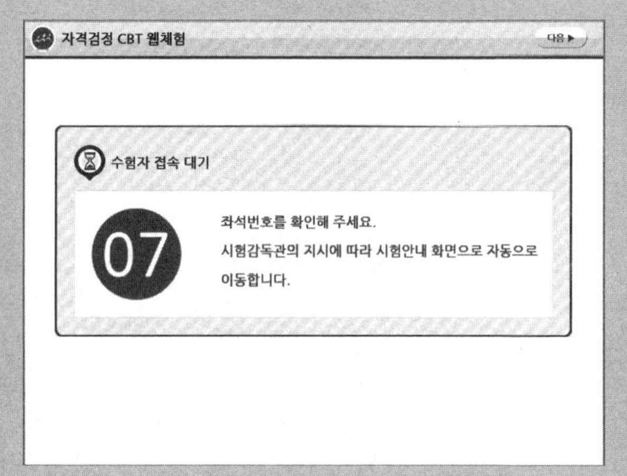

03 수험자 정보를 확인합니다. 감독관의 신분 확인 절차가 진행됩니다. 신분 확인이 모두 끝나면 시험을 시작할 수 있습니다.

04 CBT 필기시험에 대한 안내사항이 나타납니다. 화면은 예제이며, 실제 기능사 필기시험은 총 60문제로 구성되며, 60분간 진행됩니다.

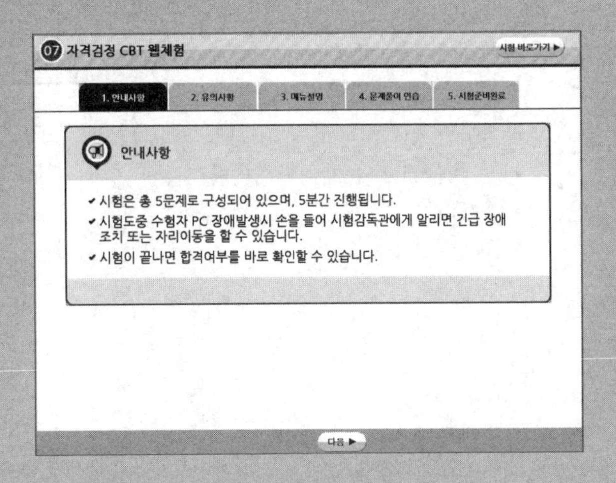

05 다음 항목에서 시험과 관련된 유의사항을 확인합니다. 특히, 시험과 관련한 부정행위 적발 시 퇴실과 함께 해당 시험은 무효처리되어 불합격 될 뿐만 아니라, 이후 3년간 국가기술자격검정에 응시할 수 있는 자격이 정지되므로 부정행위로 인정되는 내용을 꼼꼼히 확인하도록 합니다.

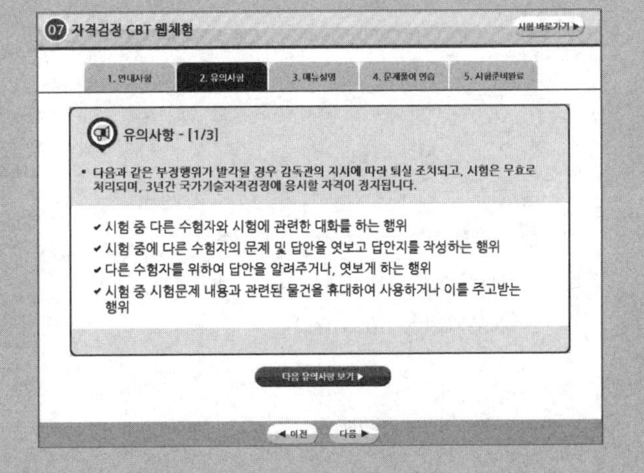

06 메뉴설명 항목에서는 문제풀이와 관련된 메뉴에 대한 설명을 확인할 수 있습니다. CBT 화면에서는 글자 크기를 크게 하거나 작게 할 수 있을 뿐 아니라, 화면 배치를 1단 또는 2단 화면 보기 혹은 한 문제씩 보기로 선택할 수 있습니다.

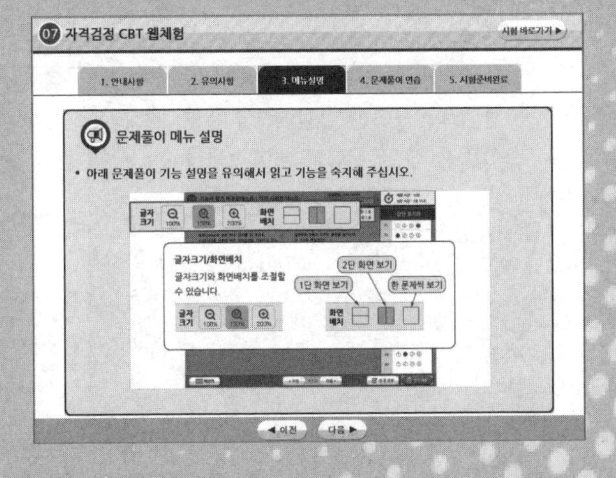

07 문제풀이 연습 항목에서는 실제 문제를 푸는 과정을 연습할 수 있습니다. 실제 시험에서 실수하지 않도록 하기 위해 [자격검정 CBT 문제풀이 연습] 버튼을 클릭합니다.

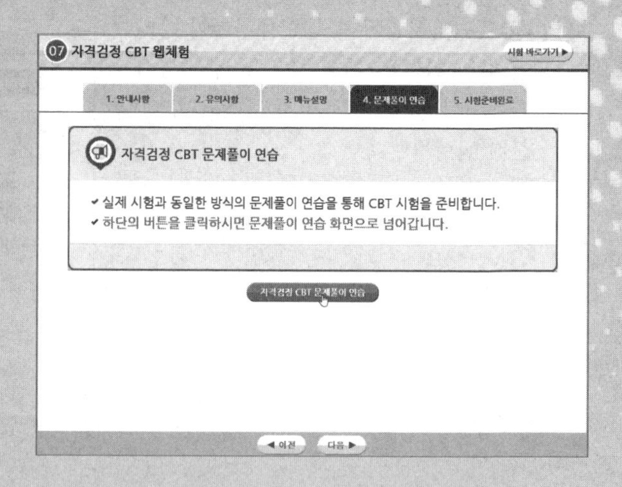

08 보기의 연습 문제는 국가기술자격시험의 정부 위탁기관인 한국산업인력공단의 본부 청사 소재지를 묻는 것입니다. 현재 한국산업인력공단 본부는 울산광역시에 소재하고 있습니다. 문제 아래의 보기에서 번호 항목을 클릭하거나 답안 표기란의 번호 항목에서 해당 답안을 클릭하여 답안을 체크합니다.

09 문제 아래의 보기를 클릭하거나 오른쪽 답안 표기란의 답안 항목을 클릭하면 화면과 같이 선택한 답안이 OMR 카드에 색칠한 것과 같이 색이 채워집니다.

답안을 수정할 때는 마찬가지 방법으로 수정하고자 하는 문제의 보기 항목이나 답안 표기란의 보기 항목에서 수정하고자 하는 답안을 클릭합니다.

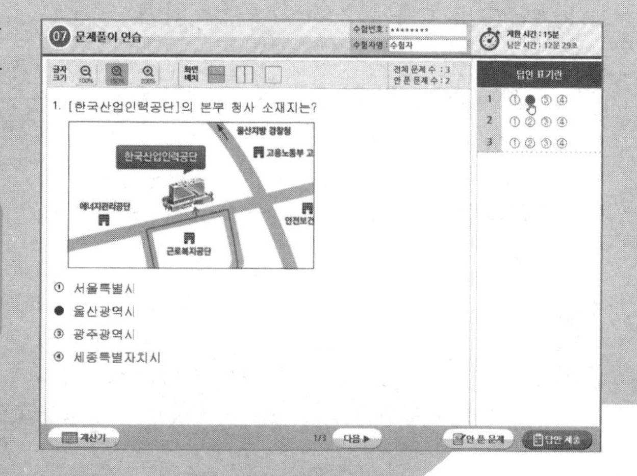

10 문제를 풀고 나면 다음 문제를 풀기 위해 화면 하단의 [다음] 버튼을 클릭하여 문제를 계속 풀어나가면 됩니다. 참고로 하단 버튼 중 [계산기]를 클릭하면 간단한 공학용 계산기를 사용하여 계산 문제를 푸는 데 도움을 받을 수 있습니다.

계산이 끝나고 계산기를 화면에서 사라지게 하려면 계산기 창의 오른쪽 상단에 있는 닫기 ✕ 버튼을 클릭합니다.

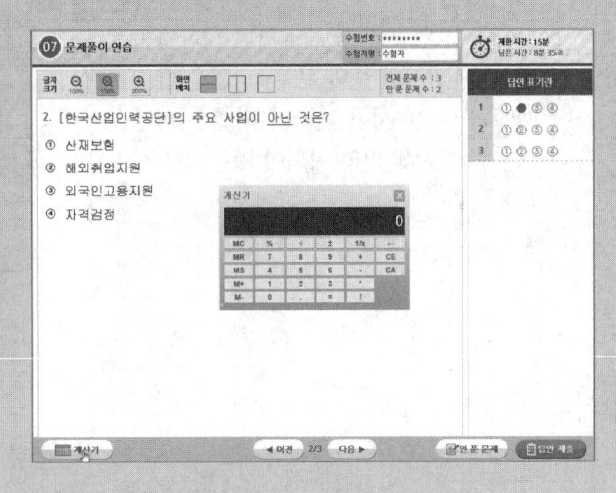

11 문제 풀이 연습이 끝나면 하단의 [답안 제출] 버튼을 클릭하여 답안을 제출합니다.

어려운 문제의 경우 하단의 [다음] 버튼을 클릭하여 다음 문제를 풀 수도 있습니다. 단, 이러한 경우 답안을 제출하기 전에 하단의 [안 푼 문제] 버튼을 클릭하여 혹시 풀지 않은 문제가 있는 지 최종적으로 확인하도록 합니다.

12 답안 제출을 클릭하면 나타나는 화면입니다. 수험생들이 실수로 답안을 모두 체크하지 않고 제출할 수 있는 실수를 방지하기 위해 2회에 걸쳐 주의 화면이 나타납니다. 답안을 제출하려면 [예] 버튼을 누릅니다.

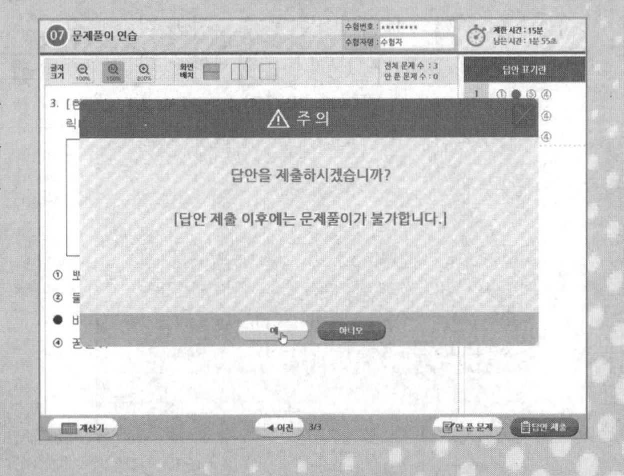

13 문제풀이 연습을 모두 마치면 나타나는 화면에서 [시험 준비 완료] 버튼을 클릭합니다. 이후 시험 시간이 되면 시험감독관의 지시에 따라 시험이 자동으로 시작됩니다.

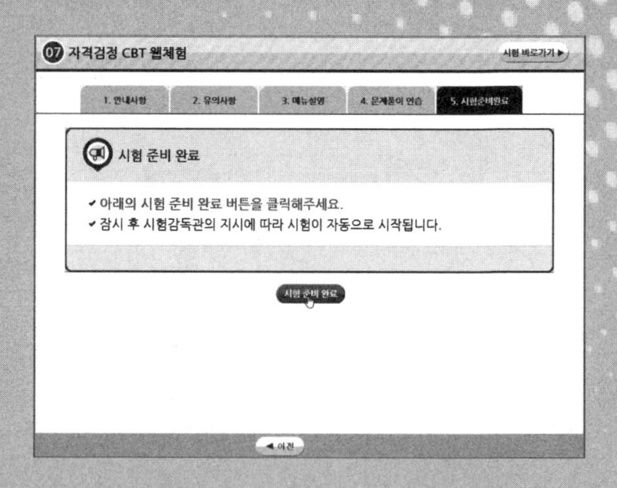

14 본 시험이 시작되면 첫 번째 문제가 화면에 나타납니다. 앞서 문제풀이 연습 때와 마찬가지 방법으로 문제의 보기에서 정답을 클릭하거나 답안 표기란에 해당 문제의 정답 항목을 클릭하여 답을 선택합니다.

15 화면 하단의 [다음] 버튼을 클릭하면 다음 문제를 풀 수 있습니다. 앞서와 마찬가지 방법으로 답안에 체크하고 모든 문제를 풀었다면 [답안 제출] 버튼을 클릭합니다.

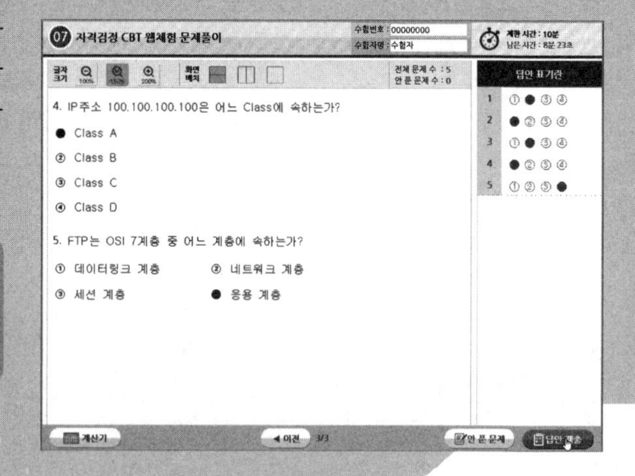

화면의 상단 오른쪽에 제한 시간과 남은 시간이 표시됩니다. 본 예제는 체험을 위한 것으로 실제 시험시간은 60분이며, 이에 따라 남은 시간도 표시됩니다.

16 수험생의 실수를 방지하기 위해 2회에 걸쳐 주의 문구가 출력됩니다. 모든 문제를 이상없이 풀고 답안에 체크했다면 [예] 버튼을 클릭하여 답안을 제출하고 시험을 마무리합니다.

> 문제 화면으로 다시 돌아가고자 한다면 [아니오] 버튼을 클릭하여 이미 푼 문제들을 다시 확인하고 필요한 경우 답안을 수정할 수 있습니다.

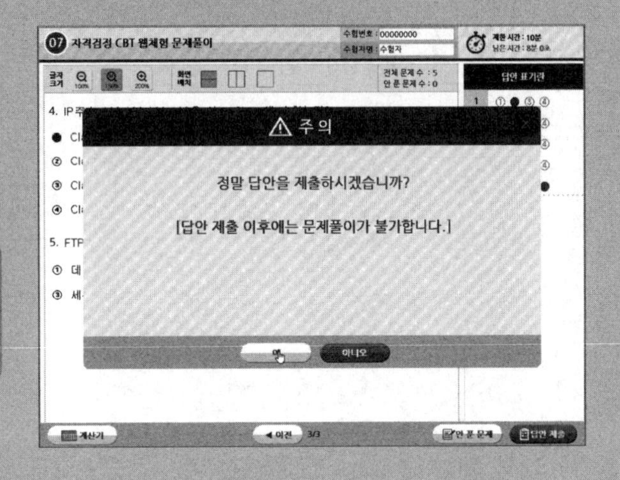

17 답안 제출 화면이 나타납니다. 잠시 기다립니다.

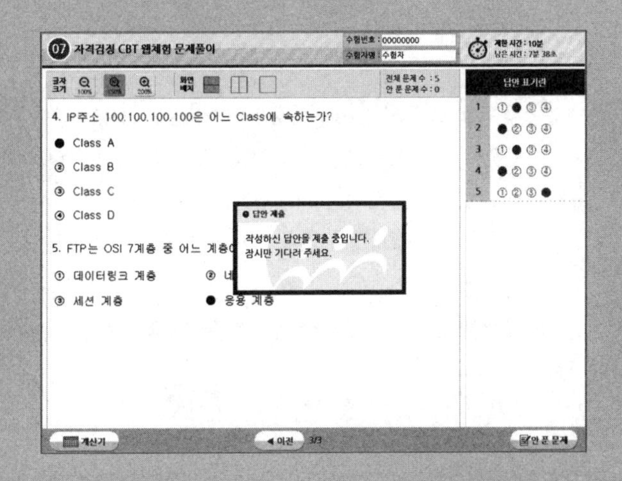

18 CBT 필기시험을 모두 끝내고 답안을 제출하면 곧바로 합격, 불합격 여부를 화면과 같이 확인할 수 있습니다. 독자분들은 꼭 화면과 같은 합격 축하 문구를 볼 수 있기를 기원합니다.

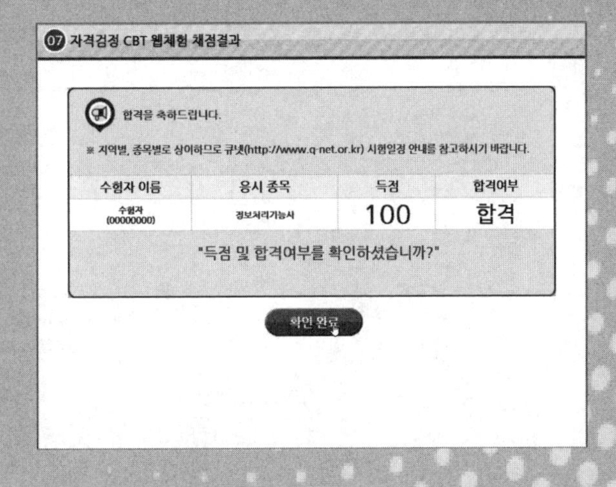

19 앞서의 합격 여부 화면에서 [확인 완료] 버튼을 클릭하면 CBT 필기시험이 종료됩니다. 고생하셨습니다.

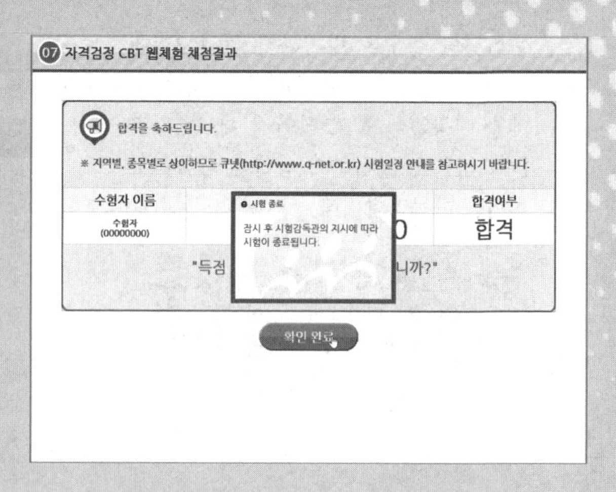

본 도서에 수록된 CBT 필기시험 체험하기 내용은 한국산업인력공단의 CBT 체험하기 과정을 인용하여 구성 및 정리한 것입니다. 직접 한국산업인력공단에서 제공하는 CBT 필기시험을 체험하고자 하는 독자께서는 한국산업인력공단이 운영하는 큐넷 홈페이지(www.q-net.or.kr)를 방문하시기 바랍니다.

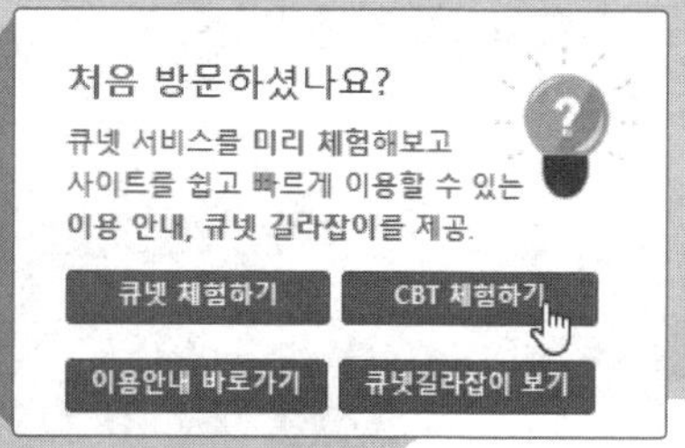

제1장 핵심이론 요약

제2장 최근기출문제

제3장 CBT 대비 적중모의고사

CHAPTER

01

Craftsman **Air-Conditioning and Refrigerating Machinery**

핵심이론 요약

SECTION 01

Craftsman Air-Conditioning and Refrigerating Machinery

냉동기계

STEP 01 냉동의 기초

1. 단위 및 용어

1) 온도(Temperature)

① 온도의 분류

㉮ 섭씨온도(Centigrade Temperature, Celsius Temperature, ℃) : 표준 대기압 하에서 순수한 물의 어는점(빙점)을 0℃, 끓는점(비등점)을 100℃로 하고, 이것을 100등분하여 하나의 눈금을 1℃로 규정한 온도

㉯ 화씨온도(Fahrenheit Temperature, ℉) : 표준 대기압 하에서 순수한 물의 어는 점(빙점)을 32℉, 끓는 점(비등점)을 212℉로 하고, 이것을 180등분하여 하나의 눈금을 1℉로 규정한 온도

참고 섭씨온도와 화씨온도의 관계

$$℃ = (℉ - 32) \times \frac{5}{9}$$

$$℉ = \frac{9}{5} \times ℃ + 32$$

㉰ 절대온도(Absolute Temperature, °K) : 분자운동이 정지하는 온도. 즉, 자연계에서 가장 낮은 온도(절대 0° = 0°K)를 0으로 기준한 온도

㉠ 캘빈온도(섭씨온도에 대응하는 절대온도) : T(°K) = ℃ + 273

㉡ 랭킨온도(화씨온도에 대응하는 절대온도) : °R = ℉ + 460

㉢ 캘빈온도와 랭킨온도와의 관계식 : °R = 1.8×°K

2) 열

물질의 분자운동에너지의 한 형태로서 열의 출입에 따라 온도 및 상태변화를 일으키게 되며 어떤 물질이 가지고 있는 열의 많고 적음을 나타낸 것을 열량이라고 한다.

① 열량의 표시

㉮ 1cal : 표준 대기압 하에서 순수한 물 1g을 1℃ 올리는데 필요한 열량(CGS 단위)

㉯ 1kcal : 표준 대기압 하에서 순수한 물 1kg을 1℃ 올리는데 필요한 열량(MKS 단위)

㉰ BTU : 표준 대기압 하에서 순수한 물 1lb를 1℉ 올리는데 필요한 열량(FPS 단위)

㉱ 1CHU : 표준 대기압 하에서 순수한 물 1lb를 1℃ 올리는데 필요한 열량

㉲ 단위에 따른 열량표시

㉠ 1Therm = 100,000BTU

㉡ 1kcal = 3.968BTU = 2.205CHU

㉢ 1BTU = (1/3.968)kcal = 0.252kcal

㉣ 1kcal = 4.2kJ = 4,186J

㉤ 1 Joule = (1/4.2)cal = 0.24cal

② 각 열량의 환산 비교

비고	kcal	BTU	CHU	kJ
kcal	1	3.968	2.205	4.186
BTU	0.252	1	0.555	1.06
CHU	0.4536	1.8	1	1.89
kJ	0.238	0.9478	0.526	1

3) 비열(Specific Heat)

어떤 물질 1kg의 온도를 1℃ 올리는데 필요한 열량(C : kcal/kg℃, BTU/lb°F)

① 비열의 구분

㉮ 정압비열(Cp) : 압력을 일정하게 한 상태에서 측정한 비열

㉯ 정적비열(Cv) : 체적(부피)을 일정하게 한 상태에서 측정한 비열

② 각 물질에 따른 비열(정압비열)

㉮ 물 : 1kcal/kg℃

㉯ 얼음 : 0.5kcal/kg℃

㉰ 증기 : 0.441kcal/kg℃

㉱ 공기 : 0.24kcal/kg℃

③ 비열비(k)

㉮ 정압비열과 정적비열과의 비로서 Cp 〉 Cv 이므로 항상 1보다 크다.

㉯ 각 냉매에 따른 비열비와 토출가스온도

㉠ NH_3(암모니아) : 1.313(98℃), R-22 : 1.184(55℃), R-12 : 1.136(37.8℃)

㉡ 비열비가 큰 가스를 압축시 압축기 토출가스온도가 높으므로 압축기 실린더 상부에 워터 자켓(Water Jacket)을 설치하여 수랭각시켜 압축기 토출가스온도가 높아지지 않도록 한다.

4) 열용량(Heat Content)

어떤 물질의 온도를 1℃ 변화시키는데 필요한 열량(kcal/℃)

$$\text{열용량} : GC = PVC$$

(G : 무게(kg), C : 비열(kcal/kg℃), P : 비중(kg/ℓ), V : 체적(ℓ))

5) 현열과 잠열

① 현열, 감열(顯熱, 感熱, Sensible Heat) : 물질의 상태 변화없이 온도변화에만 필요한 열

$$Qs = GC\Delta t$$

(Qs : 현열량(kcal), G : 중량(kg), C : 비열(kcal/kg℃), Δt : 온도차(℃))

② 잠열(潛熱, Latent Heat) : 물질의 온도 변화없이 상태변화에만 필요한 열

$$Q = G\gamma$$

(Q : 잠열량(kcal), G : 중량(kg), γ : 고유잠열(kcal/kg))

6) 물질의 상태

① 물질의 상태변화

고체, 액체, 기체를 물질의 상태라 하며 얼음이 물이나 수증기로 되거나 또는 반대로 상태변화가 될 때에는 각각의 고유잠열이 필요하다.

㉮ 융해잠열 : 고체에서 액체로 변하는데 필요한 열

㉯ 응고잠열 : 액체에서 고체로 변하는데 필요한 열

㉰ 증발잠열 : 액체에서 기체로 변하는데 필요한 열(기화잠열)

㉱ 응축잠열 : 기체에서 액체로 변하는데 필요한 열(액화잠열)

㉲ 승화잠열 : 고체에서 기체로, 기체에서 고체로 변하는데 필요한 열

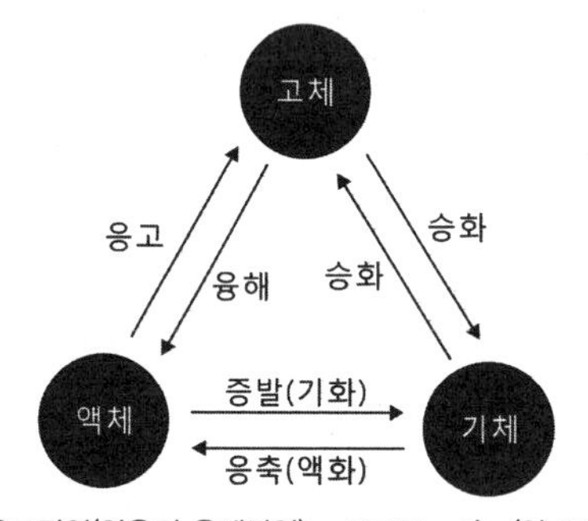

* 물의 응고잠열(얼음의 융해잠열) = 79.68kcal/kg(약 80kcal/kg)
* 물의 증발잠열(증기의 응축잠열) = 539kcal/kg

7) 일반 증기의 성질

① 포화온도와 포화압력

㉮ 포화온도 : 어떤 압력 하에서 액체가 증발하기 시작하는 온도

㉯ 포화압력 : 포화온도에 대응하는, 액체가 증발하기 시작할 때의 압력

② 포화액, 습포화증기, 건포화증기

㉮ 포화액 : 포화온도에 도달한 액. 열을 가하면 온도상승없이 증발하기 시작하는 액

㉯ 습포화증기 : 포화액과 포화증기가 공존하는 상태. 냉각하면 포화액, 가열하면 건포화증기가 됨(건조도(乾燥度)가 존재)

㉰ 건포화증기 : 습포화증기 상태에서 액이 모두 증발하여 완전한 증기 상태의 기체

③ 과냉각액, 과열증기

㉮ 과냉각액

㉠ 포화온도에 도달하기 전의 액(증발하기 전의 액)

㉡ 과냉각도 = 포화온도 − 과냉각액의 온도

㉯ 과열증기

㉠ 건포화증기에 열을 가해 압력 변화없이 포화온도 이상으로 상승한 증기

㉡ 과열도 = 과열증기온도 - 포화온도

④ 임계점(임계온도, 임계압력)

포화액선과 건포화증기선이 만나는 점으로 이 상태에서는 압력을 아무리 높여도 기체를 액체로 바꿀 수 없는 한계점을 임계점이라 하고, 이 때의 온도 및 압력을 임계온도, 임계압력이라고 한다.

㉮ 습증기의 엔탈피 = 포화액의 엔탈피 + 증발잠열×건조도

$$i(x) = i_1 + \gamma x = i_1 + (i_2 - i_1)x$$

㉯ 건포화증기 엔탈피

$$i_2 = i_1 + \gamma = i_1 + (i_2 - I_1)$$

㉰ 과열증기 엔탈피

$$i_3 = i_2 + c \times \Delta t = i_1 + \gamma c \Delta t$$

$$\text{건조도 } x = \frac{(i(x) - i_1)}{(i_2 - i_1)}$$

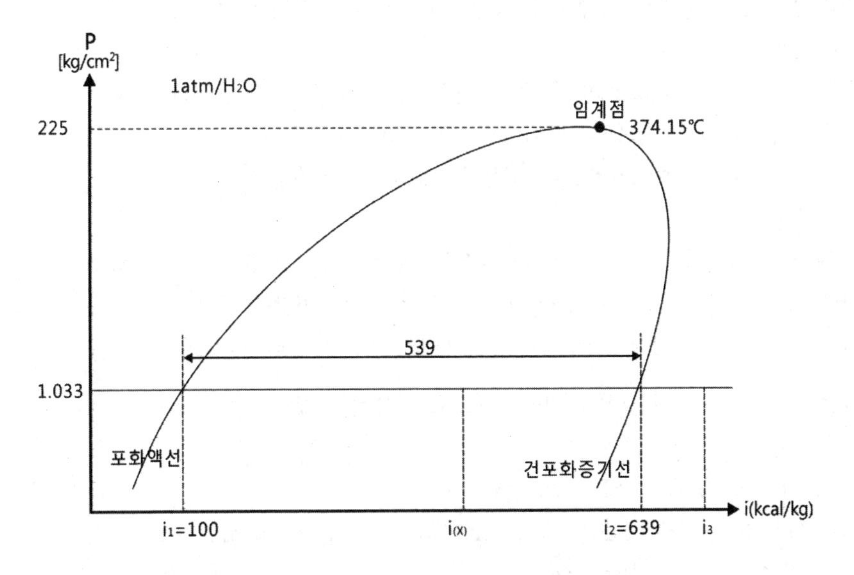

8) 비중, 밀도, 비중량 및 비체적

① 비중(比重, Specific Gravity) : 측정하고자 하는 액체의 비중량(밀도, 무게)과 4℃ 순수한 물의 비중량(밀도, 무게)과의 비

$$\text{비중} = \frac{\text{측정하고자 하는 액체의 비중량}(\gamma)}{4℃\text{순수한 물의 비중량}(\gamma = 1{,}000)}$$

② 밀도(密度, Density) : 단위 체적당 유체의 질량

$$밀도(\rho) = \frac{질량(kg)}{체적(m^3)}$$

③ 비중량(比重量, Specific Weight) : 단위체적(m^3)당 유체의 중량(kgf)

$$비중량(\gamma) = \frac{중량(kgf)}{체적(m^3)} = 밀도(\rho) \times 중력가속도(g)$$

④ 비체적(比體積, Specific Volume) : 단위중량(kgf)당 유체가 차지하는 체적으로 비중량과는 역수의 관계이다.

$$비체적(v) = \frac{체적(m^3)}{중량(kgf)}$$

9) 일과 동력

① 일(Work)

㉮ 어떤 물체에 힘을 가했을 때 움직인 거리(W : kgm)

㉯ 일 = 힘(kg) × 움직인 거리(m)

㉰ 일과 열은 에너지의 한 형태로 427kgm = 1kcal의 관계가 있다.

② 동력(Power)

㉮ 단위시간당 한 일(kgm/sec) 즉, 일을 시간으로 나눈 것(일률, 공률)

㉯ 동력 = 일(kgm) / 시간(sec) = 힘(kg) × 거리(m) / 시간(sec)
= 힘(kg) × 속도(m/sec) = 유량(kg/sec) × 거리(m)

③ 동력의 구분

㉮ 1PS(국제, 미터마력) = 75kgm/sec = 75 × (1/427) × 3,600 = 632kcal/h

㉯ 1HP(영국 마력) = 76kgm/sec = 76 × (1/427) × 3,600 = 641kcal/h

㉰ 1kW(전기력) = 102kgm/sec = 102 × (1/427) × 3,600 = 860kcal/h

10) 압력(壓力, Pressure) : 단위면적(cm^2)당 수직으로 작용하는 힘(kg)

① 압력의 표시방법

㉮ 면적 : kg/cm^2, lb/in^2(PSI), N/m^2(Pa)

㉯ 높이 : cmHg, mmHg, mH_2O(mAq), mmH_2O(mmAq), mbar(milli bar)

② 표준대기압(Atmospheric Pressure)

$$\begin{aligned} P &= \gamma(Hg) \times H \\ &= 1{,}000 \times S(Hg) \times H = 1{,}000 \times 13.596 \times 0.76 \\ &= 10{,}332 kg/m^2 \times 1^2 \times 100^2 m^2/cm^2 \\ &= 1.033 kg/cm^2 \end{aligned}$$

(P : 압력(kg/cm^2), γ : 액체의 비중량(kg/m^3), H : 액체의 높이(m))

㉠ 표준대기압

1atm = 76cmHg ≒ 30inHg ≒ 1,013mbar = 1.013bar
≒ 10.33mH_2O(mAq) = 10,332mmAq
≒ 10,332kg/m^2 ≒ 1.033kg/cm^2 ≒ 14.7lb/in^2
≒ 101,325Pa ≒ 101kPa ≒ 0.1MPa

③ 공학기압(at)

㉮ 압력계산을 보다 쉽게 하기 위하여 표준대기압의 1.033kg/cm^2의 소수 이하를 제거한 1kg/cm^2를 기준으로 한 압력

㉯ 1at = 1kg/cm^2 = 735.6mmHg = 10mH_2O= 10,000mmH_2O
= 980mbar = 0.98bar = 10,000kg/m^2 = 14.2lb/in^2(PSI) = 98.088Pa

④ 기준에 의한 압력의 구분

㉮ 절대압력(Absolute Pressure)

㉠ 완전진공을 0으로 기준하여 측정한 압력

㉡ 선도나 표에서 사용하고, kg/cm^2abs, lb/in^2A(PSIA)로 표시

㉯ 게이지압력(Gauge Pressure)

㉠ 표준대기압을 0으로 기준하여 측정한 압력

㉡ 압력계에서 나타내는 압력으로 kg/cm^2, kg/cmG, lb/in^2, lb/in^2G 로 표시

㉰ 진공압력(Vacuum Pressure)

㉠ 표준대기압 이하의 압력으로 부압(負壓, −압)이라 한다.

㉡ 이 진공의 정도(대기압 이하)를 진공도라 하고, cmHgV, inHgV로 표시

⑤ 압력의 환산관계

㉮ 절대압력 = 게이지압력 + 대기압 = 대기압 - 진공압력

㉯ 게이지압력 = 절대압력 - 대기압

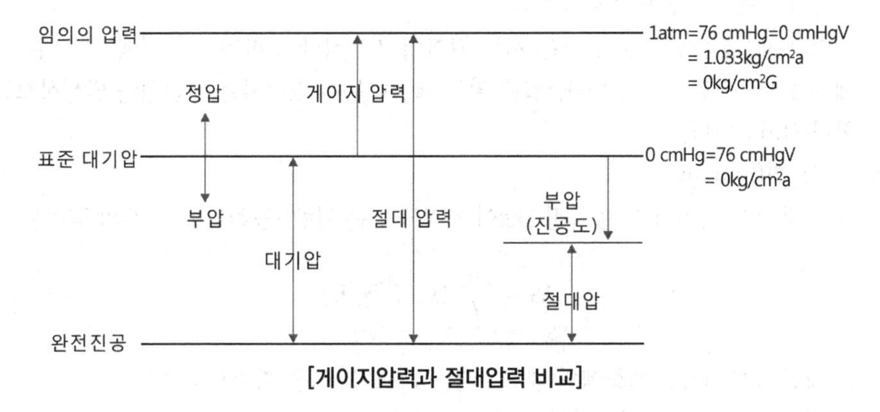

[게이지압력과 절대압력 비교]

2. 기초 열역학

1) 열역학 법칙

① 열역학 제0법칙(열평형의 법칙)

㉮ 온도가 다른 각각의 물체를 접촉시키면 열이 이동되어 두 물질의 온도가 같아져 열평형을 이루게 되며 이는 온도계 온도측정의 원리가 된다.

㉯ "물체 A와 B가 열평형에 있고 B와 C가 열평형에 있으면 A와 C도 열평형에 있다"라는 법칙이 성립된다.

② 열역학 제1법칙(에너지 보존의 법칙)

㉮ 일과 열의 전환 관계 : 일(W)과 열(Q)의 전환관계에서는 각각의 에너지 총량의 변화는 없다. 즉, 일과 열은 서로 일정한 전환관계가 성립된다.(Q ↔ W)

㉯ 일과 열의 환산관계

$$Q = AW \qquad W = JQ$$

(Q : 열량(kcal), W : 일량(kgm), A : 일의 열당량(427kgm/kcal), J : 열의 일당량[(1/427) kcal/kgm])

㉰ 엔탈피(Enthalpy)

㉠ 어떤 물질 1kg(단위중량)이 가지고 있는 열량의 총합(전열량, 합열량, 총열량)

$$\text{엔탈피}\,(h) = \text{내부에너지} + \text{외부에너지} = u + APv = u + AW$$

(h : 엔탈피(kcal/kg), u : 내부에너지(kcal/kg), A : 일의 열당량(kcal/kgm), P : 압력(kg/m^2), v : 비체적(m^3/kg), W : 일량(kgm))

㉡ 모든 냉매의 0℃ 포화액의 엔탈피는 100kcal/kg을 기준으로 한다.

㉢ 0℃ 건조공기의 엔탈피는 0kcal/kg을 기준으로 한다.

㉣ 열의 출입이 없는 단열변화(단열팽창)에서는 엔탈피의 변화가 없다. 즉, 단열팽창 과정은 등엔탈피선을 따라 팽창한다.

㉱ 제1종 영구기관 : 일정량의 에너지로 영구히 일을 할 수 있는 기관으로 실제 존재하지 않는다.

③ 열역학 제2법칙(열이동, 열흐름의 법칙, 엔트로피 증가의 법칙)

㉮ 열은 고온에서 저온으로 이동한다.

㉯ 열역학 제1법칙에는 일과 열은 서로 교환이 가능하다고 하였지만 실제 일이 열로의 교환 시에는 100% 교환이 가능하나, 열을 일로 교환하는데 있어서는 열손실이 발생하므로 100% 교환이 불가능하다.

㉰ 엔트로피(Entropy)

㉠ 일정 온도 하에서 어떤 물질 1kg이 가지고 있는 열량(엔탈피)을 그 때의 절대온도로 나눈 것

$$\Delta S = \frac{\Delta Q}{T}\,(kcal/kg^{\circ}K)$$

㉡ 모든 냉매의 0℃ 포화액의 엔트로피는 1kcal/kg°K를 기준으로 한다.

㉢ 열의 출입이 없는 단열변화(단열압축)에서는 엔트로피의 변화가 없다. 즉, 단열압축과정은 등엔트로피선을 따라 압축한다.

㉱ 제2종 영구기관 : 열에너지의 전부를 일에너지로 100% 전환할 수 있는 기관으로 실제 존재하지 않는다.

④ 열역학 제3법칙(절대0도의 법칙) : 자연계에서는 어떠한 방법으로도 절대온도 0도(−273.15℃, 0°K) 이하의 온도를 얻을 수 없다.

2) 열의 이동(전열)

열역학 제2법칙에 의하여 열은 고온에서 저온으로 이동하는데 이를 전열이라 하며 전열의 방법에는 전도, 대류, 복사가 있다.

① 전도(傳導, Conduction)

㉮ 고체와 고체 사이에서의 열 이동

$$Q = \frac{\lambda F \Delta t}{l}$$

(Q : 열전도 열량(kcal/h), λ : 열전도율(kcal/mh℃),
F : 전열면적(m^2), Δt : 온도차(℃), ℓ : 길이(m))

㉯ 열전도율(λ : kcal/mh℃) : 고체와 고체 사이에서 열의 이동속도

㉰ 열전도열량 : 열전도율, 전열면적, 온도차에 비례하고 고체의 두께와는 반비례

② 대류(對流, Convection)

㉮ 유체(액체, 기체)와 유체 사이의 열이동

㉯ 대류의 분류

㉠ 자연 대류 : 유체의 비중량(밀도, 무게)차에 의한 열의 이동

㉡ 강제 대류

- 송풍기(Fan, Blower) : 기체를 강제 대류시킴
- 교반기(Agitator) : 액체를 강제 대류시킴

③ 복사, 방사(輻射, 放射, Radiation)

㉮ 적외선(열선)에 의한 전열 : 태양이나 난로 주위에서 발생되는 복사열은 중간 매체 없이 열이 이동하며 복사, 일사, 방사라고 한다.

㉯ 방사에너지 $E = \varepsilon \sigma T^4$(kcal/$m^2$h)

3) 열전달

$$Q = \alpha F \Delta t$$

(Q : 열전달 열량(kcal/h), α : 열전달률(kcal/m^2h℃),
F : 전열면적(m^2), Δt : 온도차(℃))

① 열전달률, 경막계수(α : kcal/m^2h℃) : 유체에서 열 이동속도

② 열전달량 : 열전달률 전열면적, 온도차에 비례

4) 열통과, 열관류

전도 및 대류 등 2가지 이상 복합하여 일어나는 열의 이동

$$Q = KF \Delta t$$

(Q : 열통과 열량(kcal/h), K : 열통과율(kcal/m^2h℃),
F : 전열면적(m^2), Δt : 온도차(℃))

5) 기체의 성질

① 이상기체의 조건

㉮ 분자는 완전탄성체일 것

㉯ 분자 자신이 차지하는 체적은 무시

㉰ 분자간의 인력은 무시

㉱ 일반 기체는 온도가 높고 압력이 낮을수록 완전가스에 가까워진다.

㉲ 주울의 법칙을 만족할 것

㉳ 보일-샬 법칙을 만족할 것

㉴ 돌턴의 분압법칙을 만족할 것

② 기체의 상태변화에 따른 법칙

㉮ 보일의 법칙(Boyle's Law) : 어떤 기체의 온도가 일정(T = Constant)할 때 압력과 부피는 반비례한다.

$$P_1 v_1 = P_2 v_2 (T = \text{일정})$$

(P_1 : 변화 전 절대압, v_1 : 변화 전 부피, P_2 : 변화 후 절대압, v_2 : 변화 후 부피)

㉯ 샬의 법칙(Charle's Law) : 어떤 기체의 압력이 일정(P = Constant)할 때 부피는 절대온도에 비례한다.

$$\frac{v_1}{(273+t)} = \frac{v_2}{(273+t)}, \quad \frac{v_1}{T_1} = \frac{v_2}{T_2}$$

(v_1 : 변화 전 부피, T_1 : 변화 전 절대온도,
v_2 : 변화 후 부피, T_2 : 변화 후 절대온도)

㉰ 보일-샬의 법칙 : 일정량의 기체의 부피는 압력에 반비례(보일의 법칙), 절대온도에 비례(샬의 법칙)한다.

$$\frac{P_1 v_1}{T_1} = \frac{P_2 v_2}{T_2}$$

㉱ 이상기체 상태방정식

$$PV = nRT(\frac{W}{M})RT = GR'T$$

(P : 압력(kg/m^2), V : 부피(m^3), W : 가스의 무게(kg),
T : 절대온도(°K), M : 가스의 분자량(kg),
R : 기체상수(kgm/kp-kgm/kmol°K), R' : 기체상수(kgm/kg°K))

참고 일반기체상수(R)

- 0.082atm ℓ /mol°K
- 848kgm/kmol°K
- 8.314J/mol°K

③ 기체의 상태변화

㉮ 단열변화

㉠ 가스를 압축 또는 팽창시킬 때 외부로부터 열의 출입이 없는 상태에서의 변화로 실제 불가능하며, 일량 및 온도 상승이 가장 크다.

㉡ PV^n= 일정[n = k(단열지수, 비열비) = Cp / Cv]

㉯ 등온변화

㉠ 가스를 압축 또는 팽창시킬 때 온도를 일정하게 유지시킬 때의 변화로 실제 불가능한 변화이다.

㉡ PV^n= 일정[n = 1]

㉰ 폴리트로픽 변화

㉠ 단열변화와 등온변화의 중간과정으로 가스를 압축 또는 팽창시킬 때 일부 열량은 외부로 방출되고 또 일부는 가스에 공급되는 실제적인 변화이다.

㉡ PV^n = 일정[n = 폴리트로픽 지수(k 〉 n 〉 1)]

[가스 압축시 비교]

구분	압력과 비체적과의 관계식	압축일량	가스 온도
단열압축	PV_n = 일정(k = Cp / Cv)	크다	높다
폴리트로픽 압축	PV_n = 일정(k 〉 n 〉 1)	중간	중간
등온압축	PV = 일정	적다	낮다

㉱ 가스 압축 시 소비되는 일량, 온도 상승의 크기 : 단열압축 〉 폴리트로픽 압축 〉 등온압축

3. 냉동의 원리

1) 냉동(Refrigeration)의 개요

일정한 공간이나 물체로부터 열을 제거하여 인공적으로 주위 온도보다 낮게 유지 및 조작하는 것

① 냉동의 구분

㉮ 냉각(Cooling) : 피냉각 물체로부터 열을 흡수하여 0℃ 이상의 온도로 그 물체가 필요로 하는 온도까지 낮추는 조작

㉯ 냉장(Cooling Storage) : 동결되지 않는 범위 내에서 열을 제거하여 저온(3~5℃) 상태로 일정 시간을 유지시키는 조작

㉰ 동결(Freezing) : −15℃ 정도 이하로 낮추어 물질을 얼리는 조작

㉱ 제빙 : 얼음의 생산을 목적으로 물을 얼리는 조작

㉲ 냉방 : 실내공기의 열을 제거하여 주위 온도보다 낮추어 주는 조작

② 장치구분

㉮ 냉각기 : 상온으로부터 0℃까지 온도를 낮추는 기계

㉯ 냉동기 : 상온으로부터 빙점 이하까지 온도를 낮추는 기계

2) 냉동의 방법

① 자연적인 냉동방법 : 물질의 물리적인 자연현상을 이용하는 방법

㉮ 고체(얼음)의 융해잠열을 이용하는 방법 : 큰 얼음을 방에 두면 얼음이 녹으면서 주위의 열을 빼앗아 시원해짐

㉯ 고체 CO_2(드라이아이스)의 승화잠열을 이용하는 방법 : 드라이아이스가 승화하면서 주위의 열을 빼앗아 시원해짐

㉰ 액체의 증발잠열을 이용하는 방법 : 한여름 끓어오르는 아스팔트에 물을 뿌리면 물이 증발하면서 주위의 열을 빼앗아 시원해짐

㉱ 자연적인 냉동방법의 단점

㉠ 연속적인 냉동효과를 얻을 수 없다.

㉡ 온도조절이 곤란하다.

㉢ 저온을 얻기가 곤란하다.

㉣ 다량의 물품을 냉각하기가 곤란하다.

㉤ 비경제적이다.

② 기계적인 냉동방법 : 전력, 증기, 연료 등의 에너지를 사용하여 냉동을 연속적으로 행하는 방법

㉮ 증기분사식

㉠ 냉매는 물을 사용

㉡ 증기 이젝터를 이용해 대량의 증기를 분사할 경우 부압작용에 의해 증발기 내의 압력이 저하되어 물의 일부가 증발하면서 나머지 물은 냉각된다. 이 냉각된 물을 냉동목적에 이용하는 것으로 폐열회수용으로 사용된다.

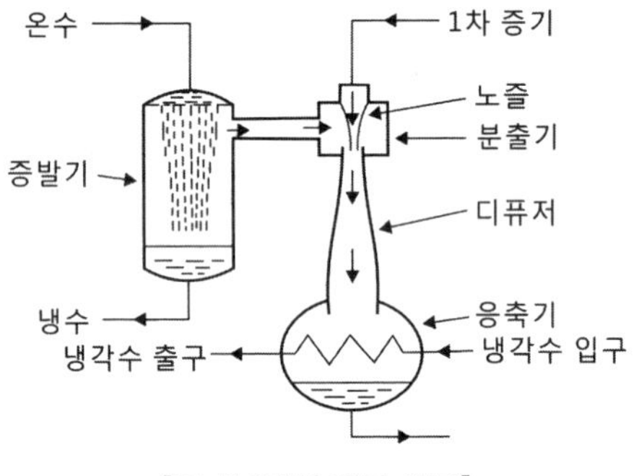

[증기분사식 냉동 원리]

㉯ 공기압축식

㉠ 냉매는 공기를 사용

㉡ 팽창기에서 단열팽창한 저온 공기가 증발기에서 열을 흡수하고 압축기로 흡입되어 재순환된다.

㉢ 냉동기의 체적이 크고 효율이 나빠서 최근에는 사용하지 않는다.

㉰ 진공식(진공동결 건조장치)

㉠ 냉매는 물로 수분이 많은 냉각물의 냉각에 주로 쓰인다.

㉡ 용기 내에 냉각물을 넣고 고진공을 20~30분 정도 유지하면 수분이 증발하면서 열을 흡수하여 냉각작용한다.

㉢ 실용적으로 밀폐된 냉각탱크 내에 콜드트랩을 설치해 증발된 수분을 응축제거한다.

㉣ 전자냉동식

㉠ 펠티어 효과를 이용한 냉동법

㉡ 고온부와 저온부의 열의 양도체이므로 일반적으로 냉각효과를 얻기 어렵다.

㉢ 실용적으로 열전반도체를 사용한다.

㉤ 증기압축식

액화가스의 증발잠열을 이용한 것이며 증발기화한 가스를 다시 압축 → 응축 → 팽창 → 증발을 반복함으로써 연속적인 냉동을 행하는 것

㉠ 압축기 : 증발기에서 증발한 저온 저압의 냉매가스를 압축기로 흡입하여 압축하면 고온 고압의 과열증기 상태로 토출된다.

㉡ 응축기 : 과열된 냉매가스를 응축기로 유입하여 물 또는 공기와 열교환시키면 냉매는 고온 고압의 액체 상태가 된다.

㉢ 팽창밸브 : 액화된 고온 고압의 냉매액을 팽창밸브로 교축 팽창시키면 저온, 저압의 냉매액 상태가 된다.

㉣ 증발기 : 저온, 저압의 액냉매는 증발기(냉각관)를 순환하면서 피냉각 물체로부터 열을 흡수하여 저온, 저압의 냉매가스로 증발되어 압축기로 흡입된다.

㉤ 유분리기 : 압축기와 응축기 사이에 설치하여 냉매가스 중의 윤활유를 분리한다.

㉥ 액분리기 : 증발기와 압축기 사이에 설치하여 압축기 흡입가스 중 냉매액을 분리하여 액압축현상, 액해머링을 방지한다.

㉦ 수액기 : 응축기와 팽창밸브 사이에 설치된 기기로 응축액화한 냉매를 일시저장한다.

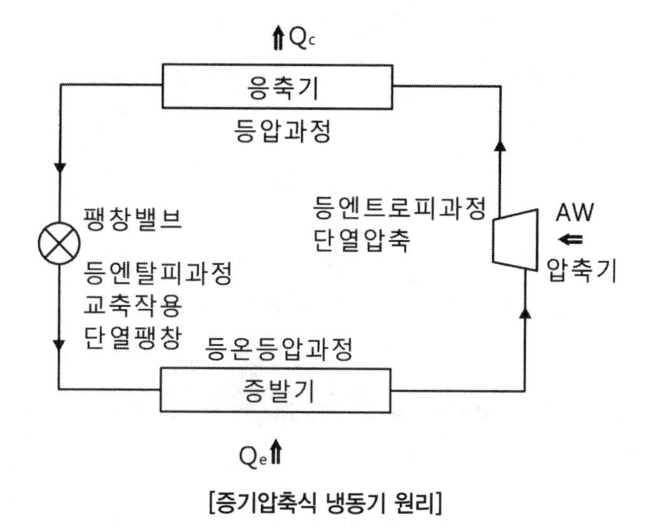

[증기압축식 냉동기 원리]

참고 액압축 현상

- 액압축 현상(Liquid Back) : 증발기로 유입된 냉매 일부가 증발기에서 충분히 증발하지 못하고 액체 상태로 압축기에 들어가게 되는 현상
- 액압축 시 영향
  - 흡입관에 서리가 끼고 토출가스 온도가 저하된다.
  - 실린더가 냉각되어 이슬이 맺히거나 서리가 낀다.
  - 극심하면 액햄머링이 일어나며 이상음이 발생, 압축기 파손 우려가 있다.
  - 소요동력 증대, 전류계 및 압력계 지침이 떨린다.

㉥ 흡수식

㉠ 원리

- 서로 잘 용해하는 두 가지 물질을 이용하여 냉동을 하며 압축기가 필요없다.
- 흡수기와 발생기가 증기압축식 냉동기의 압축기 역할을 한다.
- 저온에서 두 물질이 강하게 용해하며 고온에서는 분리된다.

㉡ 특징

- 자동제어가 용이하며 연료비가 저렴하여 운전비가 절감된다.
- 과부하에도 사고 발생 우려가 없다.
- 압축식에 비해 열효율이 나쁘고 예냉시간이 길다.
- 프레온 냉매를 사용하지 않으므로 환경 오염 우려가 없다.
- 냉온수를 생성하여 주로 냉난방, 공조용으로 사용하며 제빙용으로는 능력이 부족하다.

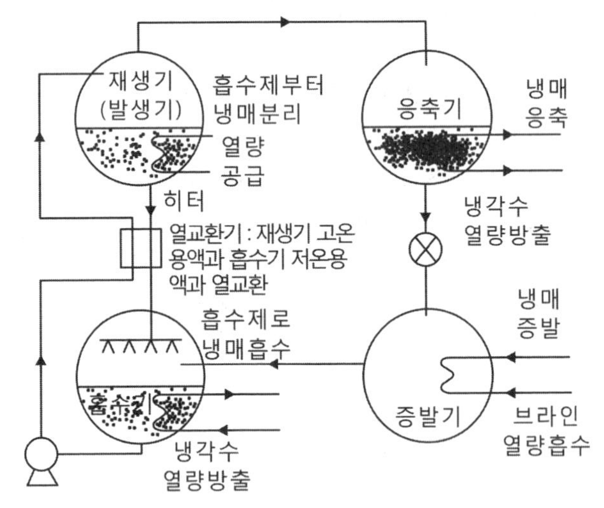

[흡수식 냉동기 원리]

㉢ 냉매 : 분리된 물질 중 열을 운반하여 냉동작용을 하는 물질

㉣ 흡수제 : 분리된 냉매가스를 용해하는 물질(발생기와 흡수기에만 순환)

[흡수제와 냉매]

냉매	흡수제
NH_3	물(H_2O)
물	취화리듐
염화메틸(CH_3Cl)	사염화에탄($C_2H_2Cl_4$)
톨루엔($C_6H_5CH_3$)	파라핀유

㉤ 장치

- 흡수기 : 증발기에서 증발한 냉매가스를 흡수제와 희석시켜 희용액으로 만든 후 용액펌프를 이용하여 발생기로 보낸다.

- 발생기(재생기) : 희용액(흡수제+냉매)을 열원으로 가열해 냉매와 흡수제를 분리시켜 냉매는 응축기로 보내고 흡수제는 다시 흡수기로 보내진다.
- 응축기 : 발생기에서 흡수제액과 분리된 냉매증기는 응축기에 냉각수와 열교환해 응축 액화한다.
- 증발기 : 응축기에서 넘어온 냉매는 냉매펌프에 의해 냉수랭각관 상부에 살포되어 냉수로부터 열을 빼앗아 증발한다. 증발한 냉매는 흡수기에 흡수되며 냉각되어진 냉수는 냉동목적에 이용된다.
- 열교환기 : 펌프에 의해 흡수기에서 발생기로 이송된 묽은 용액과 발생기에서 흡수기로 돌아오는 고온 진한 흡수용액을 열교환함으로서 열효율을 향상시킨다.
- 용량조절밸브 : 냉수의 출구온도를 감지해 부하변동에 대응하는 증기량과 희용액의 순환량을 조절한다.

㉥ 흡수제의 구비조건
- 용액의 증기압이 낮을 것
- 농도변화에 의한 증기압의 변화가 작을 것
- 재생에 많은 열량을 필요로 하지 않을 것
- 점도가 높지 않을 것

STEP 02 냉매

1. 냉매(Refrigerant)

1) 냉매의 정의 및 종류

① 냉매의 정의

㉮ 냉동 사이클을 순환하는 동작유체로서 저온의 열을 흡수하여 고온부로 운반, 이동시키는 순환 및 동작물질을 냉매라 한다.

㉯ 무기화합물 : NH_3, CO_2, SO_2, H_2O

㉰ 탄화수소 : CH_4, C_2H_6, C_3H_8

㉱ 할로겐화 탄화수소 : 프레온

㉲ 비혼합물 : R-500, R-501, R-502 등

② 냉매의 종류

㉮ 1차 냉매(직접 냉매)

㉠ 냉동시스템 내를 순환하면서 열을 운반하는 매개체

㉡ 잠열상태로 직접 부하로부터 열을 흡수한다.

㉢ NH_3, R-12, R-22 등

㉯ 2차 냉매(간접 냉매, 브라인)

㉠ 냉동시스템 밖을 순환하면서 열을 운반하는 매개체

㉡ 현열상태로 열을 운반한다.

㉢ $NaCl$, $CaCl_2$, $MgCl_2$, H_2O 등

2) 냉매의 구비조건

① 물리적 조건

㉮ 저온에서도 대기압 이상의 압력에서도 쉽게 증발할 것
R−12 : −29.8℃ 〉NH3 : −33.3℃ 〉R−22 : −40.8℃ 〉R−13 : −81.5℃

㉯ 임계온도가 높고 상온에서 쉽게 액화할 것

㉰ 응고온도가 낮을 것
NH_3 : −77.7℃ 〉R−12 : −158.2℃ 〉R−22 : −160℃ 〉R−13 : −181℃

㉱ 증발 잠열이 클 것(1RT당 냉매순환량이 적어진다)
NH_3 : 313.5kcal/kg 〉R−22 : 51.9kcal/kg 〉R−12 : 38.57kcal/kg

㉲ 냉매액은 비열이 작을 것
NH_3 : 1.156kcal/kg℃ 〉R−22 : 0.335kcal/kg℃ 〉R−12 : 0.243kcal/kg℃

㉳ 비열비가 작을 것(비열비가 작을수록 압축 후의 토출가스 온도 상승이 적다.)
NH_3 : 1.313(98℃) 〉R−22 : 1.184(55℃) 〉R−12 : 1.136(37.8℃)

㉴ 점도와 표면장력이 작고, 전열이 양호할 것

㉵ 전열이 양호한 순서 : NH_3 〉H_2O 〉Freon 〉Air

㉶ 누설시 발견이 용이할 것

㉷ 절연내력이 크고, 전기절연물을 침식시키지 않을 것
R−12 : 2.4 〉R−22 : 1.3 〉NH_3 : 0.83(N_2를 1로 기준)

㉸ 가스의 비체적이 적을 것

② 화학적 조건

㉮ 화학적 결합이 안정하여 분해되지 않을 것

㉯ 불활성이고, 금속을 부식시키지 않을 것

㉰ 인화 및 폭발성이 없을 것

③ 생물학적 조건

㉮ 독성 및 자극성이 없을 것

㉯ 인체에 무해하고, 누설시 냉장품에 손상이 없을 것

㉰ 악취가 없을 것

④ 경제적 조건

㉮ 가격이 저렴할 것

㉯ 소요 동력이 적게 들 것

㉰ 자동운전이 용이할 것

3) 냉매의 성질

① 암모니아(NH_3 : R−717)

㉮ 특성

㉠ 가연성, 폭발성, 독성, 자극성의 악취가 있다(독성 : SO_3 〉NH_3 〉Freon).

㉡ 대기압에서의 끓는점 : −33.3℃, 어는점 : −77.7℃

㉢ 냉동효과와 증발잠열이 크다.

㉣ 비열비(Cp/Cv)가 1.313(토출가스온도: 98℃)으로 커서 토출가스온도가 높아 워터자켓(Water Jacket)을 설치하여 실린더를 수랭각해야 한다.

㉤ 동(銅) 및 동(銅)을 62% 이상 함유하는 동합금을 부식시킨다.

㉥ 패킹은 천연고무와 이스베스토스(석면)를 사용한다.

㉦ 전기절연물을 열화, 침식시키므로 밀폐형 압축기에 사용할 수 없다.

㉧ 오일보다 가볍다(비중의 순서 : Freon 〉 H_2O 〉 Oil 〉 NH_3).

㉨ 윤활유는 서로 용해하지 않으나, 윤활유가 열화 , 탄화되므로 분리하여 배유시킨다.

㉩ 수분은 암모니아와 용해가 잘 되므로 수분이 동결되지는 않지만 수분 1% 침입시 증발온도 0.5℃씩 상승한다.

㉪ 유탁액(에멀전) 현상 : 암모니아에 다량의 수분이 용해되면 $NH_4(OH)$[수산화암모늄]이 생성되어 윤활유를 미립자로 분리시키고, 우유빛으로 변색시키는 현상으로 윤활유의 기능이 저하된다.

② 프레온(Freon)

㉮ 성질

㉠ 열에 대하여 안정하지만 800℃ 이상의 화염과 접촉하면 포스겐($COCl_2$) 가스가 발생한다.

㉡ 불연성이고 독성이 없다.

㉢ 무색, 무취이므로 누설시 발견이 어렵다.

㉣ 비열비가 크지 않아 토출가스온도가 높지 않다(R-12 : 37.8℃, R-22 : 55℃).

㉤ 대체로 끓는점과 어는점이 낮다.

- 끓는점 R-12 : -29.8℃, R-22 : -40.8℃, R-13 : -81.5℃
- 어는점 R-12 : -158.2℃, R-22 : -160℃, R-13 : -181℃

㉥ 전열이 불량하므로 핀튜브를 사용하여 전열면적을 증대시킨다.

㉦ 전기절연내력이 양호하므로 밀폐형 냉동기의 냉매로 사용할 수 있어 설치면적이 적어 소형화가 가능하다.

㉧ 마그네슘 및 마그네슘을 2% 이상 함유한 Al합금을 부식시킨다(염화메틸 : Al, Mg, Zn과 이들 합금을 부식시킨다).

㉨ 윤활유와의 관계

- 윤활유와 용해도가 큰 냉매 : R-11, R-12, R-21, R-113, R-500
- 윤활유와 용해도가 적고, 저온에서 분리되는 냉매 : R-13, R-14
- 냉매와의 용해로 윤활유의 응고온도가 낮아져 저온부에서도 윤활이 양호하다.
- 윤활유의 점도가 낮아진다.
- 오일 포밍(Oil Foaming) 현상이 일어난다.

㉩ 수분과의 영향

- 수분과는 용해되지 않으므로 팽창밸브를 동결 폐쇄시킨다(팽창밸브 직전에 드라이어를 설치하여 수분을 제거한다.).
- 산(HCl, HF)을 생성하여 금속 또는 장치 부식이 촉진된다.
- 동(銅)부착 현상이 일어날 수 있다.

㉯ 프레온 냉동장치에서의 현상

㉠ 오일포밍(Oil Foaming)

- 현상
  - 오일 해머링(Oil Hammering)이 우려된다.
  - 응축기, 증발기로 Oil이 넘어가 전열을 방해한다.
  - 크랭크케이스 내의 Oil 부족으로 활동부의 마모 및 소손을 초래한다.
- 방지대책
  - 크랭크케이스 내에 오일 히터를 설치
  - 터보 냉동기 : 무정전 히터를 설치

㉡ 오일 해머링(Oil Hammering) : 오일 포밍 등이 발생하게 되면 실린더 내로 다량의 오일이 올라가 오일을 압축하게 되는데 오일은 비압축성이므로 실린더 헤드부에서 충격음이 발생하게 되며, 이러한 현상이 심하면 압축기가 손상된다.

㉢ 동부착(Copper plating) 현상 : 프레온 냉동장치에서 수분과 프레온이 작용하여 산이 생성되고, 나아가 침입한 공기 중의 산소와 반응된 다음 냉매 순환 계통중의 동을 침식시키고, 침식된 동이 냉동장치를 순환하다가 압축기 고온부(실린더, 피스톤)에 동(銅)이 부착되는 현상

㉣ 동부착(Copper plating) 현상이 일어날 수 있는 조건

- 수소분자가 많은 냉매일수록[예 : R−40(CH_3Cl : 메틸클로라이드)]
- 장치 중에 수분이 많을수록
- Oil 중에 왁스 성분이 많이 함유되었을 때
- 압축기의 피스톤, 실린더와 같은 고온부일수록 부착이 잘된다.

③ 프레온계 냉매의 구성

㉮ 구성

㉠ 탄화수소계 냉매

㉡ 메탄계(CH_4) 냉매 : 4개의 H 대신 할로겐원소와 치환된 냉매

㉢ 에탄계(C_2H_6) 냉매 : 6개의 H 대신 할로겐원소와 치환된 냉매

㉯ 표기순서 : C → H → Cl → F

㉰ 표기방법

㉠ 메탄계(십단위) 냉매 : $CHClF_2$(R−22)

- C의 숫자가 1일 때는 메탄계로써 냉매번호는 십의 자리수 냉매이다.
- 일의 자리인 F의 수가 2개이므로 R−X2로 표시된다.
- 십의 자리인 H의 수가 1개이므로 (H수 + 1 = 1 + 1)로서 R−22로 표시된다.
- 메탄계일 때는 C 이외의 원소수가 4개가 되도록 Cl(오존층 파괴의 주범으로 신냉매는 염소를 완전히 제거한 것을 사용한다. 이럴 경우 효율이 3~5% 정도 떨어진다.)로 맞추어 채운다.

㉡ 에탄계(백단위) 냉매 : $C_2HCl_2F_3$(R−123)

- C의 숫자가 2일 때는 에탄계로써 냉매번호는 백의 자리수 냉매이다.

- 일의 자리인 F의 수가 3개이므로 R-1X3로 표시된다.
- 십의 자리인 H의 수가 1개이므로(H수 + 1 = 1 + 1)로서 R-123로 표시된다.
- 에탄계일 때는 C_2 이외의 원소수가 6개가 되도록 Cl(오존층 파괴의 주범으로 신냉매는 염소를 완전히 제거한 것을 사용한다. 이럴 경우 효율이 3~5% 정도 떨어진다.)로 맞추어 채운다.

4) 각 프레온 냉매의 특성

① R-11 : 끓는점이 높고 저압의 냉매로서 가스의 비중이 커 공조용인 터보 냉동기의 냉매, 100RT 이상의 대용량 공기조화용으로 브라인으로 사용되며 오일을 잘 용해하므로 R-113과 함께 냉동장치 세척용으로 많이 사용한다.

② R-12 : 프레온 냉매 중 가장 먼저 개발된 것으로 소형 가정용 냉장고에서 대형 냉동기까지 저온에서 고온까지 광범위하게 사용되고 있으며 주로 왕복동식에 적합하나 대용량의 터보 냉동기에도 사용한다.

③ R-13 : 끓는점이 대단히 낮고 어는점도 매우 낮아 2원 냉동장치의 저온측 냉매로 사용한다.

④ R-22 : R-12와 함께 소형에서 대형까지, 저온에서 고온, 단단에서 2단 압축까지 광범위하게 사용되는 냉매이다.

⑤ R-113 : 저압냉매로서 R-11과 함께 주로 공조용 터보냉동기에 많이 사용한다.

⑥ R-114 : 회전식 압축기용 냉매로서 소형에서 많이 사용한다.

⑦ R-134a : R-12의 대체 냉매로서 끓는점은 26.5℃, 어는점은 -108℃로서 R-12에 비하여 냉동능력이 좋고, 토출가스온도는 약간 낮으며 거의 특성과 성질이 매우 비슷하고, R-12 냉동장치에 그대로 사용시 약 8% 정도의 냉동성능이 감소하며 현재 가정용냉장고나 자동차에어콘에 사용하고 있다.

5) 공비 혼합냉매

프레온 냉매 중 서로 다른 두 가지 냉매를 적당한 중량비로 혼합하면 액체 상태나 기체 상태에서 처음 냉매들과는 전혀 다른 하나의 새로운 특성을 나타내게 되는 냉매(가 + 나 → 다)로서 R-500 단위로 시작된다.

① R-500

㉮ R-12의 능력을 개선할 때 사용한다(약 20% 냉동력 증대).

㉯ 열에 대한 안정성이 양호하다.

㉰ 윤활유에 잘 혼합되며 절연내력이 크다.

② R-501

㉮ R-22와 같이 오일이 압축기로 돌아오기 힘든 냉매는 R-12를 첨가하여 사용함으로써 오일을 압축기로 잘 회수할 수 있게 된다.

㉯ R-12에 R-22를 20% 정도 첨가하면 냉동능력은 약 30% 정도 증가한다.

③ R-502

㉮ R-22의 능력을 개선할 때 사용한다(약 13% 냉동력 증대).

㉯ R-22보다 저온을 얻고자 할 때 사용된다.

④ R-503

㉮ R-13의 능력을 개선할 때 사용한다.

㉯ R-13보다 낮은 온도를 얻는데 유리하다.

㉰ R-13과 같이 2원 냉동장치의 저온용냉매로 이용된다.

냉매번호	혼합된 냉매	비등점
R-500	R-12 + R-152	-18.5℃
R-501	R-12 + R-22	-41℃
R-502	R-22 + R-115	-45.5℃
R-503	R-13 + R-23	-89.2℃

6) 기타 냉매

① 암모니아(NH_3) : R-717

② 물(H_2O) : R-718

㉮ 흡수식 냉동장치의 냉매 또는 흡수제와 증기분사식 냉동장치의 냉매로 쓰인다.

㉯ 0℃ 이하의 저온에서는 사용이 불가능하다.

③ 공기(Air) : R-729

㉮ 공기 압축식 냉동장치의 냉매로 쓰인다.

㉯ 항공기의 냉방과 같은 특수한 목적의 냉방용 냉동기와 냉방에 이용된다.

④ 탄산가스(CO_2) : R-744

㉮ 임계온도가 31℃로 낮아 응축이 힘들다.

㉯ 불연성이다.

㉰ 오일과는 잘 용해되지 않는다.

㉱ 동일 냉동 능력당 동력소비가 크고 성적계수가 나쁘다.

⑤ 아황산가스(SO_2) : R-764

㉮ 독성이 가장 강하다(허용농도 5ppm).

㉯ 암모니아와 접촉시 흰 연기가 발생한다.

㉰ 끓는점 -10℃이고, -15℃에서 증발압력이 150mmHg이므로 외기침입의 우려가 있다.

⑥ 탄화수소 냉매

㉮ 에탄(C_2H_6) : R-170

㉯ 프로판(C_3H_8) : R-290

㉰ 부탄(C_4H_{10}) : R-600

2. 신냉매 및 천연냉매

1) 신냉매

① 특징

㉮ 오존층 파괴의 문제점으로 염소원자가 없는 프레온으로 R-11, R-12의 대체를 위해 개발된 냉매이다.

㉯ 대체냉매, 신냉매 또한 오존층파괴지수(ODP)는 개선되었으나 지구온난화지수(GWP)가 높아 온실 가스 규제 대상에 포함되므로 친환경냉매로 대체되어가는 경향이다.

② R-23(CHF_3)

㉮ 특수 저온용 냉매, 할론소화용제로 사용

㉯ R-12와 R-503 대체품

③ R-123(CF_3CHCl_2)

㉮ 터보냉동기용 냉매

㉯ R-11 대체품

④ R-124(CF_3CHClF)

㉮ 냉매 : 칠러(chiller)에 사용 가능

㉯ 희석제 : 살균가스 R-12 대체품

㉰ 절연제 : 경질 폼 절연제로서 R-11, R-12 대체품

⑤ R-134a(CH_2FCF_3)

㉮ 오존층 파괴주수(ODP)=0, 지구온난화지수(GWP) = 1200으로 높음

㉯ 냉매 : 자동차에어컨, 산업용냉장, R-12 대체품

㉰ R-134a의 대체 신냉매가 연구 중이며 R-1234yf, R-152a, R-744가 개발됨

⑥ R-141b(CH_3CCl_2F)

㉮ 냉매 : 대형 냉동기용, R-11 중간대체품

㉯ 발포제 : 경질, 연질 우레탄 foam 제조

⑦ R-142b(CH_3CClF_2)

㉮ 폴리스틸렌 및 폴리에틸렌용 발포제

㉯ 인체용 에어로졸 분사제

⑧ R-152a(CH_3CHF_2) 디플로로에탄

㉮ 오존층 파괴지수 = 0, 지구온난화지수 = 140

㉯ 가연성, R-134a와 유사한 특성을 지닌 신냉매

⑨ R-1234yf 탄화불화올레핀

㉮ 탄화불화올레핀 계열의 약 가연성 물질

㉯ 독성, 폭발성 없음

㉰ 오존층파괴지수 = 0, 지구온난화지수 = 4

㉱ 기존 신냉매인 R-134와 열역학적 특성이 매우 유사함

2) 대체 혼합냉매(냉매번호 400번 계열)

① R-401a

㉮ R-22(53%) + R-152A(13%) + R-124(34%)

㉯ R-12 대체 냉매

㉰ 대형 마켓, 대형냉각기의 중저온용 용적식 압축장치에 사용

② R-404a : R-502 중간 대체 냉매

㉮ R-125(44%) + R-143a(52%) + R-134a(4%)이며 분리되기 쉽다.

㉯ R-502 중간 대체 냉매로써 토출 온도는 R-502보다 10℃ 낮고, 압력은 10% 높다.

㉰ 냉매 주입 시 반드시 액체상태로 주입해야 한다.

③ R－407c : R－22 대체용

㉮ R－32(23%) + R－125(25%) + R－134a(52%)

㉯ 혼합냉매로서 R－22에 물리적 특성이 가장 근접함

㉰ 비등점 －44℃, 임계온도 86℃, 임계압력 46.1bar, 증발잠열 46.3kcal/kg

㉱ 가정용 · 산업용 에어컨, 중대형 공조기에 사용

㉲ 냉매 주입 시 액체 상태로 주입해야 함

㉳ 6℃ 정도 온도 글라이드 및 냉매의 열전달계수의 저하로 인한 성능 감소 현상이 발생

㉴ 냉매 혼합비율이 복잡하므로 냉매 누설 및 재충전에 따른 시스템 성능 변화 용이

㉵ R－407c 시스템의 냉동능력 및 효율은 증발기 구조를 대향직교류로 변환해야 향상된다.

④ R－408a : R－502 대체용

㉮ R－22(47%) + R－125(7%) + R－143a(46%)

㉯ 비등점 －44.4℃, 임계온도 83.5℃, 임계압력 43.1bar, 증발잠열 54.24kcal/kg

㉰ 저온, 중온 상업용 냉장/냉동 시스템에서 R－502 대체품

⑤ R－409a : R－12 대체용

㉮ R－22(60%) + R－124(25%) + R－142b(15%)

㉯ 비등점 －34.5℃, 임계온도 107℃, 임계압력 46bar, 증발잠열 52.57kcal/kg

⑥ R－410a : R－22 대체용

㉮ R－32(50%) + R－125(50%)

㉯ 비등점 －51.95℃, 임계온도 71℃, 임계압력 49.2bar, 증발잠열 64.04kcal/kg

㉰ 히트펌프 전용으로 개발됨

㉱ 에어컨, 냉동/냉장 시스템용, 소형공조기에 사용 냉매 주입시 액체 상태로 주입해야 함

㉲ 기존 냉매에 비해 작동압력이 매우 높아 부품을 고압용으로 대체해야 함

㉳ 냉매의 열전달 특성이 R－22에 비해 우수하며 비체적이 작아 시스템의 소형화 가능

㉴ 냉매 혼합 비율이 간단해 냉매의 누설시 재충전이 용이하다.

⑦ R－507a : R－502 대체용

㉮ R－125(50%) + R－143(50%)

㉯ 냉매 : 저온, 중온 상업용, 냉장/냉동 시스템용

3) 자연 냉매(친환경 냉매)

물, 암모니아, 질소, 이산화탄소, 프로판, 부탄 등은 인공화합물이 아니고 지구상에 자연적으로 존재하는 물질이므로 자연 냉매라 한다.

① R－600a($CH_3CHCH_3CH_3$) 이소부탄

㉮ 부탄의 이성질체, 친환경 냉매

㉯ 무색 기체, 냉매 누설시 인화 폭발 위험

㉰ 냉장고용 냉매로 사용되고 있다.

② R－744(CO_2) 탄산가스

㉮ 오존층 파괴지수 = 0, 지구온난화지수 = 1

㉯ 임계온도가 31℃로 낮아 응축이 어려움

㉰ 불연성이며 오일과 잘 용해하지 않는다.
㉱ 동일 냉동 능력당 소비동력이 크고 성적계수가 낮다.

3. 브라인(Brine)

1) 브라인 정의 및 구비조건

① 브라인의 정의 : 2차 냉매(간접 냉매)로 냉동장치 밖을 순환하면서 상태변화 없이 감열로서 열을 운반하는 동작유체

② 브라인의 구비조건

㉮ 열용량(비열)이 크고, 전열이 양호할 것
㉯ 공정점과 점도가 낮을 것
㉰ 부식성이 없을 것
㉱ 어는점이 낮을 것
㉲ 누설시 냉장물품에 손상이 없을 것
㉳ 가격이 싸고, 구입이 용이할 것
㉴ pH 값이 적당할 것(7.5~8.2 정도)

2) 브라인의 종류

① 무기질 브라인

㉮ 식염수(NaCl)
㉠ 주로 식품냉동에 사용
㉡ 값은 싸나 무기질 브라인 중 부식력이 가장 크다.
㉢ 공정점 : −21.2℃

㉯ 염화마그네슘($MgCl_2$)
㉠ 부식성은 염화칼슘보다 높고, 현재는 거의 사용하지 않는다.
㉡ 공정점 : −33.6℃

㉰ 염화칼슘($CaCl_2$)
㉠ 일반적으로 제빙, 냉장 및 공업용으로 가장 많이 사용된다.
㉡ 공정점 : −55℃, 사용온도 : −32℃~−35℃
㉢ 흡수성이 강하고, 누설시 식품에 접촉되면 떫은맛이 난다.

② 유기질 브라인(고가이기 때문에 거의 사용하지 않음)

㉮ 에틸알콜(C_2H_5OH)
㉠ 어는점 : −114.5℃, 끓는점 : 78.5℃, 인화점 : 15.8℃
㉡ 인화점이 낮으므로 취급에 주의를 요한다.
㉢ 비중이 0.8로서 물보다 가볍다.
㉣ 식품의 초저온 동결(−100℃ 정도)에 사용할 수 있다.
㉤ 마취성이 있다.

㉯ 에틸렌글리콜($C_2H_6O_2$)
㉠ 어는점 : −12.6℃, 끓는점 : 177.2℃, 인화점 : 116℃

㉡ 물보다 무거우며(비중 1.1) 점성이 크고 단맛이 있는 무색의 액체이다.
㉢ 비교적 고온에서 2차 냉매 또는 제상용 브라인으로 쓰인다.

㉰ 프로필렌글리콜
㉠ 어는점 : −59.5℃, 끓는점 : 188.2℃, 인화점 : 107℃
㉡ 물보다 약간 무거우며(비중1.04) 점성이 크고 무색, 독성이 없는 무독의 액체이다.
㉢ 분무식 식품냉동이나, 약 50% 수용액으로 식품을 직접 침지한다.

③ 브라인의 금속부식 방지법
㉮ 공기와 접촉하지 않도록 하여 산소가 브라인 중에 녹아들지 않는 순환 방법을 택한다.
㉯ pH는 7.5~8.2 정도의 약알칼리성이 좋다.
㉰ 방식아연(16번 아연도금철판)을 부착한 철판을 사용한다.
㉱ 방청약품 사용
㉠ $CaCl_2$: 브라인 1ℓ당 중크롬산소다 1.6g을 첨가, 중크롬산소다 100g당 가성소다 27g씩 첨가
㉡ NaCl : 브라인 1ℓ당 중크롬산소다 3.2g을 첨가, 중크롬산소다 100g당 가성소다 27g씩 첨가

3) 냉매의 누설검사

① 암모니아(NH_3)
㉮ 냄새 : 악취
㉯ 붉은 리트머스 시험지 : 파란색으로 변색
㉰ 페놀프탈레인지 : 붉은색으로 변색
㉱ 유황초(황산, 염산) : 하얀색 연기 발생
㉲ 네슬러시약
㉠ 소량누설 : 노란색
㉡ 다량누설 : 보라색

② 프레온(Freon)
㉮ 비눗물 검사 : 기포발생
㉯ 헬아이드토치 사용 : 불꽃색의 변화(사용연료 : 프로판, 부탄, 알콜 등)
㉠ 누설이 없을 시 : 파란색
㉡ 소량 누설 시 : 초록색
㉢ 다량 누설 시 : 보라색
㉣ 극심할 때 : 불이 꺼짐
㉰ 할로겐 전자누설 탐지기 사용

4) 냉매의 상해에 대한 구급방법

① 암모니아(NH_3)
㉮ 눈에 들어간 경우 : 물로 세척한 후 2%의 붕산액으로 세척하고, 유동파라핀을 2~3방울 점안한다.
㉯ 피부에 묻은 경우 : 물로 세척 후 피크린산용액을 바른다.

② 프레온(Freon)
㉮ 눈에 들어간 경우 : 살균광물유로 세척한다(2%의 살균광물유로 세척하거나, 5%의 붕산액으로 세척한다.).
㉯ 피부에 묻은 경우 : 물로 세척 후 피크린산용액을 바른다.

4. 냉동기유

1) 냉동기유 정의

① 냉동기유

㉮ 냉동장치에 사용하는 윤활유를 말하며 나프텐계유, 파라핀계유 등과 같이 대부분 원유로부터 얻어지는 광물성유이다.

㉯ 냉동기유는 압축기 마찰부분의 마모방지를 위한 윤활작용이 주목적이며, 냉매가스가 실린더벽과 피스톤링 사이로 새는 것과 축봉장치로 새는 것을 방지하는 밀봉작용을 한다.

② 냉동기유 조건

㉮ 적당한 점도

㉯ 유성이 좋아 유막형성 능력이 뛰어날 것

㉰ 응고점이 낮아 저온에서도 유동성이 좋을 것

㉱ 인화점이 높을 것(열적 안정성이 좋을 것)

㉲ 냉매와 분리성이 좋고 화학반응을 일으키지 않을 것

㉳ 쉽게 산화하지 않을 것

㉴ 냉매, 수분이나 공기 등에 쉽게 용해되지 않으며 용해되었을 때 쉽게 유화되지 않을 것(항유화성이 있을 것)

㉵ 왁스성분이 적을 것

㉶ 밀폐형에 사용되는 것은 전기 절연도가 클 것

㉷ 유막의 강도가 클 것

2) 냉동기유 취급과 유의사항

① 냉동기유 취급

㉮ 윤활유 용기는 상온의 실내에서 적어도 24시간 방치하여 윤활유 중의 수분을 방출해 버려야 한다.

㉯ 윤활유 용기의 입구를 절개할 때는 자르고자 하는 입구를 가능한 작게 해야 한다.

㉰ 윤활유가 들어 있거나 비어있을 때에 습기 있는 공기의 침입을 가능한 방지해야 한다.

② 취급시 주의 사항

㉮ 피스톤과 실린더의 마모는 크랭크실 내의 액면이 낮아졌을 때이다.

㉯ 윤활유의 오염은 크랭크 실내의 유면이 지나치게 높을 때이다.

㉰ 냉매에 의해 운반된 윤활유나 냉매액의 혼입 등에 의해 흡입압력이 급격히 저하되면 기포가 발생되며 윤활유가 없어진다.

㉱ 윤활유는 압력이 가해지면 냉매를 흡수한다.

㉲ 압력이 급격히 감소하면 윤활유에 용입된 냉매가 비등하여 기포가 발생한다.

㉳ 크랭크실과 흡입구를 연결하여 균압시키는 방법은 윤활유가 피스톤에서 누설되어 고압 가스에 의하여 밀어내지게 한다.

STEP 03 냉동 사이클

1. 증기 선도

1) 증기 선도의 종류

① P－V 선도

㉮ 좌표의 세로축에 압력, 가로축에 비체적을 표시한 것

㉯ 열이 일로 변화되는 것을 표시하는데 편리하다.

㉰ 열기관 성적을 분석할 때 사용한다.

② P－h 선도와 냉동 사이클

㉮ 좌표의 세로축에 절대압력, 가로축에 엔탈피를 표시한 것

㉯ 냉매 1kg이 장치 내를 순환하면서 상태변화 과정을 나타낸 것

㉰ 냉동 사이클의 계산에 많이 사용되며 모리엘 선도라 한다.

③ T－S 선도

㉮ 좌표의 세로축에 절대온도, 가로축에 엔트로피를 표시한 것

㉯ 엔트로피 선도라고 한다.

2) 모리엘 선도

① 모리엘 선도의 기능

㉮ 냉동장치 내에서 냉매 1kg의 작업과정

㉯ 냉동장치가 효율 좋게 운전되는가의 여부 파악

㉰ 냉동장치의 이론적인 각종 계산 및 운전조건에 따른 각종 상태식

② 모리엘 선도의 6대 구성요소

㉮ 모리엘 선도는 등압선, 등엔탈피선, 등온선, 등비체적선, 등엔트로피선, 등건조도선으로 이루어져 있다.

㉯ 등압선(P : kg/cm^2 abs) : 한 선상의 압력은 과냉, 습증기, 과열증기 구역이 모두 동일하다.

㉰ 등엔탈피선(h : kcal/kg)

㉠ 0℃ 포화액의 엔탈피는 100kcal/kg

㉡ 0℃ 건조공기의 엔탈피를 0으로 한다.

㉢ 냉동효과(qe), 응축방열량(qc), 소요동력(AW)의 계산이 가능

㉱ 등온선(t : ℃)

㉠ 같은 온도의 점을 연결한 등온도선으로 등온선상의 온도는 모두 같다.

㉡ 포화액선보다 왼쪽 부분은 액화냉매를 나타내는 부분이며, 등엔탈피선과 거의 평행이다.

㉢ 포화액선과 포화증기선의 사이인 습증구역에서는 압력과 온도는 서로 상관관계가 있어 냉매의 압력이 정해지면 온도도 정해지므로, 등온선은 등압선과 평행하게 된다.

㉣ 포화증기선 오른쪽 과열증기 부분에서 등온선은 건포화증기선에서 다소 경사를 이루며 표시되어 있고 측면에 온도값이 적혀 있다.

㉲ 등비체적선(v : m^3/kg)

㉠ 냉매의 비체적 즉 냉매 1kg당 체적이 같은 점을 연결한 곡선이다.

㉡ 습증기와 과열증기 구역에서 걸쳐 점선으로 그어져 있다.

㉢ 비체적 1.0m^3/kg이라고 표시된 등비체적은 냉매 1kg당 차지하는 체적이 1m^3인 냉매를 말한다.

㉥ 등엔트로피선(S : kcal/kg · °K)

㉠ 어떤 물체의 엔트로피는 물체에 열의 출입이 없을 때는 변화하지 않는다.

㉡ 단열압축에서 냉매증기의 엔트로피는 변화하지 않으나 냉매의 압력, 온도, 비체적은 등엔트로피선에 따라 변한다.(단열압축 : 압축기에서 냉매가스를 압출할 때 일어나는 과정)

㉢ 습증기, 과열증기 구역만 존재

㉣ 압축과정은 이론상 단열압축으로 간주하므로 등엔트로피선을 따라 진행

㉤ 0℃ 포화액의 엔트로피를 1로 한다.

㉦ 등건조도선(x)

㉠ 습증기 구역에서 건도가 일정한 점을 연결한 곡선이다.

㉡ 건도 포화증기일 때는 건도 1, 포화액일 때 0이다. 습증기 중에 있는 증기의 비건도가 0.2라고 하는 것은 습증기 중에서 20%가 건포화증기이고, 80% 액체인 상태이다.

㉢ 습증기 구역 안에서만 존재한다.

㉣ 플래시가스(Flash Gas)의 양을 알 수 있다.

3) P-h 선도와 냉매상태 변화

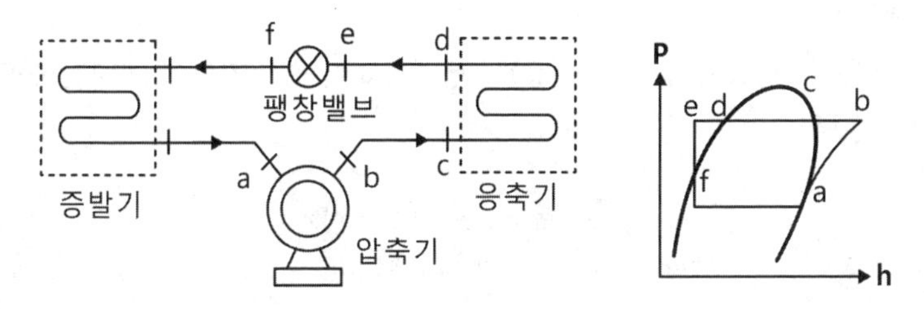

① 압축과정(a → b)

㉮ a점 : 증발기 출구 또는 압축기 흡입지점으로 냉매는 저온(−15℃), 저압의 건포화증기

㉯ a → b 과정 : 단열 압축과정으로 냉매는 건포화증기에서 과열증기가 된다. 이 과정은 단열변화 과정이지만 압축기로부터 받는 일의 열당량 만큼의 엔탈피가 증가한다.

㉰ b점 : 압축기 토출 또는 응축기 흡입 지점으로 고온, 고압의 과열증기 상태

② 응축과정(b → e)

㉮ b → c 과정 : 응축기에서의 과열 제거 과정으로 과열증기가 액화되기 직전의 건포화증기로 변화되는 동안 온도가 낮아진다.

㉯ c점 : 고온(30℃), 고압의 포화액 상태

㉰ c → d 과정 : 실제 응축과정으로 물 또는 공기를 이용하여 응축시키므로 잠열과정이다(건포화증기 → 습포화증기 → 포화액).

㉱ d점 : 고온(30℃), 고압의 포화액 상태

㉲ d → e 과정 : 응축기에서의 과냉각 과정으로 포화액의 온도보다 5℃ 정도 과냉각된다.

㉳ e점 : 응축기 출구 또는 팽창밸브 입구지점으로 냉매는 25℃의 과냉각된 액체 상태

③ 팽창과정(e → f)

㉮ e → f 과정 : 단열 팽창 과정으로 엔탈피의 변화는 없고(등엔탈피과정), 교축작용으로 유체의 속도가 증대되면 압력이 강하된 포화압력에 대응하는 온도(−15℃)로 저하된다.

㉯ f점 : 팽창밸브 출구 또는 증발기 흡입지점으로 저온(−15℃), 저압(P2)의 포화액과 증기(플래시 가스)가 공존하는 지점

④ 증발과정(f → a)

증발기로 흡입된 액냉매는 냉동 또는 냉각에 사용되고, 피냉각 물체로부터 열을 흡수하여 점차 증발하게 되는 잠열과정이므로 온도는 변하지 않고 증발기 출구지점에서 건포화증기로 변한다.

[P-h 선도와 냉매상태 변화]

P-h 선도	냉동 사이클	장치	냉매 상태 변화
a → b	압축과정	압축기	압력, 온도상승, 비체적감소, 엔트로피 불변, 엔탈피 증가
b → c	과열제거 과정	응축기	압력불변, 온도강하, 비체적감소, 엔탈피 감소
c → d	응축 과정	응축기	압력불변, 온도일정, 엔탈피 감소, 건조도 감소
d → e	과냉각 과정	응축기	압력불변, 온도강하, 엔탈피 감소
e → f	팽창 과정	팽창밸브	압력강하, 온도강하, 엔탈피 불변, 비체적 증가
f → a	증발 과정	증발기	압력불변, 온도일정, 엔탈피 증가

4) 냉동장치의 계산

① 냉동효과, 냉동력, 냉동량(qe : kcal/kg) : 냉매 1kg이 증발기를 통과하는 동안 피냉각물체로부터 흡수하는 열량

$$qe = ha - he = (1 - x)r$$

(ha : 증발기 출구 엔탈피, he : 증발기 입구 엔탈피, r : 증발잠열, x : 건조도)

② 압축일의 열당량, 압축열량(Aw : kcal/kg) : 압축기에서 저압의 냉매가스 1kg을 고압으로 상승시키는데 소요되는 압축일을 열량으로 환산한 값

$$Aw = hb - ha$$

(Aw : 압축일량, hb : 압축기 출구 엔탈피, ha : 압축기 입구 엔탈피)

③ 응축기 방열량, 응축열량(qc : kcal/kg) : 증발기를 통과하는 동안 냉매 1kg이 흡수한 열량과 압축기에서 받은 열량을 공기나 냉각수에 의해 방출하는 열량

$$qc = qe + Aw = hb - he$$

④ 성적계수(COP : ε)

㉮ 냉동능력과 압축일에 해당하는 소요동력과의 비

㉯ P-h 선도상 성적계수

$$COP = \frac{qe}{Aw} = \frac{[ha - he]}{[hb - ha]}$$

㉰ 이론 성적계수

$$\varepsilon(0) = \frac{qe}{Aw} = \frac{Q_2}{(Q_1 - Q_2)} = \frac{T_2}{(T_1 - T_2)}$$

㉱ 실제 성적계수

$$\varepsilon = \varepsilon(0) \times \eta(c) \times \eta(m)$$

㉲ 히트펌프의 성적계수(COP(H))

$$\varepsilon(H) = \frac{q_1}{Aw} = \frac{Q_1}{(Q_1 - Q_2)} = \frac{T_1}{(T_1 - T_2)}$$

⑤ 냉매 순환량(G : kg/h) : 냉동장치에서 1시간 동안 증발기에서 증발하는 냉매의 양

$$G = \frac{\text{냉동능력}(kcal/h)}{\text{냉동효과}(kcal/kg)} = \frac{Q_2}{q_2} = \frac{(V(a) \times \eta(v))}{v}$$

⑥ 냉동능력(Q_2 : kcal/h) : 냉동장치에서 냉매가 증발기에서 흡수하는 열량

$$Q_2 = G \times q_2 = \left\{\frac{(V_a \times \eta_v)}{v}\right\} \times q_2$$

⑦ 냉동톤

㉮ RT : 0℃ 물 1ton을 24시간 동안에 0℃ 얼음으로 만드는데 제거해야 할 열량

㉯ USRT : 32℉ 물 2000lb를 24시간 동안에 32℉ 얼음으로 만드는데 제거해야 할 열량

㉰ 냉동톤의 비교

㉠ 1RT(한국냉동톤) = $\frac{1000 \times 79.68}{24} = 3320(kcal/h)$

㉡ 1USRT(미국냉동톤) = $\frac{2000 \times 144}{24} = 12000(BTU/h) ≒ 3024(kcal/h)$

⑧ 제빙톤 : 제빙장치에서 1일의 얼음 생산능력을 톤(ton)으로 나타낸 것으로 25℃의 원수 1ton을 24시간 동안에 -9℃의 얼음으로 만드는데 제거할 열량을 냉동능력으로 나타낸 것이다.

$$1\text{제빙톤} = \frac{1000 \times [25 + 79.68 + (0.5 \times 9)] \times 1.2}{24 \times 3320} ≒ 1.65RT$$

⑨ 결빙시간 : 얼음을 얼리는데 소요된 시간은 얼음 두께의 제곱에 비례하고 브라인의 온도에 반비례

$$H = \frac{0.56 \times t^2}{tb}$$

(H : 결빙시간(h), 0.56 : 결빙계수, t : 얼음두께(cm), tb : 브라인 온도)

2. 냉동 사이클

1) 사이클(Cycle)

① 사이클 : 유체가 임의의 상태점 A에서 출발하여 여러 가지 변화를 거쳐 다시 원상태 A로 되돌아오는 경우 유체가 행하는 연속적인 변화를 사이클(Cycle)이라 하며, 이 사이클을 행한 유체를 동작유체라 한다.

② 가역 사이클 : 상태변화가 모두 가역변화로 이루어진 사이클

③ 비가역 사이클 : 사이클 중 어느 한 변화라도 비가역일 경우

④ 가역사이클은 자연계에 존재할 수 없다.

2) 카르노 사이클(Carnot Cycle)

이상적인 열기관사이클로서 두개의 등온선과 두개의 단열선으로 이루어진 사이클

① 1 → 2 과정 : 등온팽창

② 2 → 3 과정 : 단열팽창

③ 3 → 4 과정 : 등온압축

④ 4 → 1 과정 : 단열압축

⑤ 카르노 사이클에서의 열효율 : 열기관은 동일량의 열 공급에 대해 큰 일을 할수록 효율이 좋은 것이다. 열효율은 얻은 일에 상당하는 열량 AW와 공급된 열량 Q_1의 비를 말한다.

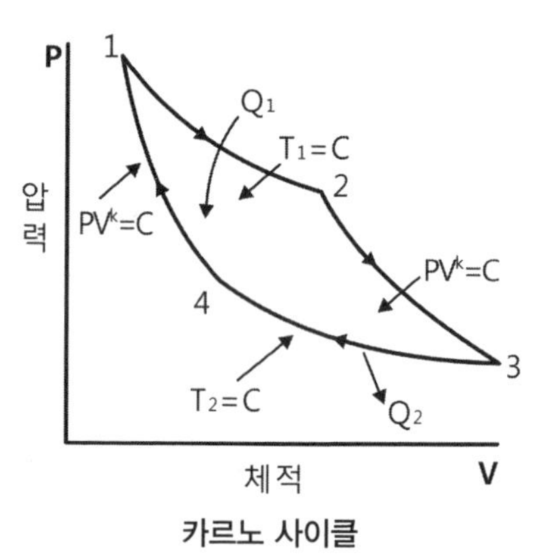

카르노 사이클

$$열효율 : \eta = \frac{AW}{Q_1} = \frac{Q_1 - Q_2}{Q_1} = \frac{T_1 - T_2}{T_1}$$

3) 역 카르노 사이클(Reverse-Carnot Cycle)

카르노 사이클을 역으로 행하는 이상적인 냉동 사이클로, 두개의 단열선으로 이루어져 있다.

① 3 → 2 과정 : 단열압축(압축기)

② 2 → 1 과정 : 등온압축(응축기)

③ 1 → 4 과정 : 단열팽창(팽창밸브)

④ 4 → 3 과정 : 등온팽창(증발기)

㉮ 고온물체의 절대온도 T_1은 응축기에서 응축된 액화냉매의 온도이고, 저온물체의 절대온도 T_2는 증발기에서 증발하는 액화냉매의 온도이다.

㉯ 응축온도는 되도록 낮게, 증발온도는 되도록 높게 하는 $(T_1 - T_2)$의 차가 적을수록 냉동기 성능계수는 좋게 된다.

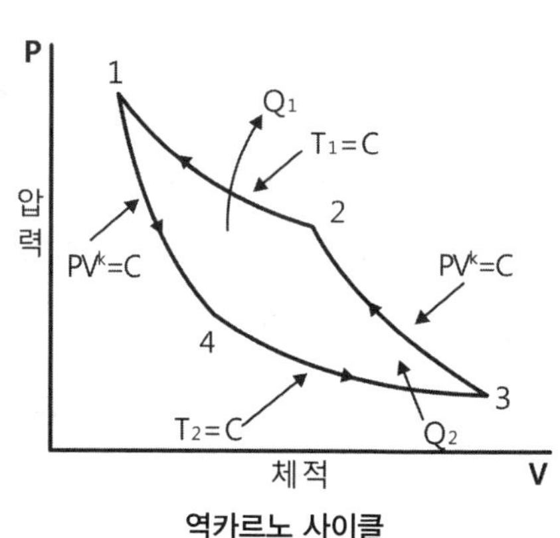

역카르노 사이클

⑤ 역 카르노 사이클에서의 성적계수 : 냉동기 성적계수 : 냉동기의 효율로서 냉동기가 증발기에 흡수한 열량과 이를 압축기에서 소요된 일(압축기 일량)의 열당량과의 비

$$(COP)R = \frac{Q_2}{AW} = \frac{Q_2}{Q_1 - Q_2} = \frac{T_2}{T_1 - T_2}$$

㉮ 이론적 성적계수

$$\varepsilon = \frac{Q_2}{AW} = \frac{Q_2}{Q_1 - Q_2} = \frac{T_2}{T_1 - T_2} = \frac{\text{냉동효과}}{\text{압축일의 열당량}}$$

(ε : 성적계수, Q_2 : 증발부하, 냉동력, Q_1 : 응축부하
AW : 압축일의 열당량, T_2 : 증발절대온도, T_1 : 응축절대온도)

㉯ 실제적 성적계수

$$\varepsilon_0 = \frac{\text{냉동능력}}{\text{압축기소요동력} \times \text{동력열당량}} = \varepsilon \times \eta_c \times \eta_m$$

(ε_0 : 실제 성적계수 η_C : 압축효율 η_m : 기계효율)

㉰ 압축 효율과 기계효율
- ㉠ 압축 효율 : 가스를 압축하는데 필요한 이론적 동력과 실제적 동력의 비
- ㉡ 기계 효율 : 가스를 압축하는데 필요한 실제 동력과 이를 위해 압축기를 운전하는데 소요된 동력의 비

㉱ 성적계수는 큰 것이 좋으며 항상 1보다 크다.

4) 기준 냉동 사이클의 과정

냉동기의 기종이나 대소에 관계없이 성능을 비교하기 위하여 제안된 일정한 온도조건에 의한 냉동 사이클로 다음과 같이 기준한다.

① 응축온도(t_c) : 30℃
② 증발온도(t_e): −15℃
③ 팽창밸브 직전의 온도 : 25℃(과냉각도 5℃)
④ 압축기 흡입가스 상태 : −15℃의 건포화증기

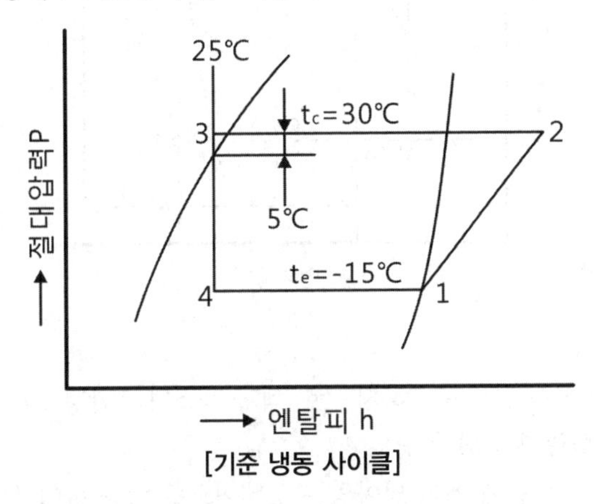

[기준 냉동 사이클]

5) 단단 압축 냉동 사이클

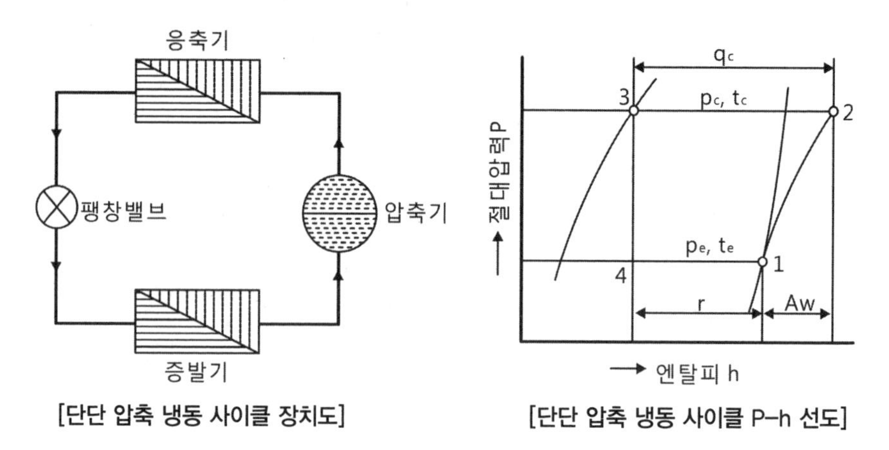

[단단 압축 냉동 사이클 장치도] [단단 압축 냉동 사이클 P-h 선도]

① 건조 압축 냉동 사이클

㉮ 증발기 출구 1에서 냉매액의 증발이 완료되고, 이것이 곧 건포화증기 상태로 압축기에 흡입

㉯ 1→2→3→4→1은 과냉각 없는 상태의 건조포화압축이라 한다.

㉰ 응축기 출구 냉매상태와 관계없이 압축기 입구상태만으로 건조압축, 과열압축, 습압축 등으로 구별한다.

② 과열 압축 냉동 사이클

㉮ 증발기를 나오는 냉매증기를 압축하는 압축기가 과열증기를 흡입 · 압축하는 경우이다.

㉯ 냉동효과 : $qe = h_1 - h_4$

㉰ 압축일량 : $Aw = h_2 - h_1$

㉱ 응축기 방출열량 : $q_c = h_2 - h_1$

㉲ 성능계수 : $\dfrac{qe}{Aw} = \dfrac{qe}{(q_c - qe)}$ 혹은 $\dfrac{(h_1 - h_4)}{(h_2 - h_1)}$

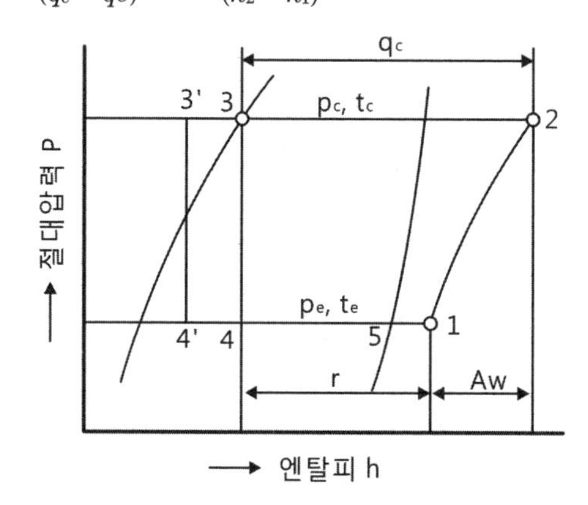

③ 습 압축 냉동 사이클

㉮ 압축기가 증발기에서 일부 증발하지 못한 액과 가스의 혼합냉매를 흡입하여 압축 후 상태가 포화증기 또는 과열증기가 되는 경우

㉯ 습 압축은 흡입가스 중에 액이 남아있는 상태이므로 냉동 사이클의 효율도 저하하여 좋지 않은 것은 물론 압축기에서 액압축이 일어날 위험성이 있으므로 피해야 함

6) 2단 압축 냉동 사이클

① 특징

㉮ 30℃ 낮은 증발 온도를 요구하는 냉동장치에서는 단단 압축을 하면, 압축기의 압축비가 증대되어 제척 효율이 작아지고 냉동장치의 성능계수도 작아진다.

㉯ 압축기의 토출가스 온도가 높아져서 윤활유가 열화되기 쉽다.

㉰ 2단 압축을 하면 압축비가 작게 되어 체적효율의 저하를 막는다.

㉱ 1차 압축 후의 토출가스를 냉각하여 다시 압축함으로써 두 번째 압축 후의 토출가스 온도를 낮게 할 수 있다.

㉲ 2단 압축 냉동 사이클에는 2단 압축 1단 팽창방식과 2단 압축 2단 팽창방식이 있다.

② 2단 압축 1단 팽창 냉동 사이클

㉮ 증발기에서 흡열작용을 하여 기화한 냉매를 저단 압축기에서 압축한다.

㉯ 중간 냉각기에서 냉각한 후 고단 압축기로 보내는 방식이다.

㉰ 고단 압축기 토출가스는 응축기에서 열을 방출하고 액화한 고압냉매의 일부를 사용하여 중간 냉각기에서 증발기로 가는 냉매를 냉각한 후에 증발기로 보내는 방식이다

㉱ 용도 : 선박용 암모니아 및 프레온 냉동설비에 사용한다.

③ 2단 압축 2단 팽창 냉동 사이클

㉮ 응축기에서 액화한 고압의 액냉매를 전부 제 1 팽창밸브를 거쳐 중간냉각기로 보내어 중간 압력 P_m까지 감압한다.

㉯ 중간 냉각기에서 분리된 증기는 저단압축기 토출증기와 같이 고단압축기로 보내며, 포화액은 제2팽창밸브를 거쳐 증발기로 보내는 방식이다.

7) 2원 냉동 사이클

① 주로 -80℃ 이하의 초저온 설비에 사용되는 것으로 두 가지 냉매를 사용하는 각기 다른 냉동 사이클로 구성된다.

② 저온부 냉동 사이클 1 → 2 → 3 → 4의 응축기는 고온부 냉동 사이클 과정 5 → 6 → 7 → 8의 증발기에 의해 냉각된다.

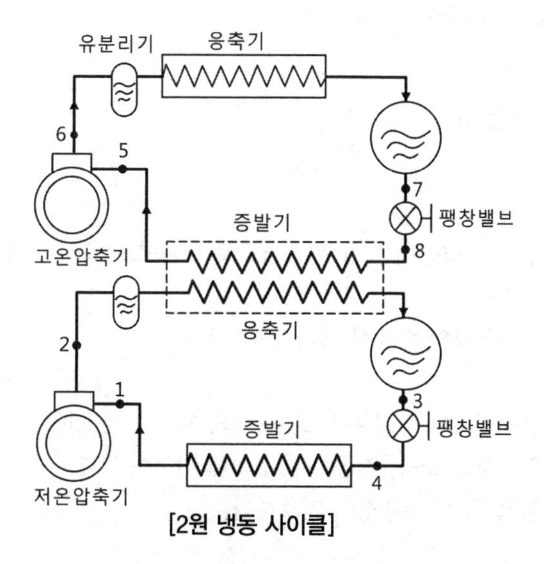

[2원 냉동 사이클]

STEP 04 냉동장치의 종류

1. 왕복동식 냉동기

1) 개요와 특징

① 개요

피스톤의 왕복운동에 의해 냉매가 압축되며 피스톤 편측만으로 가스를 흡입, 압축하는 것이 단동식이며, 피스톤 양측에서 가스를 압축하는 것이 복동식이다.

② 특징

㉮ 성적계수 : 다른 압축식에 비해 약간 낮으나 단단 터보식에 비해 압축비를 높게 하는 것이 용이하다.

㉯ 부분 부하 시의 효율 : 서징의 염려가 없으므로 50kW 이하의 공기열원 히트펌프에 적합하다.

㉰ 제어범위 : 용량 제어성이 냉동기 중 가장 나쁘다.

㉱ 소음, 진동이 많고 예냉시간이 짧다.

㉲ 설치면적 및 운전 중량이 적다.

2) 장점과 단점

① 장점

㉮ 가격이 저렴하다(터보 냉동기의 60%, 흡수식 냉동기의 50%).

㉯ 가장 일반적인 냉동기로 보수와 정비가 용이하다.

㉰ 콤팩트하여 설치공간이 적게 든다.

㉱ R22 냉매를 사용하므로 현재까지는 규제 대상이 아니다.

② 단점

㉮ 고압가스 안전관리법의 규제를 받아 설치 및 운전관리가 번거롭다.

㉯ 왕복동식 압축기의 수명이 짧아 보수 및 정비가 잦고 기기 수명도 약 10년 정도에 불과하다.

㉰ 100USRT 이하에만 적합하고, 용량이 커지면 소음, 설치면적, 유지보수의 관점에서 부적합하다.

㉱ 연속제어가 아닌 Step제어이다.

2. 원심식 냉동기(터보 냉동기)

1) 개요 및 특징

① 개요

㉮ 압축기의 임펠러의 회전에 의한 원심력으로 냉매를 압축하는 것이며 압축기, 응축기, 증발기 등으로 구성된다.

㉯ 공조용으로는 대용량의 수랭식 칠러가 이용된다.

② 특징

㉮ 성적계수는 흡수식보다 높고 부분 부하 시의 효율이 양호하다.

㉯ 제어범위는 양호하고 소음, 진동은 흡수식에 비하여 크다.

㉰ 예냉시간이 짧고, 부하 추종성이 양호하다.

2) 장점 및 단점

① 장점

㉮ 신뢰성이 높고 기계가 적어 설치면적이 적다.

㉯ 수명이 길고 운전이 용이하다.

㉰ 냉수온도를 낮게 할 수 있고, 초기 투자비가 저렴하다.

㉱ 다수의 냉동기로 직렬 운전 시 조합이 용이하다.

② 단점

㉮ 소음과 진동이 발생하고 수변전 용량이 크다.

㉯ 용량 감소 시 서징이 발생한다.

3. 흡수식 냉동기

1) 개요 및 특징

① 개요

㉮ 증기 혹은 온수를 열원으로 사용하며 냉매로서 물, 흡수액은 LiBr, 기내를 진공상태 및 저압으로 유지하여야 한다.

㉯ 추기 펌프 등의 추기장치가 필요하며 단효용식과 이중효용식이 있다.

② 특징

㉮ 성적계수 : 1.2~1.3%로 터보냉동기에 비해 나쁘다.

㉯ 부분 부하시의 효율 및 제어범위(10~100%)가 양호하다.

㉰ 소음, 진동은 적으나 스팀 해머(steam hammer)에 유의해야 한다.

㉱ 예냉시간이 길고 설치면적 및 운전중량이 크다.

㉲ 시간과 온도에 대하여 신속한 반응을 한다.

2) 장점과 단점

① 장점

㉮ 운전시 소음 · 진동이 없고 전력 소요량이 적고 수전설비가 적게 든다.

㉯ 연료비가 전력 사용방식에 비해 적으므로 운전비가 적게 든다.

㉰ 부하조절이 용이하고 연료 사용 범위가 넓다.

② 단점

㉮ 설치면적 및 중량이 크다.

㉯ 배열량이 크고, 냉각탑, 냉각수, 펌프 등의 용량이 터보식보다 크다.

㉰ 냉수온도를 7℃ 이상으로 유지해야 하며 7℃ 미만 운전 시 동결의 염려가 있다.

㉱ 예냉시간이 길고 진공유지가 어렵다.

3) 작동매체와 흡수제가 갖추어야 할 조건

① 작동매체의 구비조건

㉮ 냉동효과의 증대를 위하여 증발잠열이 클 것

㉯ 상온에서 응축이 용이할 것(임계온도가 높을 것)

㉰ 증발온도에서 증발압력이 그다지 낮지 않을 것

㉣ 전열이 양호할 것
㉤ 비체적이 작을 것
㉥ 점성이 작아 순환동력이 작을 것
㉦ 독성, 폭발성이 없고 안정적일 것
㉧ 인화점이 높고 응고점이 낮을 것
㉨ 금속에 대한 부식성이 적을 것
㉩ 누설이 곤란하고 누설의 발견이 용이할 것
㉪ 패킹재료를 부식시키지 않을 것
㉫ 가격이 싸고 구입이 쉬울 것
㉬ 환경 친화적인 냉매일 것

② 흡수제의 구비조건
㉮ 용액의 증기압이 낮을 것
㉯ 농도의 변화에 대한 증기압의 변화가 적을 것
㉰ 재생에 많은 열을 필요로 하지 않을 것
㉱ 점도가 높지 않을 것
㉲ 냉매와 비등점 차이가 클 것
㉳ 냉매와 용해도가 클 것
㉴ 열전도율이 크고 부식성이 적을 것
㉵ 독성, 가연성이 없을 것
㉶ 가격이 싸고 구입이 용이해야 하며 환경파괴가 없을 것

4. 직화식 냉온수기

1) 개요 및 장단점

① 개요
㉮ 고압 재생기 내에 연료를 연소시켜 흡수액을 가열하는 직화식이다.
㉯ 일반적으로 이중효용식이 이용되며, 냉난방 운전 겸용이다.
㉰ 온수 가열 방식은 온수기를 설치한 것, 냉각수 회로를 이용한 것, 온수회로를 이용한 것이 있다.

② 장점
㉮ 운전 시 소음 진동이 없어 정숙하다.
㉯ 전력 소요량이 적고 수전설비가 적게 든다.
㉰ 장비 설치면적이 흡수식 냉동기에 비해 적다.
㉱ 고압가스 관련 법규에 적용이 없다.
㉲ 1대로 냉온수를 제조할 수 있다.

③ 단점
㉮ 기기 고장율이 높고 예냉시간이 길다.
㉯ 성능 보장 및 운전관리가 어렵다.
㉰ 기기 수명이 짧고 냉각탑 용량이 커진다.

5. 단효용 흡수식 냉동기

1) 개요

하절기 전력 피크와 CFC 규제에 따른 냉방열원으로 전력부하 불균형해소와 오존층 파괴를 방지하기 위한 냉동기

2) 원리

① 증발기

㉮ 보통 절대 압력 6.5mmHg의 진공

㉯ 냉수가 열흡수 후 증발

㉰ 냉매인 물은 5℃ 전후의 온도에서 증발

㉱ 냉수는 12℃ 정도에서 냉각관에 들어가고 7℃ 정도까지 냉각

② 흡수기

㉮ 리튬 브로마이드의 농용액이 증발기에서 들어온 수증기를 연속적으로 흡수

㉯ 용액은 물로 희석되고 흡수열이 발생되므로 흡수열을 제거하기 위해 냉각수로 냉각

㉰ 농도가 낮은 LiBr 용액은 발생기로 이송

③ 열교환기

흡수기에서 희석된 묽은 용액은 열교환기에서, 발생기에서 되돌아오는 고온의 진한 용액과 열교환해서 가열되어 발생기로 보내진다.

④ 발생기

㉮ 흡수기로부터 LiBr 농도가 낮은 용액을 가열하여 고압의 수증기를 발생시킨다.

㉯ 가열원으로 연료 연소열, 증기 또는 고온수 사용

㉰ 발생증기 즉 수증기는 응축기로 이동된다.

⑤ 응축기

㉮ 냉각탑 냉각수가 흡수기를 냉각시킨 후 응축기 내 고압 수증기를 냉각하여 물로 변환

㉯ 응축된 물은 증발기로 돌아가 사이클 형성

6. 2중 효용 흡수식 냉동기

1) 개요 및 원리

① 개요

㉮ 2중 효용 흡수식 냉동기는 단효용식에 비해 발생기를 1개 더 설치하므로 발생기에서의 열에너지를 보다 효과적으로 활용하여 가열 열량을 감소시킴으로써 운전비를 절감한다.

㉯ 고온 발생기와 고온 열교환기를 추가하여 배관

㉰ 응축에서의 냉매 응축량이 감소하게 되어 냉각수의 발열 감소

㉱ 흡수식 냉동기의 냉동능력은 증발기에서 냉수로부터 열을 빼앗아 증발하는 냉매량에 비례한다.

㉲ 흡수식 냉동기의 운전비는 고압 발생기에서 흡수용액을 가열하는 열량에 비례한다.

② 원리

㉮ 저온 발생기 압력보다 고온 발생기의 압력을 높게 하여 고온 발생기로부터의 발생 수증기를 저온 발생기의 가열에 이용

㉯ 저온 발생기는 고온 발생기보다 낮은 온도에서 증기가 발생
㉰ 고온 발생기는 증기, 가스 연소 가열, 저온 발생기는 고온 발생기에서의 수증기로 가열
㉱ 단효용식은 발생기에서 발생한 냉매증기는 전부 응축기에서 냉각수에 의하여 열을 방출하여 냉매액이 되나, 2중효용은 고온 발생기에서 발생한 냉매 증기의 잠열을 저온 발생기에서 흡수 용액 가열에 이용하여 냉동기 효율 향상

2) 흡수식 냉온수기 온수 발생 난방 사이클

① 개요
고온 발생기에서 연소 버너를 설치하여 온열을 공급하는 온수 발생 난방 사이클
② 원리
㉮ 고온 발생기에서 수증기가 증발하여 증발기로 이동하면 증발기 내에서 온수코일에 열을 뺏기고 수증기는 응축한다.
㉯ 증발기 내 응축액은 흡수기의 LiBr 용액과 혼합
㉰ 흡수기의 LiBr 희석액은 고온 발생기로 보내짐
㉱ 고온 발생기의 LiBr 농축액은 흡수기로 재이송

STEP 05 냉동장치의 구조

1. 압축기(Compressor)

증발기에서 증발한 저온저압의 냉매가스를 재사용하기 위해 압축기에 흡입시켜 응축기에서 응축액화를 쉽게 할 수 있도록 압력을 상승시켜 주며, 냉매를 순환시켜 주는 기기

1) 압축기의 분류

① 압축방식에 의한 분류
㉮ 체적압축식
㉠ 왕복동식 : 단동, 복동, 다단압축식 → 피스톤 왕복
㉡ 회전식 : 고정익형, 회전익형 → 회전자의 회전
㉢ 스크류식 : 나사식
㉯ 원심식 : 단단압축식, 다단압축식 → 임펠러의 고속 회전
② 밀폐구조에 의한 분류
㉮ 개방형(Open Type) : 압축기를 기동시켜주는 전동기(Motor)와 압축기가 분리되어 있는 구조
㉠ 직결 구동식 : 압축기의 크랭크축을 전동기 커플링에 연결하여 구동시키는 방식
㉡ 벨트 구동식 : 압축기와 전동기를 벨트(Velt)로 연결하여 구동시키는 방식
㉯ 밀폐형(Hermetic Type) : 압축기와 전동기를 하나의 하우징(Housing) 내에 내장시킨 구조
㉠ 반밀폐형 : 볼트로 조립되어 있어 분해조립이 용이하고, 고 · 저압측에 서비스 밸브(Service Valve)가 부착되어 있다.
㉡ 전밀폐형 : 하우징이 용접되어 있어 분해조립이 불가능하며 주로 저압측에 서비스 밸브가 부착되어 있다.

㉢ 완전밀폐형 : 하우징이 용접되어 있고, 서비스 밸브 대신에 서비스 니플(예비충전구)이 부착되어 있다.

[개방형 압축기와 밀폐형 압축기 비교]

구분	개방형	밀폐형
장점	압축기 회전수의 조절이 쉽다.	과부하 운전이 가능하다.
	분해 조립이 가능하다.	소음이 적다.
	타구동원에 의해 기동이 가능하다.	냉매 및 오일 누설이 없다.
	냉매 및 오일의 충전이 가능하다.	소형이며 가벼워 제작비가 적게 든다.
단점	외형이 크므로 설치면적이 크다.	타구동원에 의한 운전이 불가능하다.
	소음이 커서 고장발견이 어렵다.	고장시 수리가 어렵다.
	냉매 및 오일의 누설 우려가 있다.	회전수의 조절이 불가능하다.
	제작비가 많이 든다.	냉매 및 오일의 교환이 어렵다.

2) 압축기 종류별 특징

① 왕복동식 압축기 종류 : 입형, 횡형, 고속다기통형

㉮ 입형(수직형) 압축기(Vertical Type Compressor)

㉠ 암모니아(NH_3)용 : 250～400rpm 정도의 저속

- 기통수는 1～4개이지만 주로 쌍기통이 많이 쓰인다.
- 실린더 상부에 안전두가 있고 실린더는 워터재킷을 설치한 수랭식이다.
- 톱 클리어런스는 대형 압축기 경우에도 0.8～1.0mm 정도(체적효율 양호)
- 안전두 설치 : 피스톤 상부에 이물질이 있거나 액해머 시 압축기 파손 방지
- 피스톤 행정이 길어지면 더블 트렁크 타입을 채용
- 안전두(Safety Head) : 실린더 헤드커버와 밸브판의 토출밸브시트 사이를 강한 스프링이 누르고 있는 것으로 압축기 내로 이물질이나 냉매액이 유입되어 압축 시 이상압력상승으로 인하여 압축기가 파손되는 것을 방지하며 정상토출압력보다 3kg/cm^2 정도 상승하면 작동한다.
- 워터재킷(Water Jacket) : 암모니아 냉동장치는 비열비가 커 압축기 실린더 상부에 냉각수를 순환시켜 압축기 과열방지, 실린더 마모방지, 윤활작용 불량방지, 체적효율을 증가시킨다.

㉡ 프레온(Freon)용

- 주로 10HP 이하의 소중형에 사용되며 700～800rpm 정도이고 실린더는 공랭식이다.
- 흡입밸브 및 토출밸브는 실린더 헤더에 설치되고 피스톤은 오일 포밍을 방지하기 위해 플러그형을 사용한다.

㉯ 고속 다기통 압축기

㉠ 현재 설치면적과 중량을 고려하여 고속다기통 압축기가 널리 이용된다.

㉡ 대개 4, 6, 8, 12, 16기통으로 밸런스를 유지하기 위해 기통수는 짝수로 한다.

㉢ 회전수는 암모니아용이 900~1,000rpm, 프레온용은 1,750~3,500rpm 정도이다.
㉣ 실린더 직경이 행정보다 크거나 같다(D ≥ L).
㉤ 유압을 이용한 언로더(un-load) 기구가 있어 용량제어가 가능하다.
㉥ 고속이고 밸브의 저항과 상부간극이 크므로 체적효율이 나쁘다.
㉦ 링플레이트 밸브와 기계적 축봉장치(Mechanical Shaft Seal)가 사용된다.
㉧ 실린더 라이너가 있어 분해하여 교환할 수 있다.

[고속 다기통 압축기의 장단점]

장점	단점
고속으로 능력에 비해 소형이다.	체적효율이 낮고, 고진공이 어렵다.
동적,정적 균형이 양호하여 진동이 적다.	고속으로 윤활유 소비량이 많다.
용량제어가 가능하다.	윤활유의 열화 및 탄화가 쉽다.
부품의 호환성이 좋다.	마찰이 커 베어링의 마모가 심하다.
강제 급유식을 채택, 윤활이 용이하다.	음향으로 고장발견이 어렵다.

㉰ 횡형 압축기
㉠ 주로 암모니아용이며 복동식으로 현재 거의 사용하지 않는다.
㉡ 상부틈새(Top Clearance)는 3mm 정도로 안전두가 없는 대신 체적효율이 나쁘다.
㉢ 냉매의 누설방지를 위해 축상형 축봉장치를 사용한다.
㉣ 중량 및 설치면적이 크며 진동이 심하다.

[입형 압축기]

[횡형 압축기]

[고속 다기통 압축기]

② 왕복동 압축기의 주요 구성부품
㉮ 실린더(Cylinder) 및 본체(Body)
㉠ 입형 중 · 저속 압축기는 실린더와 본체가 일체이며 특수주물로 제작되며 고속다기통은 강력고급주물을 사용한다.
㉡ 실린더 지름은 최대 300mm 정도이다.
㉢ 장기운전으로 실린더와 피스톤의 간격이 커지면 보오링을 하여 토출가스온도 상승, 실린더 과열, 오일의 열화 및 탄화, 체적효율, 냉동능력 감소를 방지한다.
㉣ 클리어런스(Clearance, 틈새, 간극, 공극)
• 상부 틈새(Top Clearance) : 실린더 상부와 피스톤 상부와의 간극

• 측부 틈새(Side Clearance) : 실린더 벽과 피스톤 측부와의 간극
• 클리어런스가 크면 체적효율 감소, 토출가스온도 상승, 냉동능력 감소 등의 영향이 있다.

㉯ 피스톤(Piston)

㉠ 고속회전으로 인한 관성력을 최소화하고, 가볍게 하기 위해 중공(속이 비어 있는 상태)으로 제작

㉡ 3~4개의 피스톤링이 있으며, 그 중 최하부는 1~2개의 오일링으로 한다.

㉢ 피스톤링의 홈 간격은 0.03mm 정도이다.

㉣ 플러그형, 싱글 트렁크형, 더블 트렁크형 등이 있다.

㉤ 피스톤 링(Piston Ring)

• 압축링 : 피스톤 상부에 2~3개의 링으로 냉매가스의 누설을 방지하고 마찰면적을 감소시켜 기계효율을 증대
• 오일링 : 피스톤 하부에 1~2개의 링으로 오일이 응축기 등으로 넘어가는 것을 방지

㉥ 피스톤 링의 마모 시 장치에 미치는 영향

• 크랭크케이스 내 압력 상승
• 압축기에서 오일부족을 초래
• 유막형성으로 인한 응축기 및 증발기에서 전열 불량
• 체적효율 및 냉동능력 감소
• 냉동능력당 소요동력이 증가
• 압축기가 가열

㉰ 연결봉(Connecting Rod)

피스톤과 크랭크축을 연결하여 축의 회전운동을 피스톤의 왕복운동으로 바꾸어주는 역할을 한다.

㉠ 일체형 : 대단측이 일체형으로 되어 있으며, 연결되는 크랭크축은 편심형으로 피스톤 행정이 짧은 소형에 사용한다.

㉡ 분할형 : 대단측이 2개로 분할되어 있어 볼트와 너트로 연결하며 크랭크축은 주로 크랭크식으로 피스톤 행정이 큰 대형에 사용한다.

㉱ 크랭크축(Crank Shaft)

㉠ 전동기의 회전운동을 피스톤의 직선운동으로 바꾸어 주는 동력전달장치이다.

㉡ 탄소강으로 제작되며 동적 · 정적 균형을 유지하기 위해 균형추(Balance Weight, 관성추)를 부착한다.

㉢ 종류에는 대형에 사용하는 크랭크형과, 피스톤 행정이 짧은 소형에는 편심형, 가정용 소형에 사용되는 스카치 요크형 등이 있다.

㉲ 크랭크케이스(Crankcase)

㉠ 고급주철로 되어 있으며 윤활유가 저장되고, 유면계가 부착되어 있다.

㉡ 크랭크케이스 내의 압력은 저압이다(단, 회전식은 고압이다.).

㉳ 축봉장치(Shaft Seal)

㉠ 크랭크케이스에 축이 관통하는 부분에서 냉매나 오일이 누설되거나, 진공 운전시 공기의 침입을 방지하기 위한 장치

㉡ 종류
- 축상형 축봉장치(Grand Packing) : 저속 압축기에 사용
- 기계적 축봉장치 : 고속다기통에 사용

㉳ 압축기의 흡입 및 토출밸브

㉠ 밸브의 구비조건
- 밸브의 작동이 경쾌하고 확실할 것
- 냉매 통과 시 저항이 적을 것
- 밸브가 닫혔을 때 누설이 없을 것
- 내구성이 크고 변형이 적을 것

㉡ 밸브의 종류
- 포펫트 밸브(Poppet Valve) : 무게가 무겁고 구조가 튼튼하여 파손이 적어 NH_3 입형 저속에 많이 사용한다.
- 링 플레이트 밸브(Ring Plate Valve) : 밸브시트에 있는 얇은 원판을 스프링으로 눌러 놓은 구조로 무게가 가벼워 고속다기통 압축기에 많이 사용한다.
- 리드 밸브(Read Valve) : 무게가 가벼워 신속, 경쾌하게 작동하며 자체탄성에 의해 개폐된다. 흡입 및 토출밸브가 실린더 상부의 밸브판에 같이 부착되어 있다. 1,000rpm 이상의 Freon 소형 냉동기에 주로 사용한다.
- 와셔 밸브(Washer Valve) : 얇은 원판 중심에 구멍을 뚫고 고정시킨 것으로 카쿨러에 주로 사용한다.
- 서비스 밸브(Service Valve) : 냉매 및 오일의 충전이나 회수 시 이용한다. 압축기 흡입측과 토출측에 부착되어 있다.

③ 회전식 압축기

㉮ 종류

㉠ 고정익(날개)형 : 스프링에 의해 고정된 블레이드와 회전축에 의한 회전자와 실린더(피스톤)와의 접촉에 의해 냉매가스를 압축하는 형식

㉡ 회전익(날개)형 : 회전 로우터와 함께 블레이드(베인)가 실린더 내면에 접촉하면서 회전하여 원심력에 의해 냉매가스를 압축하는 형식

㉯ 특징

㉠ 왕복동식에 비해 부품수가 적고 구조가 간단하다(소형이며 가볍다).

㉡ 운동부분의 동작이 단순하여 고속회전에도 진동 및 소음이 적다.

㉢ 잔류가스의 재팽창에 의한 체적효율의 감소가 적다.

㉣ 흡입밸브가 없고 토출밸브는 체크밸브로 되어 있으며 크랭크 케이스 내 압력은 고압이다.

㉤ 압축이 연속적이므로 고진공을 얻을 수 있으며 진공펌프로 많이 사용한다.

㉥ 기동시 무부하기동이 가능하며 전력소비가 적다.

④ 나사식 압축기(스크류 압축기)

㉮ 암나사와 숫나사로 된 두 개의 로우터(헬리컬기어식)의 맞물림에 의해 냉매가스를 흡입 → 압축 → 토출시키는 방식

㉯ 운전, 정지 중 토출가스 역류 방지를 위해 흡입측과 토출측에 체크밸브를 설치한다.

㉰ 장점

㉠ 부품수가 적어 고장률이 적고, 수명이 길다.

㉡ 냉매와 오일이 함께 토출되어 냉매손실이 없으므로 체적효율이 증대된다.

㉢ 소형으로 대용량의 가스를 처리할 수 있다.

㉣ 맥동이 없고 연속적으로 토출된다.

㉤ 100~10%의 무단계 용량제어가 가능하다.

㉥ 액해머 및 오일해머 현상이 적다.

㉱ 단점

㉠ 윤활유 소비량이 많아 별도의 오일펌프와 오일쿨러 및 유분리가 필요하다.

㉡ 3,500rpm 정도의 고속이므로 소음이 크다.

㉢ 분해 조립 시 특별한 기술을 필요로 한다.

㉣ 경부하 시에도 동력소모가 크다.

⑤ 원심식 압축기

㉮ 원리

일명 터보(Turbo) 압축기라 하며 고속회전하는 임펠러(Impeller)의 원심력을 이용하여 냉매가스의 속도에너지를 압력으로 바꾸어 압축하는 형식으로 고속회전을 위해 증속장치가 요구되며 1단으로는 압축비를 크게 할 수 없어 다단 압축방식을 주로 채택한다.

㉯ 장점

㉠ 저압냉매를 사용하므로 위험이 적고 취급이 용이하다.

㉡ 마찰부가 적어 고장이 적고, 마모에 의한 손상이나 성능저하가 없다.

㉢ 회전운동이므로 동적 균형을 잡기가 쉽고 진동이 적다.

㉣ 10~100%까지 광범위하게 무단계 용량제어가 가능하다.

㉤ 수명이 길고 보수가 용이하다.

㉥ 대형화에 따라 냉동 능력당 가격이 싸다.

㉰ 단점

㉠ 1단의 압축으로는 압축비를 크게 할 수 없다.

㉡ 한계치 이하의 유량으로 운전시 맥동(Surging) 현상이 발생한다.

㉢ 소용량에는 제작상 한계가 있어 100RT 이하에서는 가격이 비싸진다.

㉣ 주로 수랭각용으로 브라인식을 사용한다.

참고 맥동 현상과 디퓨저

- 맥동(脈動, Surging) 현상 : 터보 냉동기 운전 중 고압부분 압력이 상승하고, 저압부분 압력이 저하하면 압력차가 증가하여 고압측 냉매가 임펠러를 통해 저압측으로 역류하여 전류계의 지침이 흔들리고, 고압부분 압력이 하강하고, 저압부분 압력이 상승하면서 심한 소음 및 진동과 함께 베어링이 마모되는 현상
- 디퓨저(Diffuser) : 운동에너지를 압력에너지로 바꾸기 위해 단면적을 점차 넓게 한 통로(노즐과 반대)

⑥ 스크롤 압축기(Scroll Compressor)

㉮ 스크롤 압축기는 선회 스크롤(날개)이 고정 스크롤(날개)에 대하여 공전(선회)운동하여 이 사이에서 형성되는 초승달 모양의 압축공간에서 용적이 감소되면서 냉매가스를 압축하는 형식이다.

㉯ 선회 스크롤이 1회전하는 사이 흡입, 압축, 토출이 동시에 이루어지므로 진동 및 소음이 적고 부품수가 왕복동식보다 적다.

3) 용량제어(Capacity Control System)

① 용량제어의 목적

㉮ 부하변동에 따른 경제적인 운전을 도모한다.

㉯ 무부하 및 경부하 기동으로 기동시 소비전력이 적다.

㉰ 압축기를 보호하여 기계의 수명을 연장시킨다.

㉱ 일정한 냉장실온(증발온도)을 유지할 수 있다.

② 각 압축기에 따른 용량제어 방법

㉮ 왕복동 압축기

㉠ 회전수 가감법

㉡ 언로더 장치에 의해 일부 실린더를 놀리는 방법

㉢ 바이 패스 방법

㉣ 타임드 밸브에 의한 방법

㉤ 크리어런스 증대법

㉥ 흡입밸브 조정에 의한 방법

㉦ 냉각수량 조절법(응축압력 조절법)

> **참고** 무부하(Un-loader) 장치의 구조 및 작동
> - 부하(Load) 상태 : 유압이 걸린 상태부하 증대로 저압부분 압력상승 → 언로더용 LPS접점이 열림→ 전자밸브 닫힘 → 언로더 피스톤에 유압이 걸림 → 압상봉이 캠링홈에 떨어짐 → 흡입밸브가 내려와 닫힘 → 부하상태
> - 무부하(Un-load) 상태 : 유압이 걸리지 않은 상태부하 감소로 저압부분 압력저하 → 언로더용 LPS접점이 닫힘 → 전자밸브 열림 → 유압이 크랭크케이스 내로 빠져 나감 → 언로더 피스톤에서 유압이 빠짐 → 압상봉이 캠링홈에서 벗어남 → 흡입밸브가 들어올려짐 → 무부하 상태

㉯ 원심식(터보) 압축기

㉠ 회전수 가감법

㉡ 흡입 가이드 베인의 각도 조절법

㉢ 바이패스법

㉣ 흡입, 토출 댐퍼 조절법

㉤ 냉각수량 조절법(응축압력 조절법)

㉰ 스크류 압축기

㉠ 슬라이드 밸브에 의한 바이패스법

㉡ 전자밸브에 의한 방법

㉱ 흡수식 냉동기

㉠ 발생기 공급 용액량 조절법

㉡ 응축수량 조절법

㉢ 발생기(재생기) 공급 증기, 온수량 조절법

4) 압축기에서의 계산

① 압축비(Pressure Ratio)

㉮ 고압측 절대압력과 저압측 절대압력과의 비

$$P(r) = \frac{P_1}{P_2} = \frac{\text{고압측 절대압}}{\text{저압측 절대압}} = \frac{\text{응축기 절대압}}{\text{증발기 절대압}}$$

㉯ 압축비가 클 때 장치에 미치는 영향

㉠ 토출가스 온도 상승

㉡ 실린더 과열

㉢ 윤활유 열화 및 탄화

㉣ 피스톤 마모 증대

㉤ 체적 효율, 압축 효율, 기계 효율 감소

㉥ 축수 하중 증대

㉦ 냉동능력 감소

㉧ 1RT당 소요동력 증대

② 압축기 피스톤 압출량(V(a))

㉮ 이론적 피스톤 압출량(V(a) = m^3/h)

㉠ 왕복동 압축기

$$V(a)[m^3/h] = \frac{\pi \times d^2}{4} \times L \times N \times R \times 60$$

(d : 실린더 내경[m], L : 피스톤 행정[m], N : 기통수, R : 분당 회전수[rpm])

㉡ 회전식 압축기

$$V(a)[m^3/h] = \frac{\pi \times (D^2 - d^2)}{4} \times t \times R \times 60$$

(D : 실린더 내경[m], d : 피스톤 외경[m],
t : 피스톤 축방향 길이, 두께[m], R : 분당 회전수[rpm])

㉯ 실제적 피스톤 압출량(V(g) = m^3 / h)

$$V(g)[m^3/h] = \frac{\pi \times d^2}{4} \times L \times N \times R \times 60 \times \eta_v$$

㉰ 체적효율

$$\eta_v = \frac{\text{실제적 피스톤 압출량}}{\text{이론적 피스톤 압축량}} = \frac{V_g}{V_a}$$

㉠ 감소하는 원인

- 압축비가 클 경우
- 클리어런스가 클 경우

- 흡입가스가 과열될 경우(비체적이 클 경우)
- 압축기가 작을 경우
- 압축기의 회전수가 빨라 밸브의 개폐가 확실치 못하고 저항이 커질 경우

㉱ 압축효율(지시효율)

$$\eta_c = \frac{\text{이론상 가스압축에 필요한 동력}}{\text{실제적 가스압축에 필요한 동력}}$$

㉲ 기계효율

$$\eta_m = \frac{\text{실제 가스압축에 필요한 동력}}{\text{실제 압축기 운전에 필요한 동력}}$$

㉳ 축동력

$$kW = \frac{\text{냉매순환량} \times \text{압축기 일의 열당량}}{860 \times \eta_c \times \eta_m}$$

㉴ 압축비

㉠ 단단 압축

$$CR = \frac{P_c}{P_e}$$

㉡ 2단 압축

$$CR = \sqrt{\frac{P_c}{P_e}}$$

㉢ 3단 압축

$$CR = z\sqrt{\frac{P_c}{P_e}}$$

(Pc : 응축압력(= 압축기 최종 토출압력), Pe : 증발압력(= 압축기 최초 흡입압력), z : 압축기 단수)

㉵ 2단 압축시 중간압력(P_m)

$$P_m = \sqrt{P_c \times P_e}$$

5) 압축기 종류에 따른 유압과 유온

① 유압계 압력 = 순수유압 + 정상저압(크랭크케이스 내 압력)

② 정상 유압

㉮ 소형 = 정상저압 + 0.5kg/cm^2

㉯ 입형저속 = 정상저압 + 0.5~1.5kg/cm^2

㉰ 고속다기통 = 정상저압 + 1.5~3kg/cm^2

㉱ 터보 = 정상저압 + 6kg/cm^2

㉲ 스크류 = 토출압력(고압) + 2~3kg/cm^2

③ 크랭크케이스 내 Oil의 온도

㉮ 암모니아 : 40℃ 이하(토출가스의 온도가 높아 윤활유의 열화 및 탄화의 우려가 있어 오일쿨러를 사용)

㉯ 프레온 : 30℃ 이상(오일포밍 방지를 위해 오일히터를 사용)

㉰ 터보 : 60~70℃ 정도

④ 유압의 상승 원인

㉮ 유압조정밸브 열림이 작을 때

㉯ 유온이 너무 낮을 때(점도의 증가)

㉰ 오일의 공급 과잉

㉱ 유순환 회로가 막혔을 때

⑤ 유압이 낮아지는 원인

㉮ 오일이 부족할 때

㉯ 유압조정 밸브 열림이 클 때

㉰ 유온이 너무 높을 때(오일의 점도 저하)

㉱ 기름여과망이 막혔을 때

㉲ 오일에 냉매가 섞였을 때(오일의 온도 저하)

㉳ 오일펌프가 고장일 때

㉴ 오일펌프 전동기가 역회전할 때

㉵ 오일안전밸브에서 누설이 있을 때

⑥ 유온이 상승하는 원인

㉮ 오일 냉각기(Oil Cooler)가 고장났을 때

㉯ 유압이 낮을 때

㉰ 압축기를 과열 운전할 때

㉱ 오일 냉각기의 냉각수 흐름이 불량할 때

오일 안전밸브(Oil Relief Valve)
유(기름)순환 계통 내에서 유압이 심하게 상승 시 크랭크케이스 내로 오일을 회수하여, 유압 상승으로 인한 파손 및 오일 해머 등을 방지하기 위해 큐노필터 후방에 나사로 끼워져 있는 것

2. 응축기(Condenser)

축기에서 토출된 고온, 고압의 냉매가스를 상온 이하의 물이나 공기를 이용하여 냉매가스 중의 열을 제거하여 응축, 액화시키는 장치로 과열 제거, 응축 · 액화 · 과냉각의 3대 작용으로 이루어지며 공랭식과 수랭식, 증발식 등이 있다.

1) 공랭식 응축기

① 자연 대류식

공기의 비중량차에 의한 순환 즉, 자연대류에 의해 응축시키는 방법으로 전열이 불량하여 Fan을 공기측에 부착하여 전열성능을 향상시킨다.

② 강제 대류식

Fan이나 Blower(송풍기) 등을 이용하여 강제로 공기를 불어 응축시키는 방법이다.

③ 공랭식 응축기 특징

㉮ 프레온용으로 주로 소형(0.5~50RT)에서 사용한다.

㉯ 관 내에 냉매가스를 보내 공기와 열교환시켜 냉매를 응축시킨다.

㉰ 냉각수가 필요 없으므로 냉각수 배관 및 배수시설이 필요 없다.

㉱ 응축온도가 수랭식에 비해 높고, 응축기 형상이 커진다(냉매와 공기의 온도차 15~20℃ 정도, 수랭식은 7~8℃ 정도).

㉲ 열통과율 20~25kcal/m²h℃, 풍속은 2~3m/s, 전열면적은 12~15m²/RT 정도이다.

2) 수랭식 응축기

① 입형 쉘 앤 튜브식 응축기(Vertical Shell &Tube Condenser)

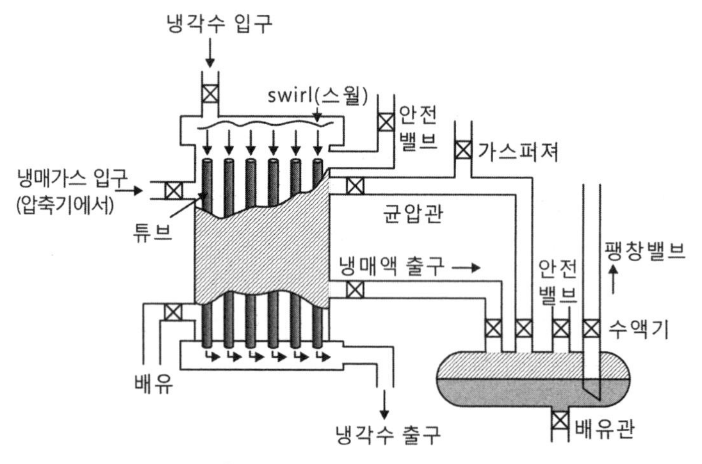

[입형 쉘 앤 튜브식 응축기]

㉮ 특징

㉠ 쉘(Shell) 내에 여러 개의 냉각관을 수직으로 세워 상하 경판에 용접한 구조이다.

㉡ Shell 내에는 냉매가, Tube 내로는 냉각수가 흐른다.

㉢ 냉각수가 흐르는 수실 내에는 스월(Swirl)이 부착되어 냉각수가 관벽을 따라 흐른다(유효 냉각면적 증대).

㉣ 주로 대형의 암모니아 냉동장치에 사용한다.

㉤ 열통과율 750kcal/m²h℃, 냉각수량 20ℓ/min RT로 수량이 풍부하고 수질이 좋은 곳에 사용한다.

㉯ 장점

㉠ 대용량이므로 과부하에 잘 견딘다.

㉡ 운전 중 냉각관 청소가 용이하다.

㉢ 설치면적이 적게 들고, 옥외설치가 가능하다.

㉰ 단점

㉠ 수랭식 응축기 중에서 냉각수 소비량이 가장 많다.

㉡ 냉매와 냉각수가 평행으로 흐르므로 과냉각이 어렵다.

㉢ 냉각관 부식이 쉽다.

② 횡형 쉘 앤 튜브식 응축기(Horizontal Shell &Tube Condenser)

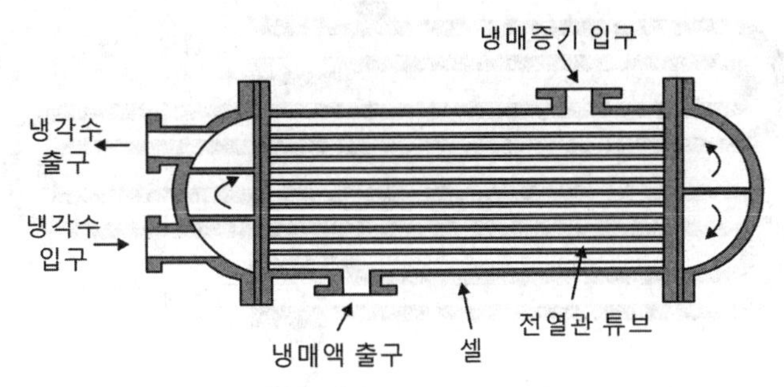

[횡형 쉘 앤 튜브식 응축기]

㉮ 특징

㉠ Shell 내에는 냉매가, Tube 내로는 냉각수가 역류되어 흐르도록 되어 있다.

㉡ 입출구에 각각의 수실이 있으며, 판으로 막혀 있다.

㉢ 콘덴싱 유니트(Condensing Unit) 조립에 적합하다.

㉣ 프레온 및 암모니아에 관계없이 소형, 대형에 사용이 가능하다.

㉤ 수액기 역할을 할 수 있으므로, 수액기를 겸할 수 있다.

㉯ 장점

㉠ 전열이 양호하며 입형에 비해 냉각수가 적게 든다.

㉡ 설치장소가 협소해도 된다.

㉢ 능력에 비해 소형, 경량화가 가능하다.

㉰ 단점

㉠ 과부하에 견디지 못한다.

㉡ 냉각관 부식이 쉽다.

㉢ 냉각관 청소가 어렵다.

③ 2중관식 응축기(Double Tube Condenser)

㉮ 특징

㉠ 내관과 외관 2중관으로 제작되어 중소형이나 패키지 에어콘에 주로 사용한다.

㉡ 내축관에 냉각수, 외측관에 냉매가 있어 역류하므로 과냉각이 양호하다.

㉯ 장점

㉠ 고압에 잘 견딘다(관경이 작으므로).

㉡ 냉각수량이 적게 들고, 과냉각이 우수하다.

㉢ 구조가 간단하고, 설치면적이 적게 든다.

㉰ 단점

㉠ 냉각관 청소가 어렵다.

㉡ 냉각관의 부식 발견이 어렵다.

㉢ 냉매의 누설 발견이 어렵다.

㉣ 대형에는 관이 길어지므로 부적합하다.

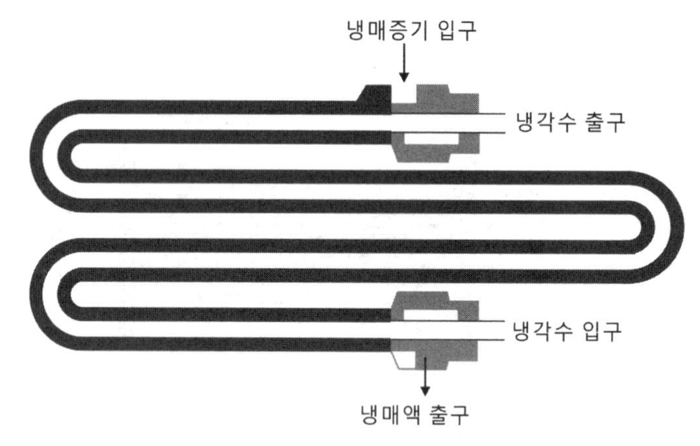

[2중관식 응축기]

④ 7통로식 쉘 앤 튜브 응축기(7 Pass Shell & Tube Condenser)

㉮ 특징

㉠ 1개의 Shell 내에 7개의 Tube가 내장되어 있다.

㉡ Shell 내에는 냉매가, Tube 내로는 냉각수가 흐른다.

㉢ 암모니아 냉동장치에 주로 사용하며, 냉동능력에 따라 적당한 대수를 조립하여 사용할 수 있다.

㉯ 장점

㉠ 전열이 가장 우수하다.

㉡ 벽면 설치가 가능하여 설치면적이 적게 든다.

㉢ 호환성이 있어 수리가 용이하다.

㉣ 냉동능력에 따라 조립사용이 가능하다.

㉰ 단점

㉠ 운전 중 냉각관 청소가 어렵다.

㉡ 구조가 복잡하여 설비비가 비싸다.

㉢ 압력강하 때문에 1대로 대용량의 것을 제작하기 어렵다.

⑤ 쉘 앤 코일식(지수식) 응축기(Shell & Coil Condenser)

㉮ 특징

㉠ 원통 내에 나선모양의 코일이 감겨져 있는 구조이다.

㉡ Shell 내에는 냉매가, Tube 내로는 냉각수가 흐른다.

㉢ 소용량의 프레온 냉동장치에 사용한다.

㉯ 장점

㉠ 소형이므로 경량화할 수 있다.

㉡ 제작비가 적게 든다.

㉢ 냉각수량이 적게 든다.

㉰ 단점

㉠ 냉각관 청소가 어렵다.

㉡ 냉각관의 교환이 어렵다.

⑥ 대기식 응축기(Atmospheric Condenser)

㉮ 특징

㉠ 물의 현열과 증발잠열에 의해 냉각된다.

㉡ 하부에 가스 입구가 있고, 응축된 냉매액은 냉각관 중간에서 수액기로 보내진다.

㉢ 상부 스프레이 노즐(Spray Nozzle)에 의해 냉각수가 고르게 산포된다.

㉣ 겨울철에는 공랭식으로 사용이 가능하다.

㉤ 암모니아용 중대형의 냉동장치에 주로 사용한다.

㉯ 장점

㉠ 대기 중에 노출되어 있어 냉각관의 청소가 용이하다.

㉡ 수질이 나쁜 곳에서도 사용이 가능하다.

㉢ 대용량 제작이 가능하다.

㉰ 단점

㉠ 관이 길어지면 압력강하가 크다.

㉡ 냉각관의 부식이 크다.

㉢ 횡형에 비해 냉각수 소비가 많다.

㉣ 설치장소가 넓어야 한다.

3) 증발식 응축기(Evaporative Condenser : Eva-Con)

① 특징

㉮ 물의 증발잠열을 이용하므로 냉각수 소비량이 적다(물회수율 95%).

㉯ 외기의 습구온도 영향을 많이 받는다(습도가 높으면 물의 증발이 어려워 응축능력이 감소한다).

㉰ 관이 가늘고 길기 때문에 냉매의 압력강하가 크다.

㉱ 겨울철에는 공랭식으로도 사용이 가능하다.

㉲ 주로 암모니아 냉동장치와 중형의 프레온 냉동장치에 사용한다.

㉳ 펌프, 팬, 노즐 등의 부속설비가 많다.

② 장점

㉮ 냉각수가 가장 적게 든다.

㉯ 옥외설치가 가능하다.

㉰ 냉각탑을 별도로 설치하지 않아도 된다.

③ 단점

㉮ 일반 수랭식에 비해 전열이 불량하다.

㉯ 옥탑이나 지상 설치로 배관이 길어져 압력강하가 크다.

㉰ 청소 및 보수가 어렵다.
㉱ 구조가 복잡하고, 설비비가 비싸다.

4) 응축기에서의 계산

① 냉동장치에서의 계산

$$Q_1 = Q_2 + AW$$

(Q_1 : 응축부하(kcal/h), Q_2 : 냉동능력(kcal/h), Aw : 압축열량(kacl/h))

② 방열계수에 의한 계산

$$Q_1 = Q_2 \times C$$

방열계수 : 응축기 방열량과 증발기 흡입열량과의 비
C = Q_1 / Q_2 = 1.2~1.3 [냉장/공조 : 1.2, 제빙/냉동 : 1.3]

③ 냉매 순환량에 의한 계산

$$Q_1 = G \times q_1 = G \times (hb - he)$$

(G : 냉매 순환량(kg/h), q_1 : 냉매 1kg당 응축기 방열량(kcal/h),
hb : 응축기 입구 냉매가스의 엔탈피(kcal/kg),
he : 응축기 출구 냉매가스의 엔탈피(kcal/kg))

④ 수랭식 응축기에서의 계산

$$Q_1 = w \times C \times \Delta t = w \times C \times t(w_2 - w_1)$$

(w : 냉각수량(kg/h), C : 냉각수 비열(kcal/kg℃),
Δt : 냉각수 입출구 온도차(℃))

⑤ 공랭식 응축기에서의 계산

$$\begin{aligned} Q_1 &= G(A) \times C \times \Delta t \\ &= Q(A) \times r \times C \times \Delta t \\ &= Q(A) \times 1.2 \times 0.24 \times \Delta t \\ &= 0.29 \times Q(A) \times \Delta t \end{aligned}$$

(G(A) : 냉각풍량(kg/h), Q(A) : 소요풍량(m^3/h), r : 공기의 비중량(1.2kg/m^3),
C : 공기의 비열(0.24kcal/kg℃), Δt : 냉각공기의 입출구 온도차(℃))

⑥ 열통과율에 의한 계산

$$Q_1 = K \times F \times \Delta t(m)$$

(K : 열통과율(kcal/m^2h℃), F : 전열면적(m^2),
Δt(m) : 냉매와 냉각수 온도차(= 응축온도 - 냉각수 평균온도)(℃))

㉮ 산술 평균 온도차(Δt(m))

$$\Delta t(m) = \frac{[(t_1 - tw_1) + (t_1 - tw_2)]}{2} = t_1 - \left[\frac{(tw_1 + tw_2)}{2}\right]$$

(t_1 : 응축온도, tw_1 : 냉각수 입구온도, tw_2 : 냉각수 출구온도)

㉯ 대수 평균 온도차(LMTD : Logarithmic Mean Temperature Difference)

$$LMTD = \frac{(\Delta t_1 - \Delta t_2)}{2.3\log\left(\frac{\Delta t_1}{\Delta t_2}\right)} = \frac{(\Delta t_1 - \Delta t_2)}{\ln\left(\frac{\Delta t_1}{\Delta t_2}\right)}$$

(Δt_1 : 응축온도 - 냉각수 입구온도, Δt_2 : 응축온도 - 냉각수 출구온도)

㉰ 냉각관의 길이(L : m)

$$F = \pi DL$$

$$L = \frac{F}{\pi D}$$

(L : 냉각관의 길이(m), D : 냉각관의 지름(m), F: 전열면적(m^2))

5) 냉각탑(Cooling Tower)

수랭식 응축기에서 냉매를 응축 액화시키고 열을 흡수하여 온도가 높아진 냉각수를 공기와 접촉시켜 물의 증발잠열을 이용하여 냉각수를 재생시키는 장치이다.

① 특징

㉮ 물이 풍부하지 못한 곳이나, 냉각수를 절약하고자 할 때 사용한다.

㉯ 증발식 응축기(Eva-Con)의 원리와 비슷하다.

㉰ 냉각탑의 냉각효과는 외기습구 온도의 영향을 받으며 외기습구온도는 냉각탑 출구 수온보다 낮으며, 냉각수는 외기습구 온도보다 낮게 냉각시킬 수 없다.

② 물과 공기의 접촉 유수방향에 의한 분류

㉮ 직교류형(Cross Flow Type) : 물과 공기가 서로 직각이 되어 흐르면서 냉각되는 방식으로 구조가 간단하고, 보수 점검이 쉽고, 여러 대를 배열하기가 용이하다.

㉯ 대향류형(Counter Flow Type) : 물과 공기가 서로 반대방향으로 흐르면서 냉각되는 방식으로 냉각효율이 높고, 대 · 소 용량에 널리 사용된다.

㉰ 병류형 : 물과 공기가 같은 방향으로 흐르면서 냉각되는 방식으로 효율이 떨어져 거의 사용되지 않는다.

③ 냉각탑의 냉각능력

㉮ 냉각탑에서의 제거열량

$$Q = w \times C \times \Delta t = w \times C \times \text{쿨링 레인지}$$

(Q : 냉각탑의 냉각능력(kcal/h), w : 냉각수 순환수량(kg/h)
C : 냉각수 비열(kcal/kg℃), Δt : 냉각수 입 · 출구 온도차(℃))

㉯ 엘리미네이터(Eliminator) : 냉각관에서 산포되는 냉각수의 일부가 배기와 함께 대기 중으로 날아가는 것을 방지하여 냉각수 소비량을 최소화하기 위하여 냉각탑 배기부분에 설치하는 장치

㉰ 쿨링 레인지와 쿨링 어프로치

㉠ 쿨링 레인지(Cooling Range) = 냉각수 입구온도 − 냉각수 출구온도(냉각탑에서 냉각되는 수온)

㉡ 쿨링 어프로치(Cooling Approach) = 냉각수 출구온도 − 냉각탑 입구 공기의 습구온도(냉각수가 최저온도에 얼마나 접근하는가의 정도)

㉢ 쿨링 레인지는 클수록, 쿨링 어프로치는 작을수록 냉각탑의 냉각능력이 우수하다.

④ 냉각탑 설치 시 주의사항

㉮ 먼지가 적고, 고온의 배기에 영향을 받지 않는 장소에 설치한다.

㉯ 공기의 유통이 좋고, 인접 건물에 영향을 주지 않는 장소에 설치한다.

㉰ 냉동기로부터 가깝고, 설치 및 보수, 점검이 용이한 장소에 설치한다.

㉱ 팬이나 물의 낙차로 인한 소음으로 주위에 피해가 되지 않는 장소에 설치한다.

㉲ 2대 이상을 설치할 때 상호 2m 이상의 간격을 유지한다.

3. 팽창밸브(Expansion Valve)

고온, 고압의 냉매액을 증발기에서 증발하기 쉽도록 교축작용에 의하여 단열팽창(교축)시켜 저온, 저압으로 낮춰주는 작용을 하는 동시에 냉동부하(증발부하)의 변동에 대응하여 냉매량을 조절한다.

1) 팽창밸브의 종류

① 수동 팽창밸브(Manual Expansion Valve : MEV)

㉮ 주로 암모니아 건식 증발기에 사용한다.

㉯ 자동팽창밸브의 고장 시를 대비하여 바이패스 팽창밸브로 사용한다.

㉰ 스톱밸브와 동일한 형태이나 침변의 변화가 더욱 세밀하여 미량이라도 조절할 수 있으며 일반적으로 1/4회전 이상은 돌리지 않는다.

㉱ 팽창밸브 용량 : 변좌(밸브시트)의 오리피스 지름

② 자동식 팽창밸브

㉮ 정압식 팽창밸브(Automatic Expansion Valve : AEV)

㉠ 증발기 내의 압력이 상승하면 닫히고, 증발압력이 저하하면 열려 팽창작용을 한다.

㉡ 증발기 내의 압력을 일정하게 유지시킨다.

㉢ 부하에 따른 냉매량 제어가 불가능하다(부하변동에 반대로 작동).

㉣ 냉동부하의 변동이 적을 때 또는 냉수, 브라인 등의 동결 방지용으로 사용된다.

㉯ 온도식 자동 팽창밸브(Thermal Expansion Valve : TEV)

㉠ 증발기 출구에 감온통을 설치하여 감온통에서 감지한 냉매가스의 과열도가 증가하면 열리고, 부하가 감소하여 과열도가 적어지면 닫혀 팽창작용 및 냉매량을 제어하는 것으로 가장 많이 사용한다.

㉡ 주로 프레온 건식 증발기에 사용한다.

㉢ 냉동부하의 변동에 따라 냉매량이 조절된다.
㉣ 본체구조에 따라 벨로우즈식과 다이어프램식이 있다.
㉤ 감온구 충전방식에 따라 가스충전식, 액충전식, 크로스충전식이 있다.
㉥ 팽창밸브 직전에 전자밸브를 설치하여 압축기 정지 시 증발로 액이 유입되는 것을 방지
㉦ 종류
- 내부 균압형 : 부하변동에 따른 신속한 유량제어가 가능하고 냉동공조용
- 외부 균압형 : 냉매 분배기 설치시 증발기 내의 압력강하가 0.14kgf/cm^2 이상일 때 사용하며 외부 균압관은 감온통 위치 너머 압축기측 흡입관 상부에 설치

㉧ 감온통의 설치
- 증발기 출구측 가까이 흡입관과 수평으로 설치한다.
- 흡입관경이 7/8"(20mm) 이하일 때 : 흡입관의 수직상단
- 흡입관경이 7/8"(20mm) 초과일 때 : 흡입관 수평의 45° 하단
- 감온통의 감도를 좋게 하려면 흡입관과 단단히 밀착하여 고정시킨다.
- 흡입관에 트랩이 있는 경우는 트랩에 고여 있는 액의 영향을 받지 않게 하기 위해 트랩에서 가능한 멀리 설치한다.

㉰ 파일럿 온도식 자동 팽창밸브(Pilot Expansion Valve)
증발부하가 증가하면 감온통의 과열도가 증가하여 감온통 내의 가스가 팽창하므로 파일럿 변의 다이아프램에 압력이 가해지면 밸브가 열리고, 이 때 작용하는 고압이 주팽창밸브 피스톤을 눌러 주 팽창변의 변좌도 열린다.

㉱ 저압측 플로우트 밸브(Low Side Float Valve)
㉠ 만액식 증발기에 사용한다.
㉡ 부하 변동에 따른 증발기 저압측의 액면을 항상 일정하게 유지한다.
㉢ 밸브 전에 전자변을 설치하여 냉동기 정지시 냉매를 차단한다.
㉣ 액면은 쉘(Shell) 지름의 5/8 정도이다.
㉤ 부하 변동에 따른 신속한 유량 제어가 가능하다.
㉥ 증발기 내에 플로우트를 직접 띄우는 직접식과 별도로 플로우트실을 설치하여 부자를 띄우는 간접식이 있다.

㉲ 고압측 플로우트 밸브(High Side Float Valve)
㉠ 응축부하에 따라 응축기나 수액기의 액면을 일정하게 유지한다.
㉡ 고압측 수액기의 액면이 높아져 플로우트 밸브가 올라가면 증발기로 냉매가 공급되고 액면이 낮아져 플로우트 밸브가 내려가면 냉매공급이 차단된다.
㉢ 고압측 수액기의 액면에 따라 작동되므로 증발부하 변동에 따른 냉매량의 조절은 불가능하다.
㉣ 고압측 부자변 사용시 증발기용량의 25%에 상당하는 액분리기를 설치하여야 한다.

참고 에어벤트(Air Vent)
플로우트실 상부에 불응축 가스가 고이면 플로우트실 압력이 높아져 플로우트가 뜨지 않아 냉매의 공급이 곤란해지므로 불응축 가스를 빠져나가게 하기 위하여 설치한다.

③ 모세관(Capillary Tube)

㉮ 밸브가 아닌 0.8~2mm 정도의 가늘고 긴 모세관을 이용하여 모세관 전후의 압력차에 의해 팽창작용을 하며 냉매량 조절은 불가능하다.

㉯ 모세관 전후에 밸브가 없으므로 정지시 고 · 저압이 균형을 이루어 기동시 압축기의 부하가 적어진다.

㉰ 가정용 소형 냉동기나 창문형 에어콘 등 소형에 사용한다.

㉱ 건조기와 스트레이너가 반드시 필요하다.

㉲ 유량조절밸브가 없으므로 냉매 충전량이 정확해야 한다.

㉳ 모세관의 압력강하 : 길이에 비례하고 지름에 반비례한다.

4. 증발기(Evaporator)

팽창밸브에서 교축 팽창된 저온 저압의 냉매액이 피냉각물체로부터 열을 흡수하여 냉매액이 증발함으로써 실제 냉동의 목적을 이루는 열교환기의 일종이다.

1) 증발기의 종류

① 팽창방식에 의한 분류

㉮ 직접 팽창식(Direct Expansion Evaporator)

㉠ 냉장실의 냉각관(증발관) 내에 직접 냉매를 순환시켜 피냉각 물체로부터 열을 흡수하는 방식으로 냉매의 잠열을 이용한다.

㉡ 장점

- 냉장실 내 온도를 동일하게 유지하였을 때 냉매의 증발온도가 높다.
- 시설이 간단하다.
- 냉매 순환량이 적다.

㉢ 단점

- 냉매누설에 의한 냉장품의 오염 우려가 있다(NH_3를 사용하는 경우).
- 냉동기 운전정지와 동시에 냉장실의 온도가 상승한다.
- 여러 냉장실을 동시에 운영할 때 팽창밸브 수가 많아진다.

㉯ 간접 팽창식(Indirect Expansion Evaporator)

㉠ 냉장실의 냉각관(증발관) 내에 간접 냉매인 브라인을 순환시켜 피냉각 물체로부터 열을 흡수하며 냉매의 현열을 이용하는 형식으로 브라인식 또는 간접 냉동방식이라 한다.

㉡ 장점

- 냉매누설에 의한 냉장품의 오염우려가 없다.
- 냉동기 정지에 따른 냉장실 온도의 상승이 느리다.
- 냉장실이 여러 대라도 팽창밸브는 하나이면 되므로 능률적인 운전이 가능하다.

㉢ 단점

- 설비가 복잡하여 시설비가 비싸다.
- 순환 Pump 등을 사용하므로 소요 동력이 증대하여 운전비가 많이 든다.

② 증발기 출구의 냉매상태에 따른 분류

㉮ 건식 증발기(Dry Expansion Type Evaporator)

㉠ 증발기 내 냉매액이 25%, 냉매가스가 75% 존재한다.

㉡ 증발관 내에 냉매액보다 가스가 많으므로 전열이 불량하다.

㉢ 냉매액의 순환량이 적어 액분리가 필요 없다.

㉣ 냉매공급이 위에서 아래로 공급(Down Feed Type)되므로 유회수가 용이하여 유회수장치가 필요 없다.

㉤ NH_3 사용 시에는 유효 전열면적을 증대시키기 위해 냉매공급을 아래에서 위로 공급(Up Feed Type)할 수 있다.

㉥ 주로 공기냉각용으로 많이 사용한다.

㉯ 반 만액식 증발기(Semi Flooded Type Evaporator)

㉠ 증발기 내 냉매액이 50%, 냉매가스가 50% 존재한다.

㉡ 냉매액이 건식보다 많아 전열이 양호하다.

㉢ 냉매공급은 Up Feed 방식을 채택한다.

㉣ Freon 냉매 사용 시 냉각관에 Oil이 체류할 수 있으므로 유회수에 유의해야 한다.

㉰ 만액식 증발기(Flooded Type Evaporator)

㉠ 증발기 내 냉매액이 75%, 가스가 25% 존재한다.

㉡ 암모니아 냉동장치에서는 액압축을 방지하기 위해 액분리기

㉢ 프레온 냉동장치의 경우 충분한 능력의 열교환기 설치시에는 액분리기를 설치하지 않아도 된다.

㉣ 냉매액량이 많으므로 전열이 양호하다.

㉤ 액체 냉각용에 주로 사용한다.

㉥ 만액식 증발기에서 냉매측의 전열을 좋게하는 방법

- 관이 냉매액과 접촉하거나 잠겨 있을 것
- 관지름이 작고, 관 간격이 좁을 것
- 관면이 거칠거나 Fin을 부착할 것
- 평균 온도차가 크고, 유속이 적당히 클 것
- 오일이 체류하지 않을 것

㉦ 유체(피냉각물)측의 전열을 좋게 하는 방법

- 관 표면이 항상 액으로 잠겨 있을 것
- 관지름이 작고, 유속은 적당할 것
- 점도가 작고, 난류일 것
- 냉각관 표면에서 증발한 증기가 신속하게 제거될 것

㉱ 액순환식 증발기(Liquid Pump Type Evaporator)

㉠ 증발기 출구에 냉매액이 80%, 가스가 20% 존재한다.

㉡ 액 Pump를 이용하여 증발기에서 증발하는 냉매량의 4~6배의 냉매액을 강제순환시킨다.

㉢ 냉매액을 강제 순환시키므로 오일의 체류 우려가 없고, 다른 형식의 증발기보다 순환되는 냉매액이 많으므로 전열이 가장 우수하다(타 증발기보다 약 20% 정도).

㉣ 증발기가 여러 대라도 팽창밸브는 하나면 된다.
㉤ 저압측 수액기(액분리기)가 있어 압축기에서의 액압축이 방지된다.
㉥ 오일의 체류우려가 없고, 제상의 자동화가 용이하다.
㉦ 냉매량이 많이 소요되며 액펌프, 저압수액기 등 설비가 복잡하다.
㉧ 액펌프 설치 시 주의사항
- 액펌프가 저압수액기보다 약 1.2m 정도 낮게 설치할 것(공동 현상 방지를 위하여)
- 액펌프 흡입관의 마찰저항을 줄이기 위하여 흡입관 지름은 충분할 것
- 흡입관의 저항을 고려하여 여과기를 가능하면 설치하지 않을 것
- 흡입배관에 녹이나 먼지가 흡입되는 것을 방지하여 펌프의 파손을 방지할 것

㉨ 공동(Cavitation)현상 : 흡입관에서 마찰저항이 커지면 이에 대응하는 포화온도 저하로 공동이 발생하여 펌프가 정류 Pumping을 하지 못하고 소음과 진동을 수반하는 현상

③ 냉각에 의한 분류

㉮ 공기 냉각용 증발기

㉠ 관 코일식 증발기(Hair Pin Coil Evaporator)
- 증발기의 기본형으로 동관 및 강관으로 제작한다.
- 핀(Fin)이 부착되어 있지 않으므로 전열이 불량하여 관이 길어져 압력강하가 크다.
- 관내에 냉매, 외측에 공기가 흐르고, 팽창밸브로는 모세관이나 TEV가 많이 사용된다.
- 냉장고 및 쇼케이스에 많이 이용된다.

㉡ 멀티피드 멀티석션 증발기(Multifeed Multisuction Evaporator)
- 캐스케이드식과 비슷한 구조이다.
- 주로 암모니아 냉매를 사용하는 공기 동결용 선반에 사용된다.

㉢ 캐스케이드 증발기(Cascade Evaporator)
- 냉매액을 냉각관 내에 순차적으로 순환시켜 도중에 증발된 냉매가스를 분리하면서 냉각
- 충분한 용량의 액분리기가 있어 압축기에서의 액압축은 방지할 수 있으나 암모니아 냉동장치에서는 과열 우려가 있다.
- 코일 내 냉매, 외측에 공기가 흐르며, 플루우트식 팽창밸브를 많이 사용한다.
- 공기 동결용 선반 및 벽코일로 제작 사용한다.

㉣ 판형 증발기(Plate Type Evaporator)
- 알루미늄이나 스테인레스판 2장을 압접하여 그 사이에 통로를 만들어 냉매가 통과하도록 한 구조이다.
- 관내에 냉매, 외측에 공기가 흐르며, 모세관이나 TEV를 많이 사용한다.
- 가정용 냉장고, 쇼케이스, 콘텍트 프리저에 주로 사용한다.

㉤ 핀 코일식 증발기(Pinned Tube Type Evaporator)
- 나관(裸管)에 알루미늄핀을 부착한 코일에 송풍기를 조합한 구조이다.
- 송풍기를 이용한 강제 대류식으로 부하변동에 신속히 대응할 수 있다.
- TEV를 가장 많이 사용하고, 소형 냉동창고, 쇼케이스, 에어콘 등에 사용한다.

㉯ 액체 냉각용 증발기

㉠ 암모니아 만액식 쉘 앤 튜브식 증발기(NH_3 Flooded Shell &Tube Type Evaporator)

- Shell 내 냉매, Tube 내에는 브라인이 흐른다.
- Float Valve를 사용하여 증발기 내의 액면을 일정하게 유지한다.
- 압축기에서 액압축의 우려가 있으므로 액분리기를 설치한다.
- 브라인 동결로 인한 Tube의 동파에 주의해야 한다.
- 주로 공업용 브라인 냉각장치를 사용한다.

ⓛ 프레온 만액식 쉘 앤 튜브식 증발기(Freon Flooded Shell &Tube Type Evaporator)

- Shell내 냉매, Tube 내에는 브라인이 흐른다.
- 증발기 내의 유회수가 곤란하여 특별한 유회수 장치가 필요하다.
- Shell 상부에 열교환기를 설치하여 액압축 방지와 과냉각을 증대시켜 냉동능력을 증대시켜 준다.
- Shell 하부에 액헤더를 설치하여 냉매액의 분포를 고르게 한다.
- 냉매측의 열전달이 불량하므로 Low Fin Tube를 사용한다.
- 브라인 또는 냉수 등의 동결로 인한 Tube의 동파에 주의한다.
- 공기조화장치, 화학공업, 식품공업 등의 브라인 냉각에 사용한다.

ⓒ 건식 쉘 앤 튜브 증발기(Dry Shell &Tube Type Evaporator)

- Shell 내 브라인, Tube 내에는 냉매가 흐른다.
- 건식이므로 냉매량이 적어 열통과율이 나쁘므로 전열을 양호하게 하기 위해 Inner Fin Tube를 사용한다.
- 건식이므로 냉각관의 동파 위험이 없고, 별도의 수액기를 필요로 하지 않는다.
- Shell 내 Oil이 체류하지 않아 유회수 장치를 필요로 하지 않는다.
- 온도식 자동 팽창밸브(TEV)를 많이 사용한다.
- 프레온용 공기조화장치의 Chilling Unit에 많이 사용한다.

ⓡ 보데로우형 증발기(Baudelot Type Evaporator)

- Tube 내 냉매, Tube 외측에 피냉각물(브라인)이 흐른다.
- 구조는 대기식 응축기와 비슷하다.
- 냉각관이 스테인레스로 제작되어 위생적이고 청소가 용이하다.
- 암모니아는 만액식, 프레온은 반만액식을 사용하며 저압측 플로우트를 사용한다.
- 식품 공업에서 물 및 우유 등을 냉각하는데 사용한다.

ⓜ 쉘 앤 코일식 증발기(Shell & Coil Type Evaporator)

- 코일 내에 냉매, 쉘 내에 브라인이 흐른다.
- 열통과율이 나쁘며 주로 프레온 소형냉동장치에 사용한다.
- 건식 증발기에 사용되면 TEV를 주로 사용한다.
- 음료수 냉각용으로 주로 사용한다.

ⓑ 탱크형 증발기(Herring Bone Type Evaporator)

- 주로 암모니아 만액식 증발기는 제빙장치의 브라인 냉각용 증발기로 사용한다.
- 상부에 가스헤더가 있고, 하부에 액헤더가 있다.
- 탱크 내에는 교반기(Agitator)에 의해 브라인이 0.75m/s 정도로 순환한다.

- 주로 플로우트 팽창밸브를 사용하며 다수의 냉각관을 붙여 만액식으로 사용하기 때문에 전열이 양호하다.

2) 제상장치(Defrost System)

공기 냉각용 증발기에서 대기 중의 수증기가 응축 동결되어 서리상태로 냉각관 표면에 부착하는 현상을 적상(Frost)이라 하며 이를 제거하는 작업을 제상(Defrost)이라 한다.

① 적상의 영향

㉮ 전열불량으로 냉장실내 온도상승 및 액압축 초래

㉯ 증발압력저하로 압축비 상승

㉰ 증발온도 저하

㉱ 실린더 과열로 토출가스 온도 상승

㉲ 윤활유의 열화 및 탄화 우려

㉳ 체적효율 저하 및 압축기 소요동력 증대

㉴ 성적계수 및 냉동능력 감소

② 제상 방법

㉮ 압축기 정지 제상 : 1일 6～8시간 정도 냉동기를 정지시키는 제상

㉯ 온공기 제상 : 압축기 정지 후 Fan을 가동시켜 실내공기로 6~8시간 제상

㉰ 전열 제상(Electric Defrost) : 증발기에 히터를 설치하여 제상

㉱ 살수식 제상(Water Spray Defrost) : 10～25℃의 온수를 살수시켜 제상

㉲ 브라인 분무제상 : 냉각관 표면에 부동액 또는 브라인을 살포하여 제상

㉳ 온브라인 제상 : 순환중인 차가운 브라인을 주기적으로 따뜻한 브라인으로 바꿔 순환시켜 제상

㉴ 고압가스 제상(Hot Gas Defrost) : 압축기에서 토출된 고온 고압의 냉매가스를 증발기로 유입시켜 고압가스의 응축잠열에 의해 제상. 제상시간이 짧고 쉽게 설비할 수 있어 대형의 경우 가장 많이 사용한다.

㉠ 소형냉동장치에서의 제상 : 제상 타이머 이용

㉡ 증발기가 1대인 경우 제상

㉢ 증발기가 1대인 경우 재증발 코일을 이용한 제상

㉣ 증발기가 2대인 경우 제상

㉤ 증발기가 2대인 경우 제상용 수액기를 이용한 제상

㉥ Heat Pump를 이용한 제상방법

3) 증발기에서의 계산

① 냉동능력(Q_2)

증발기에서 냉매가 피냉각 물체로부터 1시간당 흡수하는 열량(kcal/h)

㉮ 냉동장치에서의 계산

$$Q_2 = Q_1 - AW$$

(Q_2 : 냉동능력(kcal/h), Q_1 : 응축부하(kcal/h), AW : 압축일의 열당량(kcal/h))

㉯ 방열계수를 이용한 계산

$$Q_2 = Q_1 / C, \ C = Q_1 / Q_2$$

(C(방열계수), - 1.3 : 제빙 · 냉동, 1.2 : 냉장 · 공조)

㉰ 브라인 제거열량을 이용한 계산

$$Q_2 = G(b) \times C \times \Delta t = G(b) \times C \times (tb_1 - tb_2)$$

(G : 브라인의 유량(kcal/h), C : 브라인의 비열(kcal/kg℃),
Δt : 브라인의 입 · 출구 온도차(℃))

㉱ 열통과율을 이용한 계산

$$Q_2 = K \times F \times \Delta t(m) = K \times F \times [(tb_1 - tb_2)/2 - t_2]$$

(K : 열통과율(kcal/m^2 · h · ℃), F : 전열면적(m^2),
Δt(m) : 평균온도차(℃), t_2 : 증발온도(℃))

평균온도차 : 피냉각 유체(브라인)의 평균온도와 증발온도 차(Δt(m))

$$\Delta t(m) = (\text{브라인 입구온도} + \text{출구온도})/2 - \text{증발온도} = [(tb_1 - tb_2)/2 - t_2]$$

5. 기타 부속장치

1) 고압 수액기(High Pressure Liquid Receiver)

응축기에서 응축된 냉매액을 일시 저장하는 고압용기이다.

① 역할

㉮ 응축기와 팽창밸브 사이에 설치하여 응축기에서 액화된 고온, 고압의 냉매액을 저장하는 용기로 내용적의 3/4(75%) 이하로 충전해야 한다.

㉯ 냉동장치를 운전하지 않을 때 또는 저압측 수리시 냉매를 회수(펌프다운)하여 저장하는 용기를 말한다.

② 수액기에 연결되는 기기

㉮ 안전밸브(암모니아용 수액기)

㉯ 가용전(프레온용 수액기)

㉰ 균압관

㉱ 입출구 밸브

㉲ 액면계

㉳ 오일드레인 밸브

③ 액면계 파손 원인

㉮ 수액기 내부 압력의 급상승

㉯ 부주의로 인한 외부로부터의 충격

㉰ 냉매의 과충전

㉱ 볼트 조임시 힘의 불균형(대각선 순서로 조여야 한다)

④ 안전운전을 위한 주의사항

㉮ 수액기는 냉매액의 팽창을 고려하여 용기 크기는 충분해야 한다(냉매순환량의 1/2을 충전할 수 있는 크기).

㉯ 수액기가 2대 이상이고, 직경이 다른 경우는 각 수액기들의 상단을 일치시켜야 한다(증발부하 감소시 수액기의 냉매량이 증가하면 작은쪽 수액기의 만액 또는 액봉 현상을 피할 수 있다).

㉰ 액면계는 금속제 덮개로 보호한다(파손시 냉매의 분출 방지를 위해 수동볼밸브 또는 자동볼밸브를 설치한다.).

㉱ 안전밸브의 원변은 항상 열어두어야 한다.

㉲ 균압관의 크기는 충분한 것으로 한다.

> **참고** 균압관
> • 응축기와 수액기의 상부를 연결하는 관으로 압력을 균일하게 하여 수액기로의 냉매 유입을 원활하게 해준다.
> • 균압관 상부에는 불응축 가스를 방출시키는 에어퍼지밸브를 설치한다.

㉳ 수액기의 위치는 응축기보다 낮은 곳에 설치한다.

㉴ 용접부분간의 거리는 판두께의 10배 이상이어야 한다.

㉵ 용접이음부에는 배관이나 기기를 접속하지 않아야 한다.

㉶ 직사광선이나 화기를 피하여 설치하여야 한다.

㉷ 충격이 가해지지 않도록 주의하여야 한다.

2) 불응축 가스퍼저(Non Condensing Gas Purger)

① 설치목적

㉮ 불응축 가스는 응축기에서 액화되지 않는 가스로, 불응축가스의 분압만큼 응축압력이 상승하고, 유효 전열면적의 감소로 응축능력 감소, 압축기 과열, 소요동력 증대, 냉동능력 감소 등의 영향이 있으므로 가스퍼저를 이용하여 불응축 가스를 제거시킨다.

㉯ 불응축 가스 : 냉동장치 중에 응축되지 않는 가스로 장치 외부에서 침입하는 공기나 윤활유의 탄화에 따른 오일 가스 등을 말한다.

② 불응축 가스의 발생 원인

㉮ 내부적 원인

㉠ 오일의 탄화, 열화 시 생성된 증기

㉡ 냉매의 화학적 변화에 의해 생성된 증기

㉢ 밀폐형의 경우 전동기 코일의 소손 등에 의해 생성된 증기

㉯ 외부적 원인

㉠ 장치의 신설, 수리 시 진공 건조작업 불충분에 의한 잔류공기

㉡ 냉매, 오일 충전 시 부주의로 인하여 침입한 공기

㉢ 순도가 낮은 냉매 및 오일충전 시 이들에 섞인 공기

㉣ 저압을 대기압 이하로 운전 시 축봉부 등으로 유입된 공기

③ 불응축 가스 체류 장소

㉮ 응축기 상부 및 수액기 상부의 균압관

㉯ 증발식 응축기의 액헤더와 수액기 상부

㉰ 고압부 중 차가운 곳

3) 유분리기(Oil Separator)

① 설치목적

압축기에서 토출되는 냉매가스 중에는 오일이 미립자 상태로 함께 토출되는 경우가 있는데 오일이 응축기나 증발기로 넘어가면 전열 작용을 방해하고, 압축기에는 윤활유가 부족하게 되어 윤활 작용이 불량해지므로 유분리기를 이용하여 냉매가스 중의 오일을 분리시켜 재사용한다.

② 설치하는 경우

㉮ 만액식 증발기를 사용하는 경우

㉯ 다량의 오일이 토출가스에 혼입되는 것으로 생각되는 경우

㉰ 토출가스 배관이 길어지는 경우(9m 이상)

㉱ 증발온도가 낮은 저온장치인 경우

③ 설치위치

㉮ 암모니아 냉동기 : 압축기와 응축기 사이의 응축기 가까운 곳(압축기에서 3/4 정도 : 토출가스 온도(98℃)가 높으므로)

㉯ 프레온 냉동기 : 압축기와 응축기 사이의 압축기 가까운 곳(압축기에서 1/4 정도)

4) 열교환기(Heat Exchanger)

① 설치목적

㉮ 응축기 출구의 냉매액을 과냉각시켜 팽창 시 플래쉬 가스량을 감소시켜 냉동효과를 증대시킨다.

㉯ 압축기 흡입가스를 과열시켜 압축기에서의 액압축을 방지한다.

㉰ 냉동효과 및 성적계수 향상으로 냉동능력이 증대된다.

㉱ 프레온 만액식 증발기에서 유회수를 용이하게 하기 위해 설치한다.

② 종류

㉮ 관접촉식(용접식)

㉯ 쉘 앤 튜브식

㉰ 이중관식

5) 액분리기(Liquid Separator)

① 설치목적

암모니아 만액식 증발기 또는 부하변동이 심한 냉동장치에서 압축기로 유입되는 가스 중 액을 분리시켜 액유입에 의한 액압축(Liquid Back)을 방지하여 압축기를 보호하며 어큐뮬레이터, 석션트랩, 서지드럼이라고도 한다.

② 설치위치와 용량

㉮ 위치 : 증발기 출구와 압축기 사이 흡입관(증발기보다 높은 위치)

㉯ 용량 : 증발기 내용적의 20~25% 정도의 용량일 것

③ 설치하는 경우

㉮ 암모니아 냉동장치

㉯ 부하변동이 심한 경우

㉰ 만액식 브라인 쿨러

④ 분리된 냉매의 처리

㉮ 증발기로 재순환시킨다.

㉯ 열교환기에 의해 증발시켜 압축기로 돌려 보낸다.

㉰ 액회수 장치를 이용하여 고압측 수액기로 보낸다.

6) 액회수 장치(Liquid Return System)

① 설치목적

액 분리기에서 분리된 냉매액을 액류기로 받은 후 고압 수액기로 회수하는 장치

② 회수방법

㉮ 수동 액회수 방법

㉯ 자동 액회수 방법

7) 투시경(Sight Glass)

① 설치목적

냉매 중 수분의 혼입여부(색깔로 구분)와 냉매 충전량의 적정여부(기포로 구분)를 확인하기 위해 설치한다.

② 설치위치 : 고압의 액관(응축기와 팽창밸브 사이)

③ 수분 침입확인(Dry Eye)

㉮ 건조 시 : 녹색

㉯ 요주의 : 황록색

㉰ 다량혼입 : 황색

④ 충전 냉매의 적정량 확인(Sight Glass)

㉮ 기포가 없을 때

㉯ 투시경 내에 기포가 있으나 움직이지 않을 때

㉰ 투시경 입구측에는 기포가 있으나, 출구측에는 없을 때

㉱ 기포가 연속적으로 보이지 않고 가끔 보일 때

8) 건조기(Dryer, Drier)

① 설치목적 : 프레온 냉동장치에서 수분을 제거하여 팽창변 통과 시 수분이 팽창밸브 출구에 동결 폐쇄 되는 것을 방지한다.

② 설치위치 : 프레온 냉동장치에서 팽창밸브 직전의 고압액관에 설치한다.

③ 건조제(제습제)

㉮ 실리카겔

㉯ 활성 알루미나 겔

㉰ 소바비이드

㉱ 몰리큘러 시이브스

㉮ 보오크사이드

④ 제습제의 구비조건

㉮ 수분이나 냉매, 오일에 녹지 않을 것

㉯ 냉매나 오일과 반응하지 않을 것

㉰ 큰 흡착력을 장시간 유지할 수 있을 것

㉱ 건조도와 건조효율이 클 것

㉲ 충분한 강도를 가지고 분해되지 않을 것

㉳ 안전하고 취급이 편리할 것

㉴ 가격이 저렴하고 구입이 용이할 것

9) 여과기(Filter, Strainer)

① 설치목적 : 냉매장치 중에 혼입된 이물질을 제거하여 제어밸브 및 기기의 파손을 방지

② 설치위치

㉮ 압축기 흡입측

㉯ 팽창밸브 직전

㉰ 고압 액관측

㉱ 펌프 흡입측

㉲ 오일펌프 출구(큐노필터)

㉳ 드라이어 내부

㉴ 압축기의 크랭크 케이스 내 저유통

③ 종류 : Y형, U형, L형

6. 안전장치(Safety System)

1) 안전밸브(Safety Valve)

① 특징

압축기나 압력용기 내 냉매가스 압력이 이상 상승되었을 때 작동하여 이상압력으로 인한 장치의 파손을 방지하는 기기로서 압축기는 정지하지 않는다.

② 작동압력

㉮ 정상고압 + 5kg/cm^2 이상

㉯ 장치의 내압시험 압력(TP)의 8/10배 이하

③ 설치 위치

㉮ 압축기 토출밸브와 토출지변(스톱밸브) 사이에 고압차단스위치(HPS)와 같은 위치에 설치한다.

㉯ 압축기가 여러 대일 때는 각 압축기의 토출지변 직전에 설치한다.

④ 종류

㉮ 스프링식(Spring Safety Valve)

㉯ 중추식(Weight Safety Valve)

㉰ 지렛대식(Lever Type Safety Valve)

2) 파열판(Rupture Disk)

① 특징

㉮ 압력용기 등에 설치하여 내부압력의 이상 상승시 박판이 파열되어 가스를 분출한다.

㉯ 1회용으로 한번 파열되면 새로운 것으로 교체해야 한다.

㉰ 스프링식 안전밸브보다 가스분출량이 많다.

㉱ 주로 터보냉동기 저압측에 설치한다.

㉲ 구조가 간단하고 취급이 용이하다.

㉳ 지지방식에 따라 플랜지형, 유니온형, 나사형이 있다.

3) 가용전(Fusible Plug)

① 특징

㉮ 프레온용 수액기나 냉매용기의 증기부에 설치하여 화재 등으로 인한 온도 상승시 가용합금이 용융되어 가스를 분출한다.

㉯ 합금의 성분은 납, 주석, 안티몬, 카드뮴, 비스무스 등이다.

㉰ 용융온도는 68~75℃이다.

㉱ 압축기 토출가스의 영향을 받지 않는 곳에 설치한다.

㉲ 가용전의 구경은 최소 안전밸브 구경의 1/2 이상으로 한다.

㉳ 암모니아 냉동장치에서는 가용합금이 침식되므로 사용하지 않는다.

㉴ 주로 20RT 미만의 프레온용 응축기나 수액기의 상부에 안전밸브 대신 설치한다.

4) 고압차단스위치(HPS, High Pressure Control Switch)

① 특징

㉮ 고압이 일정 이상의 압력으로 상승되면 전기접점이 차단되어 압축기 구동용 전동기를 정지시켜 이상고압으로 인한 장치의 파손을 방지한다.

㉯ 압축기의 안전장치로 작동압력은 정상고압 + 4kg/cm^2 정도이다.

㉰ 수동복귀형 HPS는 작동 후에 반드시 리셋 단추를 눌러야 한다.

② 설치위치

㉮ 1대의 압축기 제어 : 토출밸브와 토출지변 사이(압축기와 토출지변 사이)

㉯ 여러 대의 압축기 제어 : 토출가스에 공동헤더를 설치하여 제어

5) 저압차단스위치(LPS, Low Pressure Control Switch)

① 용도에 따른 구분

㉮ 압축기 보호용 : 저압이 일정 이하가 되면 작동하여 압축기를 정지시킨다.

㉯ 언로드형 : 저압이 일정 이하가 되면 전기접점이 작동하여 언로드용 전자밸브가 작동하여 유압이 언로드 피스톤에 걸려 용량제어를 한다.

② 설치위치 : 압축기 흡입관에 설치한다.

6) 유압보호스위치(OPS, Oil Pressure Protection Switch)

① 특징

㉮ 압축기 기동 시나 운전 중 일정시간(60~90초 정도 : Time Leg)에 유압이 형성되지 않거나 유

압이 일정 이하로 될 경우 압축기를 정지시켜 윤활불량으로 인한 압축기의 파손을 방지한다.

㉯ 흡입압력과 유압의 압력 차에 의해 작동된다.

② 종류 : 바이메탈식, 가스통식

7. 자동제어 장치

1) 전자밸브(SV, Solenoid Valve)

① 역할

㉮ 전자석의 원리(전류에 위한 자기 작용)를 이용하여 밸브를 On-Off시킨다.

㉯ 용량 및 액면제어, 온도제어, 액압축 방지, 제상, 냉매 및 브라인 등의 흐름을 제어

㉰ 전자코일에 전기가 통하면 플런저가 상승하여 열리고, 전기가 통하지 않으면 닫힌다.

㉱ 소용량에는 직동식 전자밸브를 사용하고, 대용량에는 파일롯 전자밸브를 사용한다.

② 전자밸브 설치 시 주의사항

㉮ 전자밸브의 화살표방향과 유체의 흐름방향을 일치시킨다.

㉯ 전자밸브의 전자코일을 상부로 하고, 수직으로 설치한다.

㉰ 전자밸브의 폐쇄를 방지하기 위해 입구측에 여과기를 설치한다.

㉱ 전자밸브에 하중이 걸리지 않도록 한다.

㉲ 전압과 용량에 맞게 설치한다.

㉳ 고장, 수리 등에 대비하여 바이패스관을 설치할 수도 있다.

2) 증발압력 조정밸브(EPR, Evaporate Pressure Regulating Valve)

① 개요

㉮ 역할 : 운전 중 증발압력이 일정 이하가 되어 냉수, 브라인 등의 동결이나 압축비 상승으로 인한 영향을 방지한다.

㉯ 작동압력 : EPR 입구 압력

㉰ 설치 위치

㉠ 증발기가 1대일 때 : 증발기 출구에 설치

㉡ 증발기가 여러 대일 때 : 증발온도가 높은 곳에 설치하고, 가장 낮은 곳에는 체크밸브를 설치한다.

② 설치해야 하는 경우

㉮ 1대의 압축기로 증발온도가 서로 다른 여러 대의 증발기를 사용하는 경우

㉯ 냉수 및 브라인의 동결 우려가 있는 경우

㉰ 고압가스 제상 시 응축기의 압력제어로 응축기 냉각수 동결을 방지하고자 하는 경우

㉱ 냉장실 내의 온도가 일정 이하로 내려가면 안되는 경우

㉲ 피냉각 물체의 과도한 제습을 방지하고자 하는 경우

3) 흡입압력 조정밸브(SPR, Suction Pressure Regulating Valve)

① 개요

㉮ 역할 : 흡입압력이 일정압력 이상으로 되었을 대 과부하로 인한 전동기의 소손을 방지하기 위해 설치한다.

㉯ 작동압력 : SPR 출구측 압력

㉰ 설치위치 : 압축기 흡입관에 설치

② 설치해야 하는 경우

㉮ 흡입압력 변동이 심한 경우(압축기 안정을 위해)

㉯ 압축기가 높은 흡입압력으로 기동되는 경우(과부하 방지)

㉰ 높은 흡입압력으로 장시간 운전되는 경우(과부하 방지)

㉱ 저전압에서 높은 흡입압력으로 기동되는 경우(과부하 방지)

㉲ 고압가스 제상으로 인하여 흡입압력이 높아지는 경우(과부하 방지)

㉳ 흡입압력이 과도하게 높아 액압축이 일어날 경우(액압축 방지)

4) 자동 급수조절 밸브, 절수밸브(Water Regulating Valve)

① 역할

㉮ 수랭식 응축기 부하변동에 따른 응축기 냉각수량을 제어하여 냉각수를 절약한다.

㉯ 냉각수량 제어로 응축압력을 일정하게 유지한다.

㉰ 냉동기가 운전 정지 중에는 냉각수를 차단하여 경제적인 운전을 도모한다.

② 종류

㉮ 압력 작동식 절수밸브 : 응축압력을 감지하여 압력이 상승하면 밸브가 열려 냉각수가 흐르고, 압력이 저하하면 밸브가 닫혀 냉각수 공급이 중지된다.

㉯ 온도식 절수밸브 : 감온통이 설치되어 응축온도를 감지하여 온도 상승 시 밸브가 열려 냉각수를 흐르게 하는 구조로 되어 있다.

5) 단수 릴레이

① 역할

㉮ 브라인 냉각기 및 수랭각기(Chiller)에서 브라인이나 냉수량의 감소 및 단수에 의한 배관의 동파를 방지하기 위해 압축기를 정지시킨다.

㉯ 수랭식 응축기에서 냉각수량의 감소 및 단수에 의한 이상고압 상승을 방지하기 위해 압축기를 정지시킨다.

② 설치위치 및 종류

㉮ 설치위치 : 브라인 및 냉수 입구측 배관에 설치

㉯ 종류 : 단압식 릴레이, 차압식 릴레이, 수류식 단수릴레이(플로우 스위치 : Flow Switch)

6) 온도 조절기(TC, Temperature Controller, Thermostat)

① 역할 : 측온부의 온도변화를 감지하여 전기적으로 압축기를 On-Off시킨다.

② 종류 : 바이메탈식, 가스압력식, 전기저항식

7) 습도 조절기(Humidistat)

인간의 머리카락을 주로 이용하여 습도가 증가하면 모발이 늘어나서 전기적 접점이 붙어 이에 의해 전자밸브 등을 작동시켜 감습 장치를 작동하게 한다(공기조화용).

SECTION 02

Craftsman Air-Conditioning and Refrigerating Machinery

공기조화

STEP 01 공기조화의 기초

1. 공기조화의 개요

1) 공기조화

공기조화란 실내 또는 특정장소에서 공기의 온도, 습도, 기류속도, 청정도 등의 조건을 실내의 사람 또는 물품 등에 대하여 가장 적합한 상태로 유지하는 것을 말한다.

① 공기조화의 4대 요소

㉮ 온도(Temperature)

㉯ 습도(Humidity)

㉰ 청정도(Cleanness)

㉱ 기류속도(공기의 유동, Distribution)

② 공기조화의 분류

㉮ 쾌감(보건)용 공조(Comfort Air Conditioning)

실내의 사람을 대상으로 쾌적한 환경을 유지하여 인체의 건강, 위생 및 근무환경을 향상시키는 것을 목적으로 한다.

예 주택, 사무실, 오피스텔, 백화점, 병원, 호텔, 극장 등

㉯ 산업용 공조(Industrial Air Conditioning)

산업 제품의 생산 및 보관을 위해 가장 적당한 실내조건을 유지하여 제품의 품질향상, 공정속도의 증가로 생산성 향상, 불량률 감소, 제조 원가 절감 등 생산물품을 대상으로 한다.

예 제약공장, 섬유공장, 반도체 공장, 연구소, 창고, 전산실 등

③ 실내 환경기준

㉮ 온도(Temperature)

㉠ 효과(작용)온도(OT, Operative Temperature)

- 실내기류와 습도의 영향을 무시하고, 기온과 주위벽의 평균 복사온도의 종합효과를 고려하여 체감을 나타낸 온도이다.
- 실내 온도, 습도 설계조건

구분	실내온도(℃)	상대습도(%)
여름	26	50
겨울	20	50

㉡ 유효온도, 감각온도(ET, Effective Temperature)

- 인체가 느끼는 쾌적 온도의 지표로서 정지된 포화상태(상대습도 100%) 공기 온도로 표시한, 인체가 느끼는 쾌적 온도의 지표이다.
- 유효온도의 3요소 : 온도, 습도, 기류
- 수정유효온도 4요소 : 온도, 습도, 기류, 복사열
- 실내온도의 측정 : 바닥에서 1.5m 높이인 호흡선에서 측정

㉢ 불쾌지수(UI : uncomfort index)

$$0.72\,(t + t') + 40.6$$

(t : 건구온도, t' : 습구온도)

- 불쾌지수와 상태

불쾌지수	상태	불쾌지수	상태
86 이상	견디기 어려운 상태	70 이상	일부 불쾌
80 이상	전원 불쾌	70 미만	쾌적
75 이상	반 이상 불쾌		

㉯ 습도(Humidity) : 공기의 습한 정도는 일반적으로 상대습도로 나타내며 경우에 따라 습구온도 및 절대습도로도 나타내며 일반적으로 미생물의 활동을 방지하기 위하여 50%가 적당하다.

㉰ 청정도(Cleanness) : 정밀측정 실험실이나 전자산업 등 부유분진을 대상으로 하는 산업용 클린룸과 부유물질, 세균, 미생물 등을 제한시킨 바이오 클린룸 등이 있다.

예 병원 수술실, 제약공장, 반도체 공장 등

㉱ 기류속도(Air Movement) : 실내에서의 적당한 공기의 유동을 위하여 일반적으로 난방시 0.13~0.18 m/s, 냉방시 0.1~0.25 m/s의 범위가 좋다.

㉲ 소음(Noise) : 좋아하지 않는 음(音), 즉 음악 등의 전달을 방해한다든지 또는 귀에 고통과 장애를 주는 불필요하고 장애가 되는 음을 말하며 소음의 평가를 위하여 NC곡선(Noise Criteria Curve)을 이용하고 있다. 일반적인 주택인 경우 허용소음NC값이 25~35 정도가 되도록 한다.

2. 공기의 성질과 선도

1) 공기의 종류 및 상태치

① 공기의 종류

㉮ 건조공기(Dry Air)

㉠ 수증기를 전혀 포함하지 않은 건조한 공기로 자연적으로는 존재하지 않는다.

㉡ 평균분자량 : 약 29g/mol(29kg/kmol)

㉢ 비중량(γ) : 1.293kg/m^3(20℃ = 1.2kg/m^3)

㉣ 비체적(v) : 0.7733m^3/kg(20℃ = 0.83m^3/kg)

㉤ 가스정수(R) : 29.27kgm/kg℃K

㉯ 습공기(Moist Air) : 수증기가 포함된 공기로 지구 내에 있는 모든 공기는 습공기이다.

㉰ 포화공기(Saturated Air)

㉠ 건조공기 중에 포함되는 주증기량은 공기의 압력과 온도에 따라 최대한계가 있는데, 어떤 압력과 온도에 따른 최대한도의 수증기를 포함한 공기를 포화공기라 한다.

㉡ 건조공기에 더 이상 수증기가 함유될 수 없는 공기

㉱ 무입공기(霧入空氣 : Fogged Air) : 포화공기에 수증기를 가해 주면 그 여분의 수증기가 온도가 내려가 수증기를 응축하여 미세한 물방울이나 안개상태로 공중에 떠돌아다니는 안개 낀 공기

㉲ 불포화공기 : 포화점에 도달하지 못한 습공기의 실제의 공기

② 공기의 상태치

㉮ 건구온도(Dry Bulb Temperature : DB, t, ℃) : 기온을 측정할 때 열을 감지하는 감열부가 건조한 상태에서 측정하는 보통의 온도

㉯ 습구온도(Wet Bulb Temperature : WB, t', ℃) : 온도계의 감열부를 천으로 감싼 다음 모세관 현상에 의하여 물을 흡수하여 감열부가 젖은 상태에서 측정한 온도

㉰ 노점온도(Dew Point Temperature : DP, t", ℃) : 공기의 온도가 낮아지면 습공기 중의 수증기가 공기로부터 분리되어 이슬이 맺히(응축)기 시작할 때의 온도로 이때 절대습도는 감소한다.

㉱ 절대습도(Specific Humidity : SH, x, kg/kg') : 공기 중의 수증기 양을 알기 위한 것으로 습공기중에 함유되어 있는 수증기의 중량을 건조공기의 중량으로 나눈 것으로, 즉 건조공기 1kg'에 대한 수증기의 중량

$$x = 0.622 \times P(v) / (P - P(v))$$
$$= 0.622 \times \varphi \times P(s) / (P - \varphi P(s))$$

(P : 대기압(P(v) + P(s)), P(v) : 수증기 분압, P(s) : 건공기 분압)

㉲ 수증기 분압(P(v) : mmHg) : 습공기(건조공기 + 수증기) 중에 수증기가 차지하는 부분압력을 말하며, 포화공기의 수증기 분압은 P(s)로 나타낸다.

㉠ P(v) = P(s) : 포화공기

㉡ P(v) 〈 P(s) : 불포화공기

㉢ P(v) = 0 : 건조공기

㉳ 상대습도(Relative Humidity : RH, φ, %)

㉠ 습공기 수증기 분압(P(v))과 그 온도의 포화공기 수증기 분압(P(s))과의 비를 백분율로 나타낸 것이며, 또한 $1m^3$의 습공기 중에 함유된 수분 중량(γ(v))과 이와 동일 온도 $1m^3$의 포화습공기에 함유되어 있는 수분 중량(γ(s))과의 비를 나타낸다.

$$\varphi = P(v) / P(s) = \gamma(v) / \gamma(s)$$

(P(v) : 습공기의 수증기분압

P(s) : P(v)값에 해당하는 온도와 동일한 온도에서의 포화수증기압

γ(v) : 습공기의 $1m^3$ 중에 함유된 수분의 중량

γ(s) : γ(v)값에 해당하는 온도와 동일한 온도에서 포화공기 $1m^3$ 중에 함유된 수분 중량)

㉡ 상대습도가 0%이면 건조공기이며, 100%이면 포화공기이다.

㉳ 비교습도(포화도, Saturation Degree : SD, φ(s), %) : 습공기에서의 절대습도(x(v))와 동일온도 포화습공기에서의 절대습도(x(s))와의 비

φ(s) = x(v) / x(s)

x(v) : 습공기 절대습도

x(s) : x(v)에 해당하는 온도와 동일한 온도 포화습증기에서의 절대습도

㉴ 습공기의 비체적(Specific Volume : SV, m^3/kg') : 건조공기 1kg' 속에 포함되어 있는 습공기의 체적

㉵ 엔탈피(Enthalpy : TH, i, kcal/kg)

㉠ 단위중량의 습공기가 갖는 열량의 총합을 말하며 건구온도 0℃, 절대습도 0kg/kg' 상태에서의 공기의 엔탈피는 0(kcal/kg)이다.

㉡ 습공기의 엔탈피 = 건조공기 엔탈피(현열) + 수증기 엔탈피(현열 + 잠열)

$$TH = (C(p) \times t) + (\gamma + C(pw) \times t) \times x$$
$$= (0.24 \times t) + (597.5 + 0.441 \times t) \times x$$

(C(p) : 건조공기의 정압비열(0.24kcal/kg)
C(pw) : 수증기의 정압비열(0.441kcal/kg)
χ : 습공기의 절대습도(kg/kg')
γ : 0℃에서 물의 증발잠열(597.5kcal/kg))

㉶ 현열비, 감열비(Sensible Heat Factor : SHF) : 습공기 전열량(q(T))에 대한 현열량(q(s))의 비로서 실내로 취출되는 공기의 상태변화를 알 수 있다.

$$SHF = \frac{현열}{전열} = \frac{현열}{(현열 + 잠열)} = \frac{q(s)}{(q(s) + q(L))}$$

㉠ 현열

$$q(s) = G\,C(p)\Delta t = G \times 0.24 \times \Delta t = 1.28q \times 0.24 \times \Delta t$$
$$\fallingdotseq 0.29 \times Q \times \Delta t$$

㉡ 잠열

$$q(L) = G\,\gamma\Delta x = G \times 597 \times \Delta x = 1.2 \times Q \times 597$$
$$\fallingdotseq 717 \times Q \times \Delta x$$

㉢ 전열

$$q(T) = 현열 + 잠열 = (0.29 \times Q \times \Delta t) + (717 \times Q \times \Delta x)$$

(G : 송풍량(kg/h), Q : 송풍량(kg/h), C : 습공기 정압비열(kcal/kg · ℃)
γ : 0℃ 물의 증발잠열(kcal/kg), Δt : 온도차(℃), Δx : 절대습도차(kg/kg'))

㉶ 열수분비(Moisture Ratio : U) : 공기 중의 수분량(절대습도)의 변화량에 따른 엔탈피 변화량

$$U = \frac{\text{엔탈피 차}}{\text{절대습도 차}} = \frac{(h_2 - h_1)}{(x_2 - x_1)}$$

2) 습공기 선도

습공기의 열역학적 상태량을 수치화하여 공기의 상태변화와 공조계산 등을 목적으로 만들어진 선도를 말한다.

① 습공기 선도의 종류

㉮ i – χ 선도 : 엔탈피와 절대습도를 기준하며 이론적인 계산에 많이 사용된다.

㉯ t – χ 선도 : 건구온도와 절대습도를 기준하며 i – χ 선도와 비슷한 점이 많으나 실용상 편리하도록 간략하게 되어 있으며 계산에 의해 열수분비를 구해야 한다.

㉰ t – i 선도 : 건구온도와 엔탈피를 기준하며 공기와 수증기의 변화를 동시에 나타내며 실용적인 각종 계산에 사용되고, 물과 공기의 상태가 잘 나타나 있어 물과 공기가 접촉하면서 변화하는 경우의 해석에 편리하며 공기 중에 물을 분무하는 공기세정기나 냉각탑 등의 해석에 이용된다.

② 습공기 선도의 구성

㉮ 표준 대기압 상태에서 습공기의 성질을 표시하고 건구온도, 습구온도, 노점온도, 상대습도, 절대습도, 수증기분압, 엔탈피, 비체적, 현열비, 열수분비 등으로 구성되어 있다.

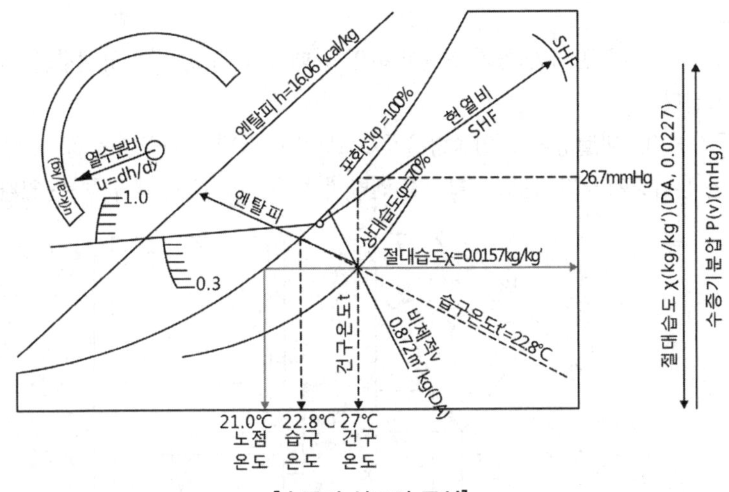

[습공기 선도의 구성]

㉯ 습공기 선도의 이해

㉠ 0 → 1 : 가열(현열)

㉡ 0 → 2 : 냉각(현열)

㉢ 0 → 3 : 가습(등온)

㉣ 0 → 4 : 감습, 제습(등온)

㉤ 0 → 5 : 가열가습

㉥ 0 → 6 : 냉각가습(단열가습)

㉦ 0 → 7 : 냉각감습(냉각제습)

◎ 0 → 8 : 가열감습

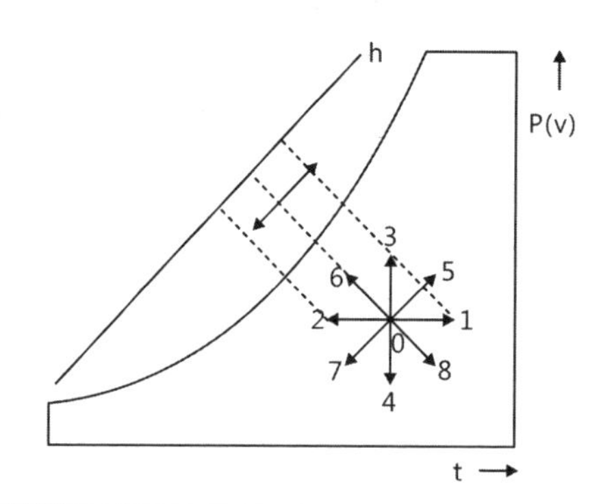

상태	건구온도	상대습도	절대습도	엔탈피
가열(0 → 1)	상승	감소	일정	증가
냉각(0 → 2)	감소	상승	일정	감소
등온가습(0 → 3)	일정	상승	상승	상승
등온감습(0 → 4)	일정	감소	감소	감소

3) 공기의 상태 변화

① 단열 혼합

㉮ 각각 상태가 다른 공기와 공기를 혼합하였을 때 혼합된 공기의 상태값을 구하고자 할 때에는 다음과 같다.

㉯ 바깥공기를 ①, 바깥공기 도입풍량을 Q_1으로 하고 실내 환기공기를 ②, 실내 환기풍량을 Q_2라고 하면 혼합공기 ③의 온도, 습도 및 엔탈피 등은 다음과 같이 구할 수 있다.

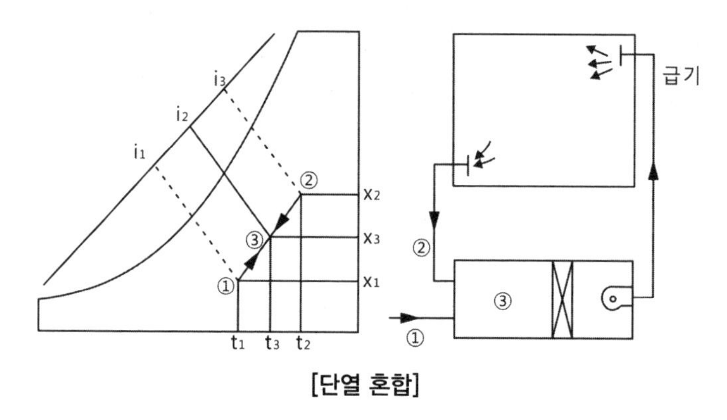

[단열 혼합]

㉠ 바깥 공기와 실내공기 혼합시 각종 상태점

• 건구온도

$$t_3 = (Qt_1 + Qt_2) / (Q_1 + Q_2)$$

• 습구온도

$$t'_3 = (Qt'_1 + Qt'_2) / (Q_1 + Q_2)$$

② 가열 및 냉각(현열만의 부하) : 습공기의 절대습도 변화없이 가열 또는 냉각을 하면 온도만 변화하게 되므로 현열변화에 해당된다.

$$\begin{aligned} q(s) &= G \times (h_2 - h_1) \\ &= 1.2 \times Q \times (h_2 - h_1) \\ &= 0.29 \times Q \times \Delta t \end{aligned}$$

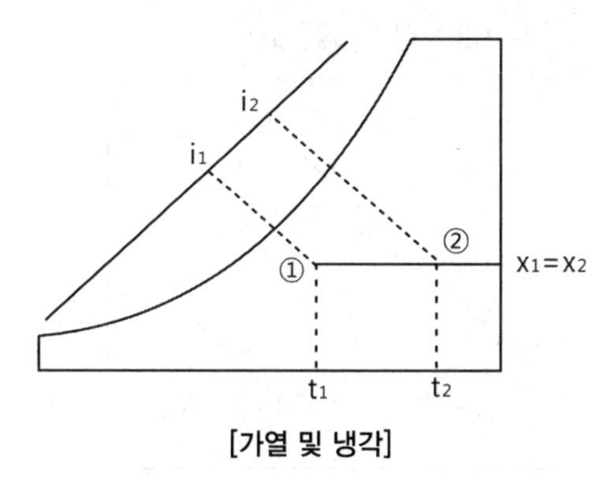

[가열 및 냉각]

③ 가습 및 감습, 제습(잠열만의 부하) : 습공기의 건구온도 변화없이 가습 또는 감습을 하면 절대습도만 변화하게 되므로 잠열량을 이용하여 구한다.

㉮ 가습(제습)열량[kcal/h]

$$q(L) = G \times (h_2 - h_1) \fallingdotseq 717 \times Q \times (x_2 - x_1)$$

㉯ 가습(제습)량[kg/h]

$$\begin{aligned} L &= G \times (x_2 - x_1) = Q \times \gamma \times (x_2 - x_1) \\ &= 1.2 \times Q \times (x_2 - x_1) \end{aligned}$$

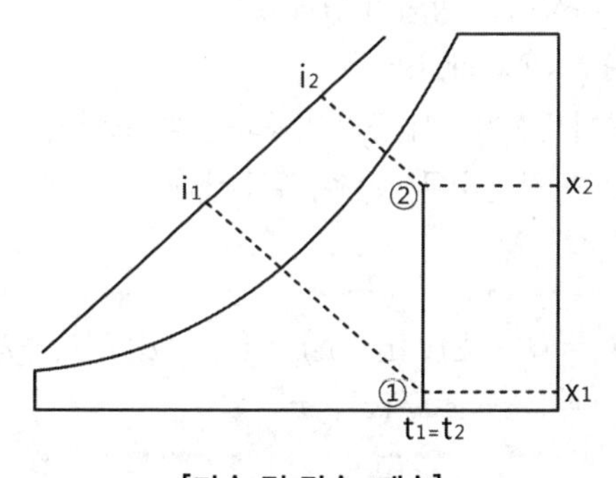

[가습 및 감습, 제습]

④ 냉각감습, 가열가습(현열 + 잠열부하) : 습공기의 건구온도 및 절대습도가 변화하게 되므로 현열량과 잠열량의 합으로 구한다.

㉮ 열량[kcal/h]

$$
\begin{aligned}
q(T) &= q(s) + q(L) = G(h_2 - h_1) + G(h_3 - h_2) \\
&= G(h_3 - h_1) = Q \times \gamma \times (h_3 - h_1) \\
&= 1.2 \times Q \times (h_3 - h_1)
\end{aligned}
$$

㉯ 가습(제습)량[kg/h]

$$
\begin{aligned}
L &= G \times (x_3 - x_1) = Q \times \gamma \times (x_3 - x_1) \\
&= 1.2 \times Q \times (x_3 - x_1)
\end{aligned}
$$

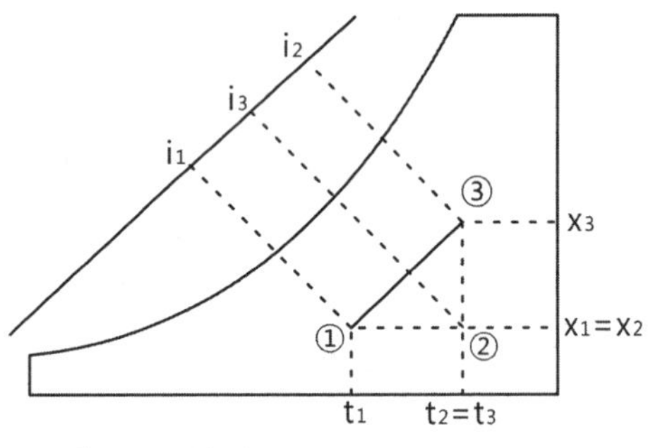

[냉각감습, 가열가습]

⑤ 가습 : 가습이란 절대습도를 상승시키는 방법으로서 순환수, 온수, 증기 등을 이용하는 방법 등이 있으며 각각의 가습방법에 따라 상태변화가 달라지게 된다.

㉮ 순환수 분무가습(단열가습, 세정) : 등엔탈피선을 따라 변화

㉯ 온수 분무가습 : 열수분비선을 따라 변화

㉰ 증기가습 : 가습효율이 가장 좋으며 열수분비선을 따라 변화

⑥ 감습(제습) : 감습이란 절대습도를 낮게 유지하는 방법으로서 일반적으로 냉각코일을 이용하여 공기 중의 수증기를 응축시켜 냉각, 제습시키는 방법을 많이 이용하고 있으며, 이 외에도 화학약품인 실리카겔이나 활성알루미나 등의 고체흡착제를 쓰는 방법과 염화리튬이나 트리에틸렌글리콜 등의 액체 흡수제를 사용하는 방법이 있다.

㉮ 바이패스 팩터(By-Pass Factor, BF)

㉠ 냉온수코일 및 공기세정기에서 공기가 통과할 때 코일에 접촉하지 않고 그대로 통과하는 공기의 비율로서 BF가 작을수록 성능이 우수하다.

㉡ 바이패스 팩터

$$
\begin{aligned}
BF &= (t_2 - t_3) / (t_1 - t_3) = (h_2 - h_3) / (h_1 - h_3) \\
&= (x_2 - x_3) / (x_1 - x_3)
\end{aligned}
$$

㉯ 콘택트 팩터(Contact Factor, CF)

㉠ 코일에 완전히 접촉하는 공기의 비율로 CF = 1 − BF이다.

㉡ 콘택트 팩터

$$CF = (t_1 - t_2) / (t_1 - t_3) = (h_1 - h_2) / (h_1 - h_3)$$
$$= (x_1 - x_2) / (x_1 - x_3)$$

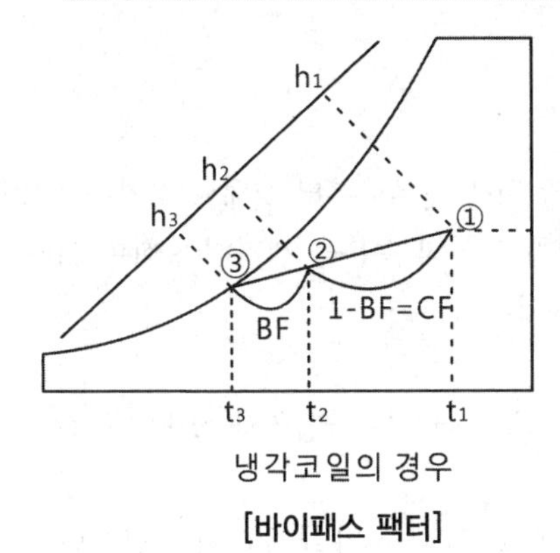

냉각코일의 경우

[바이패스 팩터]

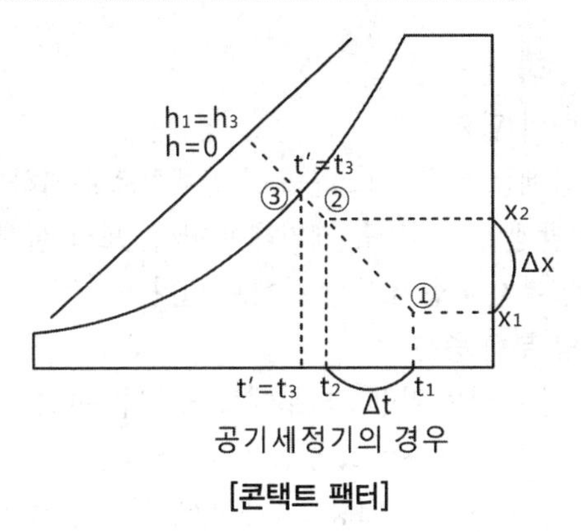

공기세정기의 경우

[콘택트 팩터]

3. 공기조화의 부하

1) 공기조화 부하 개요

① 공기조화 부하 : 공조하고자 하는 실내를 일정한 온도 및 습도로 유지하기 위하여 그 실내공간을 통해 냉방 시에는 외부에서 침입한 열량 및 수분을 제거하고, 난방 시에는 손실된 열량 및 수분을 공급하여야 한다.

② 냉방부하 및 난방부하

㉮ 냉방부하 : 냉방 시에 냉각 및 감습하는 열 및 수분의 양

㉯ 난방부하 : 난방 시에 가열 및 가습하는 열을 말한다. 이 때 실내온도에 변화를 주는 열량을 현열부하(Sensible Heat Load)라 하고, 실내습도를 변화시키는 수분량을 열량으로 환산한 것을 잠열부하(Latent Heat Load)라 하며 이를 kcal/h로 표시한다.

[각종 공기조화 부하]

구분	부하의 발생 요인		열 종류
실내 취득 부하	외부 침입 열량	벽체를 통한 취득 열량 (외벽, 지붕, 내벽, 바닥, 문 등)	현열
		유리창을 통한 취득 열량(복사열,전도열)	현열
		극간풍(틈새바람)에 의한 취득 열량	현열, 잠열
	실내 발생 부하	인체의 발생 열량	현열, 잠열
		조명의 발생 열량	현열
		실내기구의 발생 열량	현열, 잠열

구분	부하의 발생 요인	열 종류
기기(장치) 취득 부하	송풍기에 의한 취득 열량	현열
	덕트로부터의 취득 열량	현열
재열 부하	재열에 따른 취득 열량	현열
외기 부하	외기의 도입에 의한 취득 열량	현열, 잠열

2) 냉방 부하

① 냉방의 필요

여름에는 실내 온도, 습도를 설계치로 유지하기 위해 외부로부터 실내로 침입하는 열량과 실내에서 발생되는 열량을 제거해야 한다. 또한 설계치 이상의 수분을 제거해야 하며 이때 수분이 지닌 잠열부하를 합쳐 냉방 부하로 한다.

② 냉방 부하 종류

㉮ 실내 취득 열량 : 외부에서 벽체나 유리를 통해 들어오는 침입열과 실내의 사람이나 기구 등에 의해 발생하는 실내 발생열이 있다.

㉯ 장치 내 취득 열량 : 송풍기에 의해 공기가 압축될 때 추가된 에너지와 급기덕트가 고온의 장소를 통과할 때 침입하는 열량이 있다.

㉰ 환기용 외기 부하 : 외기를 실내온도까지 냉각 감습하는데 제거해야 할 열량

㉱ 재열부하 : 송풍공기의 과냉을 방지하기 위해 설치한 가열기에 걸리는 부하

3) 난방 부하

① 난방의 필요

겨울에는 실내에서 실외로 열손실이 일어나며, 실내 공기의 수분도 함께 빠져나간다. 따라서 실내 온도, 습도를 설계치로 유지하기 위해 손실된 열량을 실내에 보충해야 가습도 필요하다.

② 난방 부하

공기에 의한 현열 손실과 수분이 가지고 나가는 잠열 손실의 합계

㉮ 난방부하 계산 시에는 보통 현열손실만을 계산한다. 잠열손실은 가습량으로 취급한다.

㉯ 태양의 복사 열량, 실내조명기구/사람/전열기 등의 발생 열량은 난방부하를 감소시키나 난방부하 계산 시는 여유치를 고려하여 무시한다.

㉰ 극장, 백화점, 동력이 많은 공장 등 실내 발생 열량이 극히 많은 경우에는 고려하여 난방부하를 계산한다.

㉱ 방위계수는 외기 접촉부분만 적용시킨다.

㉠ 방위계수, 방향에 따른 일사량, 풍량을 고려한 계수로 남향을 1로 기준한다.

㉡ 북 · 북서 · 서 : 1.2 / 북동 · 동 · 남서 : 1.1 / 남 · 남동 : 1.0

③ 난방 부하의 종류

㉮ 전도에 의한 열손실 : 벽, 지붕 및 천장, 바닥, 유리창, 문 등의 건물 구조체 내외의 온도차에 의한 열손실

㉯ 극간풍(틈새바람)에 의한 열손실

㉠ 문틈, 유리틈, 창문, 문 등의 틈새로 침입하는 외기로 인한 열손실

㉡ 극간풍의 침입 방지 대책
- 회전문 및 이중문을 설치한다.
- 이중문의 중간에 강제 대류 컨벡터를 설치한다.
- 에어커튼을 설치한다.

㉰ 환기용 도입 외기에 의한 열손실 : 환기를 위해 도입하는 외기로 인한 열손실

㉱ 덕트에서의 열손실 : 난방되지 않는 공간을 통과하는 급기덕트에서의 손실이며, 실내 손실 열량의 3~7% 정도로 간주한다.

STEP 02 공기조화 방식

1. 제어

1) 조닝 계획

① 조닝(Zoning)

㉮ 존(Zone) : 부하 특성에 따라 전체 건물을 몇 개의 구역으로 나누었을 때 하나의 구역

㉯ 조닝(Zoning) : 존(Zone)으로 나누어서 단독으로 공조를 하는 것

② 조닝의 필요성

㉮ 각 구역의 온습도 조건 유지

㉯ 합리적인 공조시스템 적용

㉰ 에너지를 절약

2) 개별 제어

고층 건물의 구조물이 경량으로 바뀌어감에 따라 열용량이 적어지고 외기온도 변화 등에 의한 실내 온도 변동이 크므로 개별제어가 필요

3) 부분 공조

사무실 건축물에서 일부 냉난방을 해야 할 필요한 제어

2. 공조방식의 분류

1) 설치 위치에 따른 분류

① 중앙식 : 중앙기계실에 보일러나 냉동기를 설치하고, 2차측에 설치한 공조기를 통하여 각 방을 공조하는 방식으로 대형건물에 적합하다.

㉮ 장점

㉠ 실내 오염이 적다.

㉡ 외기 냉방이 쉽다.

㉢ 유지관리가 쉽다.

㉯ 단점

㉠ 열운송 동력이 많이 든다.

㉡ 개별 제어성이 좋지 않다.

㉢ 기계실 및 배관, 덕트의 설치면적이 필요하다.

② 개별식 : 냉동기를 내장한 패키지 유닛을 필요한 장소에 설치하여 공조하는 방식

㉮ 장점

㉠ 개별 제어성이 좋다.

㉡ 덕트가 필요 없다.

㉢ 증설, 이동이 용이하다.

㉣ 설비비가 적게 든다.

㉯ 단점

㉠ 외기 냉방이 어렵다.

㉡ 대규모에는 부적합하다.

㉢ 소음과 진동이 발생한다.

㉣ 분산배치에 따른 유지관리가 어렵다.

2) 중앙 공기조화 방식

① 전공기(덕트) 방식 : 단일덕트 방식은 중앙의 공조기로 온도 및 습도를 조절하고 여름에는 냉풍, 겨울에는 온풍을 덕트를 통해 각 방으로 공급하는 것으로 모든 냉난방 부하를 공기로만 처리하는 방법이다. 이 방식은 부하변동이 적고 엄밀한 온도 및 습도를 요구하지 않는 사무소 건물이나 병원 등의 내부존, 높은 청정도가 요구되는 병원수술실, 극장, 스튜디오 등에 적용한다.

㉮ 전공기(덕트) 방식의 장단점

장점	단점
• 송풍량이 많아서 실내 공기의 오염이 적다. • 중간기에 외기냉방이 가능하다. • 중앙집중식이므로 운전, 보수, 관리가 용이하다. • 취출구의 설치로 실내유효면적이 증가한다. • 소음이나 진동이 전달되지 않는다. • 방에 수배관이 없어 누수의 우려가 없다.	• 덕트 치수가 커져 설치공간이 크다. • 냉풍 온풍 운반에 따른 송풍기 소요동력이 크다. • 대형의 공조기계실이 필요하다. • 개별 제어가 어렵다. • 설비비가 많이 든다.

㉯ 단일 덕트(Single Duct) 방식

㉠ 개요 : 중앙 공조기에서 조화된 냉온풍 공기를 1개의 덕트를 통해 실내로 공급하는 방식으로 정풍량 방식과 변풍량 방식으로 분류할 수 있다.

㉡ 정풍량(CAV) 방식 : 실내취출구를 통하여 일정한 풍량으로 송풍온도 및 습도를 변화시켜 부하에 대응하는 방식으로 다음과 같은 특징을 갖는다.

• 급기량이 일정하여 실내가 쾌적하다.

• 변풍량에 비하여 에너지 소비가 크다.

• 각 방의 개별제어가 어렵다.

• 존(Zone)의 수가 적은 규모에서는 다른 방식에 비해 설비비가 싸다.

㉢ 변풍량(VAV) 방식 : 각방 또는 존(Zone)마다 부하변동에 따른 송풍온도는 일정하게 유지하고 부하변동에 따른 취출풍량을 조절하는 변풍량(VAV : Variable Air Volume) 유닛을 설치하여 공조하는 방식으로 다음과 같은 특징이 있다.

• 개별제어가 용이하다.
• 다른 방식에 비해 에너지가 절약된다.
• 공조기 및 덕트 크기가 작아도 된다.
• 실내공기의 청정도가 떨어진다.
• 운전 및 유지관리가 어렵다.
• 설비비가 많이 든다.

㉰ 이중 덕트(Double Duct) 방식

㉠ 개요 : 중앙공조기에서 냉풍과 온풍을 동시에 만들고 각각의 냉풍덕트와 온풍덕트를 통해 각 방까지 공급하여 혼합체임버(합상자 : Mixing Box)에 의해 혼합시켜 공조하는 방식이다.

㉡ 장점
• 부하에 따른 각 방의 개별제어가 가능하다.
• 계절별로 냉난방 변환 운전이 필요없다.
• 방의 설계변경이나 용도변경에도 유연성이 있다.
• 부하변동에 따라 냉온풍의 혼합 취출로 대응이 빠르다.
• 실내에 유닛이 노출되지 않는다.

㉢ 단점
• 냉온풍의 혼합에 따른 에너지 손실이 크다.
• 혼합상자에서 소음과 진동이 발생한다.
• 덕트 스페이스가 크고 설비비가 많이 든다.
• 여름에도 보일러를 운전할 필요가 있다.
• 실내습도의 완전한 제어가 어렵다.

㉱ 각 층 유닛 방식(Step System)

㉠ 개요 : 각 층 또는 각존마다 유닛을 설치하여 여기에 옥상이나 기계실의 중앙장치에서 적당한 온도로 조정한 외기(1차 공기)를 공급하고 각 유닛에서는 송풍기에 의하여 흡입한 실내공기(2차 공기)를 코일에서 냉각가열한 다음 1차 공기와 혼합해서 덕트를 통해 공급하는 방식이다. 이 방식은 많은 층의 대형, 중규모 이상의 고층 건축물 등의 방송국, 백화점, 신문사, 다목적빌딩, 임대사무소 등에 많이 사용된다.

㉡ 장점
• 각 층마다 부하변동에 대응할 수 있다.
• 각 층 및 각 존별로 부분 부하운전이 가능하다.
• 기계실의 면적이 작고 송풍동력이 적게 든다.
• 환기덕트가 필요 없으므로 덕트 공간이 작게 든다.

㉢ 단점
• 각 층마다 공조기를 설치하므로 설비비가 많이 든다.
• 공조기의 분산배치로 유지관리가 어렵다.
• 각 층의 공조기 설치로 소음 및 진동이 발생한다.
• 각 층에 수배관을 하므로 누수의 우려가 있다.

㉮ 덕트 병용 패키지 방식 : 각 층에 있는 패키지 공조기로 냉온풍을 만들어 덕트를 통해 실내로 송풍하는 방식으로 패키지 내에는 직접 팽창코일, 즉 증발기에 의하여 냉풍이 만들어지고 응축기는 옥상 냉각탑으로부터 공급되는 냉각수에 의해 냉각되며 가열코일은 보일러에서 온수 또는 증기가 공급되거나 전열코일에 의해 온풍이 만들어지는 것으로 중소규모의 건물에 많이 이용된다.

② 수방식(배관방식)

㉮ 개요

㉠ 냉난방 부하를 냉온수의 물로만 처리하는 방식으로 펌프와 배관을 이용하므로 덕트의 설치가 필요 없으며 주로 실내에 설치된 팬코일 유닛을 이용한다.

㉡ 이 방식은 주로 사무소건물의 외주부용, 여관, 주택 같은 방 인원이 적고 틈새바람이 있는 곳에 주로 사용하는 방식이다.

㉯ 팬코일 유닛(FCU) 방식

㉠ 개요 : 팬코일 유닛(Fan Coil Unit)은 냉각 및 가열코일, 송풍기, 공기여과기를 케이싱 내 수납한 것으로 기계실에서 냉온수를 코일에 공급하여 실내공기를 팬으로 코일에 순환시켜 부하를 처리하는 방식으로 주로 외주부에 설치하여 콜드 드래프트를 방지한다.

㉡ 장점

- 덕트를 설치하지 않으므로 설비비가 싸다.
- 각 방의 개별제어가 가능하다.
- 증설이 간단하고 에너지 소비가 적다.

㉢ 단점

- 외기도입이 어려워 실내공기의 오염우려가 있다.
- 수배관으로 누수의 우려 및 유지관리가 어렵다.
- 송풍량이 적어 고성능 필터를 사용할 수 없다.
- 외기 송풍량을 크게 할 수 없다.

③ 공기-수(水) 방식(덕트-배관 방식) : 전공기방식과 전수방식의 단점을 보완한 것으로 냉난방 부하를 공기와 물에 의해 처리하는 방식이다. 이 방식은 주로 사무소, 병원, 호텔 등 방이 많은 건물의 외주부 존에 적용한다.

㉮ 덕트병용 팬코일 유닛 방식(덕트병용 FCU방식)

㉠ 장점

- 실내유닛은 수동제어할 수 있어 개별제어가 가능하다.
- 유닛을 창문 아래에 설치하여 콜드 드래프트(Cold Draft)를 방지할 수 있다.
- 전공기에서 담당할 부하를 줄일 수 있으므로 덕트의 설치공간이 작아도 된다.
- 부분 사용이 많은 건물에 경제적인 운전이 가능하다.

㉡ 단점

- 수배관으로 인한 누수의 우려가 있다.
- 외기량 부족으로 실내공기의 오염 우려가 있다.
- 유닛 내에 있는 팬으로부터 소음이 발생한다.

㉯ 유인 유닛(Induction Unit) 방식

㉠ 장점

- 각 유닛마다 제어가 가능하여 각방의 개별제어가 가능하다.
- 고속덕트를 사용하므로 덕트의 설치공간을 작게 할 수 있다.
- 중앙공조기는 1차공기만 처리하므로 작게 할 수 있다.
- 풍량이 적게 들어 동력소비가 적다.

㉡ 단점

- 수배관으로 인한 누수의 우려가 있다.
- 송풍량이 적어 외기냉방 효과가 적다.
- 유닛의 설치에 따른 실내 유효공간이 감소한다.
- 유닛내의 여과기가 막히기 쉽다.

㉰ 복사 냉난방 방식(Panel Air System)

㉠ 장점

- 복사열을 이용하므로 쾌감도가 높다.
- 덕트 공간 및 열운반 동력을 줄일 수 있다.
- 건물의 축열을 기대할 수 있다.
- 유닛을 설치하지 않으므로 실내 바닥의 이용도가 좋다.

㉡ 단점

- 냉각패널에 이슬이 발생할 수 있으므로 잠열부하가 큰 곳에는 부적당하다.
- 열손실 방지를 위해 단열시공을 완벽히 하여야 한다.
- 수배관의 매립으로 시설비가 많이 든다.
- 실내 방의 변경 등에 의한 융통성이 없다.
- 중간기에 냉동기의 운전이 필요하다.

3) 개별 공기조화 방식

① 냉매 방식

㉮ 개요 : 냉동 사이클을 이용한 개별방식으로 실외측에 응축기, 실내측에 증발기를 설치하여 냉방하고, 회로를 전환시켜 열펌프로 난방을 하는 방식이며 또는 가열코일을 별도로 설치하여 난방할 수 있는 방식이다.

㉯ 냉매 방식의 분류

㉠ 룸쿨러(Room Cooler) 방식 : 소형 밀폐형 압축기와 응축기, 냉각코일, 송풍기 등을 케이싱 내에 수납하여 창문에 설치하거나 받침대 위에 놓아서 작은방을 냉방하는 방식

㉡ 패키지 유닛(Package Unit) 방식 : 냉동기, 냉각코일, 공기여과기, 송풍기, 자동제어기기 등을 케이싱 내에 수납하여 직접 유닛을 실내에 설치하여 공조하는 방식으로 개별제어가 쉽고, 소규모에 적합하다.

㉢ 멀티유닛(Multi Unit) 방식 : 1대의 응축기(실외기)로 여러 대의 냉각코일(실내기)을 운영하는 방식으로 실외기의 설치면적을 줄일 수 있어 최근 많이 사용하고 있다.

② 수열원

㉮ 밀폐식 수열원 열펌프 유닛 방식

㉠ 압축기가 내장된 열(Heat) 펌프 유닛으로 운전한다.

㉡ 냉방 운전 시에는 냉각수에서 열을 흡수하고 난방 운전 시에는 냉각수에서 열을 방출하여 운전된다.

㉢ 공동의 수배관을 하나의 시스템으로 운전하여 냉방기기 운전이 많을 때에는 냉각탑에서 열이 방출되고, 난방기기 운전이 많을 때에는 보조 열원을 이용하여 작동된다.

㉯ 특징

㉠ 열회수가 이루어져서 에너지가 절약된다.

㉡ 열회수 운전을 이용하며 대형의 보일러가 필요없다.

㉢ 중앙기계실에 냉동기가 필요하지 않아 설치면적이 작아도 된다.

㉣ 각 유닛마다 실온으로서 자동적으로 개별제어를 할 수 있다.

㉤ 하층이 상점가이고 상층이 아파트인 경우 열회수가 효과적이다.

㉥ 사무소, 백화점 등에 적합하다.

STEP 03 공기조화 기기

1. 공기조화 기기

1) 구성요소 및 구성

① 공기조화 기기 구성요소

㉮ 공조기(에어핸들링 유닛 AHU)

㉯ 공기여과기(AF)

㉰ 공기예열기(PH)

㉱ 공기예냉기(PC)

㉲ 공기냉각감습기(AC)

㉳ 공기가습기(AH)

㉴ 공기재열기(RH)

㉵ 송풍기(F)

㉶ 공기 온습도 변화 담당기기

㉠ 공기예열기, 공기재열기 : 공기 가열코일 사용

㉡ 공기예냉기, 공기냉각감습기 : 에어와셔, 공기 냉각코일 사용

㉢ 공기 가습기 : 에어와셔, 가습팬, 수분무, 증기분무 등 사용

② 일반 공기조화기 구성 : 공기여과기(먼지 제거) → 공기세정기(감습, 가습) → 공기가열기(냉각, 가열) → 공기가습기(습도조절) → 송풍기

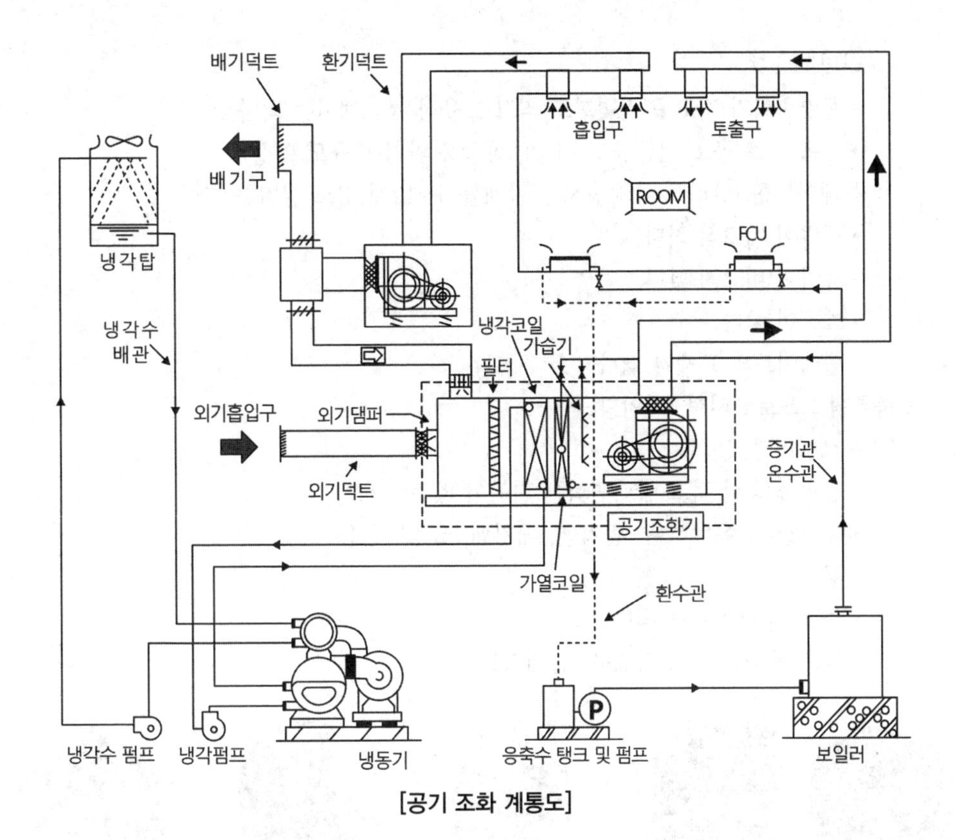

[공기 조화 계통도]

2. 송풍기

1) 송풍기의 분류

① 압력에 의한 분류

㉮ 선풍기 : 대기압 하에서 공기를 흡입해 압력 상승은 거의 없으며 대류작용에 의한 공기유동

㉯ Fan : 대기압 하에서 공기를 흡입하고 압력 상승은 1000mmH_2O 미만

㉰ Blower : 대기압 하에서 공기를 흡입하고 압력 상승은 1000mmH_2O 이상

② 임펠러 작용에 의한 분류

㉮ 원심식 : 다익형(실로코형), 터보형, 리밋로드형, 플레이트형, 애로우휠형 등

㉠ 다익형(Sirocco Fan) : 다수의 전향날개를 설치한 형식

- 풍량이 많고 풍압은 낮다.
- 큰 동력이 필요하다.
- 효율이 낮다.
- 제작비가 싸다.

㉡ 터보형(Turbo Fan) : 후향날개를 16~24개 정도 설치한 형식

- 풍압이 높다.
- 대형이며 가격이 비싸다.
- 효율이 좋다.
- 고속회전으로 소음이 크다.

㉢ 리밋로드형

- 풍량변화가 적고 동력변화도 최고 효율점 부근에서는 적다.
- 저속 덕트 공조용(중규모 이상), 공장용 환기(중규모 이상)

㉣ 플레이트형(Plate Fan) : 방사형 날개를 6~12개 정도 설치한 형식

- 풍량이 비교적 적다.
- 풍압이 비교적 낮다.
- 효율이 좋다.
- 플레이트의 교체가 쉽다.

㉯ 축류형 : 프로펠러형, 베인형 등

㉠ 프로펠러형

- 압력 상승이 적고 압력변화는 기복이 없는 우하향
- 유닛쿨러, 유니히터, 환기팬, 배기팬, 쿨링타워용

㉡ 축류형

- 풍량, 동력변화가 적다.
- 국소 통풍용, 쿨링타워용, 급배기용

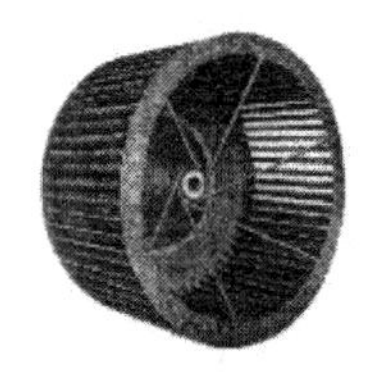

[다익형 송풍기]

[터보형 송풍기]

[축류형 송풍기]

2) 송풍기의 풍량 조절 등

① 송풍기의 풍량 조절방법

㉮ 송풍기의 회전수 변화

㉯ 댐퍼의 넓이 조절

㉰ 흡입 베인의 조절

㉱ 가변피치 제어

② 송풍기 소요동력

㉮ 수동력(이론 동력)

$$kW = \frac{Q \times P}{102}$$

(Q : 풍량(m^3/s), P : 전압(mmH_2O))

㉯ 축동력

$$kW = \frac{Q \times P}{102 \times \eta}$$

③ 송풍기의 상사법칙

㉮ 회전수 변화에 따른 법칙 : 공기 비중이 일정하고 같은 덕트 장치에서 사용할 때 풍량, 정압, 동력의 법칙

$$Q' = \frac{N'}{N} \times Q \quad P'_s = \left(\frac{N'}{N}\right)^2 \times P_s \quad L' = \left(\frac{N'}{N}\right)^3 \times L$$

(Q : 풍량, P_s : 정압, L : 동력)

㉯ 임펠러 직경에 따른 법칙(회전수가 일정할 때)

$$Q' = \left(\frac{D'}{D}\right)^3 \times Q \quad P'_s = \left(\frac{D'}{D}\right)^2 \times P_s \quad L' = \left(\frac{D'}{D}\right)^5 \times L$$

3. 펌프

1) 펌프의 분류

① 구조에 의한 분류

㉮ 터보형 : 케이싱 내 임펠러를 회전시켜 액체를 이송한다.

㉠ 원심 펌프(볼류트 펌프, 터빈 펌프)

㉡ 사류 펌프

㉢ 축류 펌프

㉣ 라인 펌프

㉯ 용적형 : 피스톤, 플랜저 또는 로터 등의 압력작용에 의해 액체를 이송

㉠ 왕복식 : 피스톤 펌프, 플런저 펌프, 다이어프램 펌프 등

㉡ 회전식 : 기어 펌프, 나사 펌프, 베인 펌프 등

㉰ 특수형 : 와류 펌프, 기포 펌프, 제트 펌프, 수격 펌프, 점성 펌프 등

2) 펌프 특성 및 여러 가지 현상

① 각 펌프의 특성

㉮ 원심 펌프(Centrifugal Pump) : 복류 펌프라고 하며 임펠러에 흡입된 물은 축과 직각의 복류 방향으로 토출된다.

㉠ 안내 날개에 의한 분류

- 볼류트 펌프 : 안내날개(Guide Vane)가 없으며 일반적으로 15~20m 이하의 저양정용
- 터빈(디퓨저) 펌프 : 안내날개(Guide Vane)가 있고 일반적으로 20m 이상의 고양정용

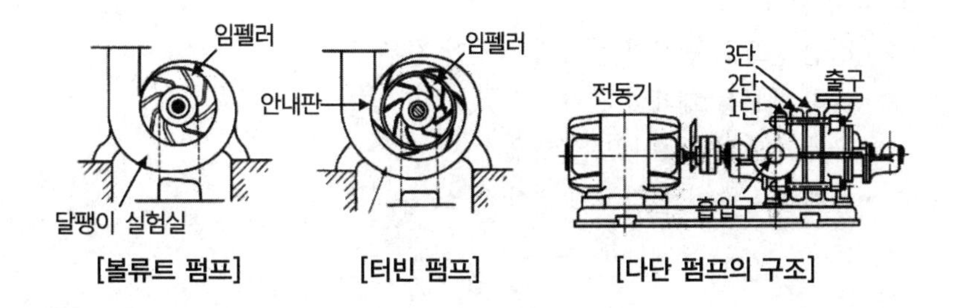

[볼류트 펌프] [터빈 펌프] [다단 펌프의 구조]

㉡ 흡입에 의한 분류
- 단흡입 펌프 : 회전차의 한쪽에서만 유체를 흡입
- 양흡입 펌프 : 회전차의 양쪽에서 유체를 흡입

㉢ 단수에 의한 분류
- 단단 펌프 : 펌프 1대에 회전차 1개를 갖는 펌프
- 다단 펌프 : 펌프 1대에 회전차를 여러 개 축에 배치하여 직렬로 연결한 펌프

㉯ 사류 펌프 : 임펠러에서 나온 물의 흐름이 축에 대하여 비스듬히 나오는 펌프로 비교적 중양정에 적합하다.

㉰ 축류 펌프 : 임펠러에서 나오는 물의 흐름이 축방향으로 나오는 펌프로 비교적 저양정에 적합하다.

㉱ 라인 펌프 : 배관 라인 중에 설치하는 펌프로서 물의 순환을 위해 사용한다.

② 펌프의 여러 가지 현상

㉮ 공동(Cavitation) 현상

㉠ 개요 : 흡입양정이 너무 높거나 임펠러 입구 흡입관의 유속이 너무 빠른 경우 흡입측의 압력이 낮아지므로 수중의 기포는 공기가 분리하여 소음 진동을 유발하는 현상

㉡ 발생 원인
- 펌프의 설치 위치가 수원보다 높을 때(흡입을 위해 압력을 많이 낮춰야 한다.)
- 흡입관경이 작고 길이가 길 때(관경이 작으면 유속이 빨라지고 압력이 떨어진다.)
- 유속이 빠르고 흡입양정이 클 때(유속이 빠르면 압력이 자연스럽게 떨어진다.)
- 흡입관의 마찰저항이 클 때(마찰로 인해 손실수두가 발생하면 속도와 압력이 떨어지는 것은 당연하다.)
- 흡입관에서의 공기 누입 시
- 유체의 온도가 높을 때(온도가 높으면 좀 더 높은 압력에서도 쉽게 증발할 수 있다.)

㉢ 방지 대책
- 흡입관경을 크게 하고 길이를 짧게 한다.
- 펌프의 설치위치를 낮추어 흡입양정을 짧게 한다.
- 펌프의 회전차를 수중에 잠기게 한다.
- 펌프의 회전수를 낮추어 속도를 줄인다.
- 양흡입 펌프를 사용한다.

㉯ 수격작용(워터해머 : Water Hammer)

㉠ 개요 : 관속을 충만하게 흐르고 있는 액체의 속도를 급격히 변화시키면 이 액체에 큰 압력변화가 발생하게 되는 현상을 말한다.

㉡ 발생 원인
- 정전 등으로 펌프가 갑자기 정지할 경우
- 급히 밸브를 개폐할 경우
- 유체의 압력변동이 있을 경우
- 유체의 유속이 급격하게 변할 경우

㉢ 방지 대책
- 관경을 크게 하고 관내의 유속을 낮게 한다.
- 왕복식 펌프에 플라이휠을 부착하여 펌프 속도가 급격히 변화하는 것을 방지한다.
- 조압수조 또는 수격방지기를 관로에 설치한다.
- 밸브를 펌프 송출구 가까이에 설치하고 밸브를 적당히 제어한다.
- 토출관에 공기실을 설치하여 역류 시 공기실의 공기를 압축하도록 유도한다.

㉰ 서징(맥동 현상 : Surging)

㉠ 개요 : 펌프의 송출압력과 송출량이 주기적으로 변화하는 현상을 말하며 이 현상이 강할 때는 심한 진동과 서징 음향이 발생하여 운전불능을 초래한다.

㉡ 발생 원인
- 토출측의 유량조절밸브가 수조 또는 공기실 후방에 있을 때
- 토출측 배관 중에 수조나 공기가 있을 때
- 펌프의 양정곡선이 오른쪽으로 산고곡선이고 이 곡선의 산고 상승부에서 운전할 때

㉢ 방지 대책
- 안내 날개의 출구 각도를 적게 하거나 조절할 수 있도록 한다.
- 양수량을 증가시키거나 임펠러의 회전수를 변화시킨다.
- 관로 내의 불필요한 공기를 배제하고 관로의 단면적, 유속, 마찰저항 등을 바꾼다.

4. 열교환기

1) 공기 냉각코일(Cooling Coil)

① 냉각코일의 종류

㉮ 냉수코일 : 코일 내에 냉동기에 의해 냉각된 냉수를 통과시켜 공기를 냉각시킨다.

㉯ 직접 팽창코일(DX코일) : 관 내에 냉매를 직접 팽창시켜 그 냉매의 증발잠열을 이용해 공기를 냉각시키는 것으로 냉동장치의 증발기에 해당된다.

② 냉각코일의 설계

㉮ 코일 내 유속은 1m/s 전후로 한다.

㉯ 코일의 통과풍속을 2~3m/s 정도로 한다.

㉰ 공기와 물의 흐름은 대향류(역류)가 되도록 한다(코일의 소형화).

㉱ 물과 공기의 대수평균온도차(LMTD)를 크게 한다.

㉲ 냉수의 입 · 출구 온도차를 5℃ 정도로 한다.

㉳ 코일의 설치는 수평으로 한다.

③ 유체의 흐름

㉮ 평행류(병류) : 공기와 물의 흐름방향이 같은 방향

㉯ 대향류(역류) : 공기와 물의 흐름방향이 반대 방향

2) 공기 가열코일(Heating Coil)

① 가열코일의 종류

㉮ 온수코일 : 40~60℃의 온수를 관 내에 통과시켜 공기를 가열하며 냉수코일과 겸용으로 사용하면 냉온수 코일이라 한다.

㉯ 증기코일 : 관 내에 0.1~2kg/cm^{2}의 증기를 공급하여 증기의 응축잠열을 이용하여 가열하며 온수코일보다 열수는 적다.

㉰ 전열코일 : 코일 내에 전열선이 들어 있어 전기히터에 의하여 공기를 가열하며 소형 패키지 또는 항온항습기 등에 많이 사용한다.

㉱ 냉매코일 : 열펌프를 사용하여 공기측 코일을 공랭식 응축기로 하여 냉매의 응축열량을 공기에 주게 된다.

② 코일의 동결방지

㉮ 외댐퍼와 송풍기를 인터록(Inter-Lock)시킨다(송풍기 정지 시 외기댐퍼를 닫는다).

㉯ 외기댐퍼는 충분한 기밀을 유지하도록 한다.

㉰ 온수코일은 야간의 운전 정지 중에도 순환펌프를 운전하여 물을 유동시킨다.

㉱ 운전 중에는 전열교환기를 사용하여 외기온도를 1℃ 이상 예열하여 도입한다.

㉲ 외기와 환기가 충분히 혼합되도록 한다.

㉳ 증기코일은 0.5kg/cm^2 이상의 증기를 사용하고 코일 내에 응축수가 고이지 않도록 한다.

5. 기타 공기조화 기기 및 부속 기기

1) 가습 및 감습 장치

① 가습장치(Humidifier)

㉮ 수분무식 : 물 또는 온수를 직접 공기 중에 분무하는 방식으로 가습량이 많지 않고 제어범위가 넓고 장치가 간단하다.

㉯ 증기분무식 : 공기 중에 직접 증기를 분무하는 것으로 가습 능력이 가장 좋으나 소음 발생 및 화상의 우려가 있다.

㉰ 증발식(가습팬) : 물탱크에 증기코일 또는 전열히터를 사용하여 물을 가열하여 증발시키는 것으로 가습 능력이 떨어져 대용량에는 적합하지 않다.

② 감습, 제습장치(De-Humidifier)

㉮ 종류

㉠ 냉각식 : 일반적으로 사용하는 방법으로 냉각 코일을 이용하여 습공기를 노점 이하로 냉각하여 제습하는 방법이다.

㉡ 압축식 : 공기를 압축하여 감습시켜야 하므로 설비비와 소요 동력이 커 일반적으로 사용하지 않는다.

㉢ 흡수식

- 액체 제습장치 : 염화리튬, 트리에틸렌글리콜 등
- 고체 제습장치 : 실리카겔, 활성알루미나, 아드소울 등

③ 공기세정기(AW, Air Washer)

㉮ 역할

㉠ 통과 공기 중에 냉수, 온수 또는 단열 순환수를 분무하여 공기를 세정하고 물과 공기와의 직접 접촉에 의해 공기를 냉각 감습, 가열 가습, 또는 단열 가습한다.

㉡ 공기 유속은 대략 2~3m/s이다.

㉯ 용도 : 공기세정기는 공기 중에 물을 분사시켜 공기 중의 먼지나 수용성가스도 일부 제거하므로 공기를 세정하고 냉수나 온수와 직접 접촉하여 열교환하여 공기를 냉각, 감습 또는 가열, 가습한다. 주로 공기세정기는 가습을 목적으로 사용된다.

㉰ 구조

㉠ 루버(Louver) : 유입되는 공기의 흐름을 일정하게 하여 물방울과의 접촉효율을 향상시킨다.

㉡ 플러딩노즐(Flooding Nozzle) : 엘리미네이터에 부착된 먼지를 세정한다.

㉢ 분무노즐 : 스탠드 파이프에 부착되어 1.5~2kg/cm^2 정도의 물을 미세하게 분무한다.

㉣ 엘리미네이터(Eliminator) : 분무된 물이 공기와 함께 비산(飛散)되는 것을 방지한다.

④ 공기여과기(AF, Air Filter)

㉮ 역할 : 공기 중의 먼지를 제거하는 것 이외에 세균 제거, 냄새 제거, 아황산가스 등의 제거 등 특수한 용도로 사용되는 것도 있다.

㉯ 공기여과기의 성능(에어필터의 성능) : 통과저항, 보진용량, 여과효율 등

㉰ 여과효율(포집효율, 집진효율, 오염제거율)

$$\eta = \frac{(C_1 - C_2)}{C_1} = \left(\frac{1 - C_2}{C_1}\right)$$

(C_1 : 필터 입구 공기의 먼지농도, C_2 : 필터 출구 공기의 먼지농도)

㉱ 여과효율 측정방법

㉠ 중량법 : 비교적 큰 입자를 대상으로 하며 필터에서 제거되는 먼지의 중량으로 결정한다.

㉡ 비색법(변색도법) : 비교적 작은 입자를 대상으로 하며 공기를 여과지에 통과시켜 그 오염도를 광전관으로 측정하는 것으로 일반적으로 중성능 필터인 공조용 에어필터의 효율을 나타낼 때 사용한다.

㉢ DOP법(계수법) : 고성능(HEPA) 필터를 측정하는 방법으로 일정한 크기의 시험입자를 사용하여 먼지의 수를 계측하여 사용한다.

㉲ 공기여과기의 종류

㉠ 유닛형

- 여재에 의하여 공기 중의 먼지를 여과, 포집하는 것으로 여재를 적당한 크기의 패널 형태로 하여 유닛으로 제작한 것으로 섬유 굵기, 충전밀도 등에 의해 성능이 좌우된다.
- 종류 : 건식, 점착식, 고성능 필터, 활성탄 필터

㉡ 연속형(자동회전형)

- 제진효율은 좋지 않으나 취급이 간편하고 교환이 용이하여 일반적으로 공조용에 많이 쓰인다.
- 종류 : 건식 권취형, 습식 멀티패널형

㉢ 전기집진기

- 먼지를 전리부의 전장 내에 통과, 대전시켜 집진부의 전극에 흡인, 부착시키는 것으로 집진효율이 높고 미세한 먼지나 세균도 제거할 수 있으므로 정밀기계실, 병원, 고급빌딩이나 백화점 등에 사용한다.
- 종류 : 세정식, 응집식, 유전체식

STEP 04 덕트

1. 덕트의 재료 및 시공

1) 덕트의 재료

덕트의 일반적인 재료는 일명 함석이라고 하는 아연도금철판, 아연도금강판(KS D3506)이 가장 많이 사용되고 있다.

① 재료에 따른 구분

㉮ 고온 공기나 가스가 통과하는 덕트(연도, 방화댐퍼, 후드) : 열간 또는 냉간압연 박강판

㉯ 부식성 가스, 다습공기가 통하는 덕트 : 동판, 알루미늄판, 스테인레스 강판, 플라스틱판

㉰ 단열 및 흡음을 겸한 덕트(글라스울 덕트) : 글라스화이버판

② 장방형 덕트의 면적 산출

장방형 덕트의 면적 = (가로 + 세로) × 길이

장방형 덕트가 800×600이고, 길이가 10m인 덕트의 소요면적을 구하면 다음과 같다.

덕트의 면적 = $(0.8 + 0.6) \times 2 \times 10 = 28m^2$

2) 덕트의 구분

① 풍속에 따른 덕트의 구분

㉮ 저속 덕트 : 주덕트의 풍속이 15m/s 이하이고, 주로 각형 덕트를 사용

㉯ 고속 덕트 : 주덕트의 풍속이 15m/s 이상이고, 주로 원형 덕트를 사용

② 사용목적에 따른 구분

㉮ 급기 덕트(Supply Air, SA) : 공조기에서 나온 공기를 실내로 공급하는 덕트

㉯ 배기 덕트(Exhaust Air, EA) : 실내의 오염된 공기를 외부로 배출하는 덕트

㉰ 환기 덕트(Return Air, RA) : 실내의 공기를 공조기로 환기하여 보내는 덕트

㉱ 외기 덕트(Fresh Air, Out Air, OA) : 신선한 외기를 공조기로 도입하는 덕트

③ 덕트 형상에 따른 구분

㉮ 정방형 덕트 : 정사각형 모양으로 제작

㉯ 장방형 덕트 : 직사각형 모양으로 제작

㉰ 원형 덕트 : 원형으로 제작

㉱ 스파이럴(나선형) 덕트 : 원형으로 철판을 띠 모양의 나선으로 제작

㉲ 플렉시블 덕트 : 주름모양으로 신축성이 있어 덕트에서 취출구 연결 시 사용

3) 덕트의 설계방법

① 등속도법(정속법)

㉮ 덕트의 각 부분에서의 풍속이 일정하도록 설계

㉯ 구간별로 마찰손실을 구하여야 함

㉰ 풍량분배가 일정하지 않아 구간이 복잡하지 않은 덕트에 이용

㉱ 일정 이상의 풍속이 요구되는 분체수송이나 공장의 환기 등에 사용

② 정압법(등마찰손실법)

㉮ 덕트의 단위 길이당 마찰(압력)손실을 일정하게 하는 방법

㉯ 덕트저항선도나 덕트 메저(Duct Measure) 등을 이용한 치수결정이 쉬움

㉰ 말단으로 갈수록 풍량과 풍속이 감소되어 소음의 문제가 적음

㉱ 취출구에서의 압력이 각각 다르게 되어 조정이 어려움

③ 정압재취득법

각 취출구 또는 분기부 직전의 정압이 일정하게 되도록 하는 방법

4) 덕트의 시공 및 보온

① 덕트의 시공

㉮ 덕트의 아스펙트비(종횡비, 장변/단변) : 4 이내

㉯ 덕트 굽힘부 곡률반경(R/a)은 되도록 크게 하면 좋으나 일반적으로 1.5~2.0 정도로 한다.

㉰ 덕트의 확대는 15° 이하, 축소는 30° 이하(고속 덕트에서는 확대 : 8° 이하, 축소 : 15° 이하)

㉱ 가이드 베인(Guide Vane, Turning Vane)의 설치

㉠ 곡률반경이 덕트 장변의 1.5배 이하일 때

㉡ 확대 및 축소 시 : 상기 각도 이상일 때

㉢ 곡부의 기류를 세분해서 생기는 와류를 적게 하며, 곡부의 안쪽에 설치하는 것이 적당

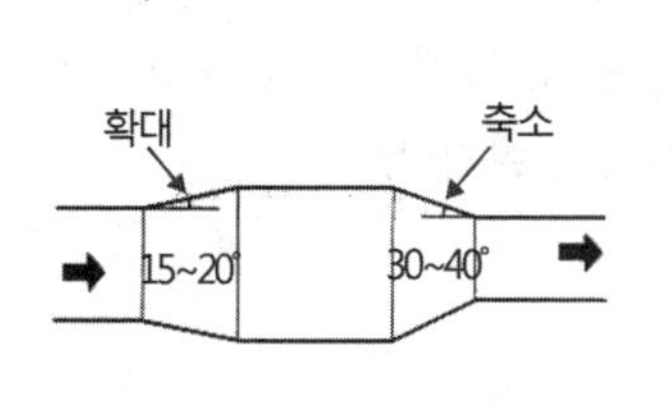

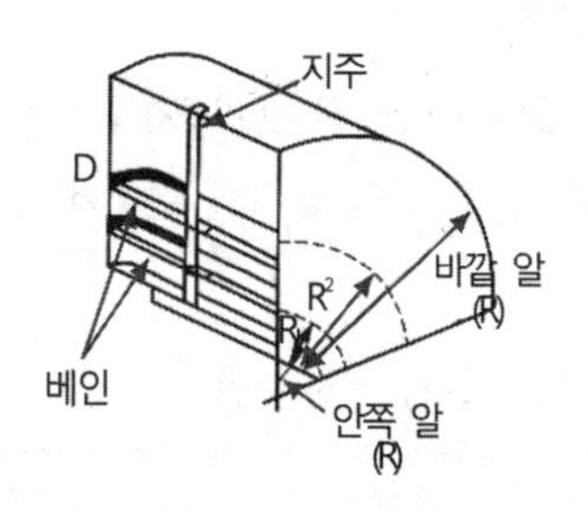

> **참고** 아스펙트비(Aspect Ratio, 종횡비, 장방비)
> 장방형 덕트에 있어서 장변(長邊)을 단변(短邊)으로 나눈값

㉲ 덕트 관로에 코일 부착 시

㉠ 확대각은 30°이하, 축소각은 45°이하로 한다.

㉡ 굽힘 직후에 코일을 설치할 때에는 가이드 베인을 설치한다(확관금지).

㉳ 덕트의 소음 방지대책

㉠ 덕트의 도중에 흡음재 내장

㉡ 송풍기 출구에 플리넘 챔버 장치

㉢ 댐퍼나 취출구에 흡음재 부착

㉣ 덕트 도중에 흡음장치(셀형, 플레이트) 설치

② 덕트의 보온

㉮ 보온이 필요없는 부분

㉠ 환기용 덕트(일반 환기)

㉡ 외기 도입용 덕트

㉢ 배기용 덕트

㉣ 보온효과가 있는 흡음재를 내장한 덕트 및 챔버
㉤ 공조되어 있는 방 및 그 천장속 환기덕트
㉥ 덕트 보온효과가 있는 소음기 및 소음엘보우가 내장된 경우
㉦ 옥내외 노출된 배연덕트
㉧ 단독으로 방화구획된 샤프트 내의 배연덕트

㉯ 결로 방지 : 주방 및 주차장 등 습도가 높은 곳을 지나는 덕트는 방로(防露) 피복을 하여야 한다.

㉰ 시공상 주의사항
㉠ 보온재를 붙일 경우에는 붙이는 면을 깨끗이 한 후 붙인다.
㉡ 보온재의 두께가 50㎜ 를 넘는 경우 두 층으로 나눠서 시공하되 종횡의 이음이 한곳에 합쳐지지 않도록 시공한다.
㉢ 보의 관통부 등은 보온 공사를 감안하여 슬리브를 넣어두며, 관통부에는 반드시 보온 시공하여야 한다.
㉣ 보관중인 보온재는 건조된 장소에 두어 습기를 빨아들이지 않도록 주의한다.
㉤ 덕트가 햇빛을 받기 쉬운 곳에 있으면 보온 두께를 5mm 이상 증가시켜 보온력을 증대시키는 것이 좋다.

2. 환기 및 덕트 부속

방에 있는 사람으로부터 발생한 오염물질(탄산가스, 먼지, 담배연기, 땀에 의한 수증기 등)을 자연 또는 기계적으로 배기하고, 신선한 공기를 실내에 공급하는 설비이다.

1) 환기

① 환기량(외기 도입량) 계산방법

$$Q = \frac{M}{(C - C_o)}$$

(Q : 환기량 [㎥/h], M : 오염가스발생량 [㎥/h],
C : 허용농도, 오염물질의 서한도 [㎥/h], Co : 외기의 CO_2 함유량 [㎥/h])

② 환기 방법

㉮ 자연 환기
㉠ 공기의 온도에 따른 밀도차를 이용한 환기방식을 말한다.
㉡ 풍압을 이용하는 방식, 온도차를 이용하는 방식, 풍압과 온도차를 병용하는 방식이 있다.

㉯ 기계 환기 : 송풍기 등의 기계적인 힘을 이용하여 강제로 환기하는 방식
㉠ 제1종 환기(병용식) : 급기팬 + 배기팬
예 보일러실, 병원수술실 등
㉡ 제2종 환기(압입식) : 급기팬 + 배기
예 실내정압, 반도체공장, 무균실 등
㉢ 제3종 환기(흡출식) : 급기구 + 배기팬
예 실내부압, 화장실, 주방, 차고 등

2) 덕트의 부속

① 취출구(Diffuser) 및 흡입구

㉮ 취출구 : 조화된 공기를 실내로 공급하기 위하여 실내에 설치하는 구멍 뚫린 것

㉯ 흡입구 : 실내공기를 환기 및 배기하기 위한 구멍뚫린 것

㉰ 전장설치용 취출구 : 펑커루버형, 아네모스탯형, 팬형, 라인형, 다공판형 등

② 취출구의 종류와 특징

㉮ 노즐형

㉠ 구조가 간단하고 도달거리가 길다.

㉡ 다른 형식에 비해 소음발생이 적다.

㉢ 천장이 높은 경우에도 효과적이다.

㉣ 방송국, 스튜디오, 극장, 로비, 공장 등에서 사용한다.

㉯ 펑커루버형

㉠ 선박의 환기용으로 제작된 것이다.

㉡ 목이 움직이게 되어 취출기류의 방향을 바꿀 수 있다.

㉢ 토출구에 달려있는 댐퍼에 의해 풍량 조절이 가능하다.

㉣ 공장, 주방, 버스 등의 국소냉방에 주로 사용한다.

㉰ 베인격자형

㉠ 그릴(고정베인형, Grill) : 날개가 고정되고 셔터가 없는 것

㉡ 유니버셜(가동베인형, Universal) : 날개 각도를 변경할 수 있는 것

㉢ 레지스터(Register) : 그릴 뒤에 풍량 조절을 위한 셔터가 부착된 것

㉱ 다공판형

㉠ 철판에 다수의 구멍을 뚫어 취출구로 한 것이다.

㉡ 확산성능은 우수하나 소음이 크다.

㉢ 도달거리가 짧고 드래프트가 방지된다.

㉣ 공간높이가 낮거나 덕트공간이 협소할 때 적합하다.

㉤ 항온항습실, 클린룸 등에서 사용한다.

㉲ 라인형 : 선(Line)의 개념을 통해 실내 인테리어와 조화시키기 좋은 것으로 외주부 천장 또는 창틀 위에 설치하여 출입구의 에어커튼 역할 및 외부존의 냉난방부하를 처리한다.

㉳ 팬(Pan)형 : 천장의 덕트 개구단 아래쪽에 원형 또는 원추형의 판을 매달아 여기에 토출기류를 부딪치게 하여 천장면을 따라서 수평 · 방사상으로 공기를 취출하는 것이다.

㉴ 아네모스탯(Anemostat)형 : 팬형의 단점을 보완한 것으로 여러 개의 원형 또는 각형의 콘(Cone)을 덕트 개구단에 설치하고 천장부근의 실내공기를 유인하여 취출기류를 충분하게 확산시키는 우수한 성능의 취출구로, 확산반경이 크고 도달거리가 짧아 천장취출구로 가장 많이 사용된다.

③ 취출 관련 용어

㉮ 1차 공기 : 취출구로부터 토출된 공기

㉯ 2차 공기 : 취출공기(1차 공기)로 유인된 공기

㉰ 도달거리 : 취출구에서 토출기류의 풍속이 0.5m/s로 되는 위치까지의 거리

㉣ 확산반경 : 복류 취출구에서 도달거리에 상당하는 것

㉤ 드래프트(Draft) : 실내기류와 온도에 따라서 인체의 어떠한 부분에 차가움이나 과도한 뜨거움을 느끼게 되는 것으로 특히 겨울철 창문을 따라서 존재하는 냉기가 토출기류에 의해 밀려 내려와서 바닥을 따라 거주구역으로 흘러들어 오는 콜드 드래프트(Cold Draft)가 문제가 된다.

㉥ 콜드 드래프트 발생 원인

㉠ 인체 주위의 공기온도가 너무 낮을 때

㉡ 인체 주위의 기류속도가 클 때

㉢ 인체 주위의 습도가 낮을 때

㉣ 주위 벽면의 온도가 낮을 때

㉤ 겨울철 창문의 틈새를 통한 극간풍이 많을 때

④ 흡입구의 종류와 특징

㉮ 도어그릴(Door Grill) : 문 하부에 부착되는 고정식 베인격자형의 흡입구

㉯ 루버(Louver)형 : 큰 가로날개가 바깥쪽의 아래로 경사지게 고정되어 외부에서 비나 눈의 침입을 방지하고, 외부에서는 안이 들여다 보이지 않으며 새나 벌레, 곤충류의 침입을 방지하기 위해 철망이 붙어있다.

㉰ 메시룸(Mush Room)형 : 극장 등의 바닥 좌석 밑에 설치하여 바닥면의 오염공기 및 먼지를 흡입하도록 한 것으로 필터나 코일을 오염시키므로 사용 시에는 먼지를 침전시킬 수 있는 구조로 하여야 한다.

⑤ 댐퍼(Damper)

덕트를 통과하는 풍량을 조절 또는 폐쇄하는 기구

㉮ 풍량 조절 댐퍼(Volume Damper, VD)

㉠ 다익(루버) 댐퍼 : 2개 이상의 날개를 갖는 것으로 대형덕트나 공조기에 사용

㉡ 단익(버터플라이) 댐퍼 : 댐퍼의 날개가 1개로 되어 있으며 소형의 덕트에 사용

㉢ 베인 댐퍼 : 송풍기의 흡입구에 설치되어 송풍기의 흡입량을 세밀하게 조절

㉯ 풍량 분배 댐퍼, 스플릿 댐퍼(Split Damper) : 덕트의 분기점에 설치하여 풍량을 조절

㉰ 방화 댐퍼(Fire Damper, FD) : 실내의 화재 발생으로 화염이 덕트를 통하여 다른 구역으로 확산되는 것을 방지한다.

㉱ 방연 댐퍼(Smoke Damper, SD) : 실내의 화재 발생시 실내에 설치된 연기감지기로, 화재 초기시에 발생한 연기를 탐지하여 댐퍼를 폐쇄시켜 다른 구역에 연기가 침입하는 것을 방지한다.

㉲ 점검구(Access Door)

㉠ 덕트 내에 댐퍼의 점검이나 조정 및 청소 등을 위하여 설치하는 것

㉡ 설치장소 : 방화 댐퍼의 퓨즈를 교체할 수 있는 곳, 풍량 조절 댐퍼의 점검 및 조정이 가능한 곳, 말단 코일이 있는 곳, 덕트의 말단(먼지의 제거가 가능한 곳), 에어챔버가 있는 곳 등이며 공조기의 주요 부분에도 설치

㉳ 측정구

㉠ 덕트 내의 풍량, 풍속, 온도, 압력, 먼지량 등을 측정하기 위한 것

㉡ 엘보와 같은 곡관부에는 덕트폭의 7.5배 이상 떨어진 장소에 설치

STEP 05 난방

1. 보일러 설비

1) 보일러 개요

① 보일러 정의 : 밀폐되어 있는 용기 내에 열매체(물)를 넣고 고온의 화염이나 연소가스와 접촉시켜 대기압 이상의 증기나 온수를 발생하는 장치

② 보일러의 3대 구성요소

㉮ 보일러 본체 : 연소실의 연소열을 받아 동(드럼)내의 물, 열매체를 가열하여 온수나 증기를 발생시키는 부분(동체, 수관군, 연관군)

㉯ 연소장치 : 연료를 연소시키기 위한 장치로 화염 및 고온의 연소가스를 발생시킴(연소실, 연도, 연돌, 연소장치)

㉰ 부속장치 : 보일러를 효율적이고 안전하게 유지하기 위한 장치(급수장치, 급유장치, 통풍장치, 송기장치, 안전장치, 분출장치, 계측장치, 폐열회수장치, 자동제어장치 등)

참고 폐열회수장치 : 배기가스의 여열을 이용하여 열효율을 높이기 위한 장치
- 과열기 : 보일러의 포화증기를 압력 변화없이 온도만 상승시키기 위한 장치
- 재열기 : 고압 증기터빈을 돌리고 난 증기를 다시 재가열하여 적당한 온도의 과열증기로 만든 후 저압 증기터빈을 돌리는 장치
- 절탄기(이코노마이저) : 배기가스의 여열을 이용하여 급수를 예열하는 장치
- 공기예열기 : 배기가스의 여열을 이용하여 연소용 공기를 예열시키는 장치

2) 각종 보일러의 특징

① 노통 보일러 : 체 내부에 노통(연소실)을 설치하여 물을 가열하는 보일러로서 노통이 1개인 코르니쉬 보일러와 노통이 2개인 랭커셔 보일러가 있다.

㉮ 장점

㉠ 관수의 보유수량이 많아 부하변동에 큰 영향이 없다.

㉡ 구조가 간단하여 취급이 쉽고 청소, 검사, 수리가 용이하다.

㉢ 급수처리가 까다롭지 않고 수명이 길다.

㉣ 수면이 넓어 기수공발이 적다.

㉯ 단점

㉠ 보유수량에 비해 전열면적이 적어 열효율이 낮다.

㉡ 예열부하가 크고 증기발생이 느리므로 부하에 대응하기 어렵다.

㉢ 내분식으로 연료의 질이나 연소공간의 확보가 어렵다.

㉣ 보유수량이 많아 폭발 시 피해가 크다.

② 연관 보일러 : 본체 내부의 연관을 통해 연소가스가 통과하여 물을 가열하는 보일러이다.

㉮ 장점

㉠ 전열면적이 크고 효율은 노통 보일러보다 좋다.

㉡ 외분식으로 완전연소가 가능하다(횡연관식).

㉢ 같은 용량이면 노통 보일러보다 설치면적이 적다.

㉣ 예열부하가 적어 증기발생이 빠르다(횡연관식).

㉯ 단점

㉠ 구조가 복잡하여 취급이 어렵다.

㉡ 급수처리가 필요하다.

㉢ 외분식인 경우 노벽의 방산손실이 있다.

③ 노통 연관 보일러 : 내분식으로 노통 보일러와 연관 보일러의 장점을 취한 것으로 구조가 치밀하며 콤팩트한 구조로 전열면적이 커 증기발생이 빠르고 효율이 좋아 난방용, 산업용 등에 사용되며 종류도 다양하다.

㉮ 장점

㉠ 내분식이므로 열손실이 적다.

㉡ 콤팩트한 구조로 전열면적이 크고 증발능력이 좋다.

㉢ 보유수량에 비해 전열면적이 커 열효율이 좋다(80~85% 정도).

㉯ 단점

㉠ 구조상 고압, 대용량에 적합하지 않다.

㉡ 구조가 복잡하여 청소, 수리, 급수처리가 까다롭다.

㉢ 증발속도가 빨라 스케일의 부착이 쉽다.

④ 수관 보일러 : 상하부의 드럼에 고압에 잘 견디는 다수의 수관을 연결한 외분식으로, 전열면적이 크고, 효율이 가장 좋은 고압 대용량 보일러로서 산업용으로 많이 사용된다.

㉮ 장점

㉠ 고온 고압의 증기 발생으로 열의 이용도가 높다.

㉡ 외분식으로 연소상태가 좋고 효율이 가장 높다.

㉢ 전열면적에 비해 보유수량이 적어 증기의 발생속도가 빠르다.

㉣ 보유수량이 적어 파열 시 피해가 적다.

㉤ 외분식으로 연료의 질에 따른 영향이 적다.

㉯ 단점

㉠ 구조가 복잡하여 청소, 검사, 수리가 어렵다.

㉡ 스케일의 장애가 커 완벽한 급수처리를 하여야 한다.

㉢ 외분식으로 외벽을 통한 열손실이 크다.

㉣ 부하변동에 따른 압력변화가 크다.

㉤ 제작이 어렵고 가격이 비싸다.

⑤ 관류 보일러 : 초임계 압력하에서 증기를 얻을 수 있는 보일러로서 하나의 긴 관으로 구성되며, 드럼이 없고 보유수량이 적어 증기발생이 빠른 보일러이다. 일종의 강제 순환식으로 관 하나에서 가열, 증발, 과열이 동시에 일어나는 형식이다.

㉮ 장점

㉠ 순환비(급수량/증기량)가 1로서 드럼이 필요없다.

㉡ 무동형으로 고압이며 증기의 열량이 크다.

㉢ 전열면적이 크고 효율이 좋으며 증기발생 시간이 짧다.

㉯ 단점

㉠ 완벽한 급수처리를 하여야 한다.

㉡ 급수의 유속을 일정하게 유지해야 한다.
㉢ 부하변동에 대한 적응력이 적다.
㉣ 완전한 연소제어 및 온도제어장치를 설치해야 한다.

⑥ 주철제 보일러 : 주물로 제작한 것으로 전열면적이 비교적 큰 형식의 저압용 보일러로서 여러 개의 섹션을 용량에 알맞게 조립하여 사용한다.

㉮ 장점
㉠ 주물제작으로 복잡한 구조도 제작이 가능하다.
㉡ 섹션의 증감으로 용량조절이 용이하다.
㉢ 조립식으로 반입 및 해체가 용이하다.
㉣ 저압(1kg/cm^2 이하)이므로 파열시 피해가 적다.
㉤ 전열면적이 크고 효율이 좋다.
㉥ 내식성 및 내열성이 좋다.

㉯ 단점
㉠ 내압에 대한 강도가 약하다(인장, 충격, 열충격 등).
㉡ 고압 및 대용량으로는 부적당하다.
㉢ 열에 의한 부동팽창으로 균열이 생기기 쉽다.
㉣ 구조가 복잡하여 청소, 검사, 수리가 어렵다.

3) 보일러 중요 부속장치

① 안전밸브
㉮ 용도 : 보일러 내부의 이상 압력 상승 시 증기를 외부로 배출하여 보일러 파손방지
㉯ 설치 개수 : 2개(전열면적이 50m^2 이하의 경우 1개)
㉰ 관경
㉠ 25A 이상
㉡ 단, 20A 이상
- 최고사용압력이 1kg/cm^2 이하의 보일러
- 최고사용압력이 5kg/cm^2 이하로 동체안지름 500mm 이하
- 길이 1000mm 이하
- 최고사용압력이 5kg/cm^2 이하로 전열면적이 2m^2 이하
- 최대 증발량 5T/h 이하의 보일러 및 소용량 보일러

㉱ 종류 : 스프링식(가장 많이 사용), 지렛대식, 복합식, 추식

② 화염 검출기
㉮ 용도 : 연소실 내의 화염을 감시하여 미연소 가스 폭발을 방지
㉯ 종류
㉠ 프레임아이 : 화염의 발광 현상을 이용하며 주로 유류용 보일러에 설치
㉡ 프레임로드 : 화염의 이온화 현상을 이용하며 주로 가스용 보일러에 설치
㉢ 스택스위치 : 화염의 발열 현상을 이용하며, 주로 소용량 보일러에 설치

③ 방폭문
㉮ 용도 : 연소실 내의 미연소 가스 폭발에 대비하여 연소실 후부나 좌우측에 설치한 문

㈏ 종류 : 스프링식, 스윙식

④ 인젝터

㈎ 용도 : 증기의 분사력을 이용한 급수를 향하는 급수장치

㈏ 특징

㉠ 구조가 간단하여 소형이고, 설치장소를 크게 차지하지 않는다.

㉡ 가격이 저렴하고 취급이 용이하다.

㉢ 급수를 예열할 수 있어 열효율을 높일 수 있다.

㉣ 동력원을 필요로 하지 않는다.

㈐ 작동 불능 원인

㉠ 급수 온도가 너무 높을 때(50℃ 이상)

㉡ 증기압력이 $2kg/cm^2$ 이하로 낮을 때

⑤ 급수내관

㈎ 설치 : 보일러 안전저수위보다 50mm 낮게 부착시킨다.

㈏ 설치목적 : 급수를 보일러 전체로 분포시킴으로써 동판의 국부적 냉각으로 인한 부동팽창과 변형 또는 이음부에서 오는 누수를 방지한다.

⑥ 증기내관

㈎ 용도 : 동 수면에서 튀어 오르는 물방울과 증기 속에 포함된 물방울을 제거시키는 장치

㈏ 비수방지관 : 동 수면에서 튀어 오르는 물방울 제거(둥근 보일러에 설치)

㈐ 기수분리기 : 증기 속에 포함된 수분 제거(수관 보일러에 설치)

⑦ 감압 밸브

㈎ 고압의 증기를 감압, 저압 측에 일정한 증기압력을 유지하도록 하는 장치

㈏ 고압과 저압을 동시에 사용

⑧ 신축이음

㈎ 동이나 배관의 신축을 흡수해주는 장치

㈏ 종류

㉠ 루우프형 : 신축곡관, 굽힘 반경은 관경의 6배, 응력의 결점

㉡ 벨로우즈형 : 외형상 슬리브형과 비슷하며 내부에 패킹이 없음

㉢ 스위블형 : 저압 옥외 배관용, 주로 방열기용으로 사용

㉣ 슬리브형 : 단식과 복식이 있음

⑨ 증기 트랩

㈎ 구비조건

㉠ 구조가 간단하고 내마모성이 크고 작동이 확실할 것

㉡ 유체에 대한 마찰 저항이 적을 것

㉢ 공기빼기가 양호할 것(봉수가 유실되지 않는 구조인 것)

㉣ 내식성과 내구성이 있을 것, 세정작용을 할 수 있을 것

㈏ 종류

㉠ 증기와 응축수의 비중차 : 버켓트, 플루우트

㉡ 증기와 응축수의 온도차 : 벨로우즈, 바이메탈

㉢ 증기와 응축수의 열역학적 성질 : 디스크, 오리피스

4) 보일러 사고

① 사고의 원인

㉮ 제작상 원인

㉠ 재료불량(레미네이션, 브리스터)

㉡ 강도부족(장축 – 원주방향, 단축 – 길이방향)

㉢ 구조 및 설계불량(압력용기를 원형제작 – 강도상 유리)

㉯ 취급상 원인 : 저수위, 압력초과, 급수처리 불량, 부식, 과열

② 급수처리

㉮ 급수처리방법 : 화학적(용존물처리), 기계적(현탁물처리), 전기적(유지분 제거)

㉯ 목적 : 내부부식방지, 스케일생성방지, 프라이밍 포밍방지, 가성취화방지, 관수농축방지

㉰ 구분

㉠ 관외처리(1차 처리)

- 고형협착물 : 침강, 여과, 응집법
- 용존가스제 처리 : 기폭, 탈기법
- 용해고형물처리 : 증류, 이온교환, 약품첨가법

㉡ 관내처리(2차 처리)

- 청관제 : 탄산소다, 인산소다, 가성소다, 암모니아, 히드라진를 투입
- 탈산소제 : 히드라진, 아황산소다, 탄닌

③ 내면부식

㉮ 내면부식의 종류

㉠ 점식 : 보일러 수중의 가스분, 용존가스 등으로 인하여 보일러 내면에 깨알 모양으로 부식되는 현상

㉡ 네킹 : 보일러 수면선을 따라 얇은 띠 모양으로 패이면서 부식

㉢ 국부부식 : 점식 등이 발전한 형태로 반점모양으로 생긴 부식

㉣ 전면부식 : 보일러 수 pH가 낮아질 때 주로 발생

㉤ 알칼리부식(가성취화) : 보일러수의 pH가 13 이상일 때

㉥ 그루빙(구식) : 반복된 열응력으로 인하여 가제트 스테이와 노통 사이에 주로 발생

㉯ 내면부 방지법

㉠ 보일러 내면에 아연판을 매단다.

㉡ 약한 전류를 통전한다.

㉢ 보일러수 농축을 피한다.

㉣ 적절한 pH를 유지한다.

④ 외면부식

물이 담겨진 본체 이외의 장소에서 발생하는 부식으로 저온부식과 고온부식이 있다.

㉮ 저온부식

㉠ 저온부식의 원인

- 연료 중의 황이 원인, 배기가스 온도가 150~170℃ 이하일 때 주로 발생한다.

• 폐열회수 장치 중 절탄기, 공기예열기 표면에 발생한다.

㉡ 저온부식 방지법

• 연료 중 황분을 제거하고 황산기스 노점온도를 낮춘다.

• 배기가스 온도를 높이고 과잉공기량을 줄인다.

• 장치 표면을 내식성 재료로 피복한다.

㉯ 고온부식

㉠ 고온부식의 원인

• 연료 중의 바나듐이 원인, 배기가스 온도가 450~550℃ 이상일 때 주로 발생한다.

• 폐열회수 장치 중 과열기, 재열기 표면에 발생한다.

㉡ 고온부식 방지법

• 연료 중 바나듐을 제거한다.

• 첨가제를 이용, 회분의 융점을 높인다.

• 배기가스 온도를 적절하게 유지한다.

• 장치 표면을 내식성 재료로 피복한다.

2. 난방

1) 난방의 분류

구분	설명		종류
중앙난방	직접난방	실내에 방열장치를 설치하여 온수나 증기를 공급하여 난방	증기난방, 온수난방, 복사난방
	간접난방	중앙기계실에서 가열된 공기를 덕트를 통해 실내로 송풍하여 난방	공기조화, 히트펌프난방
개별난방	열원기기를 실내에 설치하여 난방		난로, 스토브
지역난방	대규모의 지역 내에 고효율의 열원설비 및 발전설비를 설치하여 난방		

2) 증기난방

증기난방은 증기보일러에서 발생한 증기를 배관을 통해 각 방에 설치된 방열기로 공급하여 증기가 응축수로 되면서 발생하는 증기의 응축잠열을 이용하여 난방하는 방식

① 증기난방의 장단점

㉮ 장점

㉠ 증기보유량이 크고 열운반 능력이 크다.

㉡ 열용량이 작아 예열시간이 짧다.

㉢ 난방개시가 빠르고 간헐운전이 가능하다.

㉣ 방열기 면적 및 관경이 작아도 된다.

㉤ 온수난방에 비해 시설비가 적게 든다.

㉯ 단점

㉠ 방열기 온도가 높아 화상의 우려가 있다.

㉡ 먼지 등의 상승으로 쾌감도(난방효과)가 떨어진다.

㉢ 증기량 제어가 어려워 방열량(온도) 조절이 어렵다.

㉣ 증기보일러 취급에 따른 기술이 필요하다.

㉤ 응축수관에서 부식과 한냉 시 동결의 우려가 있다.

② 증기난방의 구분

구분	방식	설명
증기압력	고압식	증기의 압력 1.0kg/cm^2 이상(1~3kg/cm^2 정도)
	저압식	증기의 압력 1.0kg/cm^2 미만(0.1~0.35kg/cm^2 정도)
배관방식	단관식	증기관과 응축수관이 동일하게 하나로 구성
	복관식	증기관과 응축수관이 별개로 구성
공급방식	상향식	증기공급주관을 최하층으로 배관하여 상향으로 공급
	하향식	증기공급주관을 최상층에 배관하여 하향으로 공급
환수배관방식	건식	응축수 환수관이 보일러 수면보다 위에 위치
	습식	응축수 환수관이 보일러 수면보다 아래에 위치
응축수 환수방식	중력환수식	응축수 자체의 중력에 의하여 환수(중, 소규모)
	기계환수식	펌프에 의하여 응축수를 보일러에 급수(보일러 위치가 높을 때)
	진공환수식	진공펌프로 응축수를 환수하고 펌프에 의해 보일러에 급수

3) 온수난방

온수난방은 온수보일러에서 발생한 온수를 배관을 통해 각 방에 설치된 방열기로 순환시켜 온수의 온도가 낮아지면서 발생되는 현열(감열)을 이용하여 난방하는 방식이다.

① 온수난방의 장단점

㉮ 장점

㉠ 방열기 온도가 낮아 실내 상하온도차가 적어 쾌감도가 좋다.

㉡ 중앙에서 온수온도 제어에 따른 방열량(온도) 조절이 용이하다.

㉢ 열용량이 커 실온의 변동이 적고 동결우려가 적다.

㉣ 보일러 취급이 용이하며 안전하다.

㉯ 단점

㉠ 열용량이 커 예열시간이 길다.

㉡ 수두에 제한이 있어 건축물의 높이에 제한을 받는다.

㉢ 보유열량이 적어 방열면적 및 관지름이 크다.

㉣ 순환펌프 등의 설치로 설비비가 비싸다.

② 온수난방의 구분

구분	방식	설명
순환방식	자연 순환식(중력식)	온수를 비중차를 이용하여 순환
	강제 순환식(펌프식)	순환펌프를 사용하여 강제로 온수를 순환
온수온도	고온수식	온수온도가 100℃ 이상(보통 100~150℃ 정도, 밀폐식)
	보통온수식	온수온도가 100℃ 미만(보통 80~95℃ 정도)
	저온수식	온수온도가 100℃ 미만(보통 45~80℃ 정도)
배관방식	단관식	온수공급관과 환수관이 동일하게 하나로 구성
	복관식	온수공급관과 환수관이 별개로 구성
	역환수관식 (리버스리턴)	각 방열기로 공급되는 공급배관과 환수배관의 길이를 같게 하여 온수가 균등하게 공급
공급방식	상향식	온수공급관을 최상층으로 배관하여 하향으로 공급
	하향식	온수공급관을 최하층으로 배관하여 상향으로 공급

4) 복사난방(Panel Heating)

건축물의 바닥, 천장, 벽 등에 온수코일을 매립하여 증기나 온수를 순환시켜 발생하는 복사(방사)열에 의해 난방하는 방식으로 패널난방이라고도 한다.

① 복사난방의 장단점

㉮ 장점

㉠ 복사열에 의한 난방으로 쾌감도가 좋다.

㉡ 높이에 따른 실내온도의 분포가 균일하다.

㉢ 대류작용에 따른 바닥 먼지의 상승이 적다.

㉣ 방열기가 필요 없어 바닥의 이용도가 좋다.

㉤ 상하온도차가 적어 천장이 높은 방에 적합하다.

㉥ 실내온도가 낮아도 난방효과가 있으며 손실 열량이 적다.

㉯ 단점

㉠ 예열시간이 길어 부하에 대응하기 어렵다.

㉡ 방수층 및 단열층 시공 등 설비비가 비싸다.

㉢ 배관매립으로, 점검이 어렵고 누설 발견이 어렵다.

㉣ 표면부(몰타르층)에서 균열이 발생한다.

5) 부속장치 및 부속품

① 방열기 : 실내에 설치하여 증기잠열 및 온수 현열을 방출함으로써 실내를 난방하는 설비

㉮ 방열기의 종류

㉠ 주형 방열기 : 2주형, 3주형, 3세주형, 5세주형의 4종류가 있다.

㉡ 벽걸이형 방열기 : 벽체에 걸어 사용하는 방열기로서 횡형과 종형이 있다.

ⓒ 길드형 방열기 : 1m 정도의 주철제로 된 파이프에 전열면적을 증가시키기 위하여 핀을 부착한 방열기이다.

ⓔ 대류형 방열기 : 핀튜브형의 가열코일이 대류작용에 의해서 난방을 행하는 것으로 컨벡터(Convector)와 높이가 낮은 베이스 보드히터(Base Board Heater)가 있다.

ⓜ 관방열기 : 나관(裸管)의 상태로 되어 있으며 고압에 잘 견딘다.

ⓑ 팬코일 유닛(FCU), 유닛히터(Unit Heater) : 공기여과기, 팬 및 가열코일을 내장하여 강제 대류식으로 열을 방출한다.

㉯ 방열기의 설치

㉠ 외기에 접한 창문 아래쪽에 설치한다.

㉡ 벽에서 50~60mm, 바닥에서 100~150mm 정도 떨어지게 설치한다.

㉰ 방열기의 도시기호

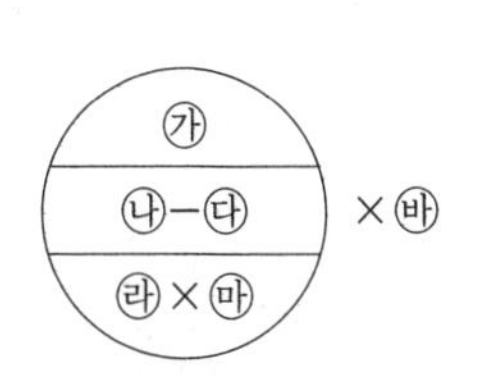

㉮ 쪽수 ㉯ 형식 ㉰ 높이 ㉱ 유입관경
㉲ 유출관경 ㉳ 조(組) 수

구분	종별	기호
주형	2주형	II
	3주형	III
세주형	3세주형	3(3C)
	5세주형	5(5C)
벽걸이형(W)	횡형	W-H
	종형	W-V

㉱ 방열기의 표준 방열량

열매체	표준방열량 (kcal/m²h)	방열계수	표준상태에서 온도(℃)		온도차(℃)
			열매온도	실내온도	
증기	650	8	102	18.5	83.5
온수	450	7.2	80	18.5	61.5

㉲ 상당방열면적(EDR)

㉠ 난방부하에 상당하는 방열기의 면적

$$EDR = \frac{\text{난방부하}}{\text{방열기 방열량}}$$

㉳ 방열기 쪽수(절수, Section수)

$$\bullet\ \text{쪽수} = \frac{\text{난방부하}}{(EDR \times \text{쪽당 면적} \times \text{방열기 방열량})}$$

$$\bullet\ \text{난방부하} = EDR \times \text{방열기 방열량}$$

② 팽창탱크(ET, Expansion Tank) : 온수보일러에서 온수의 팽창에 따른 이상 압력의 상승을 흡수하여 장치나 배관의 파손을 방지하는 것으로 사용온도에 따라 개방식(85~95℃)과 밀폐식(100℃ 이상)이 있다.

㉮ 팽창탱크 설치 목적

㉠ 온수의 팽창에 따른 배관의 파손을 방지한다.

㉡ 배관 내 온수의 온도와 압력을 일정하게 유지한다.

㉢ 관수의 배출을 방지하여 열손실을 방지한다.

㉣ 보일러나 배관에 물을 보충한다.

㉯ 팽창탱크 설치 위치

㉠ 개방형 : 최고층의 방열기나 방열면보다 1m 이상 높게 설치한다.

㉡ 밀폐형 : 설치 위치에 제한이 없다.

SECTION 03

Craftsman Air-Conditioning and Refrigerating Machinery

배관 및 자동제어

STEP 01 배관

1. 배관 재료

1) 배관 일반

① 배관의 구비조건

㉮ 관내 흐르는 유체의 화학적 성질

㉯ 관내 유체의 사용압력에 따른 허용압력 한계

㉰ 관외 외압에 따른 영향 및 외부 환경조건

㉱ 유체의 온도에 따른 열영향

㉲ 유체의 부식성에 따른 내식성

㉳ 열팽창에 따른 신축 흡수

㉴ 관의 중량과 수송조건 등

② 배관의 재질에 따른 분류

㉮ 철금속관 : 강관, 주철관, 스테인레스 강관

㉯ 비철금속관 : 동관, 연관, 알루미늄관

㉰ 비금속관 : PVC관, PB관, PE관, PPC관, 원심력 철근콘크리트관(흄관), 석면시멘트관, 도관

2) 배관의 종류

① 강관(Steel Pipe) : 강관은 일반적으로 건축물, 공장, 선박 등의 급수, 급탕, 냉난방, 증기, 가스배관 외에 산업설비에서의 압축 공기관, 유압배관 등 각종 수송관으로 또는 일반 배관용으로 광범위하게 사용된다.

㉮ 강관의 특징

㉠ 연관, 주철관에 비해 가볍고 인장강도가 크다.

㉡ 관의 접합방법이 용이하다.

㉢ 내충격성 및 굴요성이 크다.

㉣ 주철관에 비해 내압성이 양호하다.

㉯ 스케줄 번호(Schedule No.) : 관의 두께를 표시

$$Sch-No = 10 \times \frac{P}{S}$$

(P : 최고사용압력(kg/cm^2), S : 허용응력(kg/mm^2) = 인장강도 / 안전율(4))

㉰ 강관의 종류와 사용용도

㉠ 배관용

종류	기호	용도 및 기타
배관용 탄소강 강관	SPP	• 사용압력 10kg/cm² 이하에 사용 • 사용압력이 비교적 낮은 증기·물·기름·가스 및 공기 등의 배관용 • 부식방지를 위해 아연도금을 한 백관, 도금하지 않은 흑관이 있음 • 관 제조방법에 따라 단접관, 전기저항용접관, 이음매 없는 강관으로 나뉘며 호칭지름 15~500A까지 24종
압력배관용 탄소강 강관	SPPS	• 사용압력 10~100kg/cm² 이하, 사용온도 350℃ 이하에서 사용 • 관 제조방법에 따라 전기저항용접관, 이음매 없는 관으로 나뉘며 관의 호칭은 지름과 두께(스케줄번호)에 의함 • 호칭지름 6~650A까지 25종, Sch 10, 20, 30 40, 60, 80 등
고압배관용 탄소강 강관	SPPH	• 사용압력 100kg/cm² 이상, 사용온도 350℃ 이하에서 사용 • 암모니아 합성용배관, 내연기관의 연료분사관, 화학공업의 고압배관용, 제조방법은 킬드강으로 이음매 없이 제조 • 호칭지름 6~650A까지 25종, Sch 40, 60, 80 100, 120, 140, 160 등
배관용 아아크 용접 탄소강 강관	SPPY	• 사용압력이 낮은 일반 수도관, 가스수송관에 사용 • 도시가스는 10kg/cm² 이하, 수도용은 15kg/cm² 이하에 사용
고온배관용 탄소강 강관	SPHT	• 사용온도 350℃ 이상의 고온배관용(350~450℃), 과열증기관 • 호칭지름 6~500A, 관 제조방법에 따라 이음매 없는 관, 전기저항용접관
저온배관용 탄소강 강관	SPLT	• 빙점 이하의 특히 저온도 배관용, 호칭지름 6~500A(SPPS관과 동일) • 섬유화학공업 등 각종 화학공업 기타 LPG·LNG 탱크배관용 • 1종(킬드강) : −50℃까지 사용, 2종(니켈강) : −100℃까지 사용
배관용 스테인레스 강관	STS×T	• 내식용·내열용 및 고온배관용·저온배관용에도 사용 • 호칭지름 6~300A
배관용 합금강 강관	SPA	• 주로 고온도 배관용, 호칭지름 6~500A

㉡ 수도용

종류	기호	용도 및 기타
수도용 아연도금 강관	SPA	• 사용압력수두 100mH₂O 이하 급수배관용 • 호칭지름 10~300A
수도용 도복장 강관	SPPW	• SPP관 또는 아크용접 탄소강관에 피복한 관 • 사용압력수두 100mH₂O 이하의 수도용 • 호칭지름 80~1500A

ⓒ 열전달용

종류	기호	용도 및 기타
보일러 · 열교환기용 탄소강 강관	STH	• 관의 내외에서 열교환을 목적으로 사용 • 보일러의 수관, 연관, 과열관, 공기예열관, 화학공업 · 석유공업의 열교환기, 콘덴서관, 촉매관, 가열로관 등에 사용
보일러 · 열교환기용 합금강 강관	STHB	
보일러 · 열교환기용 스테인레스 강관	STS×TB	• 호칭지름 15.9~139.8mm, 두께 1.2~12.5mm
저온 열교환기용 탄소강 강관	STLT	

ⓓ 구조용

종류	기호	용도 및 기타
일반 구조용 탄소강 강관	SPS	• 토목, 건축, 철탑, 발판, 지주, 비계, 말뚝 기타의 구조물용 • 호칭지름 21.7~1015mm, 두께 1.9~16.0mm
기계 구조용 탄소강 강관	SM	• 기계, 항공기, 자동차, 자전차, 가구, 기구 등의 기계 부품용
구조용 합금강 강관	STA	• 항공기, 자동차 기타의 구조물용

㉣ 강관의 표시방법

㉠ 제조방법에 따른 기호

기호	용도	기호	용도
E	전기저항 용접관	E-C	냉간완성 전기저항 용접관
B	단접관	B-C	냉간완성 단접관
A	아크용접관	A-C	냉간완성 아크용접관
S-H	열간가공 이음매 없는 관	S-C	냉간완성 이음매 없는 관

㉡ 관의 표시 방법

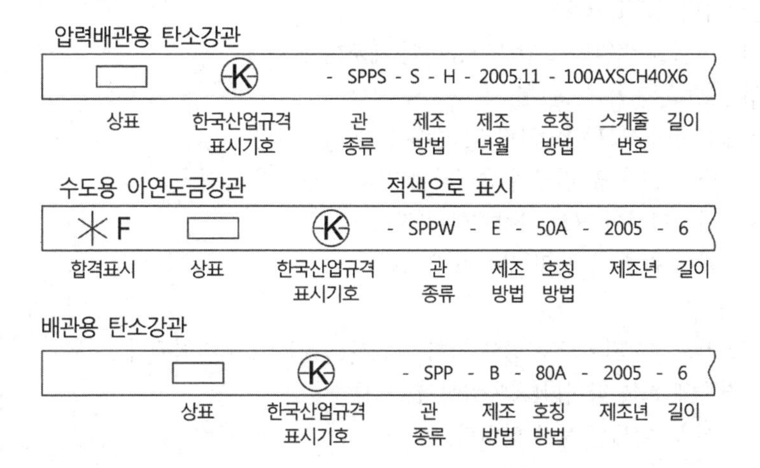

② 주철관(Cast Iron Pipe) : 주철관은 순철에 탄소가 일부 함유되어 있는 것으로 내압성, 내마모성이 우수하고, 특히 강관에 비하여 내식성, 내구성이 뛰어나므로 수도용 급수관(수도본관), 가스 공급관, 광산용 양수관, 화학공업용 배관, 통신용 지하매설관, 건축설비 오배수 배관 등에 광범위하게 사용한다.

㉮ 주철관의 특징

㉠ 내구력이 크다.

㉡ 내식성이 커 지하 매설배관에 적합하다.

㉢ 다른 배관에 비해 압축강도가 크나 인장강도는 약하다(취성이 크다).

㉣ 충격에 약해 크랙(Crack)의 우려가 있다.

㉤ 압력이 낮은 저압(7~10kg/cm^2 정도)에 사용한다.

③ 스테인레스 강관(StainlessSteel Pipe) : 상수도의 오염으로 배관의 수명이 짧아지고 부식의 우려가 있어 스테인레스 강관의 이용도가 증대되고 있다.

㉮ 스테인레스 강관의 종류

㉠ 배관용 스테인레스 강관

㉡ 보일러 열교환기용 스테인레스 강관

㉢ 위생용 스테인레스 강관

㉣ 배관용 아크용접 대구경 스테인레스 강관

㉤ 일반배관용 스테인레스 강관

㉥ 구조 장식용 스테인레스 강관

㉯ 스테인레스 강관의 특징

㉠ 내식성이 우수하고 위생적이다.

㉡ 강관에 비해 기계적 성질이 우수하다.

㉢ 두께가 얇고 가벼워 운반 및 시공이 용이하다.

㉣ 저온에 대한 충격성이 크고, 추운 곳에도 배관이 가능하다.

㉤ 나사식, 용접식, 몰코식, 플랜지이음 등 시공이 용이하다.

④ 플라스틱관(Plastic Pipe : 합성수지관) : 합성수지관은 석유, 석탄, 천연가스 등으로부터 얻어지는 에틸렌, 프로필렌, 아세틸렌, 벤젠 등을 원료로 만들어진 관이다.

㉮ 경질염화비닐관(PVC관)

㉠ 염화비닐을 주원료로 압축가공하여 제조한 관이다.

㉡ 장점

- 내식성이 크고 산·알칼리, 해수 등에도 강하다.
- 가볍고 운반 및 취급이 용이하며 기계적 강도가 높다.
- 전기절연성이 크고 마찰저항이 적다.
- 가격이 싸고 가공 및 시공이 용이하다.

㉢ 단점

- 열가소성수지이므로 열에 약하고 180℃ 정도에서 연화된다.
- 저온에 특히 약하다(저온취성이 크다).
- 용제 및 아세톤 등에 약하다.

• 충격강도가 크고 열팽창이 커 신축에 유의하여야 한다.

㈏ 폴리에틸렌관(PE관)

㉠ 에틸렌에 중합체, 안전체를 첨가하여 압출 성형한 관이다.

㉡ 화학적, 전기적 절연 성질이 염화비닐관보다 우수하고, 내충격성이 크고 내한성이 좋아 −60℃에서도 취성이 나타나지 않아 한랭지 배관으로 적합하나 인장강도가 작다.

㈐ 폴리부틸렌관(PB관)

㉠ 폴리부틸렌관은 강하고 가벼우며, 내구성 및 자외선에 대한 저항성, 화학작용에 대한 저항 등이 우수하여 온수온돌의 난방배관, 음용수 및 온수배관, 농업 및 원예용 배관, 화학배관 등에 사용된다.

㉡ 나사 및 용접배관을 하지 않고 관을 연결구에 삽입하여 그래프링(Grapring)과 O−Ring에 의해 쉽게 접합할 수 있다.

㈑ 가교화 폴리에틸렌관(XL관)

㉠ 폴리에틸렌 중합체를 주체로 하여 적당히 가열한 압출성형기에 의하여 제조되며 일명 엑셀 파이프라고도 하며, 온수온돌 난방코일용으로 가장 많이 사용된다.

㉡ 특징

• 동파, 녹발생 및 부식이 없고 스케일 발생이 없다.
• 기계적 성질 및 내열성, 내한성 및 내화학성이 우수하다.
• 가볍고 신축성이 좋으며, 배관시공이 용이하다.
• 관이 롤(Roll)로 생산되고 가격이 싸고 운반이 용이하다.

㈒ PPC관(Poly−Propylen Copolymer관)

㉠ 폴리프로필렌 공중합체를 원료로 하여 열변형 온도가 높아 폴리에틸렌파이프(XL)의 경우처럼 가교화처리가 필요 없다.

㉡ 시멘트 등의 외부자재와 화학작용 및 습기 등으로 인한 부식이 없고, 굴곡가공으로 시공이 편리하며 녹이나 부식으로 인한 독성이 없어 많이 사용된다.

⑤ 기타 배관

㈎ 동관(Copper Pipe)

㉠ 동은 전기 및 열전도율이 좋고 내식성이 뛰어나며 전연성이 풍부하고 가공도 용이하여 판, 봉, 관 등으로 제조되어 전기재료, 열교환기, 급수관, 급탕관, 냉매관, 연료관 등 널리 사용되고 있다.

㉡ 특징

• 전기 및 열전도율이 좋아 열교환용으로 우수하다.
• 전연성이 풍부하여 가공이 용이하고 동파의 우려가 적다.
• 내식성 및 알칼리에 강하고 산성에는 약하다.
• 무게가 가볍고 마찰저항이 적다.
• 아세톤, 에테르, 트레온가스, 휘발유 등 유기약품에 강하다.

㈏ 연관(Lead Pipe)

㉠ 일명 납(Pb)관이라 한다.

㉡ 연관은 용도에 따라 1종(화학공업용), 2종(일반용), 3종(가스용)으로 나눈다.

㉰ 알루미늄관(Al관)

㉠ 은백색을 띠는 관으로 구리 다음으로 전기 및 열전도성이 양호하며 전연성이 풍부하여 가공이 용이하며 건축재료 및 화학공업용 재료로 널리 사용된다.

㉡ 알루미늄은 알칼리에는 약하고, 특히 해수, 염산, 황산, 가성소다 등에 약하다.

㉱ 원심력 철근 콘크리트관(흄관)

㉠ 원통으로 조립된 철근형틀에 콘크리트를 주입하여 고속으로 회전시켜 균일한 두께의 관으로 성형시킨 것이다.

㉡ 상하수도, 배수관에 사용된다.

㉲ 석면 시멘트관(에터니트관)

㉠ 석면과 시멘트를 1:5~1:6 정도의 중량비로 배합하고 물을 혼합하여 롤러로 압력을 가해 성형시킨 관으로 금속관에 비해 내식성이 크며 특히 내알칼리성이 좋다.

㉡ 수도용, 가스관, 배수관, 공업용수관 등의 매설관에 사용되며 재질이 치밀하여 강도가 강하다.

㉳ 도관

㉠ 점토를 주원료로 하여 반죽한 재료를 성형 소성한 것이다.

㉡ 소성시 내흡수성을 위해 유약을 발라 표면을 매끄럽게 한다.

3) 배관 이음

① 철금속관 이음

㉮ 강관 이음

㉠ 나사 이음

• 배관에 숫나사를 내어 부속 등과 같은 암나사와 결합하는 것으로 이 때 테이퍼 나사는 1/16의 테이퍼(나사산의 각도는 55°)를 가진 원뿔나사로 누수를 방지하고 기밀을 유지한다.

(1) 엘보 (2) 45° 엘보 (3) 이경 엘보 (4) 티 (5) 이경 티
(6) 이경 티 (7) 이경 티 (8) 편심 이경 (9) 심방 이경 티 (10) 크로스
(11) 소켓 (12) 이경 소켓 (13) 캡 (14) 부싱 (15) 크로 너트
(16) 플러그 (17) 니플 (18) 이경 니플 (19) 유니언 (20) 플랜지

• 사용목적에 따른 분류
  - 관의 방향을 바꿀 때 : 엘보, 벤드 등
  - 관을 도중에 분기할 때 : 티, 와이, 크로스 등
  - 동일 지름의 관을 직선연결할 때 : 소켓, 유니언, 플랜지, 니플(부속연결) 등
  - 지름이 다른 관을 연결할 때 : 레듀셔, 이경엘보, 이경티, 부싱(부속연결) 등
  - 관의 끝을 막을 때 : 캡, 막힘플랜지, 플러그 등
  - 관의 분해, 수리, 교체를 하고자 할 때 : 유니언, 플랜지 등

㉡ 용접 이음
• 전기용접과 가스용접 두 가지가 있으며 가스용접은 용접속도가 전기용접보다 느리고 변형이 심하다.
• 전기용접은 지름이 큰 관을 맞대기 용접, 슬리브용접 등을 사용하며 모재와 용접봉을 전극으로 하고 아크를 발생시켜 그 열(약 6,000℃)로 순간에 모재와 용접봉을 녹여 용접하는 야금적 접합법이다.

㉢ 플랜지 이음
• 관의 보수, 점검을 위하여 관의 해체 및 교환을 필요로 하는 곳에 사용한다.
• 관 끝에 용접이음 또는 나사이음을 하고, 양 플랜지 사이에 패킹(Packing)을 넣어 볼트로 결합한다.
• 플랜지를 결합할 때에는 볼트를 대칭으로 균일하게 조인다.
• 배관의 중간이나 밸브, 펌프, 열교환기 등의 각종 기기의 접속을 위해 많이 사용한다.

㉯ 주철관 이음

㉠ 소켓 이음(Socket Joint, Hub-Type) : 연납(Lead Joint)이라고도 하며, 주로 건축물의 배수배관 지름이 작은 관에 많이 사용된다. 주철관의 소켓(Hub)쪽에 삽입구(Spigot)를 넣어 맞춘 다음 마(Yarn)를 단단히 꼬아 감고 정으로 다져 넣은 후 충분히 가열되어 표면의 산화물이 완전히 제거된 용융된 납(연)을 한번에 충분히 부어 넣은 후 정을 이용하여 충분히 틈새를 코킹한다.

㉡ 노허브 이음(No Hub Joint) : 최근 소켓(허브) 이음의 단점을 개량한 것으로 스테인레스 커플링과 고무링만으로 쉽게 이음할 수 있는 방법으로 시공이 간편하고 경제성이 커 현재 오배수관에 많이 사용하고 있다.

㉢ 플랜지 이음(Flange Joint) : 플랜지가 달린 주철관을 플랜지끼리 맞대고 그 사이에 패킹을 넣어 볼트와 너트로 이음한다.

㉣ 기계식 이음(Mechanical Joint) : 고무링을 압륜으로 죄어 볼트로 체결한 것으로 소켓 이음과 플랜지 이음의 특징을 채택한 것이다.

㉤ 타이톤 이음(Tyton Joint) : 고무링 하나만으로 이음이 되고 소켓내부 홈은 고무링을 고정시키고 돌기부는 고무링이 있는 홈속에 들어 맞게 되어 있으며 삽입구 끝은 테이퍼로 되어 있다.

㉥ 빅토리 이음(Victoric Joint) : 특수모양으로 된 주철관의 끝에 고무링과 가단 주철제의 칼라(Collar)를 죄어 이음하는 방법으로 배관내의 압력이 높아지면 더욱 밀착되어 누설을 방지한다.

② 비철금속관 이음

㉮ 동관 이음 : 납땜이음, 플레어이음, 플랜지(용접) 이음 등

㉠ 납땜 이음(Soldering Joint): 확관된 관이나 부속 또는 수웨이징 작업을 한 동관을 끼워 모세관 현상에 의해 흡인되어 틈새 깊숙히 빨려드는 일종의 겹침 이음이다.

㉡ 플레어 이음(Flare Joint): 동관 끝부분을 플레어 공구로 나팔 모양으로 넓히고 압축이음쇠를 사용하여 체결하는 이음 방법으로 지름 20mm 이하의 동관을 이음할 때, 기계의 점검 및 보수 등을 위해 분해가 필요한 장소나 기기를 연결하고자 할 때 이용된다.

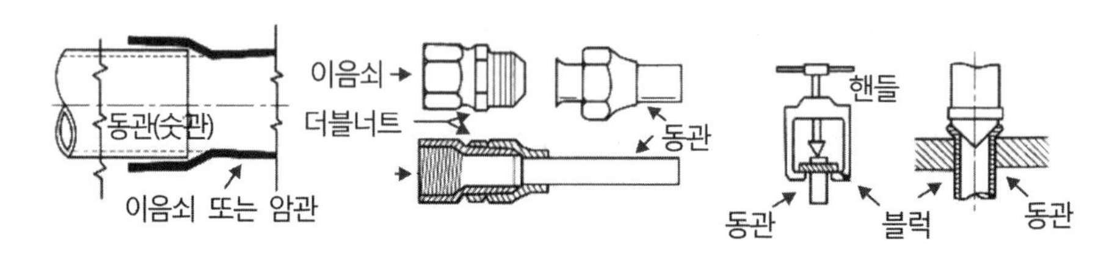

㉢ 플랜지 이음(Flange Joint): 관 끝이 미리 꺾어진 동관을 용접하여 끼우고 플랜지를 양쪽을 맞대어 패킹을 삽입한 후 볼트로 체결하는 방법으로서 재질이 다른 관을 연결할 때에는 동절 연플랜지를 사용하여 이음을 하는데 이는 이종 금속간의 부식을 방지하기 위한 것이다.

㉯ 연(납)관 이음 : 플라스턴 이음, 살올림 납땜 이음, 용접 이음 등

㉰ 스테인레스강관 이음

㉠ 나사 이음 : 일반적으로 강관의 나사이음과 동일하다.

㉡ 용접 이음 : 용접방법에는 전기용접과 텅스텐 불활성가스인 아크(TIG) 용접법이 있다.

㉢ 플랜지 이음 : 배관의 끝에 플랜지를 맞대어 볼트와 너트로 조립한다.

㉣ 몰코 이음(Molco Joint) : 스테인레스 강관 13SU에서 60SU를 이음쇠에 삽입하고 전용 압착공구를 사용하여 접합하는 이음 방법으로 급수, 급탕, 냉난방 등의 분야에서 나사이음, 용접이음 대신 단시간에 배관할 수 있는 배관이음이다.

㉤ MR조인트 이음쇠 : 관을 나사가공이나 압착(프레스)가공, 용접가공을 하지 않고, 청동 주물제 이음쇠 본체에 관을 삽입하고 동합금제 링을 캡너트로 죄어 고정시켜 접속하는 방법이다.

③ 비금속관 이음

㉮ 경질염화비닐관(PVC관)

㉠ 냉간이음 : 관 또는 이음관의 어느 부분도 가열하지 않고 접착제를 발라 관 및 이음관의 표면을 녹여 붙여 이음하는 방법

㉡ 열간이음 : 열간 접합을 할 때에는 열가소성, 복원성 및 융착성을 이용해서 접합한다.

㉢ 용접이음 : 염화비닐관을 용접으로 연결할 때에는 열풍용접기(Hot Jet Gun)를 사용하며 주로 대구경관의 분기접합, T접합 등에 사용한다.

㉯ 폴리에틸렌관(PE관)

㉠ 폴리에틸렌관은 용제에 잘 녹지 않으므로 염화비닐관에서와 같은 방법으로는 이음이 불가능하며 테이퍼조인트 이음, 인서트 이음, 플랜지 이음, 테이퍼코어 플랜지 이음, 융착 슬리브 이음, 나사 이음 등이 있다.

㉡ 이중 융착 슬리브 이음은 관 끝의 바깥쪽과 이음부속의 안쪽을 동시에 가열, 용융하여 이음하는 방법으로 이음부의 접합강도가 가장 확실하고 안전한 방법으로 가장 많이 사용된다.

㉰ 철근 콘크리트관(흄관)

㉠ 몰타르 접합(Mortar Joint)

㉡ 칼라 이음(Collar Joint)

㉱ 석면 시멘트관(에터니트관)

㉠ 기볼트 이음(Gibolt Joint)

㉡ 칼라 이음(Collar Joint)

㉢ 심플렉스 이음(Simplex Joint)

④ 신축 이음(Expansion Joint)

㉮ 루우프(만곡관, Loop)형 신축 이음

㉠ 신축곡관이라고도 하며 강관 또는 동관 등을 루프(Loop) 모양으로 구부려서 그 휨에 의하여 신축을 흡수하는 것

㉡ 특징

- 고온 고압의 옥외 배관에 설치한다.
- 설치장소를 많이 차지한다.
- 신축에 따른 자체 응력이 발생한다.
- 곡률반경은 관지름의 6배 이상으로 한다.

㉯ 슬리브(미끄럼, Sleeve Type)형 신축 이음

㉠ 본체와 슬리브 파이프로 되어 있으며 관의 신축은 본체 속의 미끄럼하는 슬리브관에 의해 흡수되며 슬리브와 본체 사이에 패킹을 넣어 누설을 방지한다.

㉡ 단식과 복식의 두 가지 형태가 있다.

㉰ 벨로우즈(주름통, 파상형, Bellows Type)형 신축 이음

㉠ 일반적으로 급수, 냉난방 배관에서 많이 사용되는 신축 이음으로 일명 팩리스(Packless) 신축 이음이라고도 한다.

㉡ 특징

- 설치공간을 많이 차지하지 않는다.
- 고압배관에는 부적당하다.
- 신축에 따른 자체 응력 및 누설이 없다.
- 주름의 하부에 이물질이 쌓이면 부식의 우려가 있다.

㉱ 스위블(Swivle Type)형 신축 이음

㉠ 2개 이상의 나사엘보를 사용하여 이음부 나사의 회전을 이용하여 배관의 신축을 흡수하는 것이다.

㉡ 주로 온수 또는 저압의 증기난방 등의 방열기 주위 배관용으로 사용된다.

참고 신축허용길이가 큰 순서
루우프형 〉 슬리브형 〉 벨로우즈형 〉 스위블형

⑤ 플렉시블 이음(Flexible Joint) : 굴곡이 많은 곳이나 기기의 진동이 배관에 전달되지 않도록 하여 배관이나 기기의 파손을 방지할 목적으로 사용된다.

4) 패킹, 보온재, 도장재료

① 패킹(Packing)

이음부나 회전부의 기밀을 유지하기 위한 것으로 나사용, 플랜지, 글랜드 패킹 등이 있다.

㉮ 나사용 패킹

㉠ 페인트 : 페인트와 광명단을 혼합하여 사용하며 고온의 기름배관을 제외하고는 모든 배관에 사용할 수 있다.

㉡ 일산화연 : 냉매배관에 많이 사용하며 빨리 응고되어 페인트에 일산화연을 조금 섞어서 사용한다.

㉢ 액상합성수지 : 화학약품에 강하고 내유성이 크며, 내열범위는 −30~130℃ 정도로 증기, 기름, 약품배관 등에 사용한다.

㉯ 플랜지 패킹

㉠ 고무 패킹

- 탄성이 우수하고 흡수성이 없다.
- 산, 알칼리에 강하나 열과 기름에는 침식된다.
- 천연고무는 100℃ 이상의 고온배관에는 사용할 수 없고 주로 급수, 배수, 공기 등에 사용할 수 있다.
- 네오프렌의 합성고무는 내열범위가 −46~121℃로 증기배관에도 사용된다.

㉡ 석면 조인트 시트 : 광물질의 미세한 섬유로 450℃까지의 고온배관에도 사용된다.

㉢ 합성수지 패킹 : 테프론은 가장 우수한 패킹 재료로서 약품이나 기름에도 침식되지 않으며 내열 범위는 −260~260℃이지만 탄성이 부족하여 석면, 고무, 금속 등과 조합하여 사용한다.

㉣ 금속 패킹 : 납, 구리, 연강, 스테인레스강 등이 있으며 탄성이 적어 누설의 우려가 있다.

㉤ 오일실 패킹 : 한지를 일정한 두께로 겹쳐서 내유가공한 것으로 내열도는 낮으나 펌프, 기어박스 등에 사용한다.

㉥ 글랜드 패킹 : 밸브의 회전부분에 사용하여 기밀을 유지하는 역할을 한다.

- 석면 각형 패킹 : 석면을 각형으로 짜서 흑연과 윤활유를 침투시킨 것으로 내열, 내산성이 좋아 대형밸브에 사용
- 석면 야안 패킹 : 석면실을 꼬아서 만든 것으로 소형밸브에 사용
- 아마존 패킹 : 면포와 내열고무 콤파운드를 가공하여 성형한 것으로 압축기에 사용
- 몰드 패킹 : 석면, 흑연, 수지 등을 배합 성형하여 만든 것으로 밸브, 펌프 등에 사용

② 보온재(단열재)

㉮ 보온재의 구비조건

㉠ 열전도율이 적을 것

㉡ 안전사용온도 범위에 적합할 것

㉢ 부피, 비중이 작을 것

㉣ 불연성이고 내흡습성이 클 것

㉤ 다공질이며 기공이 균일할 것

㉥ 물리 · 화학적 강도가 크고 시공이 용이할 것

㉯ 보온재의 분류

㉠ 유기질 보온재 종류

- 펠트
- 코르크
- 텍스류
- 기포성 수지

㉡ 무기질 보온재 종류

- 석면(石綿)
- 암면(Rock Wool)
- 규조토
- 탄산마그네슘($MgCO_3$)
- 규산칼슘
- 유리섬유(Glass Wool)
- 폼그라스
- 펄라이트
- 실리카화이버
- 세라믹화이버
- 금속질 보온재

5) 배관지지

① 행거(Hanger) : 천장 배관 등의 하중을 위에서 당겨서 받치는 지지 기구이다.

㉮ 리지드 행거 : I빔에 턴버클을 이용해 지지한 것으로 상하방향에 변위가 없는 곳에 사용한다.

㉯ 스프링 행거(Spring Hanger) : 턴버클 대신 스프링을 사용한 것이다.

㉰ 콘스탄트 행거(Constant Hanger) : 배관의 상하이동에 관계없이 관지지력이 일정한 것으로 중추식과 스프링식이 있다.

② 서포트(Support) : 바닥 배관 등의 하중을 밑에서 위로 떠받치는 지지 기구이다.

㉮ 파이프 슈 : 관에 직접 접속하는 지지 기구로 수평배관과 수직배관의 연결부에 사용된다.

㉯ 리지드 서포트 : H 빔이나 I 빔으로 받침을 만들어 지지한다.

㉰ 스프링 서포트 : 스프링의 탄성에 의해 상하 이동을 허용한 것이다.

㉱ 롤러 서포트 : 관의 축 방향의 이동을 허용한 지지 기구이다.

③ 리스트 레인트 : 열팽창에 의한 배관의 상하좌우 이동을 구속 또는 제한하는 것

㉮ 앵커 : 리지드 서포트의 일종으로 관의 이동 및 회전을 방지하기 위하여 지지점에 완전히 고정하는 장치이다.

㉯ 스톱 : 배관의 일정한 방향과 회전만 구속하고 다른 방향은 자유롭게 이동하게 하는 장치이다.

㉰ 가이드 : 배관의 곡관부분이나 신축 조인트 부분에 설치하는 것으로 회전을 제한하거나 축방향의 이동을 허용하며 직각방향으로 구속하는 장치이다.

④ 브레이스(Brace) : 펌프, 압축기 등에서 발생하는 기계의 진동, 서징, 수격작용 등에 의한 진동, 충격 등을 완화하는 완충기이다.

2. 배관 공작

1) 배관용 공구

① 파이프 바이스(Pipe Vise)

㉮ 관의 절단, 나사 작업시 관이 움직이지 않게 고정하는 것

㉯ 크기 : 고정 가능한 파이프 지름의 치수

② 수평 바이스

㉮ 관의 조립 및 열간 벤딩시 관이 움직이지 않도록 고정하는 것

㉯ 크기 : 조우(Jew)의 폭

③ 파이프 커터(Pipe Cutter)

㉮ 강관 절단용 공구로 1개의 날과 2개의 롤러로 된 것, 그리고 3개의 날로 된 것 두 종류가 있다.

㉯ 날의 전진과 커터의 회전에 의해 절단되므로 거스러미(Burr)가 생기는 결점이 있다.

④ 파이프 렌치(Pipe Wrench)

㉮ 관의 결합 및 해체시 사용하는 공구로 200㎜ 이상의 강관은 체인 파이프 렌치(Chain Pipe Wrench)를 사용한다.

㉯ 크기 : 입을 최대로 벌려 놓은 전장

⑤ 파이프 리머(Pipe Reamer)

거스러미는 관내부 마찰저항을 증가시키므로 절단 후 거스러미를 제거하는 공구이다.

⑥ 수동식 나사 절삭기(Die Stock)

㉮ 오스타형 : 4개의 체이서(다이스)가 한 조로 되어 있으며 8~100A까지 나사절삭이 가능

㉯ 리드형 : 2개의 체이서(다이스)에 4개의 조우(가이드)로 되어 있으며 8~50A까지 나사절삭이 가능하며 가장 일반적으로 사용하는 수공구이다.

⑦ 동력용 나사 절삭기

㉮ 다이헤드식 : 다이헤드에 의해 나사가 절삭되는 것으로 관의 절삭, 절단, 거스러미(Burr) 제거 등을 연속으로 할 수 있어 가장 많이 사용된다.

㉯ 오스터식 : 수동식의 오스타형 또는 리드형을 이용한 동력용 나사 절삭기로 주로 50A 이하 소형관에 사용된다.

㉰ 호브식 : 나사절삭 전용 기계로서 호브(Hob)를 저속으로 회전시켜 나사를 절삭하는 것으로 50A 이하, 65~150A, 80~200A의 3종류가 있다.

2) 관 절단용 공구 및 관용 공구

① 관 절단용 공구

㉮ 쇠톱 : 관 및 공작물 절단용 공구로서 200㎜, 250㎜, 300㎜, 3종류가 있으며, 크기는 피팅홀(Fitting Hole)의 간격이다.

㉯ 기계톱 : 활모양의 프레임에 톱날을 끼워서 크랭크 작용에 의한 왕복 절삭운동과 이송운동으로 재료를 절단한다.

㉰ 고속 숫돌 절단기 : 두께가 0.5~3mm 정도의 얇은 연삭원판을 고속으로 회전시켜 재료를 절단하는 기계로 강관용과 스테인레스용으로 구분하며 숫돌 그라인더, 연삭절단기, 커터그라인더라고도 하고, 파이프 절단공구로 가장 많이 사용한다.

㉱ 띠톱기계 : 모터에 장치된 원동 풀리를 동종 풀리와의 둘레에 띠톱날을 회전시켜 재료를 절단한다.

㉲ 가스 절단기 : 산소와 철과의 화학반응을 이용하는 절단방법으로 산소-아세틸렌 또는 산소-프로판가스 불꽃을 이용하여 절단 토치로 절단부를 800~900℃로 미리 예열한 다음 팁의 중심에서 고압의 산소를 뿜어내어 절단한다.

② 관용 공구

㉮ 동관용 공구

㉠ 토치 램프 : 납땜, 동관접합, 벤딩 등의 작업을 하기 위한 가열용 공구

㉡ 튜브 벤드 : 동관 굽힘용 공구

㉢ 플레어링 툴 : 20㎜ 이하의 동관의 끝을 나팔형으로 만들어 압축 접합 시 사용하는 공구

㉣ 사이징 툴 : 동관의 끝을 원형으로 정형하는 공구

㉤ 익스 팬더(확관기) : 동관 끝을 넓히는 공구

㉥ 튜브 커터 : 동관 절단용 공구

㉦ 리머 : 튜브커터로 동관 절단 후 내면에 생긴 거스러미를 제거하는 공구

㉧ 티뽑기 : 동관 직관에서 분기관을 만들 때 사용하는 공구

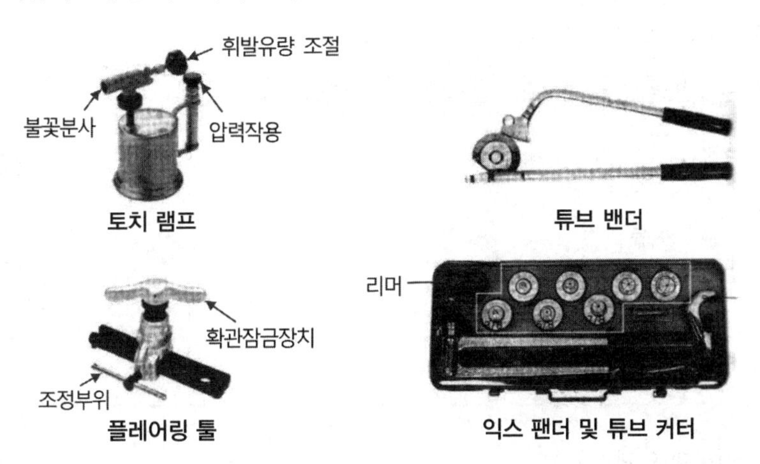

토치 램프 / 튜브 밴더 / 플레어링 툴 / 익스 팬더 및 튜브 커터

㉯ 주철관용 공구

㉠ 납 용해용 공구 셋 : 냄비, 파이어 포트, 납물용 국자, 산화납 제거기 등

㉡ 클립(Clip) : 소켓 접합 시 용해된 납의 주입 시 납물의 비산(飛散)을 방지

㉢ 코킹 정 : 소켓 접합 시 얀(Yarn)을 넣거나 납을 다져 코킹하는 정

㉣ 링크형 파이프 커터 : 주철관 전용 절단공구

㉰ 연관용 공구

㉠ 연관톱 : 연관 절단 공구(일반 쇠톱으로도 가능)

㉡ 봄볼 : 주관에 구멍을 뚫을 때 사용

㉢ 드레서 : 연관 표면의 산화피막 제거

㉣ 벤드벤 : 연관의 굽힘 작업에 사용

㉤ 턴핀 : 관끝을 접합하기 쉽게 관끝 부분에 끼우고 마이레트로 정형

3. 배관 도시법

1) 배관도면의 표시법

① 치수 기입법

㉮ 치수 표시

㉠ 치수는 mm 단위로 하고 치수선에는 숫자만 기입한다.

㉡ 강관의 호칭지름(A : mm, B : inch)

㉯ 높이 표시

㉠ GL(Ground Level) 표시 : 지면의 높이를 기준으로 하여 높이를 표시한 것

㉡ FL(Floor Level) 표시 : 층의 바닥면을 기준으로 하여 높이를 표시한 것

㉢ EL(Elevation Line) 표시 : 관의 중심을 기준으로 높이를 표시한 것

㉣ TOP(Top Of Pipe) 표시 : 관의 윗면까지의 높이를 표시한 것

㉤ BOP(Bottom Of Pipe) 표시 : 관의 아랫면까지의 높이를 표시한 것

② 배관의 도시법

㉮ 관은 하나의 실선으로 표시하며 동일 도면에서 다른 관을 표시할 때도 같은 굵기의 선으로 표시함을 원칙으로 한다.

㉯ 유체의 종류, 상태 및 목적표시의 도시기호

유체의 종류	기호
공기	A
가스	G
유류	O
수증기	S
물	W
증기	V

O(기름)
A(공기)
W(급수)
G(가스)

㉰ 관의 접속 및 입체적 상태

접속상태	실제모양	도시기호	굽은상태	실제모양	도시기호
접속하지 않을 때			파이프 A가 앞쪽 수직으로 구부러 질 때 (오는 엘보)	A	A
접속하고 있을 때			파이프 B가 뒤쪽 수직으로 구부러 질 때 (가는 엘보)	B	B
분기하고 있을 때			파이프 C가 뒤쪽으로 구부러져서 D에 접속될 때	C D	C D

㉣ 관의 이음방법 표시

이음종류	연결방법	도시기호	예	이음종류	연결방식	도시기호
관 이음	나사형			신축 이음	루우프형	
	용접형				슬리브형	
	플랜지형				벨로우즈형	
	턱걸이형				스위블형	
	납땜형					

㉤ 밸브 및 계기의 표시방법

종류	기호	종류	기호
글로우브밸브		일반조작밸브	
게이트 (슬루우스) 밸브		전자밸브	S
역지밸브 (체크밸브)		전동밸브	M
Y−여과기 (Y−스트레이너)		도출밸브	
앵글밸브		공기빼기밸브	
안전밸브 (스프링식)		닫혀 있는 일반밸브	
안전밸브(추식)		닫혀 있는 일반 콕크	

종류	기호	종류	기호
일반콕크(볼밸브)		온도계 · 압력계	T P
버터플라이밸브 (나비 밸브)		감압밸브	
다이어프램밸브		봉함밸브	

㉥ 배관의 말단표시 기호

종류	기호	종류	기호
막힘(맹) 플랜지		나사캡	
용접캡		플러그	

STEP 02 전기 및 자동제어

1. 직류 회로

1) 전기 기초

① 전기와 물질

㉮ 모든 물질은 매우 작은 분자 또는 원자의 결합으로 되어 있고, 이들 원자는 원자핵과 그 주위를 돌고 있는 원자로 구성되어 있다.

㉯ 원자핵은 양전기를 가진 양자와 전기적인 성질이 없는 중성자로 구성되어 있다.

② 전자와 양자의 성질 : 양자는 양전기(+), 전자는 음전기(−)를 가지고 있으며, 같은 종류의 전기는 서로 반발하고, 다른 종류의 전기는 서로 끌어당긴다.

③ 자유전자 : 원자의 궤도에서 최외각을 돌고 있는 전자

④ 전하와 전기량

㉮ 전하 : 어떤 물체가 대전되어 있을 때 이 물체가 가지고 있는 전기, 즉 대전된 전기를 말한다.

㉯ 전기량 : 전하가 가지고 있는 전기의 양으로 단위는 C(쿨롱)로 사용한다.

⑤ 도체와 부도체

㉮ 도체 : 물체 중에서 금속이나 흑연과 같이 전기가 잘 통하는 물체

㉯ 부도체 : 수소, 헬륨, 플라스틱과 같이 전기가 거의 통하지 않는 물체

㉰ 반도체 : 도체와 부도체의 양쪽 성질을 갖는 물체

2) 전류와 전압 및 저항

① 전류

㉮ 전기의 흐름 즉 전자의 이동을 의미한다.

㉯ 전류의 세기

㉠ 단위 시간당 이동한 전기의 양으로 기호는 I, 단위는 A(Ampere)라 한다.

㉡ 1A : 1초 동안에 1C의 전기량이 이동했을 때의 전류의 크기를 말한다.

$$I = \frac{Q}{t[A]},\ Q = I \times t[C]$$

(I : 전류 [A], Q : 전기량 [C], t : 시간 [sec])

② 전압

㉮ 회로에 전류가 흐르기 위해서는 전기적인 압력이 필요한데 이 전기적인 압력을 전압이라 하며 기호는 V, 단위는 V(Volt)로 나타낸다.

㉯ 기전력 : 전압을 연속적으로 만들어 주는 힘

㉰ 전위차 : 1C의 전기량이 두 점 사이를 이동하여 1J의 일을 할 때, 이 두 점 사이의 전위차는 1V이다.

$$V = \frac{W}{Q},\ W = Q \times V[J]$$

(V : 전압 [V], Q : 전기량 [C], W : 일량 [J])

③ 저항

㉮ 전기회로에 전류가 흐를 때 전류의 흐름을 방해하는 것으로 기호는 R, 단위는 Ω(옴)이다.

㉯ 콘덕턴스 : 저항의 역수로 전류의 흐르는 정도를 나타내며 기호는 G, 단위는 ℧(모), G(지멘스), Ω^{-1}으로 나타낸다.

3) 전기 회로의 법칙

① 옴의 법칙 : 전기회로에 흐르는 전류는 전압에 비례하고, 저항에 반비례한다.

$$I = \frac{E}{R}[A],\ E = RI[V],\ R = \frac{E}{I}[\Omega]$$

(I : 전류[A], E : 기전력[V], R : 저항[Ω])

② 저항의 접속

㉮ 직렬접속 : 각각의 저항을 일렬로 접속

㉠ 직렬 회로의 합성 저항

$$R = \frac{V}{I} = \frac{(R_1 + R_2 + R_3)}{I} = R_1 + R_2 + R_3$$

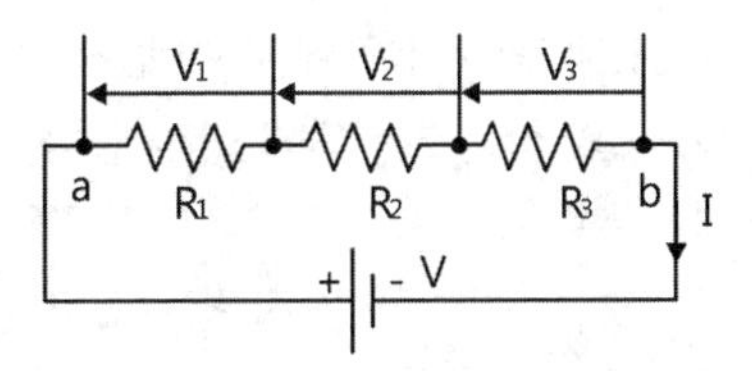

㉡ R' 저항 n개의 직렬합성저항 : R = nR'[Ω]

㈏ 병렬접속 : 2개 이상의 저항의 양 끝을 각각 한 곳에서 접속

㉠ 병렬회로의 합성 저항

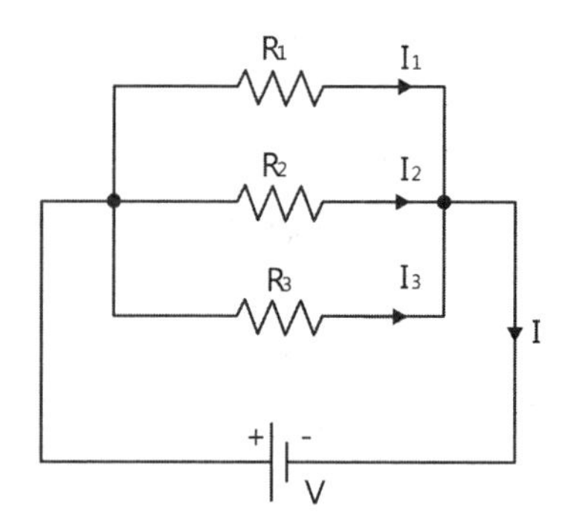

$$\frac{1}{R} = \frac{1}{R_1} + \frac{1}{R_2} + \frac{1}{R_3} \quad \text{저항이 2개인 경우} \quad R = \frac{R_1 \times R_2}{R_1 + R_2}$$

㉡ R' 저항 n개의 병렬합성저항 : R = R'/n [Ω]

㉢ 병렬 회로의 전류 분배

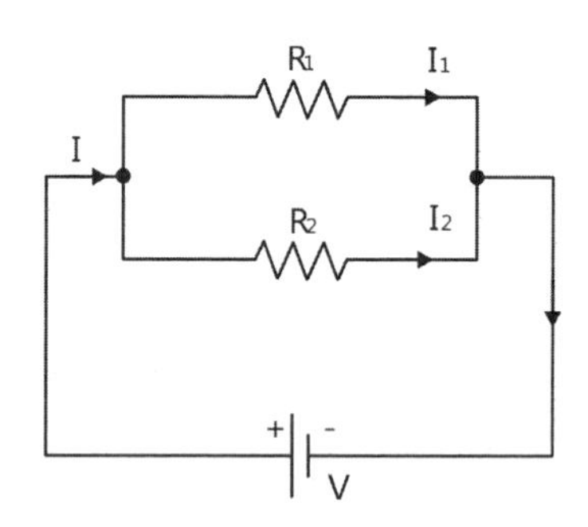

$$I_1 = \frac{V}{R_1} = \frac{R_2}{R_1 + R_2} I[A], \quad I_2 = \frac{V}{R_2} = \frac{R_1}{R_1 + R_2} I[A]$$

③ 키르히호프의 법칙(Kirchhoff's Law)

㉮ 제1법칙(전류 평형의 법칙) : 회로의 한 접속점에서 접속점에 흘러들어 오는 전류의 합과 흘러나가는 전류의 합은 같다.

$$\Sigma \text{ 유입전류} = \Sigma \text{ 유출전류}$$

㈏ 제2법칙(전압에 관한 법칙) : 회로망 중의 임의의 폐회로 내에서 일주 방향에 따른 전압강하의 합은 기전력의 합과 같다.

$$\Sigma \text{ 기전력} = \Sigma \text{ 전압강하}, \quad E_1 - E_2 = (R_1 \times I_1) - (R_2 \times R_2)$$

④ 중첩의 원리

㉮ 2개 이상의 기전력을 포함한 회로망 중의 어떤 점의 전위 또는 전류는 각 기전력이 각각 단독으로 존재한다고 할 때, 그 점 위의 전위 또는 전류의 합과 같다.

㉯ 전압원과 전류원 : 전원이 작동하지 않도록 할 때, 전압원은 단락회로, 전류원은 개방회로로 대치

㉰ 중첩의 원리 적용 : R, L, C 등 선형소자에만 적용

⑤ 전위의 평형

㉮ 전위의 평형 : 전기회로에서 두 점 사이의 전위차가 0인 경우 이 때 두 점의 전위가 평형되었다고 한다.

㉯ 휘스톤 브리지(Wheatstone Bridge)

㉠ 4개의 저항 P, Q, R, X에 검류계를 접속하여 미지의 저항을 측정하기 위한 회로이다.

㉡ 브리지의 평형 조건 : PR = QX(마주보는 변의 곱은 서로 같다.)

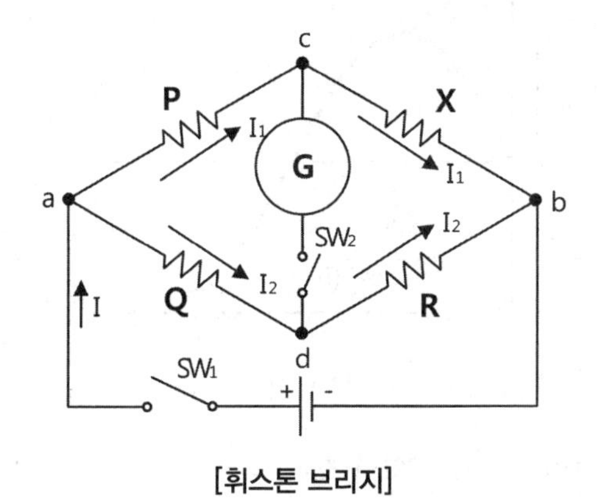

[휘스톤 브리지]

㉰ 전위차계 : 전위차를 표준전지의 기전력과 비교함으로써 전압을 측정하는 계기가 전위차계이며 전위차계를 사용하면 전류를 흘리지 않고 정밀한 전압측정이 가능하다.

㉠ 검류계 : 미소한 전류를 측정하기 위한 계기로 브리지회로 등에 사용

㉡ 전위차계 : 0.1Ω 이하의 저저항 측정

㉢ 휘스톤브리지 : 0.1~10^5Ω의 중저항 측정

㉣ 메거 : 10^5Ω 이상의 고저항 측정

㉤ 멀티테스터기 : 직류전압, 교류전압, 직류전류, 저항 등을 측정

4) 전력과 전력량

① 전력 : 1초 동안에 전기가 하는 일의 양을 전력이라 하며, 기호는 P, 단위는 W(watt)

$$P = V \times I = I^2 \times R = V^2 / R[W]$$

② 전력량 : 일정한 시간 동안 전기가 하는 일의 양을 전력량이며, 기호는 W, 단위는 J

$$W = V \times I \times t = I^2 \times R \times t = P \times t[J]$$

③ 전류의 발열작용(주울의 법칙) : 저항 R [Ω]에서 I [A]의 전류가 t [sec]동안 흐를 때의 발열량

$$H = I^2 \times R \times t[J]$$
$$H = 0.24 \times I^2 \times R \times t[cal]$$

2. 교류 회로

1) 사인파의 교류

① 파형과 사인파 교류

㉮ 파형 : 전압, 전류 등이 시간의 흐름에 따라 변화하는 모양

㉯ 사인파 교류

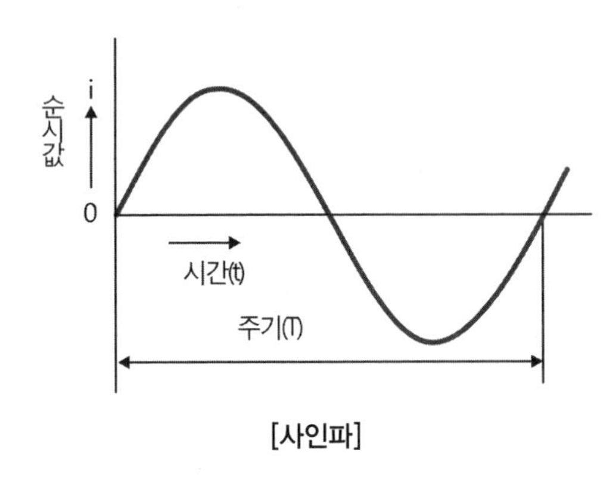

[사인파]

㉰ 비사인파 교류 : 사인파 교류 이외의 교류

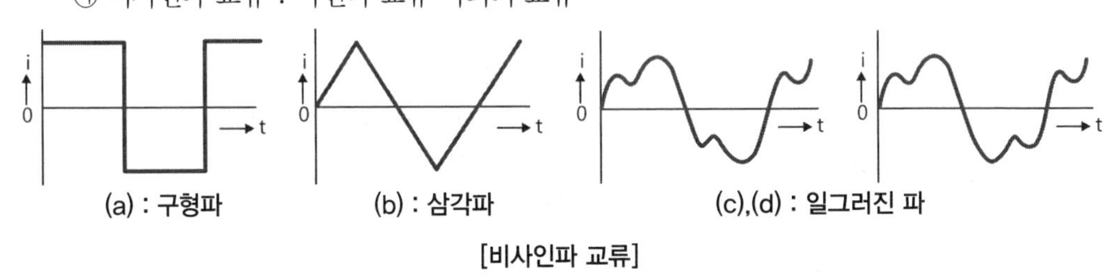

[비사인파 교류]

② 사인파 교류의 발생

㉮ 코일에 발생하는 전압 : v = 2B l u sinθ = Vm sinθ[V]

㉯ 호도법 : 각도를 라디안[rad]으로 나타냄. θ= l/r [rad]

㉰ 각도 : 180°= π [rad]

㉱ 회전각 : θ = ωt [rad](각속도 : 회전체가 1초 동안에 회전한 각도, 기호는 ω, 단위는[rad/s])

③ 주기와 주파수

㉮ 주기 : 1사이클의 변화에 요하는 시간, 기호는 T, 단위는 [s], T = 2π/ω = 1/f [s]

㉯ 주파수 : 1초 동안에 반복되는 사이클의 수. 기호는 f, 단위는 헤르츠[㎐],

$$f = 1/T[Hz],\ \ \omega = 2\pi/T = 2\pi f[Hz]$$

④ 위상과 위상차

㉮ 위상

㉠ 주파수가 동일한 2개 이상의 교류가 존재할 때 상호간의 시간적인 차이

㉡ 각속도로 표현

$$\theta = \omega t[rad]$$

㉯ 위상차 : 2개 이상의 교류 사이에서 발생하는 위상의 차

㉰ 동상 : 동일한 주파수에서 위상차가 없는 경우

㉱ 위상차와 교류 표시

㉠ 뒤진 교류

$$v = Vm\sin(\omega t - \theta)[V]$$

㉡ 앞선 교류

$$v = Vm\sin(\omega t + \theta)[V]$$

2) 교류의 표시

① 순시값과 최대값

㉮ 순시값 : 순간순간 변하는 교류의 임의의 시간에 있어서의 값

$$v = Vm\sin\omega t[V]$$

(v:전압의 순시값[V], Vm:전압의 최대값, ω:각속도[rad/s], t:주기[s])

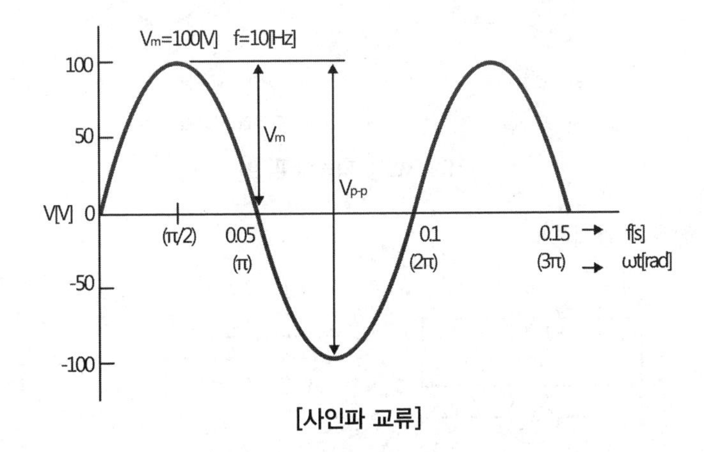

[사인파 교류]

㉯ 최대값 : 순시값 중에서 가장 큰 값

㉰ 피크 – 피크값 : 파형의 양의 최대값과 음의 최대값 사이의 값 Vp–p

② 실효값

㉮ 실효값 : 교류의 크기를 교류와 동일한 일을 하는 직류의 크기로 바꿔 나타낸 값

$$I = \frac{I_m}{\sqrt{2}} \simeq 0.707 I_m$$

㉯ 실효값과 최대값의 관계

$$v = V_m \sin \omega t = \sqrt{2}\, V \sin \omega t\,[V]$$

③ 평균값 : 교류 순시값의 1주기 동안의 평균을 취하여 교류의 크기를 나타낸 값

$$V_a = \frac{2}{\pi} V_m \simeq 0.637 V_m\,[V]$$

3) 교류전류에 대한 R L C 동작

① 저항의 동작

㉮ 저항의 동작

$$v = \sqrt{2}\, V \sin \omega t\,[V], \quad i = \sqrt{2}\, I \sin \omega t\,[A]$$

전류와 전압은 동상이다.

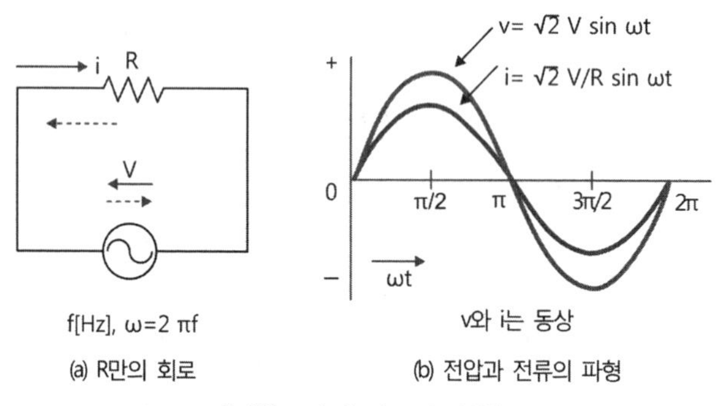

(a) R만의 회로 (b) 전압과 전류의 파형

[저항 R만의 회로와 파형]

㉯ 전압과 전류의 관계

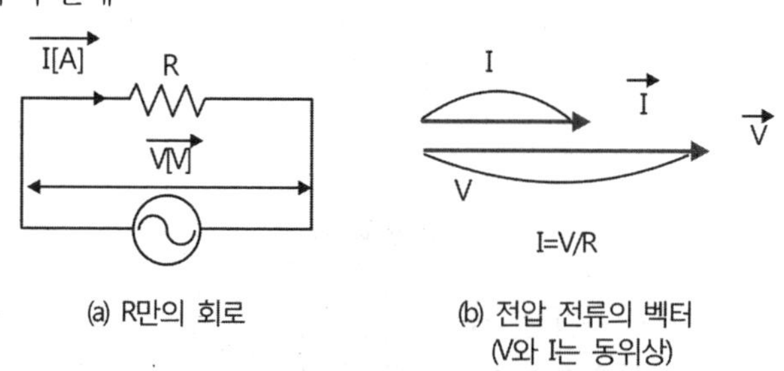

(a) R만의 회로 (b) 전압 전류의 벡터 (V와 I는 동위상)

[저항 R만의 회로와 벡터 그림]

② 인덕턴스의 동작

㉮ 코일의 동작

㉠ $i = \sqrt{2}\sin\omega t\,[\mathrm{A}]$

㉡ $v = \sqrt{2}\,V\sin\left(\omega t + \frac{\pi}{2}\right) = \sqrt{2}\,\omega LI\sin\left(\omega t + \frac{\pi}{2}\right)$

㉢ 전류는 전압보다 $\pi/2$ [rad]만큼 늦다.

㉯ 전압과 전류의 관계

㉠ $\mathrm{V} = \omega\mathrm{LI}\,[\mathrm{V}]$에서 $I = \frac{V}{\omega L} = \frac{V}{X_L}\,[\mathrm{A}]$

㉡ 유도 리액턴스 $\mathrm{X_L} = \omega\mathrm{L} = 2\pi\mathrm{fL}[\Omega]$

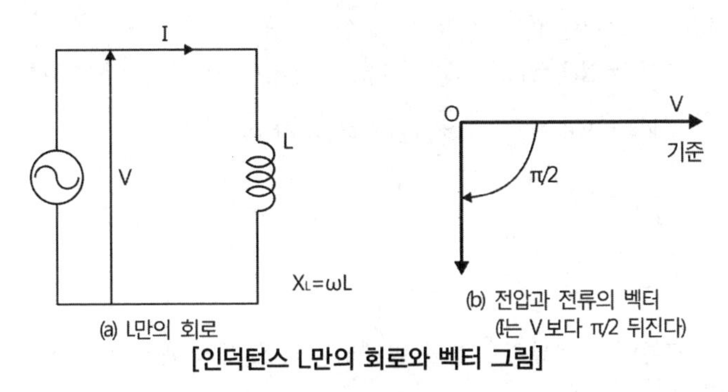

(a) L만의 회로
(b) 전압과 전류의 벡터 (I는 V보다 π/2 뒤진다)

[인덕턴스 L만의 회로와 벡터 그림]

㉰ 유도 리액턴스의 주파수 특성 : 유도 리액턴스 $\mathrm{X_L}$ 은 자체 인덕턴스 L과 주파수 f에 정비례한다.

③ 정전 용량의 동작

㉮ 콘덴서의 동작

㉠ $v = \sqrt{2}\,V\sin\omega t\,[\mathrm{V}]$

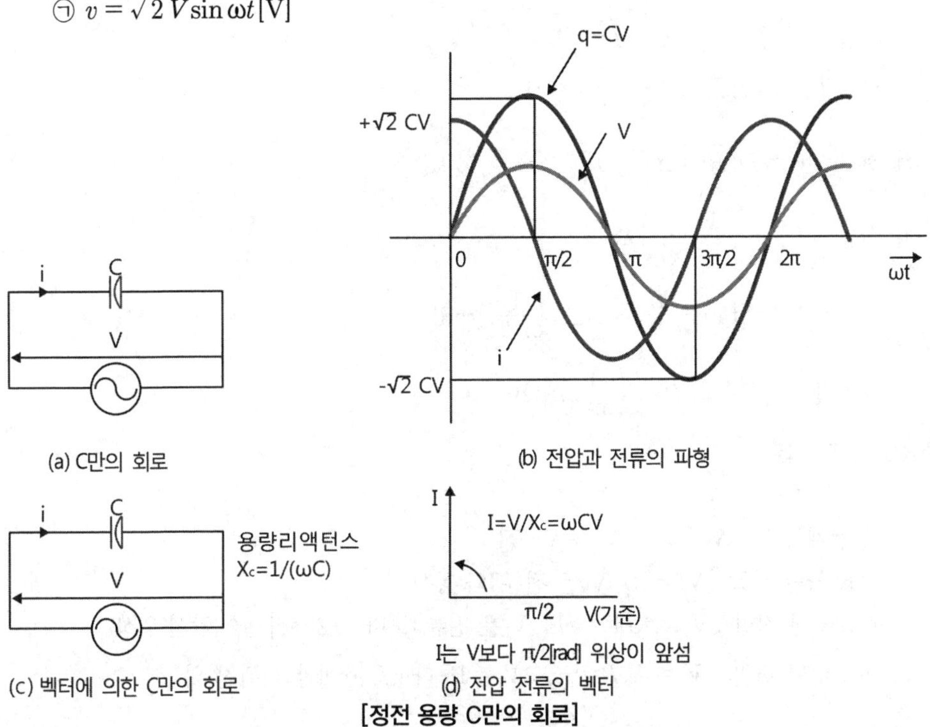

(a) C만의 회로
(b) 전압과 전류의 파형
(c) 벡터에 의한 C만의 회로
(d) 전압 전류의 벡터 (I는 V보다 π/2[rad] 위상이 앞섬)

[정전 용량 C만의 회로]

㉡ $i = \sqrt{2} I \sin\left(\omega t + \frac{\pi}{2}\right) = \sqrt{2}\,\omega CV \sin\left(\omega t + \frac{\pi}{2}\right)$[A]

㉢ 전류가 전압보다 π/2 [rad]만큼 빠르다.

㉯ 전압, 전류의 관계

㉠ $V = \frac{1}{\omega C} I$ 에서 $I = \omega CV = \frac{X}{X_c}[A]$ $X_c = \frac{1}{\omega C} = \frac{1}{2\pi fC}$ [Ω]

㉡ 용량 리액턴스의 주파수 특성 : 용량 리액턴스 X_c는 정전 용량 C와 주파수 f에 반비례한다.

4) RLC 의 직렬 회로

① RL 직렬 회로

㉮ R 양단 전압 : $V_R = R_I$, V_R은 전류 I와 동상

㉯ L 양단 전압 : $V_L = X_L I = \omega LI$, V_L은 전류 I보다 π/2[rad]만큼 앞선 위상

㉰ 전압 : $V = \sqrt{V_R^2 + V_L^2} = I\sqrt{R^2 + X_L^2} = I\sqrt{R^2 + \omega L^2}$ [V]

㉱ 전류 : $I = \frac{V}{\sqrt{R^2 + X_L^2}}$ [A]

㉲ 위상차 : $\theta = \tan^{-1}\frac{X_L}{R}$

㉳ 임피던스 : 교류에서 전류의 흐름을 방해하는 R, L, C의 벡터적인 합

$Z = \sqrt{R^2 + (\omega L)^2}$ [Ω]

㉴ 전류는 전압보다 θ[rad]만큼 위상이 뒤진다.

② RC 직렬 회로

㉮ R 양단 전압 : $V_R = R_I$, V_R은 전류 I와 동상

㉯ C 양단 전압 : $V_c = X_c \times I = \frac{I}{\omega C}$

V_C는 I보다 π/2[rad]만큼 뒤진 위상

㉰ 전압 : $V = I\sqrt{R^2 + X_C^2} = I\sqrt{R^2 + \left(\frac{1}{\omega C}\right)^2}$ [V]

㉱ 전류 : $I = \frac{V}{\sqrt{R^2 + X_C^2}}$ [A]

㉲ 위상차 : $\theta = \tan^{-1}\frac{X_C}{R} = \tan^{-1}\frac{1}{\omega CR}$[rad]

㉳ 임피던스 : $Z = \sqrt{R^2 + \left(\frac{1}{\omega C}\right)^2}$ [Ω]

③ RLC 직렬 회로

㉮ R, L, C 양단 전압

㉠ 전체 전압 : $V = V_R + V_L + V_C$ [V]

㉡ R 양단 전압 : $V_R = RI$, V_R은 전류 I와 동상

㉢ L 양단 전압 : $V_L = XLI = \omega LI$, V_L은 전류 I보다 π/2[rad]만큼 앞선 위상

㉣ C 양단 전압 : $V_c = X_c I = \frac{I}{\omega C}$, V_c는 I보다 π/2[rad]만큼 뒤진 위상

㉯ RLC 직렬회로의 관계($\omega L > \frac{1}{\omega C}$의 경우)

㉠ 전압 : $V = \sqrt{V_R^2 + (V_L - V_c)^2} = I\sqrt{R^2 + (X_L - X_c)^2}\,[v]$

㉡ 전류 : $I = \frac{V}{\sqrt{R^2 + (X_L - X_c)^2}}\,[A]$

㉰ 위상차 : $\theta = \tan^{-1}\frac{X_L - X_C}{R}\,[rad]$

㉱ 임피던스 : $Z = \sqrt{R^2 + \left(\omega L - \frac{1}{\omega C}\right)^2}\,[\Omega]$

㉲ 임피던스의 유도성과 용량성

㉠ $\omega L \succ \frac{1}{\omega C}$일 때 : 전류는 전압에 비해 뒤진 위상(유도성)

㉠ $\omega L \prec \frac{1}{\omega C}$일 때 : 전류는 전압에 비해 앞선 위상(용량성)

㉠ $\omega L = \frac{1}{\omega C}$일 때 : 전류와 전압이 같은 위상(공진)

5) RLC의 병렬 회로

① RL 병렬 회로

㉮ 전류 : $I = \sqrt{I_R^2 + I_L^2} = V\sqrt{\left(\frac{1}{R}\right)^2 + \left(\frac{1}{\omega L}\right)^2}\,[A]$

㉯ 임피던스 : $Z = \frac{1}{\left(\frac{1}{R}\right)^2 + \left(\frac{1}{\omega L}\right)^2}\,[\Omega]$

㉰ 위상차 : $\theta = \tan^{-1}\frac{R}{\omega L}\,[rad]$

② RC 병렬 회로

㉮ 전류 : $I = \sqrt{I_R^2 + I_c^2} = V\sqrt{\left(\frac{1}{R}\right)^2 + (\omega C)^2}\,[A]$

㉯ 임피던스 : $Z = \frac{1}{\sqrt{\left(\frac{1}{R}\right)^2 + \omega C^2}}\,[\Omega]$

㉰ 위상차 : $\theta = \tan^{-1}\omega CR\,[rad]$

③ LC 병렬 회로

㉮ $\frac{1}{\omega L} \prec \omega C$의 경우 전류 : $I = \frac{V}{\frac{1}{\omega C - \frac{1}{\omega L}}}\,[A]$

㉯ $\frac{1}{\omega L} \succ \omega C$의 경우 전류 : $I = \frac{V}{\frac{1}{\frac{1}{\omega L} - \omega C}}\,[A]$

④ RLC 병렬 회로($\frac{1}{\omega L} \prec \omega C$인 경우)

㉮ 전류 : $I = \sqrt{I_R^2 + (I_c - I_L)^2} = V\sqrt{\left(\frac{1}{R}\right)^2 + \left(\omega C - \frac{1}{\omega L}\right)^2}\,[A]$

㉯ 임피던스 : $Z = \frac{1}{\sqrt{\left(\frac{1}{R}\right)^2 + \left(\omega C - \frac{1}{\omega L}\right)^2}}\,[\Omega]$

㉰ 위상차 : $\theta = \tan^{-1}\left(\omega C - \frac{1}{\omega L}\right)R\,[rad]$

㉱ 임피던스의 유도성과 용량성

- $\frac{1}{\omega L} \prec \omega C$일 때 : 전류는 전압에 비해 앞선 위상(용량성)
- $\frac{1}{\omega L} \succ \omega C$일 때 : 전류는 전압에 비해 뒤진 위상(유도성)
- $\frac{1}{\omega L} = \omega C$일 때 : 전류와 전압이 같은 위상(공진)

3. 시퀀스 회로

1) 용어와 자동제어의 분류

① 용어의 정의

㉮ 시퀀스 제어 : 미리 정해 놓은 순서에 따라 제어의 각 단계를 순차적으로 진행하는 제어

㉯ 접속도 : 장치 및 기구, 부품간의 상호 전기적인 접속관계를 나타낸 도면

㉰ 시퀀스도 : 동작순서대로 알기 쉽게 그린 접속도

㉱ 논리 회로도 : OR, AND, NOT 게이트 등을 사용하여 나타낸 회로도로서, 전기계전기 회로 또는 무접점회로에 사용된다.

㉲ 타임차트 : 시간의 변화에 따라 각 계전기의 접점 등의 변화상태를 시간 순서대로 ON, OFF 또는 H, L 또는 1, 0 등의 출력으로 나타낸 접속도

㉳ 여자 : 계전기의 코일에 전류가 흐르면 자화되는 현상

㉴ 소자(무여자) : 계전기의 코일에 전류가 차단되면 자화성질을 잃게 되는 현상

㉵ 자기유지회로 : 계전기가 여자된 뒤에 동작기능이 계속 유지되는 것

㉶ 인터록 : 두 계전기의 동작을 관련시켜 운용할 때 하나의 계전기가 작동하면 다른 계전기는 작동하지 않도록 한 것(예 퀴즈 프로그램 부저 시스템)

② 자동 제어의 분류

㉮ 제어량에 의한 분류

㉠ 프로세스 제어 : 제어량이 온도, 압력, 유량 및 액면 등과 같은 일반 공업량일 때의 제어이다.(예 석유공업, 화학공업)

㉡ 서보기구 : 물체의 위치, 방위, 자세 등 기계적 변위를 제어량으로 한다.

㉢ 자동조정 : 전압, 전류, 주파수, 회전속도, 장력 등을 제어량으로 한다.

㉯ 목표값에 의한 분류

㉠ 정치 제어 : 일정한 목표값을 유지하는 것으로 프로세스 제어, 자동조정이 이에 해당된다.(예 연속식 압연기)

㉡ 추종 제어 : 미지의 시간적 변화를 하는 목표값에 제어량을 추종시키기 위한 제어로 서보기구가 이에 해당된다.(예 대공포의 포신)

㉢ 비율 제어 : 둘 이상의 제어량을 소정의 비율로 제어하는 것

㉣ 프로그램 제어 : 목표값이 미리 정해진 시간적 변화를 하는 경우 제어량을 그것에 추종시키기 위한 제어(예 열차, 산업로봇의 무인운전)

㉤ 시퀀스 제어 : 미리 정해진 순서에 따라 각 단계가 순차적으로 진행되는 제어(예 전기세탁기, 커피자판기, 네온사인 등)

㉰ 제어동작에 의한 분류

㉠ 연속 제어

- 비례 제어(P동작) : 조작량을 목표값과 현재 위치와의 차에 비례한 크기가 되도록 서서히 조절하는 제어방법으로 잔류편차(Off-Set)가 있는 제어
- 적분 제어(I동작) : 잔류편차를 제거하기 위한 제어
- 미분 제어(D동작) : 오차가 커지는 것을 미연에 방지하고, 진동을 억제하는 제어
- 비례적분 제어(PI동작) : 간헐현상이 있는 제어
- 비례적분미분 제어(PID동작)

㉡ 불연속제어

- 2위치 제어(On-Off 제어)
- 다위치 제어

2) 시퀀스 회로

① 시퀀스 회로

㉮ 자기유지(Self-Holding) 회로 : 한번 신호를 주면 Off 신호를 줄 때까지 주어진 신호를 계속 유지하는 회로

㉯ 인터록(Inter-Lock) 회로 : 2개 이상의 계전기가 동시에 작동되는 것을 방지하기 위한 회로로 전자밸브나 전동기의 정 · 역전 회로에 이용

㉰ 플리커(Flicker) 회로

㉠ 시간적으로 변화하지 않는 일정한 입력신호를 단속 신호로 변환하는 회로(예 신호등의 파란불(보행신호) 점멸(깜박임))

㉡ 경보용 부저 신호의 발생 등에 많이 사용된다.

㉱ 선택 회로 : 조합신호를 택일신호(선택)로 변환하는 것으로, 출력신호 회선의 선택작용으로 볼 수 있으므로 이와 같은 회로를 선택 회로라고 한다(어떤 조건에 적합한 출선, 입선 등의 대상을 선택하는 계전기 회로 및 접점 회로).

② 시퀀스 회로의 기호 및 논리 회로

㉮ 논리 회로

명칭	시퀀스 회로	논리 회로	진리표
AND 회로	A, B — Y	$Y = A \cdot B$ 입력신호 A, B가 동시에 1일 때만 출력신호 Y가 1이 된다.	A B Y 0 0 0 0 1 0 1 0 0 1 1 1
OR 회로	A, B — Y	$Y = A + B$ 입력신호 A, B중 어느 하나라도 1이면 출력신호 Y가 1이 된다.	A B Y 0 0 0 0 1 1 1 0 1 1 1 1
NOT 회로	A — Y	$Y = \overline{A}$ 입력신호 A가 0일 때만 출력신호 Y가 1이 된다.	A Y 0 1 1 0
NAND 회로	A, B — Y	$Y = \overline{A \cdot B}$ 입력신호 A, B가 동시에 1일 때만 출력신호 Y가 0이 된다. (AND회로의 부정)	A B Y 0 0 1 0 1 1 1 0 1 1 1 0
NOR 회로	A, B — Y	$Y = \overline{A + B}$ 입력신호 A, B가 동시에 0일 때만 출력신호 Y가 1이 된다(OR회로의 부정).	A B Y 0 0 1 0 1 0 1 0 0 1 1 0

㈏ 시퀀스 회로의 기호

번호	명칭	심벌		적요
		a 접점	b 접점	
1	접점(일반) 혹은 수동 접점	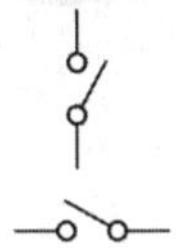	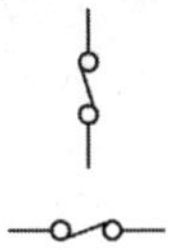	텀 블러스위치, 토글스위치와 같이 조작을 가하면 그 상태를 유지하는 접점
2	수동조작 자동복귀접점	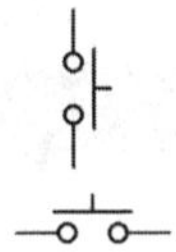		푸시버튼스위치와 같이 손을 대면 복귀하는 접점
3	기계적 접점	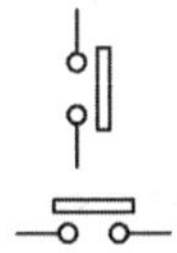	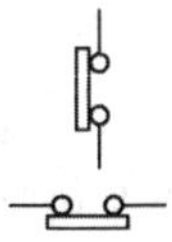	리미트 스위치와 같이 접점의 개 폐가 전기적 이외의 원인에 의해서 이루어지는 것이 쓰인다.
4	조작스위치 잔류 접점 (복귀형 수동 스위치)	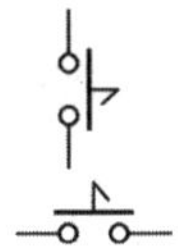		
5	계전기 접점 혹은 보조 스위치 접점	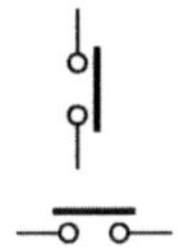	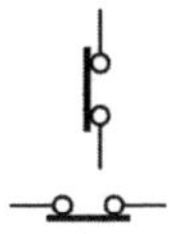	
6	한시(限時)동작 접점	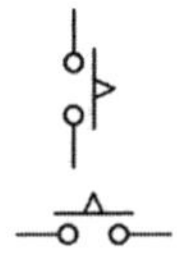		타이머와 같이 일정시간 후 동작 하는 접점
7	한시복귀 접점	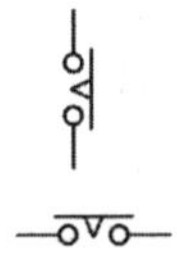	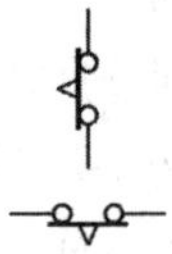	
8	수동복귀 접점	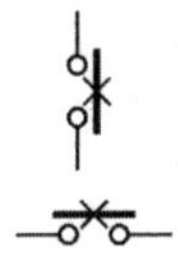		열동계전기와 같이 인위적으로 복귀시키는 것으로 전자석으로 복귀시키는 것도 포함된다.
9	전자접촉기 접점	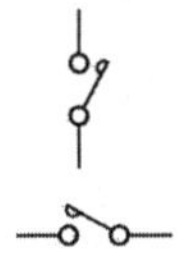	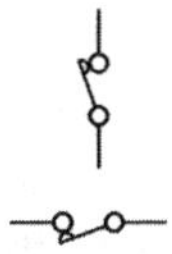	혼동될 우려가 없는 경우에는 5와 같은 심벌을 쓸 수 있다.

SECTION 04

Craftsman Air-Conditioning and Refrigerating Machinery

공조냉동 안전관리

STEP 01 안전관리의 개요

1. 안전관리 일반

1) 안전관리의 정의 및 목적

① 안전관리의 정의

㉮ 인간 생활의 복지 향상을 위하여 재해로부터 인간의 생명과 재산을 보호하기 위한 계획적이고 체계적인 제반 활동

㉯ 생산성의 향상과 손실의 최소화를 위하여 행하는 것으로 사고가 발생하지 않은 상태로 유지하기 위한 활동

② 안전관리의 목적

㉮ 인명의 존중

㉯ 사회복지의 증진

㉰ 생산성의 향상

㉱ 경제성의 향상

2) 재해의 원인 분석

① 직접 원인

㉮ 인적 원인(불안전한 행동)

㉠ 위험장소 접근 및 안전장치의 기능제거

㉡ 복장, 보호구, 기계, 기구의 잘못 사용

㉢ 운전 중인 기계장치의 손실

㉣ 불안전한 조작 및 불안전한 상태 방치

㉤ 위험물의 취급 부주의

㉥ 불안전한 자세, 동작

㉦ 감독 및 연락 불충분

㉯ 물적 원인(불안전한 상태)

㉠ 물(物) 자체의 결함

㉡ 안전, 방호장치, 보호구의 결함

㉢ 물(物)의 배치 및 작업장소 결함

㉣ 작업환경 및 생산 공정의 결함

㉤ 경계표지, 설비의 결함

② 간접 원인(관리적 원인)

㉮ 기술적 원인

㉠ 건물, 기계장치의 설계불량

㉡ 구조, 재료의 부적합

㉢ 생산방법의 부적합

㉣ 점검, 정비, 보존불량

㉯ 교육적 원인

㉠ 안전지식의 부족 및 안전수칙의 오해

㉡ 경험, 훈련의 미숙

㉢ 작업방법의 교육 불충분

㉣ 유해, 위험작업의 교육 불충분

㉰ 신체적 원인

㉠ 피로, 수면 부족

㉡ 시력 및 청각기능 이상

㉢ 근육운동의 부적합

㉣ 육체적 능력초과

㉱ 정신적 원인

㉠ 안전지식 및 주의력의 부족

㉡ 방심 및 공상

㉢ 개성적 결함 요소

㉣ 판단력 부족 또는 그릇된 판단

㉲ 작업관리상 원인

㉠ 안전관리 조직의 결함

㉡ 안전수칙 미제정

㉢ 작업준비 불충분

㉣ 인원배치 및 작업지시 부적당

3) 재해 발생형태 및 예방대책

① 재해 발생형태

분류	세부항목
추락	사람이 건축물, 비계, 기계, 사다리, 계단, 경사면, 나무 등에서 떨어지는 것
전도	사람이 평면상으로 넘어졌을 때를 말함(과속, 미끄러짐 포함)
충돌	사람이 정지물에 부딪힌 경우
낙하, 비래	물건이 주체가 되어 사람이 맞은 경우
협착	물건에 끼워진 상태, 말려든 상태
감전	전기 접촉이나 방전에 의해 사람이 충격을 받은 경우
폭발	압력의 급격한 발생 또는 개방으로 폭음을 수반한 팽창이 일어난 경우

분류	세부항목
부괴, 도괴	적재물, 비계, 건축물이 무너진 경우
파열	용기 또는 장치가 물리적인 압력에 의해 파열한 경우
화재	화재로 인한 경우를 말하며 관련물체는 발화물을 기재
무리한 동작	무거운 물건을 들다 허리를 삐거나 부자연스러운 자세 또는 반동으로 상해를 입는 경우
이상온도 접촉	고온이나 저온에 접촉한 경우
유해물 접촉	유해물 접촉으로 중독이나 질식된 경우
기타	앞의 13가지 항목으로 구분 불가능한 경우

② 재해예방 대책

㉮ 재해예방 4원칙

㉠ 손실우연의 원칙 : 손실은 사고 발생 시의 조건 및 상황에 따라 달라지므로 손실은 우연성에 의해 결정된다.

㉡ 예방가능의 원칙 : 재해는 원칙적으로 원인만 제거되면 예방이 가능하다.

㉢ 원인연계의 원칙 : 재해의 원인은 여러 요소들이 복합적으로 작용하여 재해를 유발시킨다.

㉣ 대책선정의 원칙 : 재해의 원인이 각기 다르므로 원인을 정확히 규명해서 대책을 선정 · 실시해야 한다.

㉯ 재해예방활동의 3원칙

㉠ 재해요인의 발견

㉡ 재해요인의 제거 · 시정

㉢ 재해요인 발생의 예방

4) 재해율 계산

① 연천인율

㉮ 1년간 근로자 1,000명 중 몇 명이 재해 당했느냐를 나타내는 재해율 통계

㉯ 연천인율 = $\frac{\text{재해자수}}{\text{연평균근로자수}} \times 1000$

② 도수율, 빈도율

㉮ 연근로시간 100만 시간당 발생하는 재해건수

㉯ 도수율 = $\frac{\text{재해자수}}{\text{연근로시간수}} \times 10^6$

㉰ 연근로시간수 = 실근로자수 × 근로자 1인당 1년간 근로 시간수(1년간의 근로 시간수는 1일 8시간, 1월 25일, 1년 300일 또는 2,400시간을 기준)

③ 강도율

㉮ 연 근로시간 1,000시간당 재해로 인해 발생한 근로손실 일수

㉯ 강도율 = $\frac{\text{근로손실일수}}{\text{연근로시간수}} \times 1000$

5) 안전 · 보건표지

① 안전 · 보건표지의 종류와 형태

구분									
금지표지	101 출입금지	102 보행금지	103 차량통행 금지	104 사용금지	105 탑승금지	106 금연	107 화기금지	108 물체이동 금지	
경고표지	201 인화성 물질 경고	202 산화성 물질 경고	203 폭발성 물질 경고	204 급성독성 물질 경고	205 부식성 물질 경고	206 방사성 물질 경고	207 고압전기 경고	208 매달린 물체 경고	
경고표지	209 낙하물 경고	210 고온 경고	211 저온 경고	212 몸균형 상실 경고	213 레이저 광선 경고	214 발암성 · 변이원성 · 생식독성 · 전신독성 · 호흡기 과민성 물질 경고			215 위험장소 경고
지시표지	301 보안경 착용	302 방독마스크 착용	303 방진마스크 착용	304 보안면 착용	305 안전모 착용	306 귀마개 착용	307 안전화 착용	308 안전장갑 착용	309 안전복 착용
안내표지	401 녹십자 표지	402 응급구호 표지	403 들것	404 세안장치	405 비상용 기구	406 비상구	407 좌측 비상구	408 우측 비상구	

비상용 기구

② 안전 · 보건표지의 색채 및 용도

색채	용도	사용례
빨간색	금지	정지신호, 소화설비 및 그 장소, 유해행위의 금지
	경고	화학물질 취급장소에서의 유해 · 위험 경고
노란색	경고	화학물질 취급장소에서의 유해 · 위험 경고 이외의 위험 경고, 주의표지 또는 기계방호물

색채	용도	사용례
파란색	지시	특정 행위의 지시 및 사실의 고지
녹색	안내	비상구 및 피난소 사람 또는 차량의 통행 표시
흰색	–	파란색 또는 녹색에 대한 보조색
검은색	–	문자 및 빨간색 또는 노란색에 대한 보조색

2. 보호구 취급 안전관리

1) 보호구의 정의 및 구비조건

① 보호구의 정의

인체에 미치는 각종 유해, 위험(감전, 전기화상 등)으로부터 인체를 보호하기 위하여 착용하는 보조기구

② 보호구의 구비조건

㉮ 착용이 간편할 것

㉯ 작업에 방해를 주지 않을 것

㉰ 유해, 위험요소에 대한 방호가 완전할 것

㉱ 재료의 품질이 우수할 것

㉲ 구조 및 표면가공이 우수할 것

㉳ 외관상 보기가 좋을 것

2) 보호구 선정 및 관리

① 보호구의 선정시 유의사항

㉮ 사용목적에 적합한 것

㉯ 검정에 합격하고 성능이 보장되는 것

㉰ 작업에 방해가 되지 않는 것

㉱ 착용이 쉽고, 크기 등 사용자에게 편리한 것

② 보호구의 관리

㉮ 정기적인 점검관리

㉯ 청결하고 습기가 없는 곳에 보관할 것

㉰ 항상 깨끗이 보관하고 사용 후 세척하여 둘 것

㉱ 세척 후에는 완전히 건조시켜 보관할 것

㉲ 개인 보호구는 관리자 등이 일괄 보관하지 말 것

3) 보호구의 종류와 성능

① 안전모

㉮ 용도 : 물체의 낙하, 비래 또는 추락에 의한 위험을 방지 또는 경감하거나 감전에 의한 위험을 방지하기 위한 것

㉯ 안전모의 취급

㉠ 모자와 머리 끝부분까지의 간격은 25mm 이상 되도록 헤모크를 조정한다.

㉡ 턱끈을 반드시 조여매고 올바른 착용법에 따라 쓴다.

㉢ 내장이 땀이나 기름 등으로 더러워지므로 월 1회 정도는 세척하도록 한다.

㉣ 낡았거나 손상된 것은 교체하며, 개인별 전용으로 한다.

㉤ 화기를 취급하는 곳에서 모자와 몸체의 차양이 셀룰로이드로 된 것을 사용해서는 안 된다.

㉥ 산이나 알칼리를 취급하는 곳에서는 펠트나 파이버 모자를 사용해야 한다.

② 안전화

㉮ 용도 : 물체의 낙하, 충격, 날카로운 물체로 인한 위험으로부터 발 또는 발등을 보호하거나 감전이나 정전기의 대전을 방지하기 위한 것

㉯ 안전화의 취급

㉠ 창에 징을 박는 것은 위험하다(못에 의한 감전 재해 또는 걸을 때 징에서 발생하는 불꽃에 의한 화재폭발 위험).

㉡ 고열물 접촉이나 열원에 주의한다(꿰맨 실이 끊어진다).

③ 안전대(안전벨트)

㉮ 용도 : 추락에 의한 위험을 방지하기 위해 로프, 고리, 급정지기구와 근로자의 몸에 묶는 띠 및 그 부속품을 말한다.

㉯ 안전대용 로프의 구비조건

㉠ 부드럽고 되도록 매끄럽지 않을 것

㉡ 충격에 견디는 충분한 인장 강도를 가질 것

㉢ 완충성이 높을 것

㉣ 내마모성이 클 것

㉤ 습기나 약품류에 잘 손상되지 않을 것

㉥ 내열성이 높을 것

④ 보호 장갑

㉮ 용도 : 전기에 의한 감전 또는 용접작업에 의한 화상 등을 방지하기 위한 것

㉯ 보호 장갑의 취급

㉠ 회전하는 기계작업, 목공작업 등을 할 때에는 장갑을 착용하지 않도록 한다.

㉡ 화학 물질 등을 취급할 때에는 화학 약품에 대한 내성이 강한 것을 사용한다.

㉢ 손이나 손가락이 상하기 쉬운 작업을 할 때에는 작업에 적당한 토시, 벙어리 장갑을 사용하도록 한다.

⑤ 보안경

㉮ 용도 : 날아오는 물체에 의한 위험 또는 위험물, 유해광선에 의한 시력장해를 방지하기 위한 것

㉯ 보호안경

㉠ 연마작업의 불꽃과 미세한 분진, 절삭작업, 선반작업의 칩 또는 화학약품의 비래들로 부터 눈을 보호하는 것

㉡ 유리보호안경과 플라스틱 재질의 플라스틱 보호안경이 있다.

㉰ 차광안경

㉠ 눈에 대하여 해로운 자외선 및 적외선 또는 강렬한 가시광선(이하 "유해광선"이라 한다)이 발생하는 장소에서 눈을 보호하기 위한 것

㉡ 아크용접, 가스용접, 열절단 및 기타 유해광선이 발생하는 작업에 사용한다.

㉱ 도수렌즈 보호안경 : 시력교정과 눈 보호 기능을 겸한 보호안경이다.

⑥ 보안면

㉮ 용도 : 용접 시 불꽃 또는 날카로운 물체에 의한 위험을 방지하기 위한 것

㉯ 용접용 보안면

㉠ 아크용접 및 가스용접, 절단 작업시에 발생하는 유해한 자외선, 가시광선 및 적외선으로부터 눈을 보호한다.

㉡ 용접광 및 열에 의한 화상 또는 가열된 용재 등의 파편에 의한 화상의 위험에서 용접자의 안면, 머리부분 및 목부분을 보호하기 위한 것이다.

㉰ 일반 보안면

㉠ 일반작업, 점용점 작업 시 발생하는 각종 비산물과 유해한 액체로부터 얼굴을 보호한다.

㉡ 눈부심을 방지하기 위해 적당한 보안경 위에 겹쳐 사용한다.

㉢ 점용접, 비산물이 발생하는 절단, 연삭, 기계 가공작업, 연마, 광택, 철사의 손질, 그라인딩 작업, 가루나 분진이 발생하는 목재가공작업, 고열체 및 부식성 물질의 조작 및 취급작업 시 사용한다.

⑦ 마스크

㉮ 방진마스크

㉠ 분진이 호흡기를 통하여 인체에 유입되는 것을 방지하기 위한 것으로 구조형식에 따라 직결식과 격리식이 있으며 사용 용도에 따라 고농도 및 저농도 분진용이 있다.

㉡ 광물성 먼지 등을 흡입함으로써 인체에 해로울 때 사용한다.

㉢ 장시간 사용하여도 고통과 압박이 없어야 한다.

㉣ 분집포집효율에 따라 특급은 99.5% 이상, 1급은 95% 이상, 2급은 85% 이상이다.

㉤ 방진마스크의 구비조건

- 여과효율이 좋을 것
- 흡배기 저항이 적을 것
- 사용적(유효공간)이 적을 것
- 중량이 가벼울 것
- 시야가 넓을 것(하방시야 60° 이상)
- 안면 밀착성이 좋을 것
- 피부접촉 부위의 고무질이 좋을 것
- 사용 후 손질이 간단하여야 함

㉯ 방독마스크

㉠ 연결관의 유무에 따라 직결식과 격리식이 있으며 모양에 따라 전면식, 반면식, 구명기식(구편형)으로 구분

㉡ 방독마스크를 과신하지 말 것

㉢ 수명이 지난 것을 절대 사용하지 말 것

㉣ 산소 결핍(일반적으로 16%를 기준) 장소에서는 사용하지 말 것

㉰ 송풍마스크 : 산소가 결핍된 곳이나 유해물질의 농도가 짙은 곳에서 사용한다.

⑧ 방음 보호구(귀마개, 귀덮개)

㉮ 용도 : 소음으로부터 청력을 보호하기 위한 것

㉯ 구비조건

㉠ 휴대하기에 편리하고 귓구멍에 알맞은 것을 사용한다.

㉡ 손질이 쉽고 깨끗하여야 한다.

㉢ 내열, 내습, 내한, 내유성이 있어야 한다.

㉣ 오랜시간 착용하여도 압박감이 없어야 한다.

㉤ 피부를 자극하지 않고 쉽게 파손되지 말아야 한다.

㉥ 반차음된 것을 사용한다.

3. 고압가스안전관리법(냉동 관련)

1) 고압가스안전관리법

① 냉동기의 제조 허가

㉮ 시스템 에어컨과 같이 압축기를 이용하여 냉동 또는 냉장을 하는 기계류는 "냉동기"로 분류하고 있으며 냉동기에 필수적으로 사용되는 압축기, 증발기, 응축기 및 압력용기 등은 "냉동용 특정설비"로 호칭되고 있다.

㉯ 냉동기와 관련된 고압가스의 범위는 상용의 온도에서 압력이 0.2MPa 이상이 되는 액화가스로서 실제로 그 압력이 0.2MPa 이상이 되는 것 또는 압력이 0.2MPa 이 되는 경우의 온도가 35℃ 이하인 액화가스에 한한다.

② 냉동능력 산정기준

㉮ 원심식 압축기의 냉동설비 : 원동기 정격출력 1.2kW를 1일의 냉동능력 1톤

㉯ 흡수식 냉동설비 : 발생기를 가열하는 1시간의 입열량 6천640kcal를 1일의 냉동능력 1톤

㉰ 그 밖의 냉동설비

㉠ 냉동능력

$$R = \frac{V}{C}$$

(V : 피스톤 압출량(m^3/h), C : 냉매가스의 종류에 따른 수치)

㉡ 피스톤 압출량(V)

• 다단압축방식, 다원냉동방식

$$V = VH + 0.08VL$$

(VH : 압축기의 표준회전속도에 있어서 최종단 또는 최종원의 기통의 1시간의 피스톤 압출량, VL : 압축기의 표준회전속도에 있어서 최종단 또는 최종원 앞의 기통의 1시간의 피스톤 압출량)

• 회전피스톤형

$$V = 60 \times 0.785tn(D^2 - d^2)$$

(t : 회전피스톤의 가스압축부분의 두께(단위: m), n : 회전피스톤의 1분간의 표준회전수, D : 기통의 안지름(단위: m), d : 회전피스톤의 바깥지름(단위: m))

• 왕복동형

$$V = 0.785 \times D^2 \times L \times N \times n \times 60$$

(D : 기통의 안지름(단위: m), L : 로우터의 압축에 유효한 부분의 길이 또는 피스톤의 행정(行程)(단위: m), n : 회전피스톤의 1분간의 표준회전수)

㉢ 냉매가스의 종류에 따른 수치피스톤 압출량(C)

냉매가스의 종류	압축기의 기통 1개의 체적이 5천cm^3 이하인 것	압축기의 기통 1개의 체적이 5천cm^3를 넘는 것
프레온 21	49.7	46.6
프레온 114	46.4	43.5
노멀부탄	37.2	34.9
이소부탄	27.1	25.4
아황산가스	22.1	20.7
염화메탄	14.5	13.6
프레온 134a	14.4	13.5
프레온 12	13.9	13.1
프레온 500	12.0	11.3
프로판	9.6	9.0
프레온 22	8.5	7.9
암모니아	8.4	7.9
프레온 502	8.4	7.9
프레온 13B1	6.2	5.8
프레온 13	4.4	4.2
에탄	3.1	2.9
탄산가스	1.9	1.8

㉣ 냉동설비가 다음에 해당하는 경우에는 각각의 냉동능력을 합산한다.

㉠ 냉매가스가 배관에 의하여 공통으로 되어 있는 냉동설비

㉡ 냉매계통을 달리하는 2개 이상의 설비가 1개의 규격품으로 인정되는 설비 내에 조립되어 있는 것(Unit형의 것)

㉢ 2원(元) 이상의 냉동방식에 의한 냉동설비

㉣ 모터 등 압축기의 동력설비를 공통으로 하고 있는 냉동설비
㉤ 브라인(Brine)을 공통으로 사용하고 있는 2개 이상의 냉동설비(브라인 중 물과 공기는 포함하지 않음)

③ 고압가스 냉동제조의 시설 · 기술 · 검사 기준

㉮ 시설기준

㉠ 배치기준 : 압축기 · 유분리기 · 응축기 및 수액기와 이들 사이의 배관은 인화성물질 또는 발화성물질(작업에 필요한 것은 제외한다)을 두는 곳이나 화기를 취급하는 곳과 인접하여 설치하지 않을 것

㉡ 가스설비기준
- 냉매설비(제조시설 중 냉매가스가 통하는 부분)에는 진동 · 충격 및 부식 등으로 냉매가스가 누출되지 않도록 필요한 조치를 할 것
- 냉매설비의 성능은 가스를 안전하게 취급할 수 있는 적절한 것일 것
- 세로방향으로 설치한 동체의 길이가 5m 이상인 원통형 응축기와 내용적이 5천L 이상인 수액기에는 지진 발생 시 그 응축기 및 수액기를 보호하기 위하여 내진성능 확보를 위한 조치를 할 것

㉢ 사고예방설비기준
- 냉매설비에는 그 설비 안의 압력이 상용압력을 초과하는 경우 즉시 그 압력을 상용압력 이하로 되돌릴 수 있는 안전장치를 설치하는 등 필요한 조치를 마련할 것
- 독성가스 및 공기보다 무거운 가연성가스를 취급하는 제조시설 및 저장설비에는 가스가 누출될 경우 이를 신속히 검지하여 효과적으로 대응할 수 있도록 하기 위하여 필요한 조치를 마련할 것
- 가연성가스(암모니아, 브롬화메탄 및 공기 중에서 자기 발화하는 가스는 제외)의 가스설비 중 전기설비는 그 설치장소 및 그 가스의 종류에 따라 적절한 방폭성능을 가지는 것일 것
- 가연성가스 또는 독성가스를 냉매로 사용하는 냉매설비의 압축기 · 유분리기 · 응축기 및 수액기와 이들 사이의 배관을 설치한 곳에는 냉매가스가 누출될 경우 그 냉매가스가 체류하지 않도록 필요한 조치를 마련할 것
- 냉매설비에는 긴급사태가 발생하는 것을 방지하기 위하여 자동제어장치를 설치할 것

㉣ 피해저감설비기준
- 독성가스를 사용하는 내용적이 1만L 이상인 수액기 주위에는 액상의 가스가 누출될 경우에 그 유출을 방지하기 위한 조치를 마련할 것
- 독성가스를 제조하는 시설에는 그 시설로부터 독성가스가 누출될 경우 그 독성가스로 인한 피해를 방지하기 위하여 필요한 조치를 마련할 것

㉤ 부대설비기준 : 냉동제조시설에는 이상사태가 발생하는 것을 방지하고 이상사태 발생 시 그 확대를 방지하기 위하여 압력계 · 액면계 등 필요한 설비를 설치할 것

㉥ 표시기준 : 냉동제조시설의 안전을 확보하기 위하여 필요한 곳에는 고압가스를 취급하는 시설 또는 일반인의 출입을 제한하는 시설이라는 것을 명확하게 알아볼 수 있도록 경계표지, 식별표지 및 위험표지 등 적절한 표지를 하고, 외부인의 출입을 통제할 수 있도록 경계책을 설치할 것

㉧ 그 밖의 기준 : 냉동제조시설에 설치 · 사용하는 제품이 법 규정에 따라 검사를 받아야 하는 경우에는 그 검사에 합격한 것일 것

㉯ 기술기준

㉠ 안전유지기준

- 안전밸브 또는 방출밸브에 설치된 스톱밸브는 그 밸브의 수리 등을 위하여 특별히 필요한 때를 제외하고는 항상 완전히 열어 놓을 것
- 냉동설비의 설치공사 또는 변경공사가 완공되어 기밀시험이나 시운전을 할 때에는 산소 외의 가스를 사용하고, 공기를 사용하는 때에는 미리 냉매설비 중의 가연성가스를 방출한 후에 실시해야 하며, 그 냉동설비의 상태가 정상인 것을 확인한 후에 사용할 것
- 가연성가스의 냉동설비 부근에는 작업에 필요한 양 이상의 연소하기 쉬운 물질을 두지 않을 것

㉡ 점검기준

- 안전장치(액체의 열팽창으로 인한 배관의 파열방지용 안전밸브는 제외) 중 압축기의 최종단에 설치한 안전장치는 1년에 1회 이상, 그 밖의 안전밸브는 2년에 1회 이상 조정을 하여 고압가스설비가 파손되지 않도록 적절한 압력 이하에서 작동이 되도록 할 것
- 다만, 법 규정에 따라 고압가스특정제조허가를 받아 설치된 안전밸브의 조정주기는 4년(압력용기에 설치된 안전밸브는 그 압력용기의 내부에 대한 재검사 주기)의 범위에서 연장할 수 있다.

㉢ 수리 · 청소 및 철거기준 : 가연성가스 또는 독성가스의 냉매설비를 수리 · 청소 및 철거할 때에는 그 작업의 안전 확보를 위하여 필요한 안전수칙을 준수하고, 수리 및 청소 후에는 그 설비의 성능유지와 작동성 확인 등 안전 확보를 위하여 필요한 조치를 마련할 것

㉰ 검사기준

㉠ 중간검사 · 완성검사 · 정기검사 및 수시검사의 검사항목은 시설이 적합하게 설치 또는 유지 · 관리되고 있는지 확인하기 위하여 법에 규정된 검사항목으로 할 것

㉡ 중간검사 · 완성검사 · 정기검사 및 수시검사는 시설이 검사항목에 적합한지 여부를 명확하게 판정할 수 있는 방법으로 실시할 것

2) 안전관리자

① 안전관리자의 선임

고압가스 제조자로서 냉동기를 사용하여 고압가스를 제조하고자 하는 사람은 안전관리자를 선임하여야 한다.

② 안전관리자의 업무 위탁 범위

㉮ 고압가스를 제조하는 자 중 건축물의 냉난방용 냉동 제조사업자

㉯ 비가연성, 비독성 고압가스 저장자 중 소화설비에 비가연성, 비독성 고압가스를 저장하고 있는 자

③ 안전관리자의 종류와 자격

㉮ 안전관리자의 종류

㉠ 안전관리 총괄자 : 해당 사업자 또는 특정고압가스 사용신고시설을 관리하는 최상급자

㉡ 안전관리 부총괄자 : 해당 사업자의 시설을 직접 관리하는 최고 책임자
㉢ 안전관리 책임자
㉣ 안전관리원 등

④ 안전관리자의 자격과 선임 인원

시설 구분	저장 또는 처리능력	선임구분	
		안전관리자의 구분 및 선임 인원	자격 구분
냉동제조시설	냉동능력 300톤 초과(프레온을 냉매로 사용하는 것은 냉동능력 600톤 초과)	안전관리 총괄자: 1명	–
		안전관리 책임자: 1명	공조냉동기계산업기사
		안전관리원: 2명 이상	공조냉동기계기능사 또는 한국가스안전공사가 산업통상자원부장관의 승인을 받아 실시하는 냉동시설안전관리 양성교육을 이수한 자
	냉동능력 100톤 초과 300톤 이하(프레온을 냉매로 사용하는 것은 냉동능력 200톤 초과 600톤 이하)	안전관리 총괄자: 1명	–
		안전관리 책임자: 1명	공조냉동기계산업기사 또는 현장실무 경력이 5년 이상인 공조냉동기계기능사
		안전관리원: 1명 이상	공조냉동기계기능사 또는 냉동시설안전관리자 양성교육이수자
냉동제조시설	냉동능력 50톤 초과 100톤 이하(프레온을 냉매로 사용하는 것은 냉동능력 100톤 초과 200톤 이하)	안전관리 총괄자: 1명	–
		안전관리 책임자: 1명	공조냉동기계기능사 또는 현장실무 경력이 5년 이상인 냉동시설안전관리자 양성교육이수자
		안전관리원: 1명 이상	공조냉동기계기능사 또는 냉동시설안전관리자양성교육이수자
	냉동능력 50톤 이하(프레온을 냉매로 사용하는 것은 냉동능력 100톤 이하)	안전관리 총괄자: 1명	–
		안전관리 책임자: 1명	공조냉동기계기능사 또는 냉동시설안전관리자 양성교육이수자
냉동기제조시설		안전관리 총괄자: 1명	–
		안전관리 부총괄자: 1명	–
		안전관리 책임자: 1명	일반기계기사 · 용접기사 · 금속기사 · 화공기사 또는 공조냉동기계산업기사
		안전관리원: 1명 이상	공조냉동기계기능사

STEP 02 안전관리

1. 안전관리 일반

1) 용접장치 취급 안전관리

① 용접 작업 시 안전수칙

㉮ 전기용접 시 안전수칙

- 용접 작업 시에는 보호 장비를 착용하도록 한다(유해광선, 연기, 감전, 화상).
- 작업 전에 소화기 및 방화사를 준비한다(화재위험).
- 시설물을 접지로 이용할 경우에는 반드시 시설물의 크기를 고려하도록 한다.
- 피용접물은 코드로 완전히 접지시킨다.
- 우천시에는 옥외작업을 하지 않는다(감전예방).
- 장시간 작업할 경우에는 수시로 용접기를 점검하도록 한다(과열로 인한 재해방지).
- 용접봉을 갈아 끼울때는 홀더의 충전부가 몸에 닿지 않도록 한다.
- 용접봉은 홀더의 클램프로부터 빠지지 않도록 정확히 끼운다.
- 가스관 및 수도관 등의 배관은 이를 접지로 사용하지 않도록 한다.
- 1차 및 2차 코드의 벗겨진 것은 사용을 금하도록 한다.
- 홀더는 항상 파손되지 않은 안전한 것을 사용하도록 한다.
- 헬멧 사용 시에는 차광 유리가 깨어지지 않도록 보호하여야 한다.
- 작업장에서는 차광막을 세워 아크가 밖으로 새어 나가지 않도록 한다.
- 정격 사용률을 엄수하여 과열을 방지한다.
- 반드시 용접이 끝나면 용접봉을 빼어 놓는다.

㉯ 가스용접 시 안전수칙

- 용접 착수 전에 소화기 및 방화사 등을 준비한다.
- 작업 전에 안전기와 산소 조정기의 상태를 점검한다.
- 기름 묻은 옷은 인화의 우려가 있으므로 절대 입지 않도록 한다.
- 역화(逆火)시에는 산소밸브를 먼저 잠그도록 한다.
- 역화의 위험을 방지하기 위하여 안전기(역화방지기)를 사용하도록 한다.
- 밸브를 열 때에는 용기 앞을 피하도록 한다.
- 아세틸렌 사용압력을 1.3kg/cm^2 이하로 한다.
- 호스는 아세틸렌에 대하여 2kg/cm^2, 산소는 절단용이 15kg/cm^{2}의 내압에 합격한 것을 사용하여야 한다.
- 산소 용기는 산소가 120kg/cm^2 이상의 고압으로 충전되어 있는 것이므로 용기가 파열되거나 폭발하지 않도록 용기에 심한 충격이나 마찰을 주지 않도록 한다.
- 발생기에서 5m 이내 또는 발생기실에서 3m 이내의 장소에서 담배를 피우거나 불꽃이 일어날 행위는 엄금하도록 한다.
- 토치 점화 시에는 조정기의 압력을 조정하고, 먼저 토치의 아세틸렌 밸브를 연 다음 산소밸브를 열어 점화시키고, 작업 후에는 산소 밸브를 먼저 닫고 나서 이세틸렌 밸브를 닫도록 한다.

- 가스의 누설검사는 비눗물을 사용하도록 한다.
- 유해가스, 연기, 분진 등의 발생이 심할 경우 방진 마스크를 착용하도록 한다.
- 작업 후 화기나 가스의 누설 여부를 살핀다.
- 이동 작업이나 출장 작업 시에는 용기에 충격을 주지 않도록 한다.
- 산소통을 뉘어 놓지 않도록 하고, 부득이한 경우에는 감압밸브에 나무를 산소용 호스와 아세틸렌 호스는 색이 구별되는 것을 사용하도록 한다.
  - 산소용기의 누설검사 : 비눗물
  - 각 호스의 색깔 : 산소–녹색, 아세틸렌–적색
  - 아세틸렌 가스 발생기 : 주수식, 투입식, 침지식

② 각종 장치 취급상 주의사항

㉮ 토치의 취급
- 분해를 자주하면 나사산이 마모되어 가스가 새든지 고장이 나므로 특별한 경우를 제외하고는 분해하지 않는다.
- 기름이나 그리스를 바르지 않는다(발화위험).
- 팁의 점화는 용접용 라이터를 사용한다.
- 토치가 과열되었을 때는 아세틸렌가스를 멈추고 산소 가스만을 분출시킨 상태로 물속에서 식힌다.
- 팁을 소제할 경우에는 반드시 팁 클리너(Tip Cleaner)를 사용한다.
- 가스가 분출되는 상태로 토치를 방치하지 않도록 한다.
- 팁을 바꿀 때는 반드시 가스밸브를 잠그고 한다.
- 점화가 불량할 때는 고장난 곳을 점검하고 수리한 다음 사용한다.
- 토치나 팁을 작업대 등 지정된 장소에 놓으며 땅 위에 직접 놓아서는 안 된다.

㉯ 압력조정기(Regulator) 취급
- 가스 조정기는 신중히 다룬다.
- 산소용기에는 그리스나 기름 등을 접촉시키지 않는다(기름 묻은 장갑 사용금지).
- 밸브는 개폐를 신중하게 한다.
- 조정기는 사용 후에 조정나사를 늦추어서 다시 사용할 때 가스가 한꺼번에 흘러나오는 것을 방지하도록 한다.
- 산소 용기에서 조정기를 떼어 놓을 때는 반드시 압력조정핸들을 풀어 놓는다. 그렇지 않고 밸브를 열면 조정기가 파손될 염려가 있다.
- 다른 가스에 사용했던 조정기를 사용하면 위험하다.

㉰ 산소용기의 취급
- 운반할 경우에는 반드시 캡을 씌운다.
- 산소용기의 표면온도가 40℃ 이상 되지 않도록 하며 직사광선을 피한다.
- 겨울철에 용기가 동결될 때는 직화로 녹이지 말고 40℃ 이하의 더운물에 녹인다.
- 조정기의 나사는 홈을 7개 이상 완전히 막아 놓는다.
- 밸브 개폐시 용기 앞에서 열지 말고 옆에서 열도록 한다(안전밸브 작동시 위험).
- 가스의 누설검사는 비눗물을 사용한다.

- 기름 묻은 손으로 용기를 만져서는 안 된다(산소는 산화력이 커 인화된다.).
- 사용이 끝났을 때는 밸브를 닫고 규정된 위치에 놓는다.
- 운반 중 굴리거나 넘어뜨리거나 또는 던지거나 해서는 안 된다.
- 높은 곳으로 운반하기 위하여 크레인 등을 사용할 경우에는 금망이나 철제함에 안전하게 격납하여 운반한다.
- 적재할 경우 구르지 않도록 받침목 등을 사용한다.
- 세워놓고 사용할 때에는 쇠사슬로 묶는 등 전도 방지대책을 세운다.
- 용기(1/2 이상 충전된 것)와 빈 용기는 구분하여 보관한다.

㉣ 아세틸렌 용기의 취급

- 용기스핀들 부분에서 가스가 샐 때에는 용기의 밸브를 조심스럽게 꼭 잠가야 한다.
- 용기는 주의 깊게 취급하며, 충돌이나 충격을 주지 않는다.
- 밸브의 개폐는 조심스럽게 하고 밸브를 1과 1/2 회전 이상 돌리지 않는다.
- 용기가 가열되어 새는 것을 방지하기 위해서는 화기 부근에는 절대로 두지 않는다.
- 가스 조정기나 용기의 밸브에 호스를 연결시킬 때는 바르게 한다.
- 용기 저장소는 화기 없는 옥외로서 환기가 잘 되는 구조여야 한다.
- 용기 저장소는 온도가 40℃ 이하로 유지한다.
- 가스 용접기나 가스 절단기에 점화시킬 때에는 팁의 끝을 아세틸렌 용기와 반대방향으로 해야 한다.
- 용기가 발화되면 긴급조치한 후 전문가의 의견을 듣도록 한다.
- 아세틸렌이 급격히 분출될 때에는 정전기가 발생되어 사람에게 해로우므로 급격히 분출시키지 않도록 한다.

2) 전기 안전관리

① 전기의 위험성

㉮ 전기에 관한 재해 중 가장 빈도수가 높은 것은 감전 재해, 즉 전격에 의한 재해

㉯ 감전이란 인체의 일부 또는 전체에 전류가 흐를 때 인체 내에서 일어나는 생리적인 현상으로서 근육의 수축, 호흡곤란, 심실세동 등으로 인하여 사망하거나 추락, 전도 등 2가지 재해를 발생하는 현상이다.

㉰ 감전에 영향을 미치는 요인

- 통전 전류의 크기
- 통전 시간
- 통전 경로
- 전원의 종류(전압이 동일한 경우에 교류가 더 위험)

② 감전방지

㉮ 전기설비의 점검을 철저히 할 것

㉯ 전기 기기 및 장치의 점검

㉰ 전기 기기에 위험표시

㉱ 유자격자 이외는 전기 기계 및 기구의 접촉금지

㉲ 안전 관리자는 작업에 대한 안전교육 시행

㉳ 사고 발생 시의 처리 순서를 미리 작성하여 둘 것

㉴ 설비의 필요한 부분에는 보호 접지 실시

㉵ 충전부가 노출된 부분에는 절연 방호구 사용

㉶ 고전압 선로 및 충전부에 근접하여 작업하는 작업자에게 보호구 지급

③ 전기화재의 원인

㉮ 전기에 의한 발열체가 발화원(점화원)으로 된 화재를 총칭하며 단락, 스파크, 누전, 지락, 접촉부의 과열, 절연 열화에 의한 발열, 관전류 등의 순서로 원인이 된다.

㉯ 단락 : 2개 이상의 전선이 서로 접촉하는 현상으로 많은 전류가 흐르게 되어 배선에 고열이 발생하며 단락 순간에 폭음과 함께 녹아버리는 것으로 단락된 순간의 전압은 1,000~1,500A 정도가 되며, 단락을 방지하기 위해 퓨즈, 누전차단기 등을 설치한다.

㉰ 혼촉 : 고압선과 저압 가공선이 병가된 경우 접촉으로 인한 것과 변압기의 1, 2차 코일의 절연 파괴로 인하여 발생된다.

㉱ 누전 : 전류가 설계된 부분 이외로 흐르는 현상으로 누전 전류는 최대 공급 전류의 1/200을 넘지 않도록 규정하고 있다.

㉲ 지락 : 누전 전류의 일부가 대지로 흐르게 되는 것으로 보호접지를 의무화하고 있다.

㉳ 누전과 지락의 방지대책

- 절연 열화의 방지
- 과열, 습기, 부식의 방지
- 충전부와 금속체인 건물의 구조재, 수도관, 가스관 등과의 충분한 이격
- 퓨즈, 누전 차단기 설치

④ 정전기

㉮ 정전기의 위험성 및 유해 작용

- 전격(Electric Shock)의 위험
- 생산 장해
- 정전기 방전 불꽃에 의한 화재 및 폭발

㉯ 정전기 재해의 방지대책

- 접지 및 본딩
- 도전성 향상
- 보호구의 착용
- 제전기 사용
- 가습(상대습도 70% 이상으로 유지)
- 유속제한 및 정치시간 확보
- 대전체의 정전차폐

㉰ 접지와 본딩

- 접지 : 물체에 발생한 정전기를 접지극(동판 등)을 통해 대지로 누설시켜 정전기의 대전을 방지
- 본딩 : 금속 물체간(배관의 플랜지나 레일의 접속부분) 절연상태로 되어있는 경우에 이 사이를 동선 등으로 접속하는 것

3) 화재 안전관리

① 연소(화재)의 3요소 : 가연물이 공기 중의 산소와 산화반응을 하여 빛과 열을 수반하는 현상으로 가연물 + 산소공급원 + 점화원의 3요소가 필요하다.

㉮ 가연물 구비조건

- 연소열(발열량)이 많을 것
- 열전도율이 작을 것
- 산화되기 쉬울 것
- 산소와의 접촉면적이 클 것
- 건조도가 양호할 것
- 산소와 화학반응에 필요한 활성화에너지가 작을 것

㉯ 산소 : 공기 중에 산소는 체적비로 21%가 존재한다.

㉰ 점화원 : 점화원 또는 착화원으로는 화기, 전기불꽃, 정전기불꽃, 마찰열, 충격에 의한 불꽃, 고열물, 산화열 등이 있다.

② 인화점과 발화점

㉮ 인화점 : 외부의 점화원에 의하여 연소할 수 있는 최저의 온도

㉯ 발화점(착화점) : 직접적인 점화원 없이 스스로 연소할 수 있는 최저의 온도

③ 연소의 분류

연소의 분류		연소의 형태	비고
고체 연료	표면 연소	휘발성이 없어 고체 표면에서 불꽃없이 고온을 유지하면서 연소	목탄, 코크스, 숯
	분해 연소	고체가 가열되면서 열분해가 일어나 불꽃이 발생하면서 연소	목재, 종이, 석탄
	자기 연소	공기 중의 산소를 필요로 하지 않고 자신이 분해되면서 연소	화약, 폭약
액체 연료	증발 연소	액체 표면에서 증발하는 가연성 증기가 공기와 혼합되어 연소	알콜, 휘발유, 석유
기체 연료	확산 연소	가연성 가스의 확산에 의해 공기와 혼합되어 연소	수소, 아세틸렌가스

④ 연소(폭발)범위 : 가연성 가스가 연소하는데 있어 가연성 가스와 공기(산소)의 경우 혼합기체에 점화원을 주었을 때 연소(폭발)가 일어날 수 있는 혼합가스의 농도범위를 말하며 연소범위가 넓을수록 위험하다.

⑤ 소화방법

㉮ 냉각소화(물 소화약제) : 물이나 그 밖에 액체의 증발잠열을 이용하여 냉각시키는 방법

㉯ 질식소화(CO_2, 할로겐 소화약제) : 공기 중의 산소 농도를 감소시켜 산소공급을 차단하여 소화하는 방법

㉰ 제거소화(가연물 제거) : 가스의 밸브를 차단하거나 산림화재의 경우 수목을 제거하는 방법 등으로 가연물을 제거하여 소화하는 방법

㉱ 화학소화(부촉매 효과) : 연소의 연쇄반응을 억제하여 소화하는 방법으로 불꽃연소에는 매우 효과적이지만 특별한 경우를 제외하고는 표면연소에는 효과가 없다.

㉮ 희석소화 : 4류 위험물의 수용성 가연물질인 알콜, 에테르, 에스테르 등과 같이 화재 시 다량의 물을 방사하여 가연물의 연소농도를 낮추어 화재를 소화하는 방법

⑥ 화재의 분류 및 소화방법

분류	A급 화재	B급 화재	C급 화재	D급 화재	E급 화재
명칭	일반화재	유류, 가스화재	전기화재	금속화재	가스화재
가연물	목재, 종이, 섬유	유류, 가스	전기	Mg분, Al분	가스, LPG, LNG
소화효과	냉각효과	질식효과	질식, 냉각효과	질식효과	
소화약제	포말소화기 분말소화기 강화액소화기 산알칼리소화기	포말소화기 분말소화기 강화액소화기 CO_2소화기 할로겐소화기	분말소화기 CO_2소화기 강화액소화기 할로겐소화기 유기성소화액	건조사 팽창질석 팽창진주암	분말소화기 CO_2소화기 할로겐소화기
구분색	백색	황색	청색		황색

4) 각종 공구 취급 안전관리

① 망치(해머) 작업

㉮ 손잡이에 금이 갔거나 망치 머리가 손상된 것은 사용하지 않는다.

㉯ 장갑을 낀 손이나 기름이 묻은 손으로 작업하지 않는다.

㉰ 사용할 때 처음과 마지막에는 힘을 너무 가하지 않는다.

㉱ 망치를 휘두르기 전에 반드시 주위를 살핀다.

㉲ 사용 중에도 자주 망치의 상태를 조사한다.

㉳ 불꽃이 생기거나 파편이 생길 수 있는 작업에서는 반드시 보호 안경을 써야 한다.

㉴ 좁은 곳에나 발판이 불안한 곳에서 망치 작업을 해서는 안 된다.

㉵ 망치 자루는 전문적인 기술자가 교환해야 한다.

㉶ 재료나 물체의 요철이나 경사진 면은 특별히 주의하여야 한다.

㉷ 망치는 사용 중에 수시로 확인한다.

㉸ 망치의 공동 작업 시에는 호흡에 맞추어야 한다.

㉹ 열처리된 것을 망치로 때리면 튀기 쉽고 부러진다.

② 정 작업

㉮ 정의 머리가 둥글게 된 것이나 찌그러진 것은 사용하지 않는다.

㉯ 처음에는 가볍게 때리고 점차 타격을 가하여야 한다.

㉰ 기름 묻은 정은 사용하지 말며, 보호안경을 써야 한다.

㉱ 철재를 절단할 때에는 철편이 튀는 방향에 주의하며, 끝날 무렵에는 힘을 빼고 천천히 쳐서 끝내야 한다.

㉲ 표면의 단단한 열처리 부분을 정으로 깎지 않는다.

③ 렌치 또는 스패너 작업

㉮ 스패너에 너트를 깊이 물리고 조금씩 앞으로 당기는 식으로 풀고 조인다.

㉯ 무리하게 힘을 주지 말고 조심스럽게 사용한다.
㉰ 스패너가 벗겨졌을 때를 대비하여 주위를 살핀다.
㉱ 너트에 맞는 것을 사용한다.
㉲ 스패너와 너트 두개를 연결하여 사용해서는 안 된다.
㉳ 가급적 손잡이가 긴 것을 사용한다.

④ 줄 작업
㉮ 줄 작업의 높이는 작업자의 팔꿈치 높이로 하는 것이 좋다.
㉯ 작업 자세는 허리를 낮추고 몸의 안정을 유지하며 전신을 이용한다.
㉰ 칩은 브러쉬로 제거한다.
㉱ 줄의 균열(Crack) 유무를 확인한다.
㉲ 줄은 손잡이가 정상인 것만을 사용한다.
㉳ 땜질한 줄은 사용하지 않는다.
㉴ 줄로 다른 물체를 두들기지 않도록 한다.
㉵ 손잡이가 빠졌을 때에는 주의해서 잘 꽂아 사용한다.
㉶ 줄은 다른 용도로 사용하지 않는다.
㉷ 줄질에서 생긴 가루는 입으로 불지 않는다.

⑤ 드릴 작업
㉮ 옷소매가 늘어지거나 머리카락이 긴 채로 작업하지 않는다.
㉯ 시동 전에 드릴이 올바르게 고정되어 있는지 확인한다.
㉰ 장갑을 끼고 작업하지 않는다.
㉱ 드릴을 끼운 후에는 척 렌치를 빼도록 한다.
㉲ 드릴 회전 중에는 칩(Chip)을 입으로 불거나 손으로 털지 않도록 한다.
㉳ 전기드릴을 사용할 때에는 반드시 접지(Earth)시킨다.
㉴ 가공 중 드릴 끝이 마모되어 이상음 발생시에는 드릴을 연마하거나 교체 사용한다.
㉵ 먼저 작은 구멍을 뚫은 다음 큰 구멍을 뚫도록 한다.
㉶ 얇은 판에 구멍을 뚫을 때에는 나무판을 밑에 받치고 구멍을 뚫도록 한다.

⑥ 연삭(Grinding) 작업
㉮ 안전커버를 떼고서 작업해서는 안 된다.
㉯ 숫돌 바퀴에 균열이 있는지를 확인한다.
㉰ 숫돌차의 과속회전은 파괴의 원인이 되므로 유의한다.
㉱ 숫돌차의 표면이 심하게 변형된 것은 반드시 수정해야 한다.
㉲ 받침대(Rest)는 숫돌차의 중심선보다 낮게 하지 않는다(작업 중 일감이 딸려 들어갈 위험이 있기 때문이다).
㉳ 숫돌차의 주면과 받침대와의 간격은 3mm 이내로 유지해야 한다.
㉴ 숫돌 바퀴가 안전하게 끼워졌는지 확인한다.
㉵ 플랜지의 조임 너트를 정확히 조이도록 한다.
㉶ 숫돌차의 측면에서 서서히 연삭해야 한다.

㉮ 작업시작 전에 1분 이상 공회전 시킨 후 정상회전 속도에서 연삭한다(숫돌 교체 시는 3분 이상 시운전할 것).
㉯ 회전하는 숫돌에 손을 대지 않는다.
㉰ 작업 완료시나 잠시 자리를 뜰 때에는 반드시 스위치를 끈다.

2. 보일러 및 냉동기 안전관리

1) 보일러 취급 안전관리

① 보일러 사고의 구분

㉮ 파열사고

- 압력초과
- 저수위(이상감수)
- 과열

㉯ 미연소 가스 폭발가스 : 연소실 내 미연소가스 체류 시 점화에 따른 폭발

② 보일러 사고의 원인

㉮ 제작상 원인

- 재료 불량
- 구조 및 설계 불량
- 강도 불량
- 용접 불량
- 부속기기 설비 미비 등

㉯ 취급상 원인

- 압력초과
- 저수위
- 과열
- 역화
- 부식
- 미연소가스 폭발 등

③ 각종 사고의 발생원인과 대책

㉮ 압력초과

원인	대책
• 안전장치의 작동 불량 • 압력계의 기능 이상 • 저수위(이상 감수) • 급수계통의 이상 • 수면계의 기능 이상	• 안전장치의 작동시험 및 점검 • 압력계의 작동시험 및 점검 • 항시 상용수위의 유지관리 철저 • 펌프 및 밸브류의 누설 점검 • 수면계의 작동시험 및 점검

㉯ 저수위(이상 감수)

원인	대책
• 수면계 수위의 오판 및 주시 태만 • 급수계통의 이상 • 분출계통의 누수 • 증발량의 과잉	• 수면계 연락관 청소 및 기능점검 • 수면계의 철저한 감시 • 상용수위의 유지 • 수저분출 밸브의 누설 점검 • 펌프 및 밸브류의 기능점검 및 누설점검

㉰ 과열

원인	대책
• 저수위 시(이상 감수) • 전열면의 국부 가열된 경우 • 관수의 농축 및 관수의 순환이 불량한 경우 • 스케일이 생성된 경우	• 상용수위 유지 • 연소장치의 개선, 분사각 조절 • 분출을 통한 관수의 한계 pH값 유지 • 전열의 확산 및 순환펌프의 기능점검 • 급수처리 철저 및 적기 분출

㉱ 역화(미연소 가스의 폭발)

원인	대책
• 프리퍼지의 부족 및 점화 시 착화가 늦은 경우 • 과다한 연료 공급 • 흡입통풍의 부족 및 압입통풍의 과대 • 공기보다 연료의 공급이 우선된 경우 • 연료의 불완전 연소 및 미연소	• 점화 시 송풍기 미작동일 때 연료 누입 방지 • 착화장치의 기능점검 • 댐퍼의 여닫음을 적절히 조절 • 공기의 공급이 우선될 것 • 적절한 연료공급 • 흡입(유인)통풍의 증대 • 연료의 과대공급방지 및 연소장치의 개선

2) 냉동기 안전관리

① 압축기의 안전관리

㉮ 압축기 과열 원인(토출가스온도 상승 원인)

㉠ 원인

- 고압이 상승하였을 때
- 흡입가스 과열 시(냉매 부족, 팽창밸브 열림 부족 – 속도 증가에 따른 압력강하가 커져(저압이 낮아져) 온도 역시 기준보다 내려간다.)
- 윤활 불량 및 워터자켓 기능 불량(암모니아)
- 토출, 흡입밸브, 내장형 안전밸브, 피스톤링, 유분리기, 자동반유밸브, 제상용 전자밸브 등의 누설

㉡ 영향

- 체적효율 감소로 냉동능력 감소
- 윤활유 열화 및 탄화로 압축기 소손
- 냉동능력당 소요동력 증대
- 패킹 및 가스켓의 노화 촉진

㉯ 토출밸브 누설 시 장치에 미치는 영향

- 실린더 과열 및 토출가스 온도 상승
- 윤활유의 열화 및 탄화
- 체적효율 저하
- 냉매순환량 감소로 인한 냉동능력저하
- 축수하중 증대

㉰ 피스톤링의 과대 마모 시 장치에 미치는 영향

- 체적효율감소
- 냉매순환량 감소로 인한 냉동능력저하
- 크랭크케이스 내의 압력 상승
- 냉동능력당 소요동력 증대
- 윤활유의 장치내 배출로 윤활유 부족
- 압축기 실린더의 과열로 윤활유 열화 및 탄화

㉱ 액압축 : 증발기의 냉매액이 전부 증발하지 못하고, 액체상태로 압축기로 흡입되는 현상

㉠ 원인

- 팽창밸브 열림이 클 때(속도 저하에 따른 압력강하의 폭이 적어진다)
- 증발기 냉각관의 유막 및 성에가 두껍게 덮였을 때
- 급격한 부하 변동(부하감소)
- 냉매 과충전 시
- 흡입관에 트랩 등과 같은 액이 고이는 장소가 있을 때
- 액분리기 기능불량
- 기동시 흡입밸브를 갑자기 열었을 때

㉡ 영향

- 흡입관에 성에가 심하게 덮인다.
- 토출가스 온도가 저하되며 심하면 토출관이 차가워진다.
- 실린더가 냉각되어 이슬이 맺히거나 성에가 낀다.
- 심할 경우 크랭크케이스에 성에가 끼고, 수격작용이 일어나 타격음이 난다.
- 축수하중 및 소요동력이 증대된다.
- 압력계 및 전류계의 지침이 떨리고 압축기가 파손될 수 있다.

㉢ 대책

- 흡입관에 성에가 낄 정도로 경미할 경우에는 팽창밸브 열림을 조절한다.
- 실린더에 성에가 낄 경우에는 흡입스톱밸브를 닫고 팽창밸브를 닫은 후, 정상상태가 될 때까지 운전을 한 다음 흡입스톱밸브를 서서히 열고, 팽창밸브를 재조정한다.
- 수격작용이 일어날 경우, 압축기를 정지시키고 워터자켓의 냉각수를 배출하고 크랭크케이스를 가열(액냄새를 증발시킨다)시켜 열교환을 한 후 재운전하며, 정도가 심하면 압축기 파손 부품을 교환한다.
- 냉매 충전량을 적정하게 하고 기동조작에 신중을 기한다.

② 응축기의 안전관리

㉮ 응축압력 상승

㉠ 응축압력 상승 원인

- 응축기 밑에 냉매액이나 오일이 고여 유효 전열면적이 감소할 때(균압관 불량)
- 응축기 냉각수량 부족 및 수온이 상승할 때
- 응축기 냉각관의 유막 및 물때가 끼었을 때
- 불응축 가스가 장치 내에 존재할 때
- 냉매의 과충전이나 응축부하가 클 때

㉡ 응축압력 상승 시 영향

- 압축비 증대로 소요동력 증대
- 압축기 토출가스온도 상승
- 실린더 과열로 오일의 열화 및 탄화
- 윤활불량으로 피스톤링 및 부품 마모
- 체적효율 감소로 인한 냉동능력 감소
- 축수부 하중 증대

㉢ 방지대책

- 냉각관 청소 및 오일 배출
- 장치 내 불응축가스를 가스 퍼저를 통해 배출
- 냉매 충전량, 적정유무 그리고 응축부하 점검
- 설계수량에 맞는 적정량의 냉각수를 흐르게 하고, 냉각수 배관계통의 막힘 등을 점검
- 균압관의 관지름 적정 여부 검토

㉯ 불응축 가스 : 응축기에서 액화되지 않는 가스

㉠ 불응축 가스 발생 원인

- 냉동장치의 신설 보수 후 진공작업 불충분으로 잔류하는 공기
- 냉매 및 윤활유 충전 시 부주의로 침입하는 공기
- 순도가 낮은 냉매 및 오일 충전시 이들에 섞인 공기
- 저압측의 진공운전으로 침입하는 공기
- 오일 탄화시 발생하는 오일의 증기
- 냉매의 화학분해 시 발생하는 산 증기(염산, 불화수소산 등)
- 밀폐형의 경우 전동기 코일의 소손 등에 의해 생성된 증기

㉡ 영향

- 침입한 불응축가스의 분압만큼 압력 상승
- 압축비 증대로 소요동력 증대
- 실린더 과열 및 윤활유 열화 및 탄화
- 윤활불량으로 활동부 마모
- 체적효율 감소로 냉동능력 감소
- 축수하중 증대 및 성적계수 감소

㉢ 확인

- 압축기 운전을 정지하고 응축기 입출구 정지밸브를 닫는다.
- 냉각수 입출구 온도차가 없어질 때까지 냉각수를 흘려 냉매를 최대한 응축액화시킨다.
- 냉각수 온도에 상당하는 냉매의 포화압력과 응축기 압력을 비교하여 응축압력이 높으면 불응축 가스가 섞인 것이다.

③ 팽창밸브의 안전관리

㉮ 팽창밸브를 많이 열었을 때

- 지나치게 냉매량이 많아져 액압축의 우려가 커진다.
- 냉매의 분출속도 저하로 증발압력(저압)이 높아진다.
- 증발온도가 상승한다.

㉯ 팽창밸브를 작게 열었을 때

- 냉매의 분출속도 증가로 증발압력(저압)이 낮아지고, 증발온도 역시 낮아진다.
- 압축비가 증가한다.
- 냉매 순환량이 감소하여 압축기로 과열증기가 흡입된다.
- 압축기 과열
- 체적효율 감소
- 냉동능력 감소
- 윤활유 열화 및 탄화

㉰ 장치 내 수분이 존재할 때

㉠ 장치 내 수분 침투 원인

- 진공작업 불충분으로 잔류하는 수분
- 냉매, 오일 충전 작업 시 부주의
- 수리, 정비, 설치 시 부주의
- 저압쪽의 진공 운전 시 바깥 공기 침입(개방형)
- 수분이 섞여 있는 냉매나 오일 충전 시

㉡ 영향

- 팽창밸브 동결 폐쇄(프레온)
- 증발온도 상승(암모니아)
- 유탁액 현상(암모니아)
- 동부착 현상(프레온 : 염산, 불화수소산 등 생성)
- 윤활유 열화촉진

㉱ 플래시 가스(Flash Gas)

㉠ 발생 원인

- 액관이 심하게 솟아있거나 길 때
- 스트레이너, 드라이어 등이 막혔을 때
- 액관 지름이 심하게 가늘 때
- 전자밸브, 스톱밸브, 드라이어, 스트레이너 등의 지름이 가늘 때(팽창밸브 전에 팽창밸브 역할을 하기 때문)

- 수액기나 액관이 직사광선에 노출되었을 때
- 액관을 보온없이 고온 장소에 통과시켰을 때
- 심하게 응축온도가 낮아졌을 때

㉡ 영향

- 냉매 순환량 감소로 냉동능력 감소
- 증발압력이 낮아져 압축비 상승 및 냉동능력 감소
- 흡입가스 과열로 토출가스온도 상승
- 실린더 과열로 윤활유 열화 및 탄화
- 냉장실 온도 상승

㉢ 방지대책

- 열교환기를 설치하여 냉매액을 과냉각시킨다.
- 냉매 배관의 길이 및 지름에 주의한다.
- 주위온도가 높은 경우 단열처리를 철저히 한다.
- 대용량일 경우 액펌프를 설치한다.

④ 증발기의 이상 원인

㉮ 증발압력(저압) 저하 원인

- 팽창밸브가 적게 열렸을 때
- 냉매 충전량이 부족할 때
- 증발 부하가 감소하였을 때
- 증발기 냉각관의 유막 및 성에가 덮였을 때
- 액관에 플래시 가스가 발생하였을 때
- 팽창밸브 및 액관 부속품이 막혔을 때(제습기, 여과기 등)

㉯ 영향

- 증발온도 저하
- 압축비 증대로 압축기 소요동력 증가
- 실린더 과열로 토출가스 온도 상승
- 오일의 열화 및 탄화
- 흡입가스 비체적 상승으로 체적효율 및 냉동능력 감소
- 냉매순환량 감소로 흡입가스 과열

㉰ 방지대책

- 팽창밸브 열림 조절
- 증발기 성에 발생 시 성에를 제거(제상)하고 오일 배출시킴
- 냉매충전량과 부하상태 점검
- 액관부속품의 관지름 및 배관계통의 막힘 여부 점검
- 액관 단열 및 과냉각 등으로 Flash Gas 발생 방지냉각 불충분

3. 냉동장치의 취급 및 안전관리

1) 냉동장치 운전 및 정지

① 운전 및 정지 일반 사항

㉮ 운전 준비

- 압축기 유면을 점검한다.
- 냉매량을 확인한다.
- 응축기, 유냉각기의 냉각수 출구 밸브를 확인한다.
- 압축기 흡입측 스톱밸브 및 토출측 스톱밸브를 완전히 연다.
- 압축기를 여러 번 손으로 돌려서 자유롭게 움직이는지를 확인한다.
- 운전 중에 열어두어야 할 밸브는 전부 개방한다.
- 액관 중에 있는 전자밸브의 작동을 확인한다.
- 벨트 장력 점검, 모터 직결인 경우 커플링을 점검한다.
- 전기 결선, 조작회로를 점검하여 절연사항을 측정한다.
- 냉각수 펌프를 운전하여 응축기 및 실린더 재킷의 통수를 확인한다.
- 각 전동기에 대해 몇 초 간격으로 2~3회 전동기를 기동, 정지시켜 보아 기동상태 및 회전 방향을 확인한다.

㉯ 운전 중

- 냉각수 펌프를 기동하여 응축기 및 압축기의 실린더 재킷에 통수
- 쿨링타워를 운전
- 응축기 등 수배관 내의 공기 방출
- 증발기의 송풍기 또는 냉수 순환펌프를 운전
- 압축기를 기동하여 흡입측 스톱밸브를 서서히 개방
- 수동팽창밸브의 경우 팽창밸브를 서서히 열어 규정의 개도까지 개방
- 압축기의 유압확인 및 조정
- 운전상태가 안정되었으면 전동기의 전압, 운전 전류를 확인
- 압축기의 크랭크케이스 유면을 자주 체크
- 응축기 또는 수액기 액면에 주의
- 응축기 또는 수액기에서 팽창밸브에 이르기까지 액배관에 손을 대어 보아 현저한 온도변화가 있는 개소가 없나 확인
- 투시경으로 기포발생 여부 확인
- 팽창밸브 상태에 주의하여 소정의 흡입압력, 적당한 과열도가 되도록 조정
- 토출가스 압력 점검, 필요에 따라 냉각수량, 냉각수 조절 밸브를 조정
- 증발기에서의 냉각상황, 적상상황, 냉매의 액면 등을 점검
- 고저압 압력스위치, 유압보호 압력스위치, 냉각수 압력스위치 등의 작동 확인
- 유분리기의 기능 점검

㉰ 운전 정지

- 팽창밸브 직전의 밸브를 닫는다.

- 저압이 정상적인 운전압력보다 1~1.5kgf/cm^2 정도 내려갔을 때 압축기의 흡입측 스톱밸브를 닫고 전동기를 정지시킨다.
- 압축기가 완전 정지한 후 토출측 스톱밸브를 닫는다.
- 유분리기의 반유밸브를 닫는다.
- 응축기, 실린더 자켓의 냉각수를 정지시킨다.

② 냉동장치 운전 및 정지 시 주의사항

㉮ 기동시 주의 사항
- 토출밸브는 반드시 열려 있을 것
- 흡입밸브를 조작할 때에는 신중을 기할 것
- 팽창밸브 조정에 신중을 기할 것
- 안전밸브의 원변은 열려 있는가 확인할 것
- 이상음에 신경을 쓸 것

㉯ 운전 중 주의사항
- 액을 흡입하지 않도록 한다.
- 흡입가스가 과열되지 않도록 한다.
- 압력계, 전류계 지시에 주의한다.
- 토출가스 온도가 120℃가 넘지 않도록 한다.
- 유분리기, 응축기, 증발기로부터의 배유 확인
- 응축기의 냉각수량 및 냉각관의 청결상태 확인
- 불응축 가스 방출
- 윤활상태 및 유면 점검
- 누설 유무 및 진동 확인

㉰ 장시간 정지 시 주의사항
- 수액기 출구 밸브 및 팽창밸브를 닫는다.
- 저압이 0.1kgf/cm^2 정도일 때 흡입측 스톱밸브를 닫는다.
- 압축기를 정지시키고 완전히 정지하면 토출측 스톱밸브를 닫는다.
- 브라인 펌프 등을 정지하고 유분리기 자동반유밸브를 닫는다.
- 냉각수 공급을 차단하고 겨울철 동파 위험이 있을 때는 수배관 내의 물을 드레인시킨다.

㉱ 정전시 주의사항
- 주전원 스위치를 차단한다.
- 수액기 출구밸브를 닫고, 압축기 흡입측 스톱밸브를 닫는다.
- 압축기가 완전 정지하면 토출측 스톱밸브를 닫는다.
- 냉각수 공급을 차단한다.

2) 냉동기 시험방법 및 냉매 충전

① 냉동기 시험방법

㉮ 내압시험
- 물 또는 오일을 이용하여 실시한다.
- 내압시험 압력은 기밀시험 압력의 1.5배(누설시험압력의 15/8배)이다.

- 시험에 사용하는 압력계의 눈금은 시험압력의 1.5~2배 이하인 것으로 한다.
- 배관을 제외한 기기에 행한다.

㉯ 기밀시험

- 냉동 설비 배관 이외의 부분에 대하여 행하는 가스압 시험으로 내압시험에 합격한 압축기 부스타 및 압력용기에 대하여 행하는 가스압 시험이다.
- 시험에 사용하는 가스는 건공기, 질소, 이산화탄소 등 불연성 가스를 사용한다.
- 압력상승시 1회에 3kgf/cm² 이상이 넘지 않도록 서서히 상승시키며 공기를 사용할 때는 압축공기의 온도가 140℃ 이상이 되지 않도록 한다.
- 저압측 압력이 시험압력으로 되었을 때 팽창밸브를 잠근다.
- 고압측 압력이 규정압력까시 도달하면 냉동기를 정지시키고 24시간 방치 후 누설 확인한다.
- 24시간 방치 후 온도변화를 고려 0.35kgf/cm² 이하의 압력으로 저하되었을 때 합격이다.

㉰ 누설시험

- 압축기, 부스타, 압력용기를 냉동장치에 연락하여 냉동설비 전체에 대하여 누설여부를 확인하는 가스압 시험
- 시험압력은 기밀시험압력의 80%
- 시험에 사용하는 가스는 공기, 질소 등의 불연성 가스
- 기밀시험 방법과 동일
- 24시간 방치 후 온도변화를 고려 0.3kgf/cm² 이하의 압력으로 저하되었을 때 합격

㉱ 진공시험

- 누설시험이 끝난 후 충전 전에 배기 및 배유밸브를 열어 장치 내의 가스를 배제한 후에 이물질이나 수분을 제거하고 장치 누설 여부를 시험
- 진공펌프나 장치 내의 압축기 이용
- 76cmHgV까지 가능한 한 진공시킨 후 24시간 방치
- 24시간 방치 후 0.5cmHg 이하의 압력상승이면 합격

② 냉매의 충전 및 회수 방법

㉮ 냉매충전 방법

- 압축기 흡입측 서비스밸브로 충전하는 방법
- 압축기 토출측 서비스밸브로 충전하는 방법

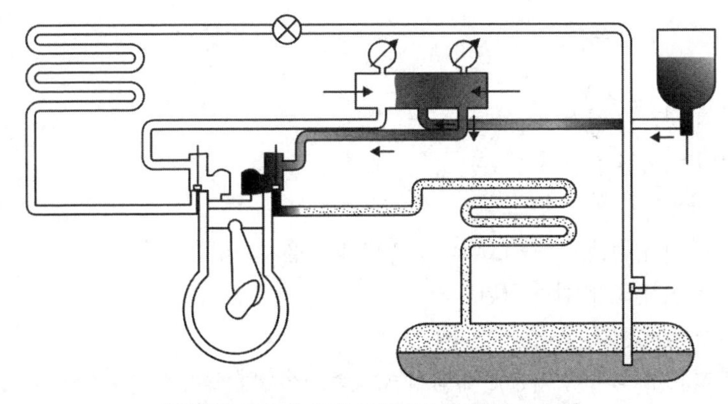

[압축기 토출측 서비스밸브로 충전하는 방법]

• 액관으로 충전하는 방법
• 수액기로 충전하는 방법

㉯ 냉매회수 방법

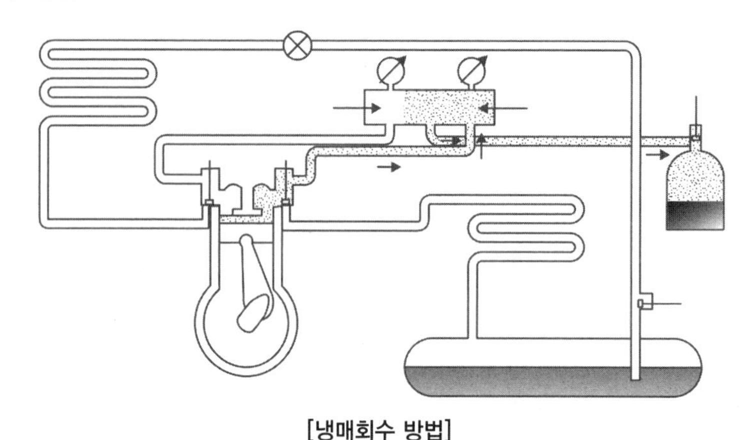

[냉매회수 방법]

3) 냉동장치의 정기점검

① 주 1회 점검

㉮ 압축기의 유면 점검
㉯ 유압 점검
㉰ 압축기를 정지한 후 축봉부에서의 오일 누설 여부 확인
㉱ 장치 전체의 이상유무 확인
㉲ 운전기록을 조사하여 이상변화 유무 확인

② 월 1회 점검

㉮ 전동기의 윤활유 점검
㉯ 벨트장력 점검조건
㉰ 풀리 및 플렉시블 커플링의 이완상태 점검
㉱ 토출압력 점검 및 흡입압력 점검
㉲ 냉매누설 감지
㉳ 안전장치 작동 확인
㉴ 냉각수 오염상태 확인

③ 년 1회 점검

㉮ 응축기의 냉각관 청소
㉯ 전동기의 베어링 점검
㉰ 벨트의 마모여부 확인 및 교환
㉱ 압축기 분해 점검(5,000~8,000시간마다 오버홀 실시)
㉲ 드라이어 및 건조제 점검 교환
㉳ 냉매계통 필터청소
㉴ 안전밸브 점검(압축기 최종단에 설치된 것을 6개월에 1회 이상 점검실시)
㉵ 제어기기의 절연저항 및 작동상태 확인

CHAPTER

02

Craftsman **Air-Conditioning and Refrigerating Machinery**

최근 **기출문제**

2012년 3회

최근기출문제

QUESTIONS FROM PREVIOUS TESTS

01 **중량물을 운반하기 위하여 크레인을 사용하고자 한다. 크레인의 안전한 사용을 위해 지정거리에서 권상을 정지시키는 방호장치는?**

① 과부하 방지 장치 ② 권과 방지 장치
③ 비상 정지 장치 ④ 해지 장치

권과 방지 장치는 일정 이상 높이로 올라가지 않도록 하는 장치

02 **냉동기계 설치 시 각 기기의 위치를 정하기 위한 설명으로 옳지 않은 것은?**

① 운전상 작업의 용이성을 고려할 것
② 실내의 기계 상태를 일부분만 볼 수 있게 하고 제어가 쉽도록 할 것
③ 실내의 조명과 환기를 고려할 것
④ 현장의 상황에 맞는가를 조사할 것

실내의 기계상태를 모두 볼 수 있게 하고 제어가 쉽도록 해야 한다.

03 **안전화의 구비조건에 대한 설명으로 틀린 것은?**

① 정전화는 인체에 대전된 정전기를 구두바닥을 통하여 땅으로 누전시킬 수 있는 재료를 사용할 것
② 가죽제 안전화는 가능한 한 무거울 것
③ 착용감이 좋고 작업에 편리할 것
④ 앞발가락 끝부분에 선심을 넣어 압박, 충격에 대하여 착용자의 발가락을 보호할 수 있을 것

안전화는 충격을 보호하고 가능한 가벼워야 한다.

04 **누전 및 지락의 방지대책으로 적절하지 못한 것은?**

① 절연 열화의 방지
② 퓨즈, 누전차단기 설치
③ 과열, 습기, 부식의 방지
④ 대전체 사용

05 **보일러 취급 부주의에 의한 사고 원인이 아닌 것은?**

① 이상 감수(減水) ② 압력 초과
③ 수처리 불량 ④ 용접 불량

용접 불량은 제작상 결함이다.

06 **연소에 관한 설명이 잘못된 것은?**

① 온도가 높을수록 연소속도가 빨라진다.
② 입자가 작을수록 연소속도가 빨라진다.
③ 촉매가 작용하면 연소속도가 빨라진다.
④ 산화되기 어려운 물질일수록 연소속도가 빨라진다.

연소는 열과 빛을 내는 급격한 산화반응으로 산화되기 쉬운 물질일수록 연소속도가 빨라진다.

07 **전기용접 작업의 안전사항에 해당되지 않는 것은?**

① 용접 작업 시 보호구를 착용토록 한다.
② 홀더나 용접봉은 맨손으로 취급하지 않는다.
③ 작업 전에 소화기 및 방화사를 준비한다.
④ 용접이 끝나면 용접봉을 홀더에서 빼지 않는다.

용접이 끝난 후 용접봉은 홀더에서 빼서 용접봉 건조로에 보관한다.

08 **안전장치에 관한 사항으로 옳지 않은 것은?**

① 해당설비에 적합한 안전장치를 사용한다.
② 안전장치는 수시로 점검한다.
③ 안전장치는 결함이 있을 때에는 즉시 조치한 후 작업한다.
④ 안전장치는 작업형편상 부득이한 경우에는 일시적으로 제거하여도 좋다.

09 **위험물 취급 및 저장 시의 안전조치 사항 중 틀린 것은?**

① 위험물은 작업장과 별도의 장소에 보관하여야 한다.
② 위험물을 취급하는 작업장에는 너비 0.3m 이상, 높이 2m 이상의 비상구를 설치하여야 한다.
③ 작업장 내부에는 작업에 필요한 양만큼만 두어야 한다.
④ 위험물을 취급하는 작업장에는 출입구와 같은 방향에 있지 아니하고, 출입구로부터 3m 이상 떨어진 곳에 비상구를 설치하여야 한다.

10 **산소-아세틸렌 가스용접 시 역화 현상이 발생하였을 때 조치사항으로 적절하지 못한 것은?**

① 산소의 공급압력을 최대로 높인다.
② 팁 구멍의 이물질 제거 등 토치의 기능을 점검한다.
③ 팁을 물로 냉각한다.
④ 아세틸렌을 차단한다.

역화 조치 사항
- 아세틸렌을 즉시 닫는다.
- 산소를 약하게 열고 토치팁을 물 속에 넣어 냉각한다.
- 팁 끝부분의 이물질을 제거한다.

11 **수공구 사용 시 주의사항으로 적당하지 않은 것은?**

① 작업대 위의 공구는 작업 중에도 정리한다.
② 스패너 자루에 파이프를 끼어 사용해서는 안 된다.
③ 서피스 게이지의 바늘 끝은 위쪽으로 향하게 둔다.
④ 사용 전에 이상 유무를 반드시 점검한다.

12 **사업주는 그 작업조건에 적합한 보호구를 동시에 작업하는 근로자의 수 이상으로 지급하고 이를 착용하도록 하여야 한다. 이 때 적합한 보호구 지급에 해당되지 않는 것은?**

① 보안경 : 물체가 날아 흩어질 위험이 있는 작업
② 보안면 : 용접 시 불꽃 또는 물체가 날아 흩어질 위험이 있는 작업
③ 안전대 : 감전의 위험이 있는 작업
④ 방열복 : 고열에 의한 화상 등의 위험이 있는 작업

13 **냉동설비의 설치공사 완료 후 시운전 또는 기밀시험을 실시할 때 사용할 수 없는 것은?**

① 헬륨　　② 산소
③ 질소　　④ 탄산가스

주로 산소 이외의 불연성 가스, 불활성 가스를 사용한다.

14 **다음 보기의 설명에 해당되는 것은?**

- 실린더에 상이 붙는다.
- 토출가스 온도가 낮아진다.
- 냉동능력이 감소한다.
- 압축기의 손상이 우려된다.

① 액 해머　　② 커퍼 플레이팅
③ 냉매과소 충전　　④ 플래시 가스 발생

15 **추락을 방지하기 위해 작업발판을 설치해야 하는 높이는 몇 m 이상인가?**

① 2　　② 3
③ 4　　④ 5

16 **그림과 같은 회로에서 6[Ω]에 흐르는 전류[A]는 얼마인가?**

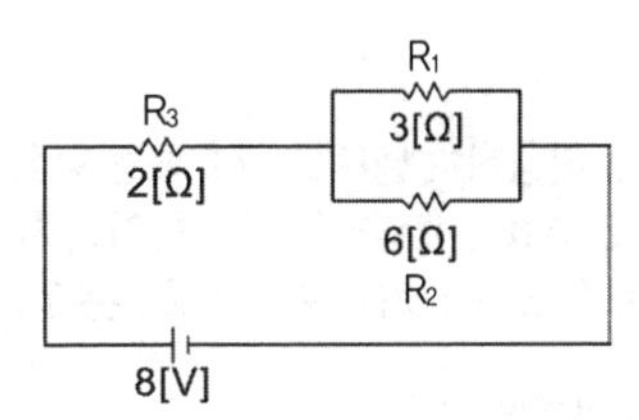

① $\frac{1}{3}[A]$　　② $\frac{2}{3}[A]$
③ $\frac{1}{2}[A]$　　④ $\frac{3}{2}[A]$

- 병렬부분 합성저항 $\frac{3 \times 6}{3+6} = 2\Omega$
- 전체 저항은 2 + 2 = 4 Ω
- 전체전류 $I = \frac{V}{R} = \frac{8}{4} = 2A$
- 병렬부분에 전류는 저항에 반비례하므로 6Ω 부분은
  $2A \times \frac{1}{(2+1)} = \frac{2}{3}A$

17 이상기체의 엔탈피가 변하지 않는 과정은?

① 가역 단열과정 ② 등온과정
③ 비가역 압축과정 ④ 교축과정

> 교축과정은 등엔탈피 변화 과정으로 팽창밸브에서 일어난다.

18 다음 중 열펌프(Heat Pump)의 열원이 아닌 것은?

① 대기 ② 지열
③ 태양열 ④ 빙축열

> 열펌프의 열원은 열을 흡수하는 것으로 빙축열은 심야전기를 이용하여 야간에 제빙조에서 얼음을 얼리고 주간에 얼음의 냉기를 이용하여 냉방을 하는 방식이다.

19 수동나사 절삭 방법 중 잘못 된 것은?

① 관을 파이프 바이스에서 약 150mm 정도 나오게 하고 관이 찌그러지지 않게 주의하면서 단단히 물린다.
② 관 끝은 절삭날이 쉽게 들어갈 수 있도록 약간의 모따기를 한다.
③ 나사 절삭기를 관에 끼우고 래칫을 조정한 다음 약 30°씩 회전시킨다.
④ 나사가 완성되면 편심 핸들을 급히 풀고 절삭기를 뺀다.

20 원심력을 이용하여 냉매를 압축하는 형식으로 터보압축기라고도하며, 흡입하는 냉매증기의 체적은 크지만 압축압력을 크게 하기 곤란한 압축기는?

① 원심식 압축기
② 스크류 압축기
③ 회전식 압축기
④ 왕복동식 압축기

21 액을 수액기로 유입시키는 냉매 회수장치의 구성요소가 아닌 것은?

① 3방 밸브 ② 고압압력 스위치
③ 체크 밸브 ④ 플로우트 스위치

> 고압 압력 스위치는 압축기의 보호장치이다.

22 열역학 제1법칙을 설명한 것 중 옳은 것은?

① 열평형에 관한 법칙이다.
② 이론적으로 유도 가능하여 엔트로피의 뜻을 잘 설명한다.
③ 이상 기체에만 적용되는 열량 법칙이다.
④ 에너지 보존의 법칙 중 열과 일의 관계를 설명한 것이다.

> • 열역학 제0법칙 : 열평형의 법칙
> • 열역학 제1법칙 : 에너지 보존의 법칙
> • 열역학 제2법칙 : 엔트로피 증가의 법칙

23 프레온 냉동장치에서 필요 없는 것은?

① 워터 재킷
② 드라이어
③ 액 분리기
④ 유 분리기

24 고체 냉각식 동결장치의 종류에 속하지 않는 것은?

① 스파이럴식 동결장치
② 배치식 콘택트 프리저 동결장치
③ 연속식 싱글 스틸 벨트 프리저 동결장치
④ 드럼 프리저 동결장치

> 고체 냉각식은 냉각된 판넬 등을 이용해 동결하는 것으로 배치식, 연속식, 드럼식이 있다.

25 압축식 냉동장치를 운전하였더니 다음 그림 같은 사이클이 형성되었다. 이 장치의 성적계수는 약 얼마인가?(단, 각 점의 엔탈피는 a : 115, b : 143, c : 154kcal/㎏이다.)

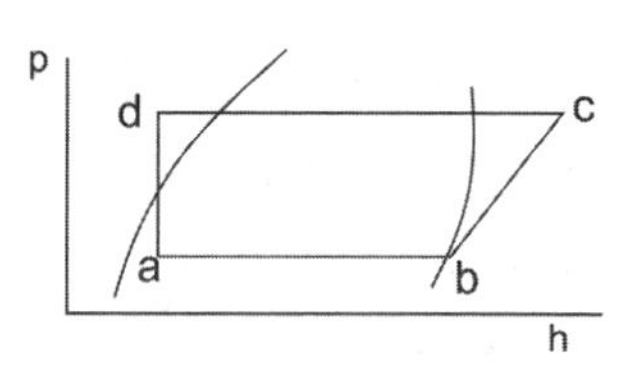

① 4.55 ② 3.55
③ 2.55 ④ 1.55

성적계수 = $\frac{냉동효과}{압축일}$이므로

$\frac{143-115}{154-143} ≒ 2.55$

26 다음 중 배관의 부식방지용 도료가 아닌 것은?

① 광명단　　② 산화철
③ 규조토　　④ 타르 및 아스팔트

27 증기 압축식 냉동기와 흡수식 냉동기에 대한 설명 중 잘못된 것은?

① 증기를 값싸게 얻을 수 있는 장소에서는 흡수식이 경제적으로 유리하다.
② 냉매를 압축하기 위해 압축식에서는 기계적 에너지를, 흡수식에서는 화학적 에너지를 이용한다.
③ 흡수식에 비해 압축식이 열효율이 높다.
④ 동일한 냉동능력을 갖기 위해서 흡수식은 압축식에 비해 장치가 커진다.

냉매를 압축하기 위해 압축식은 기계적 일을 이용하며 흡수식은 압축기 대신 흡수기, 발생기를 사용한다. 흡수식 냉동기는 냉매를 분리하기 위해 열에너지를 사용한다.

28 다음 전기에 대한 설명 중 틀린 것은?

① 전기가 흐르기 어려운 정도를 컨덕턴스라 한다.
② 일정시간 동안 전기에너지가 한 일의 양을 전력량이라 한다.
③ 일정한 도체에 가한 전압을 증가시키면 전류도 커진다.
④ 기전력은 전위차를 유지시켜 전류를 흘리는 원동력이 된다.

29 냉동장치에서 디스트리뷰터(distributor)의 역할로써 가장 적합한 것은?

① 냉매의 분배　　② 토출가스 과열
③ 증발온도 저하　　④ 플래시가스 발생

디스트리뷰터는 냉매 분배기를 말한다.

30 다음 그림은 무슨 냉동사이클 이라고 하는가?

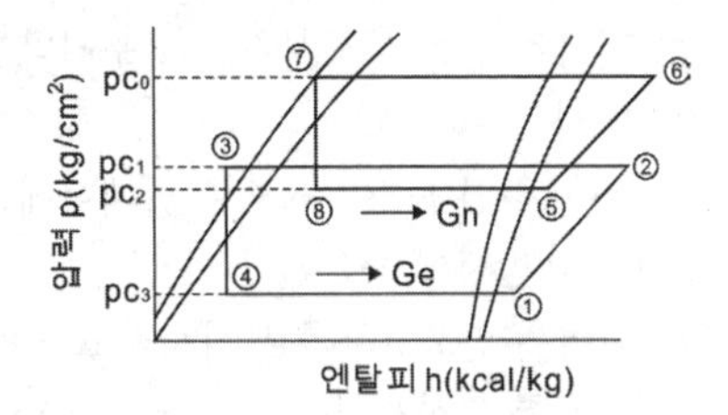

① 2단 압축 1단 팽창 냉동사이클
② 2단 압축 2단 팽창 냉동사이클
③ 2원 냉동사이클
④ 강제 순환식 2단 사이클

두 종류의 냉매(저온, 고온용)를 사용하여 초저온 냉동에 이용하는 것을 2원 냉동사이클이라 한다.

31 1psi는 약 몇 gf/cm²인가?

① 64.5
② 70.3
③ 82.5
④ 98.1

표준대기압 1.0332kgf/cm² = 14.7psi = 1033.2 gf/cm²
이므로 $\frac{1033.2 \times 1}{14.7} ≒ 70.3gf/cm^2$

32 브라인에 암모니아 냉매가 누설되었을 때, 적합한 누설 검사 방법은?

① 비눗물 등의 발포액을 발라 검사한다.
② 누설 검지기로 검사한다.
③ 헬라이드 토치로 검사한다.
④ 네슬러 시약으로 검사한다.

33 각종 밸브의 종류와 용도와의 관계를 설명한 것이다. 잘못된 것은?

① 글로브밸브 : 유량 조절용
② 체크밸브 : 역류 방지용
③ 안전밸브 : 이상 압력 조정용
④ 콕 : 0~180° 사이의 회전으로 유로의 느린 개폐용

34 다음 중 냉매의 성질로 옳은 것은?

① 암모니아는 강을 부식시키므로 구리나 아연을 사용한다.
② 프레온은 절연내력이 크므로 밀폐형에는 부적합하고 개방형에 사용된다.
③ 암모니아는 인조고무를 부식시키고, 프레온은 천연고무를 부식시킨다.
④ 프레온은 수분과 분리가 잘되므로 드라이어를 설치할 필요는 없다.

> 암모니아는 인조고무를 부식시키므로 천연고무 패킹을 사용하고 프레온은 천연고무를 부식시키므로 인조고무 패킹을 사용한다.

35 2단 압축 냉동사이클에서 저압측 증발압력이 $3kgf/cm^2g$이고, 고압측 응축압력이 $18kgf/cm^2g$일 때 중간압력은 약 얼마인가?(단, 대기압은 $1kgf/cm^2a$ 이다.)

① $6.7kgf/cm^2a$　② $7.8kgf/cm^2a$
③ $8.7kgf/cm^2a$　④ $9.5kgf/cm^2a$

> 2단 압축의 중간압력 $= \sqrt{P_1 \times P_2}$
> $= \sqrt{(3+1) \times (18+1)} \fallingdotseq 8.7$

36 브라인 동결 방지의 목적으로 사용되는 기기가 아닌 것은?

① 서모스탯　② 단수 릴레이
③ 흡입압력 조정 밸브　④ 증발압력 조정 밸브

37 왕복동 압축기의 기계효율(η_m)에 대한 설명으로 옳은 것은?(단, 지시동력은 가스를 압축하기 위한 압축기의 실제 필요 동력이고, 축 동력은 실제 압축기를 운전하는데 필요한 동력이며, 이론적 동력은 압축기의 이론상 필요한 동력을 말한다.)

① $\dfrac{\text{지시동력}}{\text{축동력}}$

② $\dfrac{\text{이론적동력}}{\text{지시동력}}$

③ $\dfrac{\text{지시동력}}{\text{이론적동력}}$

④ $\dfrac{\text{축동력} \times \text{지시동력}}{\text{이론적동력}}$

38 자연적인 냉동방법 중 얼음을 이용하는 냉각법과 가장 관계가 많은 것은?

① 융해열　② 증발열
③ 승화열　④ 응고열

39 2단 압축장치의 중간 냉각기 역할이 아닌 것은?

① 압축기로 흡입되는 액냉매를 방지하기 위함이다.
② 고압응축액을 냉각시켜 냉동능력을 증대시킨다.
③ 저단측 압축기 토출가스의 과열을 제거한다.
④ 냉매액을 냉각하여 그 중에 포함되어 있는 수분을 동결시킨다.

> 냉매액 중의 수분이 동결되면 팽창밸브가 폐쇄되는데 이를 방지하기 위해 팽창밸브 직전에 건조기를 설치한다.

40 역 카르노 사이클은 어떤 상태변화 과정으로 이루어져 있는가?

① 2개의 등온과정, 1개의 등압과정
② 2개의 등압과정, 2개의 교축작용
③ 2개의 단열과정, 1개의 교축과정
④ 2개의 단열과정, 2개의 등온과정

41 터보 압축기의 특징으로 맞지 않는 것은?

① 임펠러에 의한 원심력을 이용하여 압축한다.
② 응축기에서 가스가 응축하지 않을 경우 이상고압이 발생된다.
③ 부하가 감소하면 서징을 일으킨다.
④ 진동이 적고, 1대로도 대용량이 가능하다.

42 강제 급유식에 기어펌프를 많이 사용하는 이유로 가장 적합한 것은?

① 유체의 마찰저항이 크기 때문에
② 저속으로도 일정한 압력을 얻을 수 있기 때문에
③ 구조가 복잡하기 때문에
④ 대형으로만 높은 압력을 얻을 수 있기 때문에

기어펌프는 구조상 기어회전 시 기어틈새에 해당하는 만큼 정확하게 유체가 이송된다. 역류하지 않고 회전속도가 낮더라도 일정 공급 압력을 유지할 수 있으므로 고점도 유체이송에 사용된다.

43 압축기 및 응축기에서 심한 온도 상승을 방지하기 위한 대책이 아닌 것은?

① 불응축 가스를 제거한다.
② 규정된 냉매량보다 적은 냉매를 충전한다.
③ 충분한 냉각수를 보낸다.
④ 냉각수 배관을 청소한다.

44 관의 끝부분의 표시방법에서 종류별 그림기호를 나타낸 것으로 틀린 것은?

① 용접식 캡 : ————D
② 체크포인트 : ————X
③ 블라인더 플랜지 : ————||
④ 나사박음식 캡 : ————]

45 냉동장치에서 압력과 온도를 낮추고 동시에 증발기로 유입되는 냉매량을 조절해 주는 곳은?

① 수액기
② 압축기
③ 응축기
④ 팽창밸브

46 가습효율이 100%에 가까우며 무균이면서 응답성이 좋아 정밀한 습도제어가 가능한 가습기는?

① 물분무식 가습기
② 증발팬 가습기
③ 증기 가습기
④ 소형 초음파 가습기

증기 가습기는 직접 수증기 상태로 물을 가열해 공기중 분사하므로 가습효율이 100%에 가깝고 물을 가열증발하므로 살균효과가 있다.

47 송풍기의 종류 중 전곡형과 후곡형 날개 형태가 있으며 다익송풍기, 터보송풍기 등으로 분류되는 송풍기는?

① 원심 송풍기
② 축류 송풍기
③ 사류 송풍기
④ 관류 송풍기

48 개별 공조방식의 특징이 아닌 것은?

① 국소적인 운전이 자유롭다.
② 중앙방식에 비해 소음과 진동이 크다.
③ 외기 냉방을 할 수 있다.
④ 취급이 간단하다.

49 증기배관의 말단이나 방열기 환수구에 설치하여 증기관이나 방열기에서 발생한 응축수 및 공기를 배출시키는 장치는?

① 공기빼기밸브
② 신축이음
③ 증기트랩
④ 팽창탱크

50 조화된 공기를 덕트에서 실내에 공급하기 위한 개구부는?

① 취출구
② 흡입구
③ 펀칭메탈
④ 그릴

공기조화기에서 조절된 공기를 덕트를 통해 공급하여 실내에 취출하는 장치를 취출구 또 는 디퓨저라 한다.

51 공기조화기에 있어 바이패스 팩터(bypass factor)가 작아지는 경우에 해당되는 것이 아닌 것은?

① 전열면적이 클 때
② 코일의 열수가 많을 때
③ 송풍량이 클 경우
④ 핀 간격이 좁을 때

52 온수난방 방식에서 방열량이 2500kcal/h인 방열기에 공급되어야 할 온수량은 약 얼마인가?(단, 방열기 입구 온도는 80℃, 출구 온도는 70℃, 물의 비열은 1.0kcal/kg℃, 평균온도에 있어서 물의 밀도는 977.5kg/m³ 이다.)

① $0.135m^3/h$ ② $0.255m^3/h$
③ $0.345m^3/h$ ④ $0.465m^3/h$

방열량 = 온수량×비열×온도차

이므로 $온수량 = \frac{방열량}{비열 \times 온도차}$

$= \frac{2500}{1 \times 977.5 \times (80-70)} \fallingdotseq 0.255 [m^3/h]$

53 쉘 튜브(shell & tube)형 열교환기에 관한 설명으로 옳은 것은?

① 전열관 내 유속은 내식성이나 내마모성을 고려하여 1.8m/s 이하가 되도록 하는 것이 바람직하다.
② 동관을 전열관으로 사용할 경우 유체 온도가 200℃ 이상이 좋다.
③ 증기와 온수의 흐름은 열 교환 측면에서 병행류가 바람직하다.
④ 열 관류율은 재료와 유체의 종류에 상관없이 거의 일정하다.

54 환기방법 중 제1종 환기법으로 맞는 것은?

① 강제급기와 강제배기
② 강제급기와 자연배기
③ 자연급기와 강제배기
④ 자연급기와 자연배기

- 제1종 환기 : 강제흡기 + 강제배기
- 제2종 환기 : 강제흡기 + 자연배기
- 제3종 환기 : 자연흡기 + 강제배기
- 제4종 환기 : 자연환기

55 공기조화 방식 중에서 중앙식 전공기 방식에 속하는 것은?

① 패키지 유닛방식 ② 복사 냉난방식
③ 팬코일 유닛방식 ④ 2중 덕트방식

56 틈새바람에 의한 부하를 계산하는 방법에 속하지 않는 것은?

① 창 면적법
② 크랙법
③ 환기횟수법
④ 바닥 면적법

틈새바람양 구하는 방법에는 면적법, 환기횟수법, 크랙법이 있다.

57 상당증발량이 3000㎏/h이고 급수온도가 30℃, 발생증기 엔탈피가 635.2kcal/㎏ 일 때 실제 증발량은 약 얼마인가?

① 2048㎏/h
② 2200㎏/h
③ 5472㎏/h
④ 2672㎏/h

$실제증발량 = \frac{상당증발량 \times 539}{증기엔탈피 - 급수엔탈피}$

$\frac{3000 \times 539}{635.2 - 30} \fallingdotseq 2672 [kg/h]$

58 원통보일러의 장점에 속하지 않는 것은?

① 부하변동에 따른 압력변동이 적다.
② 구조가 간단하다.
③ 고장이 적으며 수명이 길다.
④ 보유수량이 적어 파열사고 발생 시 위험성이 적다.

59 공기의 설명 중 틀린 것은?

① 공기 중의 수분이 불포화 상태에서는 건구온도가 습구온도보다 높게 나타난다.
② 공기에 가습, 강습이 없어도 온도가 변하면 상대습도는 변한다.
③ 건공기는 수분을 전혀 함유하지 않은 공기이며, 습공기란 건조공기 중에 수분을 함유한 공기이다.
④ 공기 중의 수증기 일부가 응축하여 물방울이 맺히기 시작하는 점을 비등점이라 한다.

60 **실내의 사람이 쾌적하게 생활할 수 있도록 조절해 주어야 할 사항으로 거리가 먼 것은?**

① 공기의 온도
② 공기의 습도
③ 공기의 압력
④ 공기의 속도

공기를 조절할 때 온도, 습도, 청정도, 기류 속도를 조절한다.

정답 최근기출문제 - 2012년 3회

01 ②	02 ②	03 ②	04 ④	05 ④
06 ④	07 ④	08 ④	09 ②	10 ①
11 ③	12 ③	13 ②	14 ①	15 ①
16 ②	17 ④	18 ④	19 ④	20 ①
21 ②	22 ④	23 ①	24 ①	25 ③
26 ③	27 ②	28 ①	29 ①	30 ③
31 ②	32 ④	33 ④	34 ③	35 ③
36 ③	37 ①	38 ①	39 ④	40 ④
41 ②	42 ②	43 ②	44 ②	45 ④
46 ③	47 ①	48 ③	49 ③	50 ①
51 ③	52 ②	53 ①	54 ①	55 ④
56 ④	57 ④	58 ④	59 ④	60 ③

2012년 4회

QUESTIONS FROM PREVIOUS TESTS

최근기출문제

01 렌치 사용 시 유의사항이다. 적절하지 못한 것은?

① 항상 자기 몸 바깥쪽으로 밀면서 작업한다.
② 렌치에 파이프 등을 끼워서 사용해서는 안 된다.
③ 볼트를 죌 때에는 나사가 일그러질 정도로 과도하게 조이지 않아야 한다.
④ 사용한 렌치는 깨끗하게 닦아서 건조한 곳에 보관한다.

02 아크 용접작업 시 사망재해의 주원인은?

① 아크광선에 의한 재해
② 전격에 의한 재해
③ 가스 중독에 의한 재해
④ 가스폭발에 의한 재해

03 고압가스 운반 등의 기준으로 적합하지 않은 것은?

① 충전 용기를 차량에 적재하여 운반할 때에는 적재함에 세워서 운반할 것
② 독성가스 중 가연성가스와 조연성 가스는 같은 차량의 적재함으로 운반하지 않을 것
③ 질량 500kg 이상의 암모니아 운반 시는 운반책임자를 동승시킨다.
④ 운반 중인 충전 용기는 항상 40℃ 이하를 유지할 것

암모니아는 액화가스 독성으로 1000kg 이상일 경우 운반책임자를 동승시킨다.

04 고압가스안전 관리법 시행규칙에 의거 원심식 압축기의 냉동설비 중 그 압축기의 원동기 냉동능력 산정 기준으로 맞는 것은?

① 정격출력 1.0kW를 1일의 냉동능력 1톤으로 본다.
② 정격출력 1.2kW를 1일의 냉동능력 1톤으로 본다.
③ 정격출력 1.5kW를 1일의 냉동능력 1톤으로 본다.
④ 정격출력 2.0kW를 1일의 냉동능력 1톤으로 본다.

05 보일러 파열사고 원인 중 구조물의 강도 부족에 의한 원인이 아닌 것은?

① 용접불량　② 재료불량
③ 동체의 구조불량　④ 용수관리의 불량

보일러 수 관리의 불량은 스케일 생성→ 과열→ 파열사고를 초래하며 취급상의 원인에 해당한다.

06 공조 실에서 용접작업 시 안전사항으로 적당하지 않은 것은?

① 전극 클램프 부분에는 작업 중 먼지가 많아도 그냥 두고 접속 부분의 접촉 저항만 크게 하면 된다.
② 용접기의 리드 단자와 케이블의 접속은 절연물로 보호한다.
③ 용접작업이 끝났을 경우 전원 스위치를 내린다.
④ 홀더나 용접봉은 맨손으로 취급하지 않는다.

07 공구를 취급할 때 지켜야 될 사항에 해당되지 않는 것은?

① 공구는 떨어지기 쉬운 곳에는 놓지 않는다.
② 공구는 손으로 넘겨주거나 때에 따라서 던져서 주어도 무방하다.
③ 공구는 항상 일정한 장소에 놓고 사용한다.
④ 불량공구는 함부로 수리하지 않는다.

08 **안전장치의 취급에 관한 사항 중 틀린 것은?**

① 안전장치는 반드시 작업 전에 점검한다.
② 안전장치는 구조상의 결함유무를 항상 점검한다.
③ 안전장치가 불량할 때에는 즉시 수정한 다음 작업한다.
④ 안전장치는 작업 형편상 부득이한 경우에는 일시 제거해도 좋다.

안전장치는 어떠한 경우에도 제거해서는 안 된다.

09 **안전사고 발생 시 위험도에 영향을 주는 것과 관계없는 것은?**

① 통전전류의 크기
② 통전시간과 전격의 위상
③ 사용기기의 크기와 모양
④ 전원(직류 또는 교류)의 종류

10 **도수율(빈도율)이 20인 사업장의 연천인율은 얼마인가?**

① 24 ② 48
③ 72 ④ 96

도수율은 연 근로시간 100만 시간당 발생한 재해건수

$$도수율(FR) = \frac{산업재해건수(N)}{연근로시간(H)} \times 1,000,000$$

연천인율≒도수율×2.4 = 20×2.4 = 48

11 **전기 화재의 원인으로 거리가 먼 것은?**

① 누전
② 합선
③ 접지
④ 과전류

12 **냉동기운전 전 점검사항으로 잘못된 것은?**

① 냉매량 확인
② 압축기 유면 점검
③ 전자밸브 작동 확인
④ 모든 밸브의 닫힘을 확인

13 **안전 보호구 사용 시 주의할 점으로 잘못된 것은?**

① 규정된 장갑, 앞치마, 발 덮개를 사용한다.
② 보호구나 장갑 등은 사용하기 전에 결함이 있는지 확인한다.
③ 독극물을 취급하는 작업 시 입었던 보호구는 다음 작업 시에도 계속 입고 작업한다.
④ 보안경은 차광도에 맞게 사용하고 작업에 임한다.

14 **재해를 일으키는 원인 중 물적 원인(불안전한 상태)이라 볼 수 없는 것은?**

① 불충분한 경보시스템
② 작업장소의 조명 및 환기불량
③ 안전수칙 및 지시의 불이행
④ 결함이 있는 기계나 기구의 배치

15 **안전관리의 주된 목적을 바르게 설명한 것은?**

① 사고 후 처리 ② 사상자의 치료
③ 생산가의 절감 ④ 사고의 미연방지

16 **강관의 명칭과 KS규격기호가 잘못된 것은?**

① 배관용 합금강관 : SPA
② 고압 배관용 탄소강관 : SPW
③ 고온 배관용 탄소강관 : SPHT
④ 압력 배관용 탄소강관 : SPPS

고압 배관용 탄송강관 : SPPH

17 **그림과 같이 25A×25A×25A의 티에 20A관을 직접 A부분에 연결하고자 할 때 필요한 이음쇠는?**

① 유니언 ② 캡
③ 부싱 ④ 플러그

18 작동 전에는 열려있고, 조작할 때 닫히는 접점은 무엇이라고 하는가?

① 브레이크 접점
② 메이크 접점
③ 보조 접점
④ b 접점

19 어떤 증발기의 열통과율이 500kcal/m²h℃이고 대수평균 온도차가 7.5℃, 냉각능력이 15RT일 때, 이 증발기의 전열면적은 약 얼마인가?

① 13.3m² ② 16.6m²
③ 18.2m² ④ 24.4m²

> 전열면적 $= \dfrac{\text{냉동능력}}{\text{열통과율} \times \text{대수평균온도차}}$
> $= \dfrac{15 \times 3320}{500 \times 7.5} \fallingdotseq 13.3[m^2]$

20 단수 릴레이의 종류에 속하지 않는 것은?

① 단압식 릴레이
② 차압식 릴레이
③ 수류식 릴레이
④ 비례식 릴레이

21 열전도가 좋아 급유관이나 냉각, 가열관으로 사용되나 고온에서 강도가 떨어지는 관은?

① 강관
② 플라스틱관
③ 주철관
④ 동관

22 냉동 장치에서 가스 퍼저(purger)를 설치할 경우, 가스의 인입선은 어디에 설치해야 하는가?

① 응축기와 수액기의 균압관에 한다.
② 수액기와 팽창 밸브 사이에 한다.
③ 압축기의 토출관으로부터 응축기의 3/4되는 곳에 한다.
④ 응축기와 증발기 사이에 한다.

23 한쪽에는 구동원으로 바이메탈과 전열기가 조립된 바이메탈 부분과, 다른 한쪽은 니들밸브가 조립되어 있는 밸브 본체 부분으로 구성되어 있는 팽창밸브로 맞는 것은?

① 온도식 자동 팽창밸브
② 정압식 자동 팽창밸브
③ 열전식 팽창밸브
④ 플로토식 팽창밸브

24 SI단위에서 비체적의 설명으로 맞는 것은?

① 단위 엔트로피당 체적이다.
② 단위 체적당 중량이다.
③ 단위 체적당 엔탈피이다.
④ 단위 질량당 체적이다.

25 냉매의 명칭과 표기방법이 잘못된 것은?

① 아황산가스 : R-764
② 물 : R-718
③ 암모니아 : R-717
④ 이산화탄소 : R-746

> 프레온 이외 냉매는 700단위 뒤에 분자량을 붙이므로 이산화탄소는 R-744이다.

26 관 용접작업 시 지켜야 할 안전에 대한 사항으로 옳지 않은 것은?

① 실내나 지하실 등에서는 통기가 잘 되도록 조치한다.
② 인화성 물질이나 전기 배선으로부터 충분히 떨어지도록 한다.
③ 관 내에 남아있는 잔류 기름이나 약품 따위를 가스 토치로 태운 후 작업한다.
④ 자신뿐만 아니라 옆 사람의 안전에도 최대한 주의한다.

27 제빙장치 중 결빙한 얼음을 제방관에서 떼어낼 때 관내의 얼음 표면을 녹이기 위해 사용하는 기기는?

① 주수조 ② 양빙기
③ 저빙고 ④ 용빙조

28 펌프의 캐비테이션 방지책으로 잘못된 것은?

① 양흡입 펌프를 사용한다.
② 흡인관의 손실을 줄이기 위해 관지름을 굵게, 굽힘을 적게 한다.
③ 펌프의 설치 위치를 낮춘다.
④ 펌프 회전수를 빠르게 한다.

29 브라인 부식방지처리에 관한 설명으로 틀린 것은?

① 공기와 접촉하면 부식성이 증대하므로 가능한 공기와 접촉하지 않도록 한다.
② 염화칼슘 브라인 1L에는 중크롬산소다 1.6g을 첨가하고 중크롬산소다 100g마다 가성소다 27g씩 첨가한다.
③ 브라인은 산성을 띠게 되면 부식성이 커지므로 pH 7.5~8.2로 유지되도록 한다.
④ NaCℓ 브라인 1L에 대하여 중크롬산소다 0.9g을 첨가하고 중크롬산소다 100㎏마다 가성소다 1.3g씩 첨가한다.

30 0℃의 얼음 3.5㎏을 용해 시 필요한 잠열은 약 몇 kcal인가?

① 245 ② 280
③ 326 ④ 630

열량 = 질량× 융해잠열 = 3.5 × 80 = 280 [kcal]

31 수랭식 응축기의 응축압력에 관한 설명 중 옳은 것은?

① 수온이 일정한 경우 유막 물때가 두껍게 부착하여도 수량을 증가하면 응축압력에는 영향이 없다.
② 응축부하가 크게 증가하면 응축압력 상승에 영향을 준다.
③ 냉각수량이 풍부한 경우에는 불응축 가스의 혼입 영향이 없다.
④ 냉각수량이 일정한 경우에는 수온에 의한 영향은 없다.

응축기에는 수랭식, 공랭식, 증발식으로 구분되며 수랭식은 수량이 풍부하고 수질이 좋은 경우에 사용한다.

32 프레온 응축기에 대하여 맞는 것은?

① 냉각관 내의 유속을 빠르게 하면 할수록 열전달이 잘 되므로 빠를수록 좋다.
② 냉각수가 오염 되어도 응축온도는 상승 하지 않는다.
③ 냉매 중에 공기가 혼입되면 응축 압력이 상승하고 부식의 원인이 된다.
④ 냉각수량이 부족하면 응축 온도는 상승하고 응축 압력은 하강한다.

냉각수가 오염되면 열전달이 잘되지 않으므로 응축온도가 상승한다.

33 흡수식 냉동기의 설명으로 잘못된 것은?

① 운전 시의 소음 및 진동이 거의 없다.
② 증기, 온수 등 배열을 이용할 수 있다.
③ 압축식에 비해서 설치면적 및 중량이 크다.
④ 흡수식은 냉매를 기계적으로 압축하는 방식이며 열적(烈蹟)으로 압축하는 방식은 증기 압축식이다.

34 다음은 R-22 표준냉동사이클의 P-h선도이다. 건조도는 약 얼마인가?

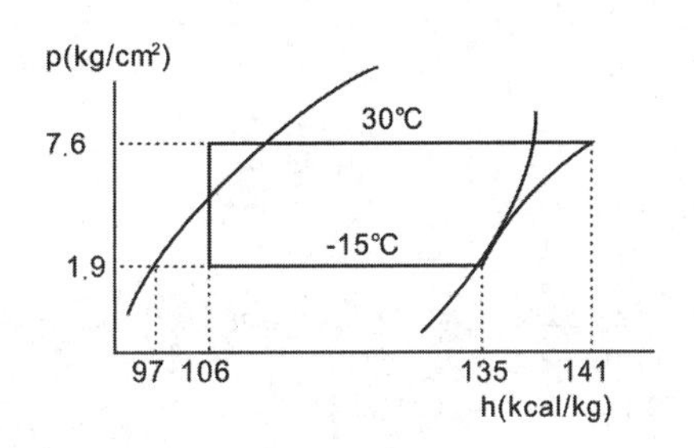

① 0.8
② 0.21
③ 0.24
④ 0.36

건조도는 전체 증발잠열 중 증발기 유입가스 상태의 엔탈피를 고려해 계산할 수 있고 증발기 유입 전열 흡수가 아닌 압력강하로 발생된 플래시가스의 비율이다.

$$건조도 = \frac{106-97}{135-97} \fallingdotseq 0.24$$

35 팽창 밸브에서 냉매 액이 팽창할 때 냉매의 상태 변화에 관한 사항으로 옳은 것은?

① 압력과 온도는 내려가나 엔탈피는 변하지 않는다.
② 압력은 내려가나 온도와 엔탈피는 변하지 않는다.
③ 온도는 변하지 않으나 압력과 엔탈피가 감소한다.
④ 엔탈피만 감소하고 압력과 온도는 변하지 않는다.

36 증기분사 냉동법 설명으로 가장 옳은 것은?

① 융해열을 이용하는 방법
② 승화열을 이용하는 방법
③ 증발열을 이용하는 방법
④ 펠티어 효과를 이용하는 방법

37 다음 그림에서 전류 I값은 몇(A)인가?

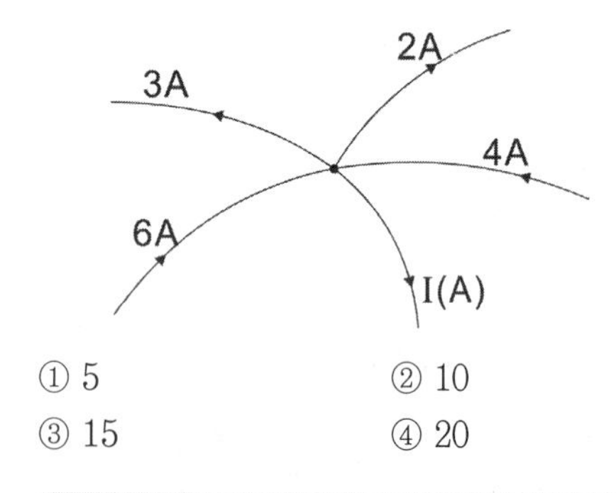

① 5 ② 10
③ 15 ④ 20

키르히호프 제1법칙은 회로 내의 임의 점에서 들어오는 전류와 나가는 전류의 총합은 0이다.
6 + 4 = 3 + 2 + I 이므로 I = 5[A]

38 단열압축, 등온압축, 폴리트로픽 압축에 관한 사항 중 틀린 것은?

① 압축일량은 단열압축이 제일 크다.
② 압축일량은 등온압축이 제일 작다.
③ 실제 냉동기의 압축 방식은 폴리트로픽 압축이다.
④ 압축가스 온도는 폴리트로픽 압축이 제일 높다.

39 금속 패킹의 재료로 적당치 않은 것은?

① 납 ② 구리
③ 연강 ④ 탄산마그네슘

40 단상 유도 전동기 중 기동토크가 가장 큰 것은?

① 콘덴서기동형 ② 분상기동형
③ 반발기동형 ④ 세이딩코일형

41 냉동기 계통 내에 스트레이너가 필요 없는 것은?

① 압축기의 토출구
② 압축기의 흡입구
③ 팽창변 입구
④ 크랭크케이스 내의 저유통

42 가스 용접에서 용제를 사용하는 이유는?

① 모재의 용융 온도를 낮게 하기 위하여
② 용접 중 산화물 등의 유해물을 제거하기 위하여
③ 침탄이나 질화작용을 돕기 위하여
④ 용접봉의 용융속도를 느리게 하기 위하여

43 다음 그림기호의 밸브 종류는?

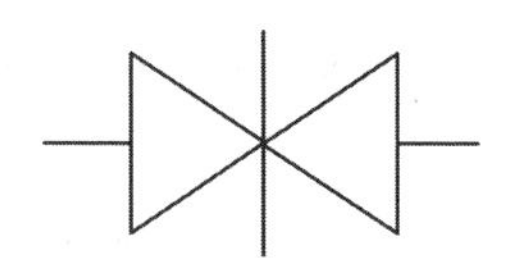

① 볼 밸브 ② 게이트 밸브
③ 풀 밸브 ④ 안전 밸브

44 2단 압축 냉동 사이클에 대한 설명으로 틀린 것은?

① 2단 압축이랑 증발기에서 증발한 냉매 가스를 저단 압축기와 고단 압축기로 구성되는 2대의 압축기를 사용하여 압축하는 방식이다.
② NH_3 냉동장치에서 증발온도가 −35℃ 정도 이하가 되면 2단 압축을 하는 것이 유리하다.
③ 압축비가 16 이상이 되는 냉동장치인 경우에만 2단 압축을 해야 한다.

④ 최근에는 1대의 압축기가 2대의 압축기 역할을 할 수 있는 콤파운드 압축기를 사용하기도 한다.

45 **표준 냉동 사이클에서 토출가스 온도가 제일 높은 냉매는?**

① R−11 ② R−22
③ NH_3 ④ CH_3C

46 **다음 중 환기의 목적이 아닌 것은?**

① 연소가스의 도입
② 신선한 외기도입
③ 실내의 사람에 대한 건강과 작업 능률을 유지
④ 공기환경의 악화로부터 제품과 주변기기의 손상방지

47 **다음 공조방식 중 개별식 공기조화 방식은?**

① 팬 코일 유닛방식
② 정풍량 단일 덕트 방식
③ 패키지 유닛방식
④ 유인 유닛방식

48 **전공기 방식에 비해 반송동력이 적고, 유닛 1대로서 조운을 구성하므로 조닝이 용이하며, 개별제어가 가능한 장점이 있어 사무실, 호텔, 병원 등의 고층 건물에 적합한 공기 조화 방식은?**

① 단일 덕트 방식 ② 유인 유닛 방식
③ 이중 덕트 방식 ④ 재열 방식

49 **공기조화설비 중에서 열원장치의 구성 요소가 아닌 것은?**

① 냉각탑 ② 냉동기
③ 보일러 ④ 덕트

열원장치는 냉온수를 발생하는 장치로 냉동기, 보일러를 말하며 덕트는 열반송장치이다.

50 **물과 공기의 접촉면적을 크게 하기 위해 증발포를 사용하여 수분을 자연스럽게 증발시키는 가습방식은?**

① 초음파식
② 가열식
③ 원심분리식
④ 기화식

51 **펌프에 관한 설명 중 부적당한 것은?**

① 양수량은 회전수에 비례한다.
② 양정은 회전수의 제곱에 비례한다.
③ 축동력은 회전수의 3승에 비례한다.
④ 토출속도는 회전수의 4승에 비례한다.

회전수에 관한 상사법칙
- 토출량은 회전수에 비례
- 양정은 회전수 제곱에 비례
- 소요동력은 회전수 3승에 비례한다.

52 **보일러 열 출력이 150000kcal/h, 연료소비율이 20㎏/h이며, 연료의 저위 발열량이 10000kcal/㎏이라면 보일러의 효율은 얼마인가?**

① 65%
② 70%
③ 75%
④ 80%

$$보일러효율 = \frac{유효율}{공급열} = \frac{150000}{20 \times 10000} \times 100 = 75\%$$

53 **온수난방에 대한 설명으로 잘못된 것은?**

① 예열부하가 증기난방에 비해 작다.
② 한랭지에서는 동결의 위험성이 있다.
③ 온수온도에 의해 보통온수식과 고온수식으로 구분한다.
④ 난방부하에 따라 온도조절이 용이하다.

온수난방은 배관 내부의 전체 온수를 가동온도 이상으로 가열해야 하므로 예열부하가 많이 든다.

54 주철제 방열기의 종류가 아닌 것은?

① 2주형
② 3주형
③ 4세주형
④ 5세주형

주철제 방열기에는 2주형, 3주형, 3세주형, 5세주형이 있다.

55 공기조화용 취출구 종류 중 1차 공기에 의한 2차 공기의 유인성능이 좋고, 확산반경이 크고 도달거리가 짧기 때문에 천장 취출구로 많이 사용하는 것은?

① 팬(pan)형
② 라인(line)형
③ 아네모스탯(annemostat)형
④ 그릴(grille)형

아네모스탯형은 원형과 각형이 있다.

56 공기 조화기 구성 요소가 아닌 것은?

① 댐퍼
② 필터
③ 펌프
④ 가습기

57 결로를 방지하기 위한 방법이 아닌 것은?

① 벽면의 온도를 올려준다.
② 다습한 외기를 도입한다.
③ 벽면을 단열시킨다.
④ 강제로 온풍을 해 준다.

58 클린룸(병원 수술실 등)의 공기조화 시 가장 중요시해야 할 사항은?

① 공기의 청정도
② 공기 소음
③ 기류속도
④ 공기 압력

59 외기온도 −5℃, 실내온도 18℃, 벽면적 15m^{2}인 벽체를 통한 손실 열량은 몇 kcal/h인가? (단, 벽체의 열통과율은 1.30kcal/m^{2}h℃이며, 방위계수는 무시한다.)

① 448.5　② 529
③ 645　④ 756.5

벽체의 열손실 = 면적×열통과율×온도차
= 15×1.3×[18−(−5)] = 448.5[kcal/h]

60 공기조화기기에서 송풍기를 배출압력에 따라 분류할 때 블로어(blower)의 일반적인 압력범위는?

① 0.1kgf/cm^2 미만
② 0.1～1kgf/cm^2
③ 1～2kgf/cm^2
④ 2kgf/cm^2 이상

토출압력에 따라 0.1kgf/cm^2 미만은 팬, 0.1～1kgf/cm^{2}은 블로워 1kgf/cm^2 이상은 압축기

정답 최근기출문제 – 2012년 4회

01 ①	02 ②	03 ③	04 ②	05 ④
06 ①	07 ②	08 ④	09 ③	10 ②
11 ③	12 ④	13 ③	14 ③	15 ④
16 ②	17 ③	18 ②	19 ①	20 ④
21 ④	22 ①	23 ③	24 ④	25 ④
26 ③	27 ④	28 ④	29 ④	30 ②
31 ②	32 ③	33 ④	34 ③	35 ①
36 ③	37 ①	38 ④	39 ④	40 ③
41 ①	42 ②	43 ②	44 ③	45 ③
46 ①	47 ③	48 ②	49 ④	50 ④
51 ④	52 ③	53 ①	54 ③	55 ③
56 ③	57 ②	58 ①	59 ①	60 ②

2013년 1회

최근기출문제

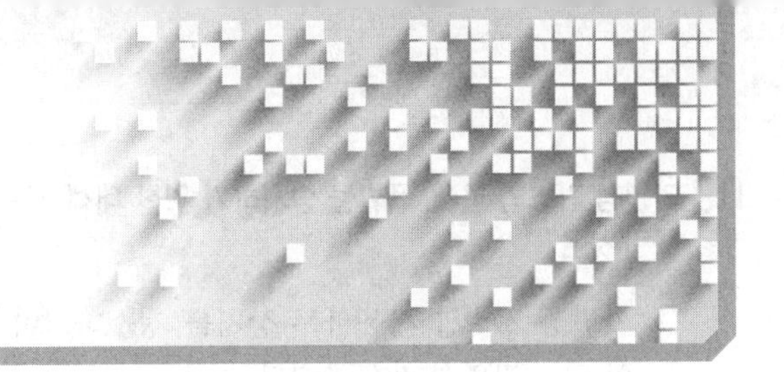

01 **냉동장치에서 안전상 운전 중에 점검해야 할 중요 사항에 해당되지 않는 것은?**

① 냉매의 압력 및 온도
② 윤활유의 압력과 온도
③ 냉각수 온도
④ 전동기의 회전 방향

전동기의 회전 방향은 가동전 점검해야 할 사항이다.

02 **가스보일러 점화 시 주의사항 중 맞지 않는 것은?**

① 연소실 내의 용적 4배 이상의 공기로 충분히 환기를 행할 것
② 점화는 3~4회로 착화될 수 있도록 할 것
③ 착화 실패나 갑작스런 실화 시에는 연료공급을 중단하고 환기 후 그 원인을 조사할 것
④ 점화버너의 스파크 상태가 정상인가 확인할 것

03 **재해의 직접적 원인이 아닌 것은?**

① 보호구의 잘못 사용
② 불안전한 조작
③ 안전지식 부족
④ 안전장치의 기능제거

안전지식 부족은 취급자의 부주의로 인한 직접적 원인에 해당되지 않는다.

04 **근로자가 보호구를 선택 및 사용하기 위해 알아두어야 할 사항으로 거리가 먼 것은?**

① 올바른 관리 및 보관 방법
② 보호구의 가격과 구입방법
③ 보호구의 종류와 성능
④ 올바른 사용(착용)방법

05 **전기용접기 사용상의 준수사항으로 적합하지 않은 것은?**

① 용접기 설치장소는 습기나 먼지 등이 많은 곳은 피하고 환기가 잘 되는 곳을 선택한다.
② 용접기의 1차측에는 용접기 근처에 규정 값보다 1.5배 큰 퓨즈를 붙인 안전 스위치를 설치한다.
③ 2차측 단자의 한 쪽과 용접기 케이스는 접지를 확실히 해 둔다.
④ 용접 케이블 등의 파손된 부분은 즉시 절연테이프로 감아야 한다.

용접기 1차측에는 용접기 근처에 퓨즈를 붙인 안전스위치를 설치하는데 퓨즈는 규정 값보다 큰 것을 사용하면 매우 위험하다.

06 **보안경을 사용하는 이유로 적합하지 않은 것은?**

① 중량물의 낙하 시 얼굴을 보호하기 위해서
② 유해약물로부터 눈을 보호하기 위해서
③ 칩의 비산으로부터 눈을 보호하기 위해서
④ 유해 광선으로부터 눈을 보호하기 위해서

중량물의 낙하 시 얼굴을 보호하기 위해서는 보안면을 착용해야 한다.

07 **일반 공구 사용시 주의사항으로 적합하지 않은 것은?**

① 공구는 사용 전보다 사용 후에 점검한다.
② 본래의 용도 이외에는 절대로 사용하지 않는다.
③ 항상 작업주위 환경에 주의를 기울이면서 작업한다.
④ 공구는 항상 일정한 장소에 비치하여 놓는다.

일반 공구는 사용 전에 점검해야 한다.

08 **가연성 가스의 화재, 폭발을 방지하기 위한 대책으로 틀린 것은?**

① 가연성 가스를 사용하는 장치를 청소하고자 할 때는 가연성 가스로 한다.
② 가스가 발생하거나 누출될 우려가 있는 실내에서는 환기를 충분히 시킨다.
③ 가연성 가스가 존재할 우려가 있는 장소에서는 화기를 엄금한다.
④ 가스를 연료로 하는 연소설비에서는 점화하기 전에 누출유무를 반드시 확인한다.

09 **고압가스안전관리법에서 규정한 용어를 바르게 설명한 것은?**

① "저장소"라 함은 지식경제부령이 정하는 일정량 이상의 고압가스를 용기나 저장탱크로 저장하는 일정한 장소를 말한다.
② "용기"라 함은 고압가스를 운반하기 위한 것(부속품을 포함하지 않음)으로서 이동할 수 있는 것을 말한다.
③ "냉동기"라 함은 고압가스를 사용하여 냉동을 하기 위한 모든 기기를 말한다.
④ "특정설비"라 함은 저장탱크와 모든 고압가스 관계 설비를 말한다.

- 용기 : 고압가스를 충전하기 위한 것(부속품을 포함한다.)으로서 이동할 수 있는 것
- 냉동기 : 고압가스를 사용하여 냉동을 하기 위한 기기로서 산업통상자원부령으로 정하는 냉동능력 이상인 것
- 특정설비 : 저장탱크와 산업통상자원부령으로 정하는 고압가스 관련 설비

10 **공기조화용으로 사용되는 교류 3상 220V의 전동기가 있다. 전동기의 외함 및 철대에 제3종 접지 공사를 하는 목적에 해당되지 않는 것은?**

① 감전 사고의 방지
② 성능을 좋게 하기 위해서
③ 누전 화재의 방지
④ 기기, 배관 등의 파괴 방지

11 **압축기 토출압력이 정상보다 너무 높게 나타나는 경우 그 원인에 해당하지 않는 것은?**

① 냉각수량이 부족한 경우
② 냉매 계통에 공기가 혼합되어 있는 경우
③ 냉각수 온도가 낮은 경우
④ 응축기 수배관에 물때가 낀 경우

냉각수 온도가 낮은 경우는 토출 압력이 낮게 된다.

12 **보일러에서 폭발구(방폭문)를 설치하는 이유는?**

① 연소의 촉진을 도모하기 위해
② 연료의 절약을 위해
③ 연소실의 화염을 검출하기 위해
④ 폭발가스의 외부배기를 위해

방폭문은 폭발가스를 외부로 배출시키기 위해 설치한다.

13 **전기로 인한 화재발생시의 소화제로서 가장 알맞은 것은?**

① 모래 ② 포말
③ 물 ④ 탄산가스

전기 화재 소화제로는 분말, 탄산가스, 무상주수 등이 적당하다.

14 **가스용접에서 토치의 취급상 주의사항으로 적합하지 않은 것은?**

① 토치나 팁은 작업장 바닥이나 흙 속에 방치하지 않는다.
② 팁을 바꿀 때에는 반드시 가스밸브를 잠그고 한다.
③ 토치를 망치 등 다른 용도로 사용해서는 안 된다.
④ 토치에 기름이나 그리스를 주입하여 관리한다.

15 **재해예방의 4가지 기본원칙에 해당되지 않는 것은?**

① 대책선정의 원칙 ② 손실우연의 원칙
③ 예방기능의 원칙 ④ 재해통계의 원칙

재해 예방 4대 원칙 : 예방가능 원칙, 손실우연 원칙, 원인계기 원칙, 대책선정 원칙

16 **냉동의 원리에 이용되는 열의 종류가 아닌 것은?**

① 증발열 ② 승화열
③ 융해열 ④ 전기 저항열

17 **압축기에 관한 설명으로 옳은 것은?**

① 토출가스 온도는 압축기의 흡입가스 과열도가 클수록 높아진다.
② 프레온 12를 사용하는 압축기에는 토출온도가 낮아 워터재킷을 부착한다.
③ 톱 클리어런스가 클수록 체적 효율이 커진다.
④ 토출 가스 온도가 상승하여도 체적 효율은 변하지 않는다.

18 **증발식 응축기의 엘리미네이트에 대한 설명으로 맞는 것은?**

① 물의 증발을 양호하게 한다.
② 공기를 흡수하는 장치다.
③ 물이 과냉각되는 것을 방지한다.
④ 냉각관에 분사되는 냉각수가 대기 중 비산되는 것을 막아주는 장치다.

엘리미네이터는 냉각관에 분사되는 냉각수의 일부가 배기와 함께 밖으로 비산되는 것을 방지하여 냉각수의 소비를 절약하기 위해 설치한다.

19 **다음 설명 중 내용이 맞는 것은?**

① 1[BTU]는 물 1[lb]를 1℃ 높이는데 필요한 열량이다.
② 절대압력은 대기압의 상태를 0으로 기준하여 측정한 압력이다.
③ 이상기체를 단열팽창시켰을 때 온도는 내려간다.
④ 보일-샤를의 법칙이란 기체의 부피는 절대압력에 비례하고 절대온도에 반비례한다.

- 1[BTU]는 물 1[lb]를 1℉ 높이는데 필요한 열량이다.
- 절대압력은 완전진공을 0으로 하여 측정한 압력이다.
- 보일-샤를 법칙은 기체 부피는 절대온도에 비례하고, 압력에 반비례한다.

20 **정현파 교류전류에서 크기를 나타내는 실효치를 바르게 나타낸 것은? (단, I_m 은 전류의 최대치이다.)**

① $I_m \sin\omega t$ ② $0.636I_m$
③ $\sqrt{2}$ ④ $0.707I_m$

정현파 교류에서 실효값의 최대값은 $\frac{1}{\sqrt{2}}$ 이다.

21 **다음 중 흡수식 냉동장치의 적용대상이 아닌 것은?**

① 백화점 공조용 ② 산업 공조용
③ 제빙 공장용 ④ 냉난방장치용

22 **다음 그림의 기호가 나타내는 밸브로 맞는 것은?**

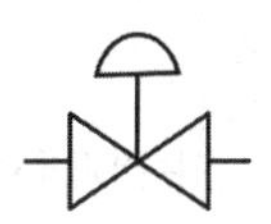

① 슬루스 밸브 ② 글로브 밸브
③ 다이어프램 밸브 ④ 감압 밸브

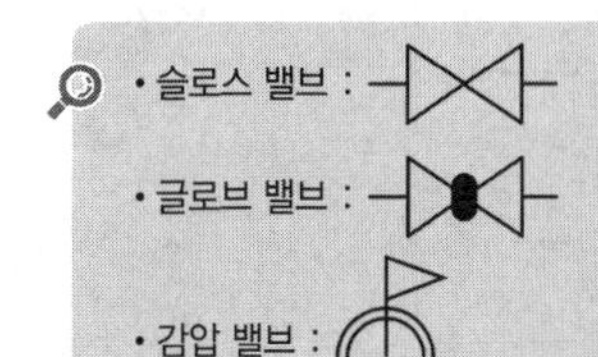

23 **탄성이 부족하여 석면, 고무, 금속 등과 조합하여 사용되며, 내열범위는 -260~260℃ 정도로 기름에 침식되지 않는 패킹은?**

① 고무 패킹 ② 석면 조인트 시이트
③ 합성수지 패킹 ④ 오일시이트 패킹

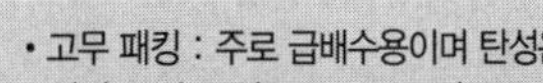

- 고무 패킹 : 주로 급배수용이며 탄성은 우수하나 흡수성이 없다.
- 석면 조인트 시트 : 450℃ 정도로 고온배관에도 사용한다.
- 합성수지 패킹 : 가장 우수한 것으로 테프론이 있으며 내열범위 -260~260℃ 정도이다.

24 증발기에 대한 제상방식이 아닌 것은?

① 전열 제상
② 핫 가스 제상
③ 살수 제상
④ 피냉제거 제상

• 전열 제상 : 증발기 코일 아래에 밀폐된 전열선을 설치하거나 증발기 전면에 전열기를 설치하여 제상
• 핫 가스 제상 : 압축기에 토출된 고온 냉매증기를 증발기에 유입시켜 응축열에 의해 제상
• 살수 제상 : 증발기 팬 모터 및 냉동기 정지 후 공기의 출입구를 차단해 하는 제상

25 사용압력이 비교적 낮은 (10kgf/cm² 이하) 증기, 물, 기름, 가스 및 공기 등의 각종 유체를 수송하는 관으로 일명 가스관이라고도 하는 관은?

① 배관용 탄소 강관
② 압력 배관 탄소 강관
③ 고압 배관용 탄소 강관
④ 고온 배관용 탄소 강관

26 OR 회로를 나타내는 논리기호로 맞는 것은?

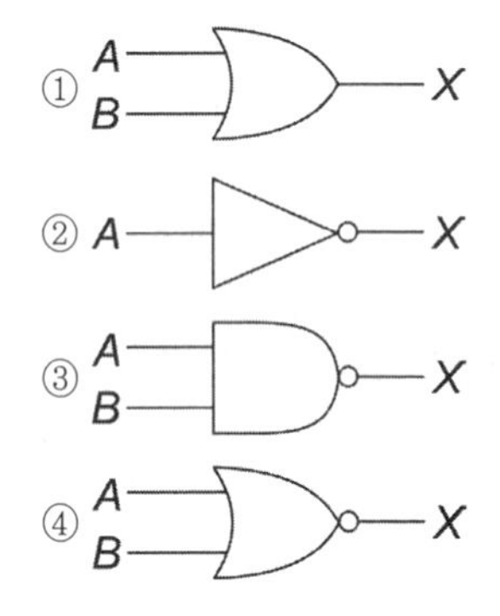

① : OR 회로 ② : NOT 회로 ③ : NAND 회로 ④ : NOR 회로

27 암모니아 냉동기에 사용되는 수랭 응축기의 전열계수(열통과율)가 800kcal/m²h℃이며 응축온도와 냉각수 입출구의 평균 온도차가 8℃일 때 1냉동톤당의 응축기 전열면적은 약 얼마인가? (단, 방열계수는 1.3으로 한다.)

① $0.52m^2$　　② $0.67m^2$
③ $0.97m^2$　　④ $1.7m^2$

• 응축부하 = 열통과율 × 전열면적 × 평균 온도차
• 응축부하 = 냉동능력×방열계수
• 전열면적 $= \frac{\text{냉동능력} \times \text{방열계수}}{\text{열통과율} \times \text{평균온도차}}$
$= \frac{3320 \times 1.3}{800 \times 8} \fallingdotseq 0.67$

28 2차 냉매의 열전달 방법은?

① 상태 변화에 의한다.
② 온도 변화에 의하지 않는다.
③ 잠열로 전달한다.
④ 감열로 전달한다.

29 프레온 냉매 중 냉동능력이 가장 좋은 것은?

① R-113　　② R-11
③ R-12　　④ R-22

R-11 : 38.6, R-12 : 29.6, R-22 : 40.2

30 응축온도 및 증발온도가 냉동기의 성능에 미치는 영향에 관한 사항 중 옳은 것은?

① 응축온도가 일정하고 증발온도가 낮아지면 압축비가 증가한다.
② 증발온도가 일정하고 응축온도가 높아지면 압축비는 감소한다.
③ 응축온도가 일정하고 증발온도가 높아지면 토출가스 온도는 상승한다.
④ 응축온도가 일정하고 증발온도가 낮아지면 냉동능력은 증가한다.

31 왕복동 압축기의 용량제어 방법으로 적합하지 않은 것은?

① 흡입밸브 조정에 의한 방법
② 회전수 가감법
③ 안전스프링의 강도 조정법
④ 바이패스 방법

왕복동 압축기 용량제어에는 회전수 가감법, 바이패스법, 클리어런스 증대법, 언로우더 법, 흡입밸브 조정법, 타임드 밸브에 의한 방법 등이 있다.

32 **냉동 사이클에서 액관 여과기의 규격은 보통 몇 메쉬(mesh) 정도인가?**

① 40~60 ② 80~100
③ 150~220 ④ 250~350

> • 밸브용 여과기 : 120~200메쉬
> • 윤활유 및 냉매액용 여과기 : 80~100메쉬
> • 냉매증기용 여과기 : 보통 40메쉬

33 **역률에 대한 설명 중 잘못된 것은?**

① 유효전력과 피상전력과의 비이다.
② 저항만이 있는 교류회로에서는 1이다.
③ 유효전류와 전 전류의 비이다.
④ 값이 0인 경우는 없다.

34 **압력표시에서 1atm과 값이 다른 것은?**

① 1.01325bar ② 1.10325MPa
③ 760mmHg ④ 1.0332kgf/cm²

> 1atm = 1.01325bar = 760mmHg = 1.0332kgf/cm² = 0.101325MPa

35 **2단 압축 2단 팽창 냉동 사이클을 모리엘 선도에 표시한 것이다. 옳은 것은?**

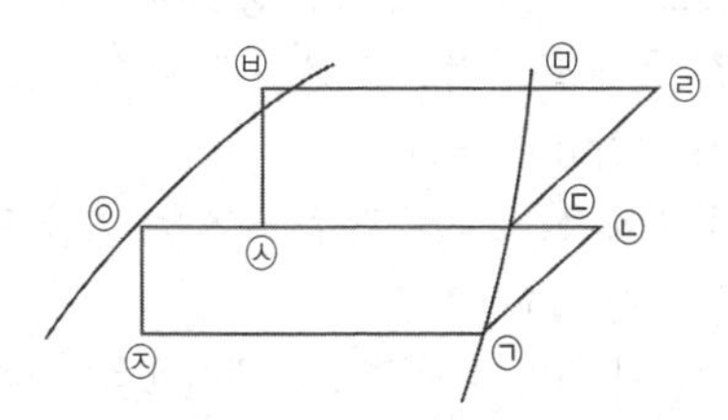

① 중간 냉각기의 냉동효과 : ㉢ – ㉦
② 증발기의 냉동효과 : ㉡ – ㉨
③ 팽창변 통과 직후의 냉매위치 : ㉣ – ㉤
④ 응축기의 방출열량 : ㉧ – ㉡

36 **터보 냉동기의 운전 중에 서징현상이 발생하였다. 그 원인으로 맞지 않는 것은?**

① 흡입가이드 베인을 너무 조일 때
② 가스 유량이 감소될 때
③ 냉각수온이 너무 낮을 때
④ 어떤 한계치 이하의 가스유량으로 운전할 때

37 **회전식 압축기의 피스톤 압출량(V)을 구하는 공식은 어느 것인가? (단, D : 실린더 내경(m), d : 회전 피스톤의 외경(m), t : 실린더의 두께(m), R : 회전수(rpm), n : 기통수, L : 실린더 길이)**

① $V = 60 \times 0.785 \times (D^2 - d^2) \times t \times n \times R(m^3/h)$
② $V = 60 \times 0.785 \times D^2 \times t \times n \times R(m^3/h)$
③ $V = 60 \times \dfrac{\pi \times D^2}{4} \times L \times n \times R(m^3/h)$
④ $V = \dfrac{\pi \times A \times R}{4}(m^3/h)$

38 **다음 그림에서 습압축 냉동사이클은 어느 것인가?**

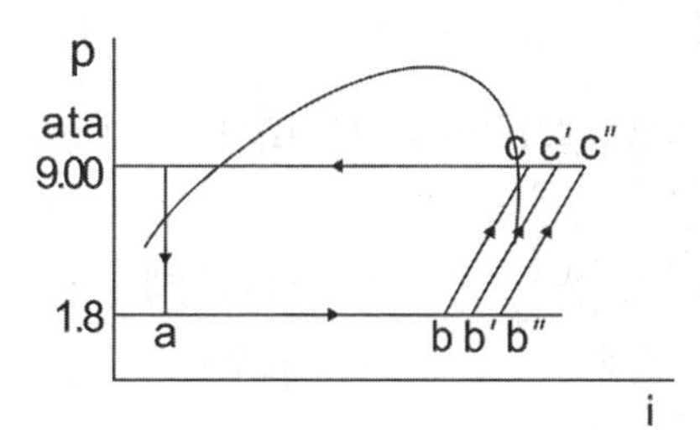

① ab'c'da
② bb"c"cb
③ ab"c"da
④ abcda

> ab'c'da : 건포화 압축 냉동사이클, ab"c"da : 과열 압축 냉동사이클

39 **어떤 냉동기에서 0℃의 물로 0℃의 얼음 2톤을 만드는데 40kwh의 일이 소요된다.면 이 냉동기의 성적계수는 약 얼마인가? (단, 얼음의 융해 잠열은 80kcal/kg)**

① 2.72 ② 3.04
③ 4.04 ④ 4.65

> 성적계수 $= \dfrac{\text{냉동능력}}{\text{소용동력} \times \text{동력일당량}}$
>
> 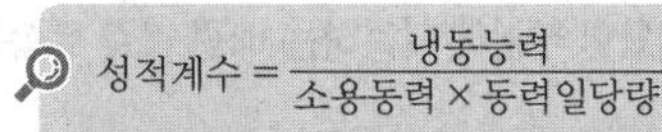
> $= \dfrac{2000 \times 80}{40 \times 860} \fallingdotseq 4.65$
>
> 소요동력 kw일 때 860kcal/h , HP일 때 640kcal/h, PS일 때 632kcal/h이다.

40 **동관 굽힘 가공에 대한 설명으로 옳지 않은 것은?**

① 열간 굽힘 시 큰 직경으로 관 두께가 두꺼운 경우에는 관 내에 모래를 넣어 굽힘한다.
② 열간 굽힘 시 가열온도는 100℃ 정도로 한다.
③ 굽힘 가공성이 강관에 비해 좋다.
④ 연질관은 핸드벤더를 사용하여 쉽게 굽힐 수 있다.

41 **어느 제빙공장의 냉동능력은 6RT이다. 응축기 방열량은 얼마인가? (단, 방열계수는 1.3)**

① 10948kcal/h ② 11248kcal/h
③ 15952kcal/h ④ 25896kcal/h

응축기 방열량 = 냉매순환량 × 응축부하(= 냉동능력×방열계수) 이므로 6×3320 ×1.3 = 25896kcal/h

42 **2원 냉동장치 냉매로 많이 사용되는 R-290은 어느 것인가?**

① 프로판 ② 에틸렌
③ 에탄 ④ 부탄

43 **P-h 선도상의 각 번호에 대한 명칭 중 맞는 것은?**

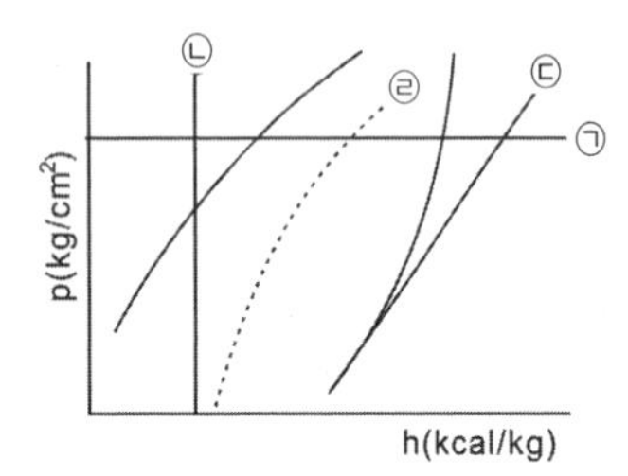

① ㉠ : 등비체적선 ② ㉡ : 등엔트로피선
③ ㉢ : 등엔탈피선 ④ ㉣ : 등건조선

㉠ : 등압선 ㉡ : 등엔탈피선 ㉢ : 등엔트로피선

44 **분해 조립이 필요한 부분에 사용하는 배관 연결 부속은?**

① 부싱, 티이 ② 플러그, 캡
③ 소켓, 엘보 ④ 플랜지, 유니언

분해 조립 시 부속품에는 플랜지, 유니언 등이 있다.

45 **인버터 구동 가변 용량형 공기조화장치나 증발온도가 낮은 냉동장치에서는 냉매유량조절의 특성 향상과 유량제어 범위의 확대 등이 중요하다. 이러한 목적으로 사용되는 팽창밸브로 적당한 것은?**

① 온도식 자동 팽창밸브
② 정압식 자동 팽창밸브
③ 열전식 팽창밸브
④ 전자식 팽창밸브

46 **온수난방방식의 분류로 적당하지 않은 것은?**

① 강제순환식 ② 복관식
③ 상향공급식 ④ 진공환수식

온수 난방 분류
- 온수 온도(고온수식, 저온수식)
- 온수 순환방식(자연순환식, 강제순환식)
- 배관 방식(단관식, 복관식)
- 공급 방식(상향공급식, 하향공급식)

증기난방에 응축수 환수방식에 중력환수식, 기계환수식, 진공환수식이 있다.

47 **공조방식 중 패키지 유닛 방식의 특징으로 틀린 것은?**

① 공조기로의 외기도입이 용이하다.
② 각 층을 독립적으로 운전할 수 있으므로 에너지 절감효과가 크다.
③ 실내에 설치하는 경우 급기를 위한 덕트, 샤프트가 필요없다.
④ 송풍기 정압이 낮으므로 제진효율이 떨어진다.

패키지 유닛 방식은 냉동기, 냉각코일, 공기여과기, 송풍기, 자동제어기 등을 케이싱에 내장한 것으로 직접 유닛을 실내에 설치하여 공조하는 방식이다.

48 **가변풍량 단일덕트 방식의 특징이 아닌 것은?**

① 송풍기의 동력을 절약할 수 있다.
② 실내공기의 청정도가 떨어진다.
③ 일사량 변화가 심한 존에 적합하다.
④ 각 실이나 존의 온도를 개별제어하기가 어렵다.

49 송풍기 선정시 고려해야 할 사항 중 옳은 것은?

① 소요 송풍량과 풍량조절 댐퍼 유무
② 필요 유효정압과 전동기 모양
③ 송풍기 크기와 공기 분출 방향
④ 소요 송풍량과 필요 정압

50 감습장치에 대한 설명이다. 옳은 것은?

① 냉각식 감습장치는 감습만을 목적으로 사용하는 경우 경제적이다.
② 압축식 감습장치는 감습만을 목적으로 하면 소요동력이 커서 비경제적이다.
③ 흡착식 감습법은 액체에 의한 감습법보다 효율이 좋으나 낮은 노점까지 감습이 어려워 주로 큰 용량의 것에 적합하다.
④ 흡수식 감습장치는 흡착식에 비해 감습효율이 떨어져 소규모 용량에만 적합하다.

- 냉각식은 노점제어감습, 냉각코일 또는 공기세정기를 이용한다.
- 흡착식은 화학적 감습장치로 극저습도를 요구하는 곳에 사용하고 재생을 위한 시설이 필요하므로 효율이 좋지 않다.
- 흡수식은 흡수성이 큰 액체를 이용하는 방법으로 제습기, 재생기가 필요하다.

51 실내의 취득열량을 구했더니 현열이 28000kcal/h, 잠열이 12000kcal/h였다. 실내를 21℃, 60%(RH)로 유지하기 위해 취출 온도차 10℃로 송풍할 때 현열비는 얼마인가?

① 0.7 ② 1.8
③ 1.4 ④ 0.4

$$현열비 = \frac{현열부하}{현열부하 + 잠열부하} = \frac{28000}{28000 + 12000} = 0.7$$

52 공조용 급기덕트에서 취출된 공기가 어느 일정거리 만큼 진행했을 때의 기류 중심선과 취출구 중심과의 거리를 무엇이라고 하는가?

① 도달 거리 ② 1차 공기 거리
③ 2차 공기 거리 ④ 강하거리

53 다음 공기의 성질에 대한 설명 중 틀린 것은?

① 최대한도의 수증기를 포함한 공기를 포화공기라 한다.
② 습공기의 온도를 낮추면 물방울이 맺히기 시작하는 온도를 그 공기의 노점온도라 한다.
③ 건공기 1kg에 혼합된 수증기의 질량비를 절대습도라 한다.
④ 우리 주변에 있는 공기는 대부분의 경우 건공기이다.

54 공조부하 계산시 잠열과 현열을 동시에 발생시키는 요소는?

① 벽체로부터의 취득열량
② 송풍기에 의한 취득열량
③ 극간풍에 의한 취득열량
④ 유리로부터의 취득열량

55 다익형 송풍기의 임펠러 직경이 600mm일 때 송풍기 번호는 얼마인가?

① No 2 ② No 3
③ No 4 ④ No 6

송풍기 번호는 원심식 송풍기 번호는 회전날개지름mm / 150mm 이며 축류식 송풍기 번호는 회전날개지름mm / 100mm로 계산한다.
다익형 송풍기는 원심식 송풍기에 속하므로 $\frac{600}{150} = 4$

56 공연장의 건물에서 관람객이 500명이고 1인당 CO_2 발생량이 $0.05m^3/h$일 때 환기량(m^3/h)은 얼마인가? (단, 실내 허용 CO_2 농도는 600ppm, 외기 CO_2 농도는 100ppm이다.)

① 30000 ② 35000
③ 40000 ④ 50000

G : 500×0.05 = $25m^3/h$

$$Q = \frac{G}{G_r - C_o} \times 10^6 = \frac{25}{600 - 100} \times 10^6 = 50000m^3/h$$

57 증기 가열 코일의 설계시 증기코일의 열수가 적은 점을 고려하여 코일의 전면풍속은 어느 정도가 가장 적당한가?

① 0.1m/s　② 1~2m/s
③ 3~5m/s　④ 7~9m/s

58 난방방식 중 방열체가 필요 없는 것은?

① 온수난방　② 증기난방
③ 복사난방　④ 온풍난방

온풍난방은 실내의 공기 중 직접 연소열을 공급하므로 방열체가 필요 없다.

59 중앙식 공조기에서 외기측에 설치되는 기기는?

① 공기예열기
② 엘리미네이터
③ 가습기
④ 송풍기

60 보일러에서의 상용출력이란?

① 난방부하
② 난방부하 + 급탕부하
③ 난방부하 + 급탕부하 + 배관부하
④ 난방부하 + 급탕부하 + 배관부하 + 예열부하

- 정격출력 : 단위 시간당의 열출력으로 난방부하 + 급탕부하 + 배관부하 + 예열부하
- 상용출력 : 난방부하 + 급탕부하 + 배관부하

정답 최근기출문제 – 2013년 1회

01 ④	02 ②	03 ③	04 ②	05 ②
06 ①	07 ①	08 ①	09 ①	10 ②
11 ③	12 ④	13 ④	14 ④	15 ④
16 ④	17 ①	18 ④	19 ③	20 ④
21 ③	22 ③	23 ③	24 ④	25 ①
26 ①	27 ②	28 ④	29 ④	30 ①
31 ③	32 ②	33 ④	34 ②	35 ①
36 ③	37 ①	38 ④	39 ④	40 ②
41 ④	42 ①	43 ④	44 ④	45 ④
46 ④	47 ①	48 ④	49 ④	50 ②
51 ①	52 ④	53 ④	54 ③	55 ③
56 ④	57 ③	58 ④	59 ①	60 ③

2013년 2회

최근기출문제

01 신규 검사에 합격된 냉동용 특정설비의 각인 사항과 그 기호의 연결이 올바르게 된 것은?

① 용기의 질량 : TM ② 내용적 : TV
③ 최고사용압력 : FT ④ 내압 시험 압력 : TP

용기 질량 : W, 내용적 : V, 최고사용압력 : FP

02 보일러 취급 부주의로 작업자가 화상을 입었을 때 응급처치 방법으로 적당하지 않은 것은?

① 냉수를 이용하여 화상부의 화기를 빼도록 한다.
② 물집이 생겼으면 터뜨리지 말고 그냥 둔다.
③ 기계유나 변압기유를 바른다.
④ 상처부위를 깨끗이 소독한 다음 상처를 보호한다.

03 다음 중 보일러의 부식원인과 가장 관계가 적은 것은?

① 온수에 불순물이 포함될 때
② 부적당한 급수처리시
③ 더러운 물을 사용시
④ 증기 발생량이 적을 때

증기 발생량은 보일러 부식과 관계가 없다.

04 연삭 작업 시의 주의 사항이다. 옳지 않은 것은?

① 숫돌은 장착하기 전에 균열이 없는가를 확인한다.
② 작업 시에는 반드시 보호안경을 착용한다.
③ 숫돌은 작업개시 전 1분 이상, 숫돌교환 후 3분 이상 시운전한다.
④ 소형 숫돌은 측압에 강하므로 측면을 사용하여 연삭한다.

연삭 숫돌 이외에는 측면을 사용해서는 안 된다.

05 안전관리자가 수행하여야 할 직무에 해당되는 내용이 아닌 것은?

① 사업장 생산 활동을 위한 노무배치 및 관리
② 사업장 순회점검 · 지도 및 조치의 관리
③ 산업재해 발생의 원인조사
④ 해당 사업장의 안전교육계획의 수립 및 실시

06 줄 작업시 안전수칙에 대한 내용으로 잘못된 것은?

① 줄 손잡이가 빠졌을 때에는 조심하여 끼운다.
② 줄의 칩은 브러시로 제거한다.
③ 줄 작업시 공작물의 높이는 작업자의 어깨높이 이상으로 하는 것이 좋다.
④ 줄은 경도가 높고 취성이 커서 잘 부러지므로 충격을 주지 않는다.

줄 작업의 높이는 작업자의 팔꿈치 높이로 하거나 조금 낮추어야 한다.

07 전기용접 작업 시 주의사항 중 맞지 않는 것은?

① 눈 및 피부를 노출시키지 말 것
② 우천 시 옥외 작업을 하지 말 것
③ 용접이 끝나고 슬래그 제거작업 시 보안경과 장갑은 벗고 작업할 것
④ 홀더가 가열되면 자연적으로 열이 제거될 수 있도록 할 것

슬래그 제거 작업시에는 보안경과 장갑을 착용하고 작업해야 한다.

08 재해 조사 시 유의할 사항이 아닌 것은?

① 조사자는 주관적이고 공정한 입장을 취한다.
② 조사목적에 무관한 조사는 피한다.
③ 목격자나 현장 책임자의 진술을 듣는다.
④ 조사는 현장이 변경되기 전에 실시한다.

09 물을 소화재로 사용하는 가장 큰 이유는?

① 연소하지 않는다.
② 산소를 잘 흡수한다.
③ 기화잠열이 크다.
④ 취급하기가 편리하다.

10 고온액체, 산, 알칼리 화학약품 등의 취급 작업을 할 때 필요없는 개인 보호구는?

① 모자 ② 토시
③ 장갑 ④ 귀마개

귀마개나 귀덮개는 소음을 차단하기 위한 보호구이다.

11 산소 용접토치 취급법에 대한 설명 중 잘못된 것은?

① 용접 팁을 흙바닥에 놓아서는 안 된다.
② 작업 목적에 따라서 팁을 선정한다.
③ 토치는 기름으로 닦아 보관해 두어야 한다.
④ 점화 전에 토치의 이상 유무를 검사한다.

토치에 기름이 묻었을 경우 폭발에 우려가 있으므로 토치는 줄 또는 팁 클리너로 청소해야 한다.

12 진공시험의 목적을 설명한 것으로 옳지 않은 것은?

① 장치의 누설 여부를 확인
② 장치 내 이물질이나 수분제거
③ 냉매를 충전하기 전에 불응축 가스배출
④ 장치 내 냉매의 온도변화 측정

13 보일러 사고원인 중 취급상의 원인이 아닌 것은?

① 저수위
② 압력초과
③ 구조불량
④ 역화

- 취급상의 원인 : 압력초과, 저수위, 과열, 역화, 부식, 급수처리 불량 등
- 제작상의 원인 : 재료불량, 강도부족, 설계불량, 용접불량, 구조불량 등

14 전동공구 작업 시 감전의 위험성을 방지하기 위해 해야하는 조치는?

① 단전 ② 감지
③ 단락 ④ 접지

15 방진마스크가 갖추어야 할 조건으로 적당한 것은?

① 안면에 밀착성이 좋아야 한다.
② 여과효율은 불량해야 한다.
③ 흡기, 배기 저항이 커야 한다.
④ 시야는 가능한 한 좁아야 한다.

방진마스크의 구비조건
- 여과 효율이 좋을 것
- 흡배기 저항이 낮고 사용적이 적을 것
- 중량이 가볍고, 시야가 넓을 것
- 안면 밀착성이 좋을 것
- 피부 접촉부위의 고무질이 좋을 것

16 글랜드 패킹의 종류가 아닌 것은?

① 바운드 패킹 ② 석면 각형 패킹
③ 아마존 패킹 ④ 몰드 패킹

글랜드 패킹은 밸브 회전부위에 기밀유지 목적으로 사용하며 석면 각형, 석면 야안, 아마존, 몰드 패킹이 있다.

17 공비 혼합 냉매가 아닌 것은?

① 프레온 500 ② 프레온 501
③ 프레온 502 ④ 프레온 152a

프레온 152a는 신냉매이다.

18 압축기 보호장치에 해당되는 것은?

① 냉각수 조절 밸브
② 유압보호 스위치
③ 증발압력 조절 밸브
④ 응축기용 팬 콘트롤

유압보호 스위치는 강제 윤활방식에서 압축기 기동 시 일정시간 내에 유압이 정상으로 오르지 않을 경우 압축기 구동용 모터를 정지해 윤활 분량에 의한 압축시 소손을 방지한다.

19 냉동사이클에서 응축온도를 일정하게 하고, 압축기 흡입가스의 상태를 건포화 증기로 할 때 증발 온도를 상승시키면 어떤 결과가 나타나는가?

① 압축비 증가
② 냉동효과 감소
③ 성적계수 상승
④ 압축일량 증가

20 다음 그림은 냉동용 그림 기호(KS B 0063)에서 무엇을 표시하는가?

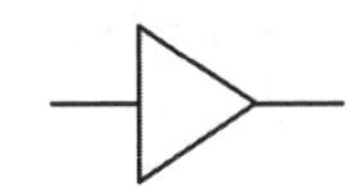

① 리듀서
② 디스트리뷰터
③ 줄임 플랜지
④ 플러그

리듀서는 배관 직경을 줄일 때 사용하는 배관 부속품이다.

21 압력계의 지침이 9.80cmHgv였다면 절대압력은 약 몇 kgf/cm^2a인가?

① 0.9
② 1.3
③ 2.1
④ 3.5

절대압 = 대기압 − 진공압 = 76cmHg − 9.80cmHg = 66.2cmHg
$1.0332kgf/cm^2$ = 76cmHg이므로 1.0332 : 76 = x : 66.2
$x = \frac{1.0332 \times 66.2}{76} ≒ 0.9kgf/cm^2a$

22 2단 압축방식을 채용하는 이유로서 맞지 않는 것은?

① 압축기의 체적효율과 압축효율 증가를 위해
② 압축비를 감소시켜서 냉동능력을 감소하기 위해
③ 압축비를 감소시켜서 압축기의 과열을 방지하기 위해
④ 냉동기유의 변질과 압축기 수명단축 예방을 위해

23 100000kcal의 열로 0℃의 얼음 약 몇 kg을 용해시킬 수 있는가?

① 1000kg ② 1050kg
③ 1150kg ④ 1250kg

열량 = 질량 × 잠열(융해잠열: 80kcal/kg) 이므로
질량 $= \frac{100000}{80} = 1250kg$

24 교류 전압계의 일반적인 지시값은?

① 실효값 ② 최대값
③ 평균값 ④ 순시값

25 만액식 냉각기에 있어서 냉매측의 열전달률을 좋게하기 위한 방법이 아닌 것은?

① 냉각관이 액냉매에 접촉하거나 잠겨 있을 것
② 관 간격이 좁을 것
③ 유막이 존재하지 않을 것
④ 관면이 매끄러울 것

만액식 냉각기의 냉매측 열전달률을 좋게 하기 위한 방법
- 냉각관이 냉매액에 잠겨 있거나 접촉해 있을 것
- 관 간격이 작고 관지름이 작을 것
- 관면이 거칠거나 핀을 부착한 것일 것
- 평균 온도차가 크고 유속이 적당할 것
- 유막이 없을 것

26 모리엘 선도에서 등온선과 등압선이 서로 평행한 구역은?

① 액체 구역
② 습증기 구역
③ 건증기 구역
④ 평행인 구역이 없다.

27 압축기의 과열 원인이 아닌 것은?

① 냉매 부족 ② 밸브 누설
③ 윤활 불량 ④ 냉각수 과냉

냉각수가 과냉되면 압축기에 몸체가 얼거나 이슬이 맺힌다.

28 다음 그림은 8핀 타이머의 내부회로도이다. ⑤-⑧ 접점을 옳게 표시한 것은?

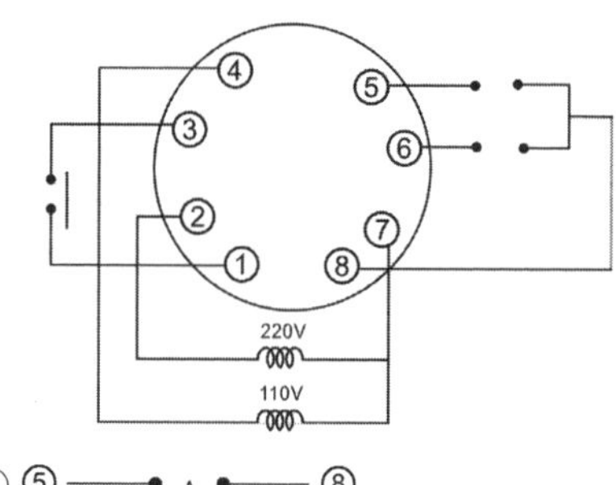

① ⑤ ──•‿•── ⑧

② ⑤ ──•‿•── ⑧

③ ⑤ ──•‿•── ⑧

④ ⑤ ──•‿•── ⑧

> 5, 8은 한시동작 B접점으로 도시기호는 ①항이며 6, 8은 한시동작 A접점으로 ②항이다.

29 냉동 사이클의 변화에서 증발온도가 일정할 때 응축온도가 상승할 경우의 영향으로 맞는 것은?

① 성적계수 증대
② 압축일량 감소
③ 토출가스 온도 저하
④ 플래시 가스 발생량 증가

30 관의 결합방식 표시 방법에서 결합방식의 종류와 그림기호가 틀린 것은?

① 일반 : ──┼──
② 플랜지식 : ──╫──
③ 용접식 : ──●──
④ 소켓식 : ──|D──

31 강관의 전기용접 접합 시의 특징(가스용접에 비해)으로 맞는 것은?

① 유해 광선의 발생이 적다.
② 용접속도가 빠르고 변형이 적다.
③ 박판용접에 적당하다.
④ 열량 조절이 비교적 자유롭다.

> 전기용접의 장단점
> - 열효율이 높고, 열의 집중성이 좋다.
> - 폭발 위험성이 없으며 용접 변형이 적고 기계적 강도가 양호하다.
> - 후판 용접에 적당하다.
> - 전격의 위험성이 있고 유해 광선의 발생이 많다.

32 물 – LiBr계 흡수식 냉동기의 순환 과정이 옳은 것은?

① 발생기 → 응축기 → 흡수기 → 증발기
② 발생기 → 응축기 → 증발기 → 흡수기
③ 흡수기 → 응축기 → 증발기 → 발생기
④ 흡수기 → 응축기 → 발생기 → 증발기

33 냉매에 관한 설명 중 올바른 것은?

① 암모니아 냉매는 증발 잠열이 크고 냉동효과가 좋으나 구리와 그 합금을 부식시킨다.
② 일반적으로 특정 냉매용으로 설계된 장치에도 다른 냉매를 그대로 사용할 수 있다.
③ 프레온 냉매의 누설시 리트머스 시험지가 청색으로 변한다.
④ 암모니아 냉매의 누설검사는 헬라이드 토치를 이용하여 검사한다.

34 다음의 모리엘 선도를 참고로 했을 때 3냉동톤(RT)의 냉동기 냉매 순환량은 약 얼마인가?

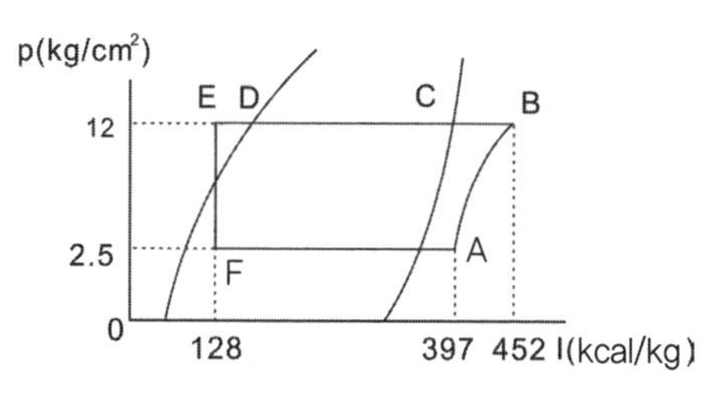

① 37.0kg/h
② 51.3 kg/h
③ 49.4kg/h
④ 67.7kg/h

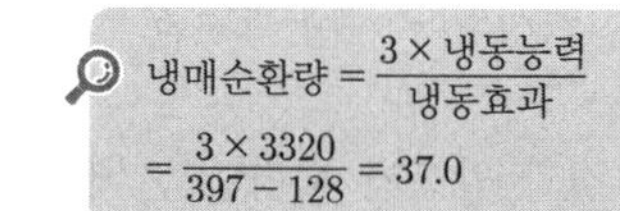

$$냉매순환량 = \frac{3 \times 냉동능력}{냉동효과} = \frac{3 \times 3320}{397 - 128} = 37.0$$

35 다음 그림과 같은 회로의 합성저항은 얼마인가?

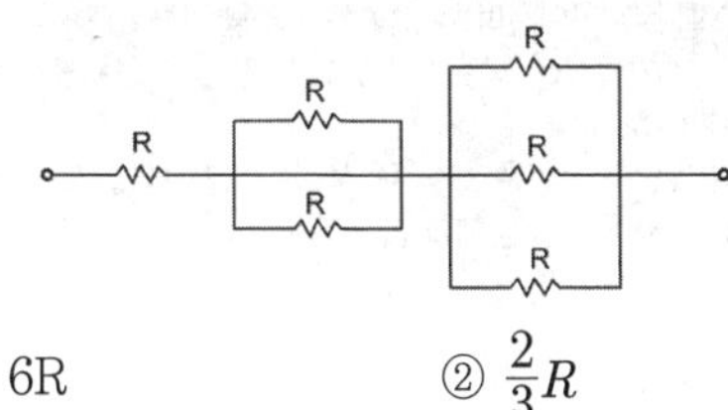

① 6R ② $\frac{2}{3}R$

③ $\frac{8}{5}R$ ④ $\frac{11}{6}R$

$R+\frac{R}{2}+\frac{R}{3}=\frac{6R+3R+2R}{6}=\frac{11R}{6}$

36 온도가 일정할 때 가스압력과 체적은 어떤 관계가 있는가?

① 체적은 압력에 반비례한다.
② 체적은 압력에 비례한다.
③ 체적은 압력과 무관하다.
④ 체적은 압력과 제곱 비례한다.

보일의 법칙에 의해 온도가 일정한 경우 체적은 압력에 반비례한다.

37 저압 수액기와 액펌프의 설치 위치로 가장 적당한 것은?

① 저압 수액기 위치를 액펌프보다 약 1.2m 정도 높게 한다.
② 응축기 높이와 일정하게 한다.
③ 액펌프와 저압 수액기 위치를 같게 한다.
④ 저압 수액기를 액펌프보다 최소한 5m 낮게 한다.

38 다음 그림과 같은 강관 이음부(A)에 적합하게 사용될 이음쇠로 맞는 것은?

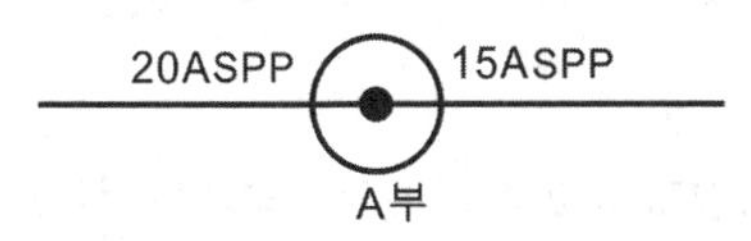

① 동경 소켓 ② 이경 소켓
③ 니플 ④ 유니언

직경이 다르므로 이경 소켓을 사용한다.

39 프레온 냉동장치에서 오일이 압력과 온도에 상당하는 양의 냉매를 용해하고 있다가 압축기 기동 시 오일과 냉매가 급격히 분리되어 크랭크케이스 내의 유면이 약동하고 심하게 거품이 일어나는 현상은?

① 오일 해머
② 동 부착
③ 에멀죤
④ 오일 포밍

오일 포밍 : 프레온 장치에서 프레온 냉매와 윤활유가 용해되어 있다. 압축기 기동시 크랭크케이스 내의 압력이 급격이 낮아지면 용해된 프레온이 급격히 증발하여 유면이 요동하고 거품이 발생하는 현상으로, 방지대책으로는 크랭크실을 따뜻하게 히터로 가열하며 히터는 정전에도 작동되도록 무정전 히터를 설치한다.

40 자동제어장치의 구성에서 동작신호를 만드는 부분으로 맞는 것은?

① 조절부 ② 조작부
③ 검출부 ④ 제어부

- 조절부 : 제어부로부터 신호에 따라 실제 동작을 행하는 부분
- 조작부 : 푸시버튼 스위치와 같이 조작자가 조작할 수 있는 곳
- 검출부 : 제어부에 신호를 보내는 것으로 기계적 변위와 전기적 변위를 리밋스위치 등으로 검출
- 제어부 : 전자릴레이, 전자접촉기, 타이머 등으로 구성

41 드라이아이스는 어떤 열을 이용하여 냉동효과를 얻는가?

① 승화 잠열 ② 응축 잠열
③ 증발 잠열 ④ 융해 잠열

42 브라인의 구비조건으로 틀린 것은?

① 비열이 클 것
② 점성이 클 것
③ 전열작용이 좋을 것
④ 응고점이 낮을 것

점성이 크게 되면 브라인 순환펌프의 소요동력이 증대하고 배관지름이 커지므로 점성이 작아야 한다.

43 냉동장치에 관한 설명 중 올바른 것은?

① 응축기에서 방출하는 열량은 증발기에서 흡수하는 열량과 같다.
② 응축기의 냉각수 출구 온도는 응축온도보다 낮다.
③ 증발기에서 방출하는 열량은 응축기에서 흡수하는 열량보다 크다.
④ 증발기의 냉각수 출구 온도는 응축온도보다 높다.

44 냉동기의 냉동능력이 24000kcal/h, 압축일 5kcal/kg, 응축열량이 35kcal/kg일 경우 냉매 순환량은 얼마인가?

① 600kg/h ② 800kg/h
③ 700kg/h ④ 4000kg/h

$$\text{냉매순환량} = \frac{\text{냉동능력}}{\text{냉동효과}} = \frac{24000}{35-5} = 800kg/h$$

45 동관의 분기이음 시 주관에는 지관보다 얼마 정도의 큰 구멍을 뚫고 이음하는가?

① 8~9mm ② 6~7mm
③ 3~5mm ④ 1~2mm

- 동관 분기 시 주관은 지관보다 1~2mm 정도 큰 구멍을 뚫는다.
- 확관된 동관과 삽입된 동관의 간격은 0.05~0.2mm 정도, 확관 부위는 10mm 정도이다.

46 밀폐식 수열원 히트 펌프 유닛방식의 설명으로 옳지 않은 것은?

① 유닛마다 제어기구가 있어 개별운전이 가능하다.
② 냉난방부하를 동시에 발생하는 건물에서 열회수가 용이하다.
③ 외기냉방이 가능하다.
④ 중앙 기계실에 냉동기가 필요하지 않아 설치면적상 유리하다.

밀폐식 수열원 히트 펌프 유닛방식 특징
- 열회수가 용이하며 냉난방 동시 사용 가능하다.
- 중앙 기계실에 냉동기가 필요하지 않아 설치면적이 작아도 된다.
- 각 유닛마다 실온으로 자동적으로 개별제어를 할 수 있다.
- 사무소, 백화점 등에 적합하다.

47 송풍기의 축동력 산출 시 필요한 값이 아닌 것은?

① 송풍량 ② 덕트의 길이
③ 전압효율 ④ 전압

48 환기횟수를 시간당 0.6회로 할 경우에 체적이 2000m³인 실의 환기량은 얼마인가?

① $800m^3/h$ ② $1000m^3/h$
③ $1200m^3/h$ ④ $1440m^3/h$

$2000 \times 0.6 = 1200m^3/h$

49 설치가 쉽고 설치 면적도 적으며 소규모 난방에 많이 사용되는 보일러는?

① 입형 보일러 ② 노통 보일러
③ 연관 보일러 ④ 수관 보일러

입형 보일러는 설치가 쉽고 설치면적이 적어 소규모 난방에 이용된다.

50 수조 내의 물이 진동자의 진동에 의해 수면에서 작은 물방울이 발생되어 가습되는 가습기의 종류는?

① 초음파식 ② 원심식
③ 전극식 ④ 증발식

초음파식은 가장 많이 사용되며 초음파 단자에 물이 부딪히면서 물 분자를 쪼개어 보내는 형태로 소비전력이 낮다.

51 덕트 설계 시 고려사항으로 거리가 먼 것은?

① 송풍량
② 덕트방식과 경로
③ 덕트 내 공기의 엔탈피
④ 취출구 및 흡입구 수량

덕트 설계 시 송풍량, 덕트방식 및 경로, 덕트 치수 결정, 송풍기 선정 등이 고려되어야 한다.

52 **5℃인 350kg/h의 공기를 65℃가 될 때까지 가열하는 경우 필요한 열량은 몇 kcal/h인가? (단, 공기의 비열은 0.24kcal/ kg℃이다.)**

① 4464　② 5040
③ 6564　④ 6590

열량 = 비열 × 질량 × 온도차 = 0.24 × 350 × (65−5) = 5040

53 **공조방식을 개별식과 중앙식으로 구분하였을 때 중앙식에 해당되는 것은?**

① 패키지 유닛방식
② 멀티 유닛형 룸쿨러방식
③ 팬 코일 유닛방식(덕트병용)
④ 룸쿨러방식

중앙식
- 전공기 방식 : 단일 덕트(정풍량, 변풍량), 2중 덕트(정풍량, 변풍량, 멀티존 유닛방식), 각층 유닛방식, 덕트 병용 패키지 방식
- 수방식 : 팬코일 유닛방식
- 유닛 병용식 : 팬코일 유닛방식, 유인유닛방식, 복사 냉난방설비

개별식
- 냉매방식 : 룸 쿨러, 룸 에어콘, 멀티유닛형 룸 쿨러, 패키지 방식
- 수열원 : 폐회로식 수열원 히트 유닛방식

54 **공기를 냉각하였을 때 증가되는 것은?**

① 습구온도　② 상대습도
③ 건구온도　④ 엔탈피

공기를 냉각시키면 포화수증기압이 작아지므로 상대습도는 증가한다.

55 **온풍난방에 대한 설명으로 옳지 않은 것은?**

① 예열시간이 짧고 간헐 운전이 가능하다.
② 실내 온도분포가 균일하여 쾌적성이 좋다.
③ 방열기나 배관 등의 시설이 필요 없어 설비비가 비교적 싸다.
④ 송풍기로 인한 소음이 발생할 수 있다.

온풍난방은 설비비가 비싸다.

56 **보건용 공기조화가 적용되는 장소가 아닌 것은?**

① 병원
② 극장
③ 전산실
④ 호텔

쾌감용 공기조화(보건용 공기조화) : 재실자들이 생산활동을 능률적으로 할 수 있는 환경을 만들어 주기 위한 공기조화로 인간의 쾌감이나 보건 위생을 목적으로 하는 것으로 주택, 사무실, 건물, 백화점, 병원, 호텔, 극장 등이 포함된다.

57 **회전식 전열교환기의 특징 설명으로 옳지 않은 것은?**

① 로우터의 상부에 외기공기를 통과하고 하부에 실내공기가 통과한다.
② 배기공기는 오염물질이 포함되지 않으므로 필터를 설치할 필요가 없다.
③ 일반적으로 효율은 로우터 회전수가 5rpm이상에서는 대체로 일정하고, 10rpm 전후 회전수가 사용된다.
④ 로우터를 회전시키면서 실내공기의 배기공기와 외기공기를 열교환 한다.

회전식 전열교환기는 흡습성이 있는 허니컴형의 로터가 외기의 유로와 배기 유로에 교대로 회전하는 구조로 되어 있으며 배기 유로에서 방열, 방습을 하므로 필터가 필요하다.

58 **다음 용어 중 환기를 계획할 때 실내 허용 오염도의 한계를 의미하는 것은?**

① 불쾌지수
② 유효온도
③ 쾌감온도
④ 서한도

- 불쾌지수 : 사람이 불쾌감을 느끼는 정도를 기온과 습도를 이용하여 나타내는 수치
- 유효온도 : 어떤 온도, 습도하에서 방에서 느끼는 쾌감과 동일한 쾌감을 얻을 수 있는 바람이 없고, 포화상태인 실내의 온도
- 쾌감온도 : 사람이 쾌적하다고 느끼는 온도

59 **펌프에서 흡입양정이 크거나 회전수가 고속일 경우 흡입관의 마찰저항 증가에 따른 압력강하로 수중에 다수의 기포가 발생되고 소음 및 진동이 일어나는 현상은?**

① 플라이밍 현상
② 캐비테이션 현상
③ 수격 현상
④ 포밍 현상

캐비테이션 방지 대책
- 펌프 설치위치를 낮추어 흡입관의 양정을 짧게
- 펌프 회전수를 낮추어 흡입속도를 적게
- 양흡입 펌프를 설치하고 2단 이상의 펌프를 사용
- 흡입측의 구경을 크게 하고 밸브 등 부속품의 수를 적게 하여 손실수두를 줄인다.

60 **증기난방의 환수관 배관 방식에서 환수주관을 보일러 수면보다 높은 위치에 배관하는 것은?**

① 진공 환수식
② 강제 환수식
③ 습식 환수식
④ 건식 환수식

- 건식 환수식 : 환수주관이 보일러 수면보다 높은 위치에 있는 방식으로 방열기와 관말에 트랩을 설치한다.
- 습식 환수식 : 환수주관이 보일러 수면보다 낮은 위치에 있는 방식으로 건식보다 관경이 작아도 되고 관말 트랩은 필요없다.

정답 최근기출문제 – 2013년 2회

01 ④	02 ③	03 ④	04 ④	05 ①
06 ③	07 ③	08 ①	09 ③	10 ④
11 ③	12 ④	13 ③	14 ④	15 ①
16 ①	17 ④	18 ②	19 ③	20 ①
21 ①	22 ②	23 ④	24 ①	25 ④
26 ②	27 ④	28 ①	29 ④	30 ④
31 ②	32 ②	33 ①	34 ①	35 ④
36 ①	37 ①	38 ②	39 ④	40 ①
41 ①	42 ②	43 ②	44 ②	45 ④
46 ③	47 ②	48 ③	49 ①	50 ①
51 ③	52 ②	53 ③	54 ②	55 ②
56 ③	57 ②	58 ④	59 ②	60 ④

2013년 3회

최근기출문제

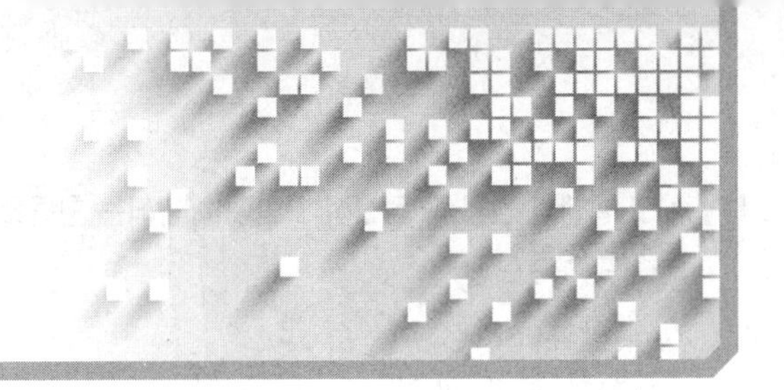

01 **연삭기 숫돌의 파괴 원인에 해당되지 않는 것은?**

① 숫돌의 회전속도가 너무 느릴 때
② 숫돌의 측면을 사용하여 작업할 때
③ 숫돌의 치수가 부적당할 때
④ 숫돌 자체에 균열이 있을 때

숫돌은 과속 회전일 때 파괴의 원인이 된다.

02 **근로자의 안전을 위해 지급되는 보호구를 설명한 것이다. 이 중 작업조건에 맞는 보호구로 올바른 것은?**

① 용접시 불꽃 또는 물체가 날아 흩어질 위험이 있는 작업 : 보안면
② 물체가 떨어지거나 날아올 위험, 근로자가 감전되거나 추락할 위험이 있는 작업 : 안전대
③ 감전의 위험이 있는 작업 : 보안경
④ 고열에 의한 화상 등의 위험이 있는 작업 : 방한복

- 안전대(안전벨트) : 추락에 의한 위험을 방지하기 위해 로프, 고리, 급정지기구와 근로자 의 몸에 묶는 띠 및 그 부속품
- 보안경 : 날아오는 물체에 의한 위험, 유해광선에 의한 시력 장해를 방지하기 위한 것

03 **방폭 전기 설비를 선정할 경우 중요하지 않은 것은?**

① 대상가스의 종류
② 방호벽의 종류
③ 폭발성 가스의 폭발 등급
④ 발화도

04 **산업안전보건기준에 관한 규칙에서 정한 가스 장치실을 설치하는 경우 설치구조에 대한 내용에 해당되지 않는 것은?**

① 벽에는 불연성 재료를 사용할 것
② 지붕과 천장에는 가벼운 불연성 재료를 사용할 것
③ 가스가 누출된 경우에는 그 가스가 정체되지 않도록 할 것
④ 방음 장치를 설치할 것

05 **산소가 충전되어 있는 용기의 취급상 주의 사항으로 틀린 것은?**

① 용기밸브는 녹이 생겼을 때 잘 열리지 않으므로 그리스 등 기름을 발라둔다.
② 용기밸브의 개폐는 천천히 하며, 산소누출여부 검사는 비눗물을 사용한다.
③ 용기밸브가 얼어서 녹일 경우에는 약 40℃ 정도의 따뜻한 물로 녹여야 한다.
④ 산소용기는 눕혀두거나 굴리는 등 충격을 주지 말아야 한다.

용기 밸브에 기름을 발라두면 폭발의 우려가 있다.

06 **정 작업 시 안전수칙으로 옳지 않은 것은?**

① 작업 시 보호구를 착용한다.
② 열처리 한 것은 정 작업을 하지 않는다.
③ 공구의 사용전 이상 유무를 반드시 확인한다.
④ 정의 머리부분에는 기름을 칠해 사용한다.

기름 묻은 정은 사용하지 말아야 한다.

07 **발화온도가 낮아지는 조건을 나열한 것으로 옳은 것은?**

① 발열량이 높을수록 ② 압력이 낮을수록
③ 산소농도가 낮을수록 ④ 열전도도가 낮을수록

08 **안전사고 예방을 위한 기술적 대책이 될 수 없는 것은?**

① 안전기준의 설정 ② 정신교육의 강화
③ 작업공정의 개선 ④ 환경설비의 개선

09 사고 발생의 원인 중 정신적 요인에 해당되는 항목으로 맞는 것은?

① 불안과 초조
② 수면부족 및 피로
③ 이해부족 및 훈련 미숙
④ 안전수칙의 미제정

- 정신적 원인 : 불안과 초조, 안전지식 및 주의력 부족, 방심 및 공상, 판단력 부족 등
- 신체적 원인 : 수면부족, 시력 및 청각기능 이상, 근육 운동의 부적합 등
- 교육적 원인 : 안전지식 부족, 훈련 미숙, 작업방법의 교육 불충분 등
- 기술적 원인 : 기계장치 설계 불량, 구조, 재료의 부적합, 생산방법의 부적합 등
- 작업관리상 원인 : 안전수칙 미제정, 작업준비 불충분, 작업지시 부적당 등

10 안전모를 착용하는 목적과 관계가 없는 것은?

① 감전의 위험방지
② 추락에 의한 위험경감
③ 물체의 낙하에 의한 위험방지
④ 분진에 의한 재해방지

분진에 의한 재해 방지는 보안경과 관계가 있다.

11 정전기의 예방 대책으로 적합하지 않은 것은?

① 설비 주변에 적외선을 쪼인다.
② 적정 습도를 유지해 준다.
③ 설비의 금속 부분을 접지한다.
④ 대전 방지제를 사용한다.

12 냉동기의 기동 전 유의사항으로 틀린 것은?

① 토출밸브는 완전히 닫고 기동한다.
② 압축기의 유면을 확인한다.
③ 액관 중에 있는 전자밸브의 작동을 확인한다.
④ 냉각수 펌프의 작동 유무를 확인한다.

토출밸브는 완전히 열고 기동해야 한다.

13 재해 발생 중 사람이 건축물, 비계, 사다리, 계단 등에서 떨어지는 것을 무엇이라 하는가?

① 도괴 ② 낙하
③ 비래 ④ 추락

도괴 : 적재물, 비계, 건축물 등이 무너진 경우
낙하, 비래 : 물건이 주체가 되어 사람이 맞는 경우

14 보일러 압력계의 최고 눈금은 보일러 최고 사용압력의 몇 배 이상 지시할 수 있는 것이어야 하는가?

① 0.5배 ② 0.75배
③ 1.0배 ④ 1.5배

15 고압 전선이 단선된 것을 발견하였을 때 어떠한 조치가 가장 안전한 것인가?

① 위험표시를 하고 돌아온다.
② 사고사항을 기록하고 다음 장소의 순찰을 계속한다.
③ 발견 즉시 회사로 돌아와 보고한다.
④ 통행 접근을 막는 조치를 한다.

16 프레온 냉매의 일반적인 특성으로 틀린 것은?

① 누설되어 식품 등과 접촉하면 품질을 떨어뜨린다.
② 화학적으로 안정되고 연소되지 않는다.
③ 전기절연성이 양호하다.
④ 비열비가 작아 압축기를 공랭식으로 할 수 있다.

17 다음 그림과 같은 회로는 무슨 회로인가?

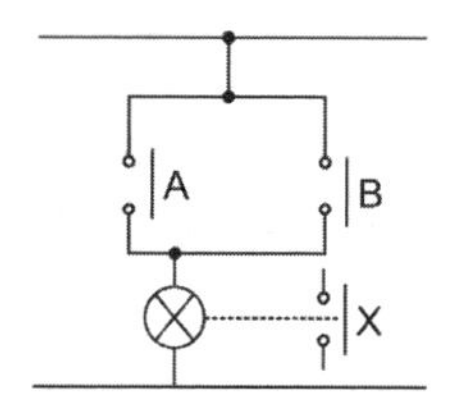

① AND 회로 ② OR 회로
③ NOT 회로 ④ NAND 회로

OR 회로는 입력신호 A, B 중 어느 하나라도 1이면 출력신호 X가 1이 된다.

18 흡입관경이 20mm(7/8″) 이하일 때 감온통의 부착 위치로 적당한 것은? (단 ● 표시가 감온통임)

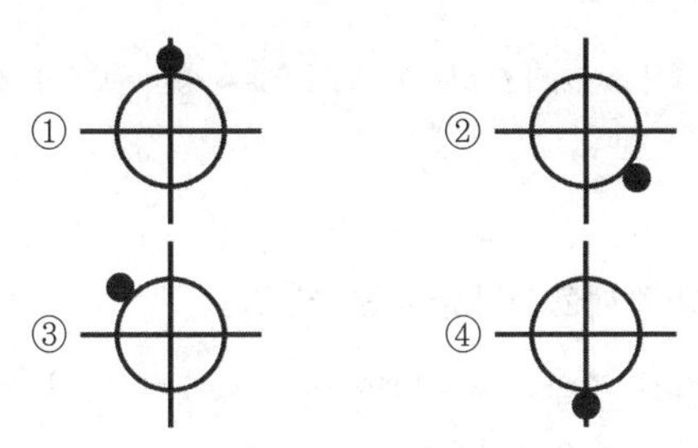

감온통 설치 위치는 흡입관 외경이 20mm 이하일 경우 흡입관 상부에, 20mm 이상일 경우에는 수평보다 45° 하부의 위치에 밀착하여 부착시킨다.

19 다음 그림기호 중 정압식 자동팽창 밸브를 나타내는 것은?

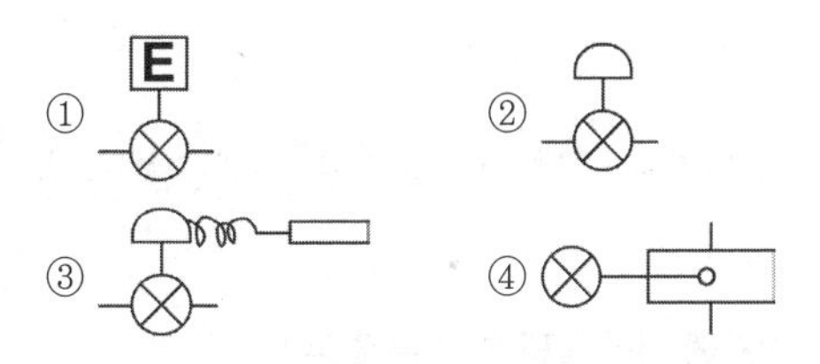

20 프레온 냉동장치에서 오일포밍 현상과 관계없는 것은?

① 오일해머의 우려가 있다.
② 응축기, 증발기 등에 오일이 유입되어 전열효과를 증가시킨다.
③ 크랭크케이스 내에 오일부족 현상을 초래한다.
④ 오일포밍을 방지하기 위해 크랭크케이스 내에 히터를 설치한다.

오일포밍은 응축기, 증발기 등에 오일이 유입되어 전열을 방해한다.

21 서로 친화력을 가진 두 물질의 용해 및 유리작용을 이용하여 압축 효과를 얻는 냉동법은 어느 것인가?

① 증기압축식 냉동법　② 흡수식 냉동법
③ 증기분사식 냉동법　④ 전자냉동법

흡수식 냉동법은 서로 잘 용해하는 두 가지 물질을 이용하여 압축기가 필요 없고, 저온에서 두 물질이 강하게 용해하며 고온에서는 분리되는 원리이다.

22 회전식 압축기에서 회전식 베인형의 베인은 어떻게 회전하는가?

① 무게에 의하여 실린더에 밀착되어 회전한다.
② 고압에 의하여 실린더에 밀착되어 회전한다.
③ 스프링 힘에 의하여 실린더에 밀착되어 회전한다.
④ 원심력에 의하여 실린더에 밀착되어 회전한다.

23 냉동능력이 40냉동톤인 냉동장치의 수직형 쉘 앤드 튜브 응축기에 필요한 냉각수량은 약 얼마인가? (단 응축기 입구 온도 23℃, 응축기 출구 온도 28℃이다.)

① 21870(L/h)　② 43200(L/h)
③ 38844(L/h)　④ 34528(L/h)

방열계수가 없으므로 일반적으로 냉동용으로 1.3을 적용하면
40×3320×1.3 = 냉각수량×(28−23)
냉각수량 = 34528

24 동결점이 최저로 되는 용액의 농도를 공융농도라 하고 이때의 온도를 공융온도라 하는데, 다음 브라인 중에서 공융온도가 가장 낮은 것은?

① 염화칼슘　② 염화나트륨
③ 염화마그네슘　④ 에틸렌글리콜

- 염화칼슘 : −55℃
- 염화나트륨 :−21.12 ℃
- 염화마그네슘 : −33.6℃
- 에틸렌글리콜 : −12.6℃

25 1대의 압축기를 이용해 저온의 증발온도를 얻으려 할 경우 여러 문제점이 발생되어 2단 압축 방식을 택한다. 1단 압축으로 발생되는 문제점으로 틀린 것은?

① 압축기의 과열
② 냉동능력 증가
③ 체적 효율 감소
④ 성적계수 저하

26 할로겐화 탄화수소 냉매가 아닌 것은?

① R-114　　② R-115
③ R-134a　　④ R-717

할로겐화 탄화수소 냉매는 메탄, 에탄, 프로판 등의 탄화수소에 포함되는 수소 원자의 하나 또는 하나 이상이 염소(Cℓ), 불소(F), 브롬(Br), 요오드(I) 등의 할로겐 원소와 치환된 화합물로 R-114, R-115, R-134a 등이 있으며 R-717은 암모니아계 냉매이다.

27 다음 냉동 사이클에서 이론적 성적계수가 5.0일 때 압축기 토출가스의 엔탈피는 얼마인가?

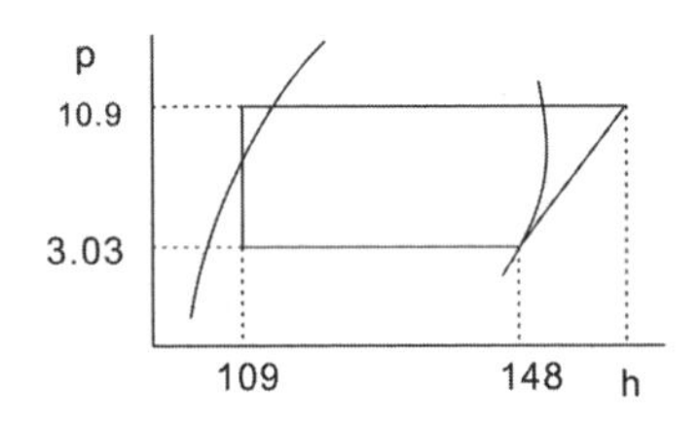

① 17.8kcal/kg
② 138.9kcal/kg
③ 19.5kcal/kg
④ 155.8kcal/kg

성적계수$(COP) = \dfrac{\text{냉동효과}(q_e)}{\text{압축기일}(AW)}$

$= \dfrac{(148-109)}{(h-148)} = 5$

$h = 7.8 + 148 = 155.8$

28 고속다기통 압축기의 장점으로 틀린 것은?

① 동적 평형이 양호하여, 진동이 적고 운전이 정숙하다.
② 압축비가 증가하여도 체적효율이 감소하지 않는다.
③ 냉동능력에 비해 압축기가 작아져 설치면적이 작아진다.
④ 부품의 교환이 간단하고 수리가 용이하다.

고속다기통 압축기 단점
- 체적효율이 낮고 고진공이 어려우며, 고속으로 윤활유 소비량이 많다.
- 마찰이 커 베어링 마모가 심하며 윤활유의 열화 및 탄화가 쉽다.

29 만액식 증발기의 전열을 좋게 하기 위한 것이 아닌 것은?

① 냉각관이 냉매액에 잠겨 있거나 접촉해 있을 것
② 증발기 관에 핀을 부착할 것
③ 평균 온도차가 작고 유속이 빠를 것
④ 유막이 없을 것

만액식 증발기의 전열을 좋게 하기 위해서 평균 온도차가 크고 유속이 적당히 커야 한다.

30 증발기에 대한 설명 중 틀린 것은?

① 건식 증발기는 냉매액의 순환량이 많아 액분리가 필요하다.
② 프레온을 사용하는 만액식 증발기에서 증발기 내 오일이 체류할 수 있으므로 유회수 장치가 필요하다.
③ 반만액식 증발기는 냉매액이 건식보다 많아 전열이 양호하다.
④ 건식 증발기는 주로 공기냉각용으로 많이 사용한다.

건식 증발기는 냉매액의 순환량이 적어 액분리가 필요없다.

31 열펌프에 대한 설명 중 옳은 것은?

① 저온부에서 열을 흡수하여 고온부에서 열을 방출한다.
② 성적계수는 냉동기 성적계수보다 압축소요동력만큼 낮다.
③ 제빙용으로 사용이 가능하다.
④ 성적계수는 증발온도가 높고 응축온도가 낮을수록 작다.

32 무기질 단열재에 해당되지 않는 것은?

① 코르크　　② 유리섬유
③ 암면　　④ 규조토

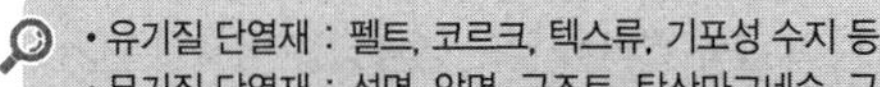
- 유기질 단열재 : 펠트, 코르크, 텍스류, 기포성 수지 등
- 무기질 단열재 : 석면, 암면, 규조토, 탄산마그네슘, 규산칼슘, 유리섬유, 폼그라스, 실리카 화이버, 세라믹화이버, 금속질 단열재 등

33 **냉동장치에 사용하는 냉동기유의 구비조건으로 잘못된 것은?**

① 적당한 점도를 가지며 유막형성 능력이 뛰어날 것
② 인화점이 충분히 높아 고온에서도 변하지 않을 것
③ 밀폐형에 사용하는 것은 전기절연도가 클 것
④ 냉매와 접촉하여도 화학반응을 하지 않고 냉매와의 분리가 어려울 것

냉동기유는 화학반응을 하지 않고 냉매와 분리가 좋아야 한다.

34 **냉동장치의 흡입관 시공 시 흡입관의 입상이 매우 길 때에는 약 몇 m마다 중간에 트랩을 설치하는가?**

① 5m
② 10m
③ 15m
④ 20m

35 **압축기 보호장치 중 고압차단 스위치(HPS)의 작동압력은 정상적인 고압에 몇 kgf/cm^2 정도 높게 설정하는가?**

① 1
② 4
③ 10
④ 25

고압차단 스위치 작동압력은 정상고압 + $4kgf/cm^2$ 이다.

36 **브라인을 사용할 때 금속의 부식방지법으로 맞지 않는 것은?**

① 브라인 pH를 7.5~8.2 정도로 유지한다.
② 방청제를 첨가한다.
③ 산성이 강하면 가성소다를 중화시킨다.
④ 공기와 접촉시키고, 산소를 용입시킨다.

공기와 접촉하지 않도록 해 산소가 브라인 중에 녹아들지 않는 순환 방법을 택해야 한다.

37 **냉동 관련 설명에 대한 내용 중에서 잘못된 것은?**

① 1BTU란 물 1lb를 1℉ 높이는데 필요한 열량이다.
② 1kcal란 물 1kg을 1℃ 높이는데 필요한 열량이다.
③ 1BTU는 3.968kcal에 해당된다.
④ 기체에서 정압비열은 정적비열보다 크다.

1BTU = 0.252kcal이다.

38 **100V 교류 전원에 1KW 배연용 송풍기를 접속하였더니 15A의 전류가 흘렀다. 이 송풍기의 역률은 약 얼마인가?**

① 0.57
② 0.67
③ 0.77
④ 0.87

역률 $= \frac{P}{VI} = \frac{1 \times 10^3}{100 \times 15} ≒ 0.67$

39 **핀 튜브에 관한 설명 중 틀린 것은?**

① 관 내에 냉각수, 관 외부에 프레온 냉매가 흐를 때 관 외측에 부착한다.
② 증발기에 핀 튜브를 사용하는 것은 전열 효과를 크게 하기 위함이다.
③ 핀은 열전달이 나쁜 유체 쪽에 부착한다.
④ 관 내에 냉각수, 관 외부에 프레온 냉매가 흐를 때 관 내측에 부착한다.

40 **냉동사이클의 구성 순서가 바른 것은?**

① 증발 → 응축 → 팽창 → 압축
② 압축 → 응축 → 증발 → 팽창
③ 압축 → 응축 → 팽창 → 증발
④ 팽창 → 압축 → 증발 → 응축

냉동사이클은 압축 → 응축 → 팽창 → 증발 순이다.

41 물이 얼음으로 변할 때의 동결잠열은 얼마인가?

① 79.68 kJ/kg
② 632 kJ/kg
③ 333.06 kJ/kg
④ 0.5 kJ/kg

얼음의 융해잠열 : 79.68kcal/kg이며 1kcal = 4.18kJ이므로 79.68×4.18 = 333.06kJ/kg

42 압축기의 축봉장치에서 슬립 링형 축봉장치의 종류에 속하는 것은?

① 소프트 패킹식
② 메탈릭 패킹식
③ 스터핑 박스식
④ 금속 벨로우즈식

43 다음 중 동관작업에 필요하지 않은 공구는?

① 튜브 벤더
② 사이징 툴
③ 플레어링 툴
④ 클립

- 동관용 공구 : 튜브 벤더, 사이징 툴, 플레어링 툴, 익스펜더, 튜브커터, 리머, 티뽑기
- 주철관용 공구 : 납 용해용 공구셋, 클립, 코킹 정, 링크형 파이프 커터 등
- 연관용 공구 : 연관톱, 봄보올, 드레서, 벤드벤, 턴핀 등

44 다음 중 냉동능력의 단위로 옳은 것은?

① kcal / kgm^2
② kJ / h
③ m^3 / h
④ kcal / kg℃

- 냉동톤: 0℃ 물 1톤을 24시간 동안 0℃ 얼음으로 변화시킬 만큼의 열량으로, 단위는 kcal/h이다.
- 한국 냉동능력 1RT = 3320kcal/h, 미국 냉동능력 1RT = 3024kcal/h

45 냉동기의 정상적인 운전상태를 파악하기 위하여 운전 관리상 검토해야 할 사항으로 틀린 것은?

① 윤활유의 압력, 온도 및 청정도
② 냉각수 온도 또는 냉각공기 온도
③ 정지 중의 소음 및 진동
④ 압축기용 전동기의 전압 및 전류

정지 중의 소음 및 진동은 운전 준비 점검사항이다.

46 실내에 있는 사람이 느끼는 더위, 추위의 체감에 영향을 미치는 수정 유효온도의 주요 요소는?

① 기온, 습도, 기류, 복사열
② 기온, 기류, 불쾌지수, 복사열
③ 기온, 사람의 체온, 기류, 복사열
④ 기온, 주위의 벽면온도, 기류, 복사열

- 수정 유효온도 4요소 : 기온, 습도, 기류, 복사열
- 유효온도 3요소 : 기온, 습도, 기류

47 송풍기의 법칙에 대한 내용 중 잘못된 것은?

① 동력은 회전속도비의 2제곱에 비례하여 변화한다.
② 풍량은 회전속도비에 비례하여 변화한다.
③ 압력은 회전속도비에 2제곱에 비례하여 변화한다.
④ 풍량은 송풍기 크기비의 3제곱에 비례하여 변화한다.

- 풍량은 회전수에, 압력은 회전수 2제곱에, 동력은 회전수 3제곱에 비례한다.
- 풍량은 직경 크기비의 3제곱에, 압력은 직경 크기비에 2제곱에, 동력은 크기비의 5제곱에 비례한다.

48 실내 냉방 시 현열부하가 8000kcal/h인 실내를 26℃로 냉방하는 경우 20℃의 냉풍으로 송풍하면 필요한 송풍량은 약 몇 m^3/h인가? (단, 공기 비열은 0.24kcal/kg℃, 비중량은 1.2kg/m^3이다.)

① 2893　　② 4630
③ 5787　　④ 9260

현열부하$\left(\frac{kcal}{h}\right)$ = 송풍량$\left(\frac{m^3}{h}\right)$ × 비열$\left(\frac{kcal}{kg℃}\right)$ ×온도차(℃) × 비중량$\left(\frac{kg}{m^3}\right)$이므로

송풍량 = $\frac{8000}{0.24 \times 1.2 \times 6} ≒ 4630$

49 유체의 역류 방지용으로 가장 적당한 밸브는?

① 게이트 밸브
② 글로브 밸브
③ 앵글 밸브
④ 체크 밸브

• 체크 밸브 : 역류 방지
• 게이트 밸브 : 유로 차단
• 글로브 밸브 : 유량 조절

50 냉방부하를 줄이기 위한 방법으로 적당하지 않은 것은?

① 외벽 부분의 단열화 ② 유리창 면적의 증대
③ 틈새바람의 차단 ④ 조명기구 설치 축소

51 덕트 시공에 대한 내용 중 잘못된 것은?

① 덕트의 단면적비가 75% 이하의 축소부분은 압력손실을 적게 하기 위해 30° 이하(고속덕트에서는 15° 이하)로 한다.
② 덕트의 단면변화 시 정해진 각도를 넘을 경우에는 가이드 베인을 설치한다.
③ 덕트의 단면적비가 75% 이하의 확대부분은 압력손실을 적게 하기 위해 15° 이하(고속덕트에서는 8° 이하)로 한다.
④ 덕트의 경로는 될 수 있는 한 최장거리로 한다.

덕트의 경로는 될 수 있는 한 최단거리로 해야 한다.

52 공기조화기의 열원장치에 사용되는 온수보일러의 개방형 팽창탱크에 설치되지 않는 부속설비는?

① 통기관 ② 수위계
③ 팽창관 ④ 배수관

수위계는 밀폐형 팽창탱크에 설치된다.

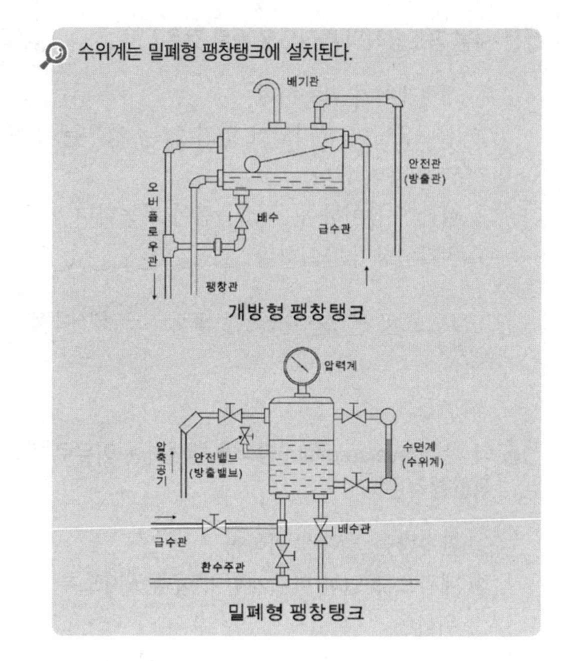

53 환기방식 중 환기의 효과가 가장 낮은 환기법은?

① 제1종 환기 ② 제2종 환기
③ 제3종 환기 ④ 제4종 환기

제4종 환기법(자연급기+자연배기)
• 온도차에 의한 환기(중력환기): 실내공기와 건물주변 외기와의 온도차에 의한 공기의 비중량 차이에 의해서 환기를 하는 것. 일반적으로 건물의 실내 온도가 높기 때문에 하부로 공기를 유입하고 상부로 유출한다.
• 풍력에 의한 환기: 풍향측이 정압력, 풍배측이 부압력이 되게 하여 유입압력과 유출압력의 차를 이용하여 환기가 이루어진다.

54 건구온도 20℃ 절대습도 0.008 kg/kg(DA)인 공기의 비엔탈피는 약 얼마인가? (단, 공기의 정압 비열 0.24kcal/kg℃, 수증기의 정압 비열 0.441kcal/kg℃이다.)

① 7kcal/kg(DA)
② 8.3kcal/kg(DA)
③ 9.6kcal/kg(DA)
④ 11kcal/kg(DA)

I = 0.24t + [597.3 + 0.44t] × 절대습도=(0.24×20) + [597.3 + (0.441×20)]×0.008
≒ 9.6

55 개별 공조방식의 특징으로 틀린 것은?

① 개별제어가 가능하다.
② 실내유닛이 분리되어 있지 않는 경우는 소음과 진동이 크다.
③ 취급이 용이하며, 국소운전이 가능하다.
④ 외기냉방이 용이하다.

> 외기 냉방이 가능한 방식은 중앙식 공조에서 공기방식에 해당한다.

56 역 환수(reverse return)방식을 채택하는 이유로 가장 적합한 것은?

① 환수량을 늘리기 위하여
② 배관으로 인한 마찰저항이 균등해지도록 하기 위하여
③ 온수 귀환관을 가장 짧은 거리로 배관하기 위하여
④ 열손실을 줄이기 위하여

> 역환식 방식은 각 방열기마다 온수의 유량을 균등하게 분배하므로 열손실을 줄이고 온수 온도를 일정하게 할 수 있다.

57 보일러의 종류에 따른 전열면적당 증발량으로 틀린 것은?

① 노통 보일러 : 45~65(kgf/m^2h) 정도
② 연관 보일러 : 30~65(kgf/m^2h) 정도
③ 입형 보일러 : 15~20(kgf/m^2h) 정도
④ 노통연관 보일러 : 30~60(kgf/m^2h) 정도

58 팬형 가습기(증발식)에 대한 설명으로 틀린 것은?

① 팬 속의 물을 강제적으로 증발시켜 가습한다.
② 가습장치 중 효율이 가장 우수하며, 가습량을 자유로이 변화시킬 수 있다.
③ 가습의 응답속도가 느리다.
④ 패키지형 소형 공조기에 많이 사용한다.

> 팬형 가습기는 효율이 나쁘고 응답속도가 늦으므로 대용량에 부적하며 패키지 등 소형 장치에 사용된다.

59 공기 가열코일의 종류에 해당되지 않는 것은?

① 전열 코일 ② 가습 코일
③ 증기 코일 ④ 온수 코일

> 공기 가열 코일의 종류에는 온수 코일, 전열 코일, 증기 코일이 있다.

60 이중 덕트 공기 조화 방식의 특징이라고 할 수 없는 것은?

① 열매체가 공기이므로 실온의 응답이 빠르다.
② 혼합으로 인한 에너지 손실이 없으므로 운전비가 적게 든다.
③ 실내습도의 제어가 어렵다.
④ 실내부하에 따라 개별제어가 가능하다.

> 이중 덕트 방식은 냉온풍을 별도로 공급하여 실내에 취출하기 직전에 혼합하는 방식으로 단일덕트에 비해 덕트 공간이 크고, 에너지 소비량이 크다.

정답 최근기출문제 – 2013년 3회

01 ①	02 ①	03 ②	04 ④	05 ①
06 ④	07 ①	08 ②	09 ①	10 ④
11 ①	12 ①	13 ④	14 ④	15 ④
16 ①	17 ②	18 ①	19 ②	20 ②
21 ②	22 ④	23 ④	24 ①	25 ②
26 ④	27 ④	28 ②	29 ③	30 ①
31 ①	32 ①	33 ④	34 ②	35 ②
36 ④	37 ③	38 ②	39 ④	40 ③
41 ③	42 ④	43 ④	44 ②	45 ③
46 ①	47 ①	48 ②	49 ④	50 ②
51 ④	52 ②	53 ④	54 ③	55 ④
56 ②	57 ①	58 ②	59 ②	60 ②

2013년 4회

최근기출문제

01 산업재해 원인 분류 중 직접 원인에 해당되지 않는 것은?

① 불안전한 행동
② 안전보호 장치 결함
③ 작업자의 사기의욕 저하
④ 불안전한 환경

작업자의 사기의욕 저하는 간접 원인에 해당된다.

02 전기화재의 소화에 사용하기에 부적당한 것은?

① 분말 소화기 ② 포말 소화기
③ CO_2 소화기 ④ 할로겐 소화기

포말 소화기는 일반화재(A급 화재)나 소규모 유류 화재에 사용한다.

03 전기 설비의 방폭성능 기준 중 용기 내부에 보호구조를 압입하여 내부압력을 유지함으로써 가연성 가스가 용기 내부로 유입되지 아니하도록 한 구조를 말하는 것은?

① 내압 방폭구조
② 유입 방폭구조
③ 압력 방폭구조
④ 안전증 방폭구조

- 압력 방폭구조 : 용기 내부에 보호기체(신선한 공기 또는 질소등의 불연성 기체)를 압입해 내부 압력을 유지하므로써 폭발성 가스, 증기가 침입하는 것을 방지하는 구조
- 유입 방폭구조: 전기기기의 불꽃, 아크 또는 고온이 발생하는 부분을 기름 속에 넣어 기름면 위에 존재하는 폭발성 가스 또는 증기에 인화될 우려가 없도록 한 구조
- 내압 방폭구조 : 전폐구조로 용기 내부에서 폭발성 가스 또는 증기가 폭발했을 때 용기가 그 압력 에 견디며, 또한 접합면, 개구부 등을 통해 외부의 폭발성 가스에 인화될 우려가 없도록 한 구조
- 안전증 방폭구조 : 정상운전 중에 폭발성 가스 또는 증기에 점화원이 될 전기불꽃 아크, 또는 고온이 되어서는 안될 부분에 이런 것의 발생을 방지하기 위하여 기계적 · 전기적 구조상 또는 온도 상승에 대해서 특히 안전도를 증가시킨 구조

04 산업현장에서 위험이 잠재한 곳이나 현존하는 곳에 안전표지를 부착하는 목적으로 적당한 것은?

① 작업자의 생산 능률을 저하시키기 위함
② 예상되는 재해를 방지하기 위함
③ 작업장의 환경미화를 위함
④ 작업자의 피로를 경감하기 위함

05 산업재해의 발생 원인별 순서로 맞는 것은?

① 불안전한 상태 〉 불안전한 행동 〉 불가항력
② 불안전한 행동 〉 불가항력 〉 불안전한 상태
③ 불안전한 상태 〉 불가항력 〉 불안전한 행동
④ 불안전한 행동 〉 불안전한 상태 〉 불가항력

06 전기의 접지 목적에 해당되지 않는 것은?

① 화재 방지 ② 설비 증설 방지
③ 감전 방지 ④ 기기 손상 방지

접지 목적은 화재 방지, 감전 방지, 기기 손상 방지 등이다.

07 냉동제조의 시설 및 기술기준으로 적당하지 못한 것은?

① 냉매설비에는 긴급상태가 발생하는 것을 방지하기 위하여 자동제어 장치를 설치할 것
② 압축기 최종단에서 설치한 안전장치는 3년에 1회 이상 압력 시험을 할 것
③ 제조설비는 진동, 충격, 부식 등으로 냉매 가스가 누설되지 않을 것
④ 가연성 가스의 냉동설비 부근에는 작업에 필요한 양 이상의 연소하기 쉬운 물질을 두지 않을 것

압축기 최종단에서 설치한 안전장치는 1년에 1회 이상 압력 시험한다.

08 산업안전보건기준에 관한 규칙에 의거 사다리식 통로 등을 설치하는 경우에 대한 내용으로 잘못된 것은?

① 견고한 구조로 할 것
② 발판과 벽과의 사이는 15cm 이상의 간격을 유지할 것
③ 폭은 55cm 이상으로 할 것
④ 발판의 간격은 일정하게 할 것

폭은 30cm 이상으로 해야 한다.

09 냉동장치의 운전관리에서 운전준비사항으로 잘못된 것은?

① 압축기의 유면을 점검한다.
② 응축기의 냉매량을 확인한다.
③ 응축기, 압축기의 흡입측 밸브를 닫는다.
④ 전기결선, 조작회로를 점검하고, 절연저항을 측정한다.

운전 정지 시에 응축기, 압축기 흡입측 밸브를 닫는다.

10 드라이버 작업 시 유의사항으로 올바른 것은?

① 드라이버를 정이나 지렛대 대용으로 사용한다.
② 작은 공작물은 바이스에 물리지 않고 손으로 잡고 사용한다.
③ 드라이버의 날끝이 홈의 폭과 길이가 같은 것을 사용한다.
④ 전기작업 시 금속부분이 자루 밖으로 나와 있어 전기가 잘 통하는 드라이버를 사용한다.

11 안전모가 내전압성을 가졌다는 말은 최대 몇 볼트의 전압에 견디는 것을 말하는가?

① 600V
② 720V
③ 1000V
④ 7000V

내전압성이란 7,000V 이하의 전압에 견디는 것을 말한다.

12 수공구에 의한 재해를 방지하기 위한 내용 중 적당하지 않은 것은?

① 결함이 없는 공구를 사용할 것
② 작업에 꼭 알맞은 공구가 없을 시에는 유사한 것을 대용할 것
③ 사용 전에 충분한 사용법을 숙지하고 익히도록 할 것
④ 공구는 사용 후 일정한 장소에 정비 및 보관할 것

13 다음 내용의 ( )에 알맞은 것은?

> 사업주는 아세틸렌 용접장치를 사용하여 금속의 용접, 용단 또는 가열작업을 하는 경우에는 게이지 압력이 ( ) KPa을 초과하는 압력의 아세틸렌을 발생시켜 사용해서는 안된다.

① 12.7 ② 20.5
③ 127 ④ 205

금속의 용접, 용단, 가열 작업을 하는 때에는 게이지 압력이 127kPa을 초과하는 압력의 아세틸렌을 발생시켜서는 안 된다.

14 압축가스의 저장 탱크에는 그 저장탱크 내용적의 몇 %를 초과하여 충전하면 안 되는가?

① 90% ② 80%
③ 75% ④ 60%

압축가스를 충전할 때에는 폭발을 방지하기 위하여 90%를 초과하여 충전하면 안 된다.

15 보일러의 사고 원인을 열거하였다. 이 중 취급자의 부주의로 인한 것은?

① 구조의 불량
② 판 두께의 부족
③ 보일러수의 부족
④ 재료의 강도 부족

취급상 원인 : 저수위, 압력초과, 급수처리 불량, 부식, 과열 등이 있다.

16 암모니아 냉동기에서 일반적으로 압축비가 얼마 이상일 때 2단 압축을 하는가?

① 2 ② 3
③ 4 ④ 6

17 공정점이 -55℃이고 저온용 브라인으로서 일반적으로 제빙, 냉장 및 공업용으로 많이 사용되고 있는 것은?

① 염화칼슘
② 염화나트륨
③ 염화마그네슘
④ 프로필렌글리콜

18 다음 중 자연적인 냉동 방법이 아닌 것은?

① 증기분사식을 이용하는 방법
② 융해열을 이용하는 방법
③ 증발잠열을 이용하는 방법
④ 승화열을 이용하는 방법

증기분사식은 기계적인 냉동 방법이다.

19 프레온 냉동장치에서 오일 포밍 현상이 일어나면 실린더 내로 다량의 오일이 올라가 오일을 압축하여 실린더 헤드부에서 이상 음이 발생하게 되는 현상은?

① 에멀죤 현상 ② 동부착 현상
③ 오일 포밍 현상 ④ 오일 해머 현상

오일 해머는 실린더내로 다량의 오일이 올라가 오일을 압축하여 실린더 헤드부에서 이상 음이 발생하게 되는 현상으로 이러한 현상이 심하면 압축기 파손 우려가 있으며 압축기 유량 부족으로 운전불능의 상태에 이르게 된다.

20 정상적으로 운전되고 있는 증발기에 있어서, 냉매 상태의 변화에 관한 사항 중 옳은 것은? (단, 증발기는 건식증발기이다.)

① 증기의 건조도가 감소한다.
② 증기의 건조도가 증대한다.
③ 포화액이 과냉각액으로 된다.
④ 과냉각액이 포화액으로 된다.

21 구조에 따라 증발기를 분류하여 그 명칭들과 동시에 그들의 주 용도를 나타내었다. 틀린 것은?

① 핀 튜브형 : 주로 0℃ 이상의 물 냉각용
② 탱크식 : 제빙용 브라인 냉각용
③ 판냉각형 : 가정용 냉장고의 냉각용
④ 보데로식 : 우유, 각종 기름류 등의 냉각용

22 실린더 내경 20cm, 피스톤 행정 20cm, 기통수 2개, 회전수 300rpm인 압축기의 피스톤 배출량은 약 얼마인가?

① $182m^3/h$ ② $201m^3/h$
③ $226m^3/h$ ④ $263m^3/h$

피스톤배출량 $= \dfrac{\pi \times d^2}{4} \times L \times N \times R \times 60$

$= \dfrac{\pi \times 0.2^2}{4} \times 0.2 \times 2 \times 300 \times 60$

$\fallingdotseq 226m^3/h$

23 저장품을 동결하기 위한 동결부하 계산에 속하지 않는 것은?

① 동결 전 부하 ② 동결 후 부하
③ 동결 잠열 ④ 환기 부하

환기부하는 냉방 부하에 속한다.

24 관을 절단하는 데 사용하는 공구는?

① 파이프 리머 ② 파이프 커터
③ 오스터 ④ 드레서

파이프 커터는 관 절단 공구이다.

25 다음 중 입력신호가 모두 1일 때만 출력신호가 0인 논리게이트는?

① AND 게이트 ② OR 게이트
③ NOR 게이트 ④ NAND 게이트

NAND 게이트는 AND게이트 출력에 인버터를 추가한 것으로 입력신호가 모두 1일 때만 출력 신호가 0인 게이트이다.

26 냉동기유의 구비조건으로 맞지 않는 것은?

① 냉매와 접하여도 화학적 작용을 하지 않을 것
② 왁스 성분이 많을 것
③ 유성이 좋을 것
④ 인화점이 높을 것

> 냉동기유는 왁스 성분이 없어야 한다.

27 압축기에서 보통 안전밸브의 작동압력으로 옳은 것은?

① 저압 차단 스위치 작동 압력과 같게 한다.
② 고압 차단 스위치 작동 압력보다 다소 높게 한다.
③ 유압 보호 스위치 작동 압력과 같게 한다.
④ 고 · 저압 차단 스위치 작동 압력보다 낮게 한다.

28 다음 모리엘 선도에서 성적계수는 약 얼마인가?

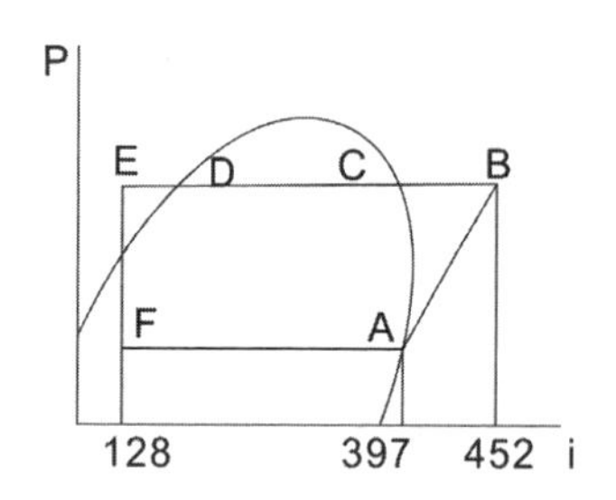

① 2.4　　② 4.9
③ 5.4　　④ 6.3

> 성적계수(*cop*) $= \dfrac{\text{냉동효과}(q_e)}{\text{압축기일}(AW)}$
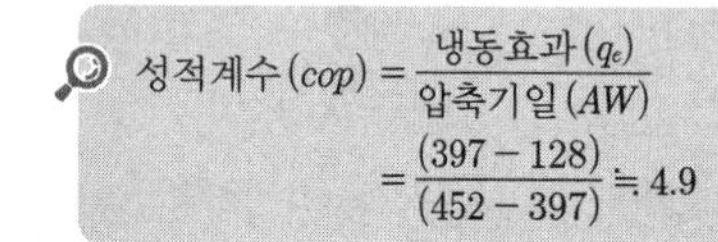

29 다음 기호 중 콕의 도시기호는?

① 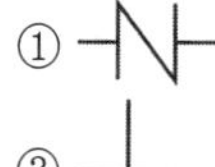　　② 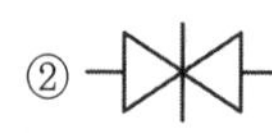
③ 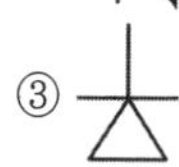　　④ (symbol)

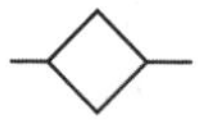

> ④ : 콕, ① : 체크밸브

30 흡수식 냉동기에서 냉매순환과정을 바르게 나타낸 것은?

① 재생기(발생기) → 응축기 → 냉각기(증발기) → 흡수기
② 재생기(발생기) → 냉각기(증발기) → 흡수기 → 응축기
③ 응축기 → 재생기(발생기) → 냉각기(증발기) → 흡수기
④ 냉각기(증발기) → 응축기 → 흡수기 → 재생기(발생기)

31 온도 자동팽창 밸브에서 감온통의 부착위치는?

① 팽창밸브 출구
② 증발기 입구
③ 증발기 출구
④ 수액기 출구

> 감온통은 증발기 출구에 설치한다.

32 응축기 중 외기 습도가 응축기 능력을 좌우하는 것은?

① 횡형 쉘 엔 튜브식 응축기
② 이중관식 응축기
③ 7통로식 응축기
④ 증발식 응축기

> 증발식 응축기는 냉각수를 상부에서 분사시켜 냉각관에 살포하여 유체로부터 열을 흡수하여 냉각시키고, 상부의 송풍기를 이용하여 하부 공기를 상부로 배출시키는데, 냉각수의 증발에 의하여 응축되므로 냉각수가 적게 된다.

33 관 또는 용기 안의 압력을 항상 일정한 수준으로 유지하여 주는 밸브는?

① 릴리프 밸브
② 체크 밸브
③ 온도조정 밸브
④ 감압 밸브

> 릴리프 밸브는 관 또는 용기 안의 압력을 항상 일정한 수준으로 유지한다.

34 시트 모양에 따라 삽입형, 홈꼴형, 랩형 등으로 구분되는 배관의 이음방법은?

① 나사 이음
② 플레어 이음
③ 플랜지 이음
④ 납땜 이음

> 플랜지 이음은 시트 모양에 따라 삽입형, 홈꼴형, 랩형 등으로 구분된다.

35 불응축가스의 침입을 방지하기 위해 액순환식 증발기와 액펌프 사이에 부착하는 것은?

① 감압 밸브
② 여과기
③ 역지 밸브
④ 건조기

> 불응축가스의 침입을 방지하기 위해 액순환식 증발기와 액펌프 사이에는 역지 밸브를 설치한다.

36 어떤 물질의 산성, 알칼리성 여부를 측정하는 단위는?

① CHU
② RT
③ pH
④ B.T.U

> • pH : 물의 산성이나 알칼리성의 정도를 나타내는 수치로서 수소 이온 농도의 지수이다.
> • CHU, BTU : 열량 단위
> • 1RT : 0℃물 1Ton(1,000 kg)을 24시간 동안에 0℃의 얼음으로 만들 때 냉각해야 할 열량

37 0℃의 물 1kg을 0℃의 얼음으로 만드는데 필요한 응고잠열은 대략 얼마 정도인가?

① 80kcal/kg
② 540kcal/kg
③ 100kcal/kg
④ 50kcal/kg

> 융해잠열 = 1× 80 = 80

38 냉동장치의 온도 관계에 대한 사항 중 올바르게 표현한 것은? (단, 표준냉동 사이클을 기준으로 할 것)

① 응축 온도는 냉각수 온도보다 낮다.
② 응축 온도는 압축기 토출가스 온도와 같다.
③ 팽창밸브 직후의 냉매온도는 증발온도보다 낮다.
④ 압축기 흡입가스 온도는 증발온도와 같다.

39 "회로 내의 임의의 점에서 들어오는 전류와 나가는 전류의 총합은 0이다." 라는 법칙으로 맞는 것은?

① 키르히호프의 제1법칙
② 키르히호프의 제2법칙
③ 줄의 법칙
④ 앙페르의 오른나사법칙

> 키르히호프의 제1법칙은 회로 내의 어느 점을 취해도 그곳에 흘러 들어오거나(+) 흘러 나가는(−) 전류를 음양의 부호를 붙여 구별하면, 들어오고 나가는 전류의 총계는 0이 된다는 법칙이다.

40 옴의 법칙에 대한 설명으로 적절한 것은?

① 도체에 흐르는 전류(I)는 전압(V)에 비례한다.
② 도체에 흐르는 전류(I)는 저항(R)에 비례한다.
③ 도체에 흐르는 전압(V)은 저항(R)의 값과는 상관없다.
④ 도체에 흐르는 전류 $I = \frac{R}{V}[A]$이다.

> 옴의 법칙은 전류의 세기는 두 점 사이의 전위차에 비례하고, 전기저항에 반비례한다는 법칙이다.

41 용적형 압축기에 대한 설명으로 맞지 않는 것은?

① 압축실 내의 체적을 감소시켜 냉매의 압력을 증가시킨다.
② 압축기의 성능은 냉동능력, 소비동력, 소음, 진동값 및 수명 등 종합적인 평가가 요구된다.
③ 압축기의 성능을 측정하는데 유용한 두 가지 방법은 성능계수와 단위 냉동능력당 소비동력을 측정하는 것이다.
④ 개방형 압축기의 성능계수는 전동기와 압축기의 운전효율을 포함하는 반면, 밀폐형 압축기의 성능계수에는 전동기 효율이 포함되지 않는다.

42 터보 냉동기의 구조에서 불응축 가스 퍼지, 진공작업, 냉매 재생 등의 기능을 갖추고 있는 장치는?

① 플로우트 챔버 장치
② 추기회수 장치
③ 엘리미네이터 장치
④ 전동 장치

43 고체에서 기체로 상태가 변화할 때 필요로 하는 열을 무엇이라 하는가?

① 증발열
② 융해열
③ 기화열
④ 승화열

승화열 : 고체가 기체로 또는 기체가 고체로 상태 변화할 때 출입하는 열

44 스윙형 체크밸브에 관한 설명으로 틀린 것은?

① 호칭치수가 큰 관에 사용된다.
② 유체의 저항이 리프트형보다 적다.
③ 수평배관에만 사용할 수 있다.
④ 핀을 축으로 하여 회전시켜 개폐한다.

수평배관에는 리프트형 체크밸브를 사용한다.

45 냉동장치 내에 냉매가 부족할 때 일어나는 현상으로 옳은 것은?

① 흡입관에 서리가 보다 많이 붙는다.
② 토출압력이 높아진다.
③ 냉동능력이 증가한다.
④ 흡입압력이 낮아진다.

46 온풍 난방의 특징을 바르게 설명한 것은?

① 예열시간이 짧다.
② 조작이 복잡하다.
③ 설비비가 많이 든다.
④ 소음이 생기지 않는다.

온풍 난방은 난방기의 연소실에서 공기를 가열하여 시설 내로 송풍해서 실내를 난방 하는 방식으로 가열속도가 빨라서 실내 온도의 상승이 용이하고, 또한 가볍기 때문에 이동이 쉬우며 배관을 하지 않으므로 작업성이 양호하고 설비비가 저렴하다는 장점이 있다.

47 겨울철 창면을 따라서 존재하는 냉기에 의해 외기와 접한 창면에 접해있는 사람은 더욱 추위를 느끼게 되는 현상을 콜드 드래프트라 한다. 이 콜드 드래프트의 원인으로 볼 수 없는 것은?

① 인체 주위의 온도가 너무 낮을 때
② 수위 벽면의 온도가 너무 낮을 때
③ 창문의 틈새가 많을 때
④ 인체 주위 기류속도가 너무 느릴 때

48 일반적으로 덕트의 종횡비(aspect ratio)는 얼마를 표준으로 하는가?

① 2 : 1
② 6 : 1
③ 8 : 1
④ 10 : 1

덕트의 아스펙트비(종횡비, 장변/단변) : 4 이내로 한다.

49 복사난방의 특징이 아닌 것은?

① 외기온도의 급변화에 따른 온도조절이 곤란하다.
② 배관시공이나 수리가 비교적 곤란하고 설비비용이 비싸다.
③ 공기의 대류가 많아 쾌감도가 나쁘다.
④ 방열기가 불필요하다.

복사난방은 복사열에 의한 난방. 천장 · 벽 · 마루 등에 파이프 코일을 묻고 온수를 통하는 방법, 전열선을 묻는 방법, 덕트를 마루 밑에 배치하여 이것에 온풍을 통하게 하는 방법 등이 있으며 온도가 낮아도 쾌감도가 좋다.

50 **공기조화 방식의 중앙식 공조방식에서 수-공기방식에 해당되지 않는 것은?**

① 이중 덕트방식
② 팬 코일 유닛방식(덕트병용)
③ 유인 유닛방식
④ 복사 냉난방 방식(덕트병용)

> 이중 덕트방식은 전공기 방식이다.

51 **다음 난방방식에 대한 설명으로 틀린 것은?**

① 온풍난방은 습도를 가습 또는 감습할 수 있는 장치를 설치할 수 있다.
② 증기난방의 응축수 환수관 연결 방식을 습식과 건식이 있다.
③ 온수난방의 배관에는 팽창탱크를 설치하여야 하며 밀폐식과 개방식이 있다.
④ 복사난방은 천정이 높은 실에는 부적합하다.

52 **공기상태에 관한 내용 중 틀린 것은?**

① 포화습공기의 상대습도는 100%이며 건조공기의 상대습도는 0%가 된다.
② 공기를 가습, 감습하지 않으면 노점온도 이하가 되어 절대습도는 변함이 없다.
③ 습공기 중의 수분 중량과 포화습공기 중의 수분의 비를 상대습도라 한다.
④ 공기 중의 수증기가 분리되어 물방울이 되기 시작하는 온도를 노점온도라 한다.

> 공기를 가습, 감습하지 않으면 절대습도는 변화한다.

53 **수조 내의 물에 초음파를 가하여 작은 물방울을 발생시켜 가습을 행하는 초음파 가습장치는 어떤 방식에 해당하는가?**

① 수분무식
② 증기 발생식
③ 증발식
④ 에어와셔식

> 수분무식은 물 또는 온수를 직접 공기 중에 분무하는 방식으로 가습량이 많지 않고 제어 범위가 넓고 장치가 간단하다.

54 **개별식 공기조화방식으로 볼 수 있는 것은?**

① 사무실 내에 패케이지형 공조기를 설치하고, 여기에서 조화된 공기는 패케이지 상부에 있는 취출구로 실내에 송풍한다.
② 사무실 내에 유인 유닛형 공조기를 설치하고 외부의 공기조화기로부터 유인 유닛에 공기를 공급한다.
③ 사무실 내에 팬코일 유닛형 공조기를 설치하고, 외부의 열원기기로부터 팬 코일 유닛에 냉 · 온수를 공급한다.
④ 사무실 내에는 덕트만 설치하고, 외부의 공기조화기로부터 덕트 내에 공기를 공급한다.

55 **유체의 속도가 20m/s일 때 이 유체의 속도수두는 얼마인가?**

① 5.1m
② 10.2m
③ 15.5m
④ 20.4m

> 속도수두 $= \frac{V^2}{2g} = \frac{20^2}{2 \times 9.8} \fallingdotseq 20.4m$

56 **어떤 보일러에서 발생되는 실제 증발량을 1000kg/h, 발생증기의 엔탈피를 614kcal/kg, 급수의 온도를 20℃라 할 때 상당증발량은 얼마인가? (증발잠열은 540kcal/kg으로 한다.)**

① 847kg/h
② 1100kg/h
③ 1250kg/h
④ 1450kg/h

> 상당증발량
> $= \frac{\text{실제증발량} \times (\text{증기엔탈피} - \text{급수엔탈피})}{539}$
> $= \frac{1000 \times (614 - 20)}{539} \fallingdotseq 1100kg/h$

57 풍량 조절용으로 사용되지 않는 댐퍼는?

① 방화 댐퍼　② 버터플라이 댐퍼
③ 루버 댐퍼　④ 스플릿 댐퍼

방화 댐퍼는 화재 시에 불꽃, 연기 등을 차단하기 위해 덕트 내에 설치하는 장치. 덕트가 방화 구획을 관통하는 부근에 설치된다.

58 열이 이동되는 3가지 기본현상(형식)이 아닌 것은?

① 전도　② 관류
③ 대류　④ 복사

열전달에는 전도, 대류, 복사가 있다.

59 실내 필요 환기량을 결정하는 조건과 거리가 먼 것은?

① 실의 종류
② 실의 위치
③ 재실자의 수
④ 실내에서 발생하는 오염물질 정도

실내 필요 환기량은 실의 종류, 재실자 수, 오염물질 정도를 생각해서 구한다.

60 송풍기의 특성 곡선에 나타나 있지 않은 것은?

① 효율　② 축동력
③ 전압　④ 풍속

송풍기 특성 곡선은 일정한 회전수에서 횡축을 풍량, 종축을 압력, 효율, 소요동력을 놓고 풍량에 따라 변화과정을 나타낸 것이다.

정답 최근기출문제 – 2013년 4회

01 ③	02 ②	03 ③	04 ②	05 ④
06 ②	07 ②	08 ③	09 ③	10 ③
11 ④	12 ②	13 ③	14 ①	15 ③
16 ④	17 ①	18 ①	19 ④	20 ②
21 ①	22 ③	23 ④	24 ②	25 ④
26 ②	27 ②	28 ②	29 ④	30 ①
31 ③	32 ④	33 ①	34 ③	35 ③
36 ③	37 ①	38 ④	39 ①	40 ①
41 ④	42 ②	43 ④	44 ③	45 ④
46 ①	47 ④	48 ①	49 ③	50 ①
51 ④	52 ②	53 ①	54 ①	55 ④
56 ②	57 ①	58 ②	59 ②	60 ④

2014년 1회 최근기출문제

01 크레인(crane)의 방호장치에 해당되지 않는 것은?

① 권과방지장치 ② 과부하방지장치
③ 비상정지장치 ④ 과속방지장치

크레인 방호장치는 과부하방지장치, 권과방지장치, 충돌방지장치, 주행크레인 경보장치, 훅 해지장치, 경사각 지시장치, 미끄럼방지 고정장치, 비상정지장치 등이 있다.

02 용기의 파열사고 원인에 해당되지 않는 것은?

① 용기의 용접불량
② 용기 내부압력의 상승
③ 용기 내에서 폭발성 혼합가스에 의한 발화
④ 안전밸브의 작동

안전밸브는 기기나 배관의 압력이 일정한 압력을 넘었을 경우 자동적으로 작동하게 되는 것으로, 파열사고를 방지하기 위한 안전장치에 해당된다.

03 물체가 떨어지거나 날아올 위험 또는 근로자가 추락할 위험이 있는 작업 시에 착용할 보호구로 적당한 것은?

① 안전모 ② 안전벨트
③ 방열복 ④ 보안면

안전모는 작업자가 작업할 때 날아오는 물건, 낙하하는 물건에 의한 위험성을 방지하기 위한 것 또는 하역작업에서 추락했을 때, 머리부위에 상해를 받는 것을 방지하고 또한 머리부위에 감전될 우려가 있는 전기공사 작업에서 머리를 보호하기 위해 착용한다.

04 안전관리 관리 감독자의 업무가 아닌 것은?

① 안전작업에 관한 교육훈련
② 작업 전후 안전점검 실시
③ 작업의 감독 및 지시
④ 재해 보고서 작성

작업 전후 안전점검은 안전관리자가 해야 한다.

05 드릴작업 시 주의사항으로 틀린 것은?

① 드릴회전 중에는 칩을 입으로 불어서는 안 된다.
② 작업에 임할 때는 복장을 단정히 한다.
③ 가공 중 드릴 끝이 마모되어 이상한 소리가 나면 즉시 바꾸어 사용한다.
④ 이송레버에 파이프를 끼워 걸고 재빨리 돌린다.

06 전기 사고 중 감전의 위험 인자에 대한 설명으로 옳지 않은 것은?

① 전류량이 클수록 위험하다.
② 통전시간이 길수록 위험하다.
③ 심장에 가까운 곳에서 통전되면 위험하다.
④ 인체에 습기가 없으면 저항이 감소하여 위험하다.

인체에 습기가 없어야 감전 우려가 없다.

07 냉동시스템에서 액 해머링의 원인이 아닌 것은?

① 부하가 감소했을 때
② 팽창밸브의 열림이 너무 적을 때
③ 만액식 증발기의 경우 부하변동이 심할 때
④ 증발기 코일이 유막이나 서리(霜)가 끼었을 때

08 산소가 결핍되어 있는 장소에서 사용되는 마스크는?

① 송기 마스크 ② 방진 마스크
③ 방독 마스크 ④ 전안면 방독 마스크

송기 마스크는 작업자가 가스, 증기, 공기 중에 부유하는 미립자상 물질 또는 산소결핍 공기를 흡입하므로 발생할 수 있는 건강장해를 방지하기 위해 사용하는 마스크이다.

09 냉동설비의 설치공사 후 기밀시험 시 사용되는 가스로 적합하지 않는 것은?

① 공기 ② 산소
③ 질소 ④ 아르곤

냉동설비의 설치공사 또는 변경공사가 완공된 때에는 산소 외의 가스를 사용하여 시운전 또는 기밀시험을 실시하여야 한다.

10 소화효과의 원리가 아닌 것은?

① 질식 효과
② 제거 효과
③ 희석 효과
④ 단열 효과

소화 효과 원리는 냉각, 질식, 제거, 화학, 희석 효과 등이 있다.

11 해머작업 시 지켜야 할 사항 중 적절하지 못한 것은?

① 녹슨 것을 때릴 때 주의하도록 한다.
② 해머는 처음부터 힘을 주어 때리도록 한다.
③ 작업 시에는 타격하려는 곳에 눈을 집중시킨다.
④ 열처리 된 것은 해머로 때리지 않도록 한다.

해머는 사용할 때 처음과 마지막에는 힘을 너무 가하지 않는다.

12 가스용접 작업 중에 발생되는 재해가 아닌 것은?

① 전격 ② 화재
③ 가스폭발 ④ 가스중독

전격은 전기 용접 작업 중 발생되는 재해이다.

13 보일러 점화 직전 운전원이 반드시 제일 먼저 점검해야 할 사항은?

① 공기온도 측정
② 보일러 수위 확인
③ 연료의 발열량 측정
④ 연소실의 잔류가스 측정

보일러 점화 직전에는 보일러 수위를 반드시 확인해야 한다.

14 교류 용접기의 규격란에 AW 200이라고 표시되어 있을 때 200이 나타내는 값은?

① 정격 1차 전류값 ② 정격 2차 전류값
③ 1차 전류 최대값 ④ 2차 전류 최대값

AW : 교류아크용접기, 숫자 : 정격2차 전류를 의미

15 산소 용기 취급 시 주의사항으로 옳지 않은 것은?

① 용기를 운반시 밸브를 닫고 캡을 씌워서 이동할 것
② 용기는 전도, 충돌, 충격을 주지 말 것
③ 용기는 통풍이 안 되고 직사광선이 드는 곳에 보관할 것
④ 용기는 기름이 묻은 손으로 취급하지 말 것

용기는 통풍이 잘되고 직사광선을 피해야 한다.

16 전력의 단위로 맞는 것은?

① C ② A
③ V ④ W

C : 전하량, A : 전류, V : 전압, W : 전력

17 브롬화 리튬(LiBr) 수용액에 필요한 냉동장치는?

① 증기 압축식 냉동장치 ② 흡수식 냉동장치
③ 증기 분사식 냉동장치 ④ 전자 냉동장치

흡수식 냉동장치는 브롬화 리튬 수용액을 사용한다.

18 기체의 비열에 관한 설명 중 옳지 않은 것은?

① 비열은 보통 압력에 따라 다르다.
② 비열이 큰 물질일수록 가열이나 냉각하기가 어렵다.
③ 일반적으로 기체의 정적비열은 정압비열보다 크다.
④ 비열에 따라 물체를 가열, 냉각하는데 필요한 열량을 계산할 수 있다.

> 정적비열은 부피가 일정한 상태, 정압비열은 압력이 일정한 상태에서의 기체의 비열이다. 정압비열의 경우 열에너지가 부피의 팽창에도 사용되므로 일반적으로 기체의 정압비열이 정적비열보다 크다.

19 **지수식 응축기라고도 하며 나선 모양의 관에 냉매를 통과시키고 이 나선관을 구형 또는 원형의 수조에 담그고 순환시켜 냉매를 응축시키는 응축기는?**

① 쉘 앤 코일식 응축기 ② 증발식 응축기
③ 공랭식 응축기 ④ 대기식 응축기

> 쉘 앤 코일식 응축기는 원통 내에 나선 모양의 코일이 감겨져 있는 구조로 쉘 내에는 냉매가, 튜브 내로는 냉각수가 흐른다.

20 **동력나사 절삭기의 종류가 아닌 것은?**

① 오스터식 ② 다이헤드식
③ 로터리식 ④ 호브(hob)식

> 동력나사 절삭기 종류에는 오스터식, 다이헤드식, 호브식이 있다.

21 **암모니아 냉매의 성질에서 압력이 상승할 때 성질변화에 대한 것으로 맞는 것은?**

① 증발잠열은 커지고 증기의 비체적은 작아진다.
② 증발잠열은 작아지고 증기의 비체적은 커진다.
③ 증발잠열은 작아지고 증기의 비체적도 작아진다.
④ 증발잠열은 커지고 증기의 비체적도 커진다.

22 **다음 P-h 선도는 NH_3를 냉매로 하는 냉동 장치의 운전상태를 냉동 사이클로 표시한 것이다. 이 냉동장치의 부하가 45000kcal/h일 때 NH_3의 냉매 순환량은 약 얼마인가?**

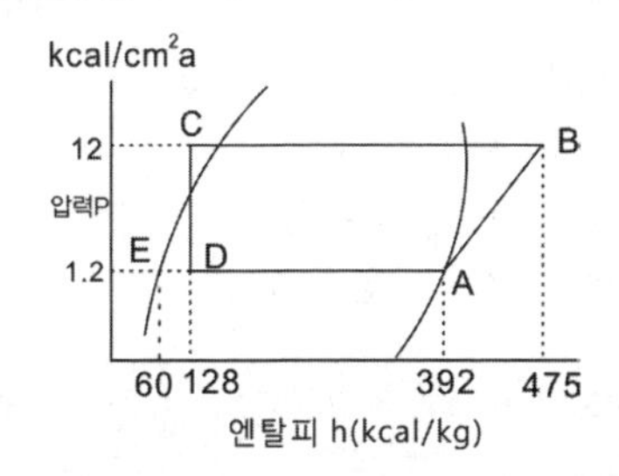

① 189.4kg/h ② 602.4kg/h
③ 170.5kg/h ④ 120.5kg/h

> 냉매 순환량 = $\frac{45000}{(392-128)} \fallingdotseq 170.5kg/h$

23 **1초 동안에 76kgf · m의 일을 할 경우 시간당 발생하는 열량은 약 몇 kcal/h인가?**

① 641kcal/h
② 658kcal/h
③ 673kcal/h
④ 685kcal/h

> $\frac{76}{427} \times 3600 \fallingdotseq 641$

24 **저온을 얻기 위해 2단 압축을 했을 때의 장점은?**

① 성적계수가 향상된다.
② 설비비가 적게 된다.
③ 체적효율이 저하한다.
④ 증발압력이 높아진다.

25 **1분간에 25℃의 순수한 물 100L를 3℃로 냉각하기 위하여 필요한 냉동기의 냉동톤은 약 얼마인가?**

① 0.66RT
② 39.76RT
③ 37.67RT
④ 45.18RT

> • Q = W×C×Δt = 100×1×(25−3) = 2200kcal
> • 시간당 제거할 열량 = 2200×60 = 132000kcal
> 132000÷3320 ≒ 39.76RT

26 **증발 온도가 낮을 때 미치는 영향 중 틀린 것은?**

① 냉동능력 감소
② 소요동력 증대
③ 압축비 증대로 인한 실린더 과열
④ 성적계수 증가

> 증발 온도가 낮으면 성적계수는 감소한다.

27 강관의 이음에서 지름이 서로 다른 관을 연결하는데 사용하는 이음쇠는?

① 캡(cap) ② 유니언(union)
③ 레듀셔(reducer) ④ 플러그(plug)

> 레듀셔, 부싱(bushing)은 지름이 다른 관을 연결하는데 사용되는 이음쇠이다.

28 탄산마그네슘 보온재에 대한 설명 중 옳지 않은 것은?

① 열전도율이 적고 300~320℃ 정도에서 열분해한다.
② 방습 가공한 것은 습기가 많은 옥외 배관에 적합하다.
③ 250℃ 이하의 파이프, 탱크의 보냉용으로 사용된다.
④ 유기질 보온재의 일종이다.

> • 유기질 보온재 : 코르크 · 톱밥 · 포옴 · 폴리스틸렌 · 연질섬유판 · 펠트 등
> • 무기질 보온재 : 석면 · 암면 · 글라스 울 · 규조토 · 염기성 탄산마그네슘 등

29 전자밸브에 대한 설명 중 틀린 것은?

① 전자코일에 전류가 흐르면 밸브는 닫힌다.
② 밸브의 전자코일을 상부로 하고 수직으로 설치한다.
③ 일반적으로 소용량에는 작동식, 대용량에는 파일롯트 전자밸브를 사용한다.
④ 전압과 용량에 맞게 설치한다.

> 전자코일에 전류가 흐르면 밸브는 열린다.

30 증기를 단열 압축할 때 엔트로피의 변화는?

① 감소한다.
② 증가한다.
③ 일정하다.
④ 감소하다가 증가한다.

> 단열 압축할 때 엔트로피는 일정하다.

31 냉동장치의 계통도에서 팽창 밸브에 대한 설명으로 옳은 것은?

① 압축 증대장치로 압력을 높이고 냉각시킨다.
② 액봉이 쉽게 일어나고 있는 곳이다.
③ 냉동부하에 따른 냉매액의 유량을 조절한다.
④ 플래시 가스가 발생하지 않는 곳이며, 일명 냉각 장치라 부른다.

32 온수난방의 배관 시공 시 적당한 구배로 맞는 것은?

① 1/100 이상 ② 1/150 이상
③ 1/200 이상 ④ 1/250 이상

> 온수난방의 배관 시공 시 1/250 이상 구배가 적당하다.

33 냉동장치 배관 설치 시 주의사항으로 틀린 것은?

① 냉매의 종류, 온도 등에 따라 배관재료를 선택한다.
② 온도변화에 의한 배관의 신축을 고려한다.
③ 기기 조작, 보수, 점검에 지장이 없도록 한다.
④ 굴곡부는 가능한 적게 하고, 곡률 반경을 작게 한다.

> 곡률 반경은 크게 해야 한다.

34 유분리기의 종류에 해당되지 않는 것은?

① 배플형 ② 어큐뮬레이터형
③ 원심분리형 ④ 철망형

35 냉매와 화학 분자식 옳게 짝지어진 것은?

① R113 : CCl_3F_3
② R114 : CCl_2F_4
③ R500 : $CCl_2F_2 + CH_2CHF_2$
④ R502 : $CHClF_2 + C_2ClF_5$

> R113 : $C_2Cl_3F_3$, R114 : $C_2Cl_2F_4$
> R500 : $CCl_2F_2 + CH_3CHF_2$

36 다음 그림이 나타내는 관의 결합방식으로 맞는 것은?

① 용접식 ② 플랜지식
③ 소켓식 ④ 유니언식

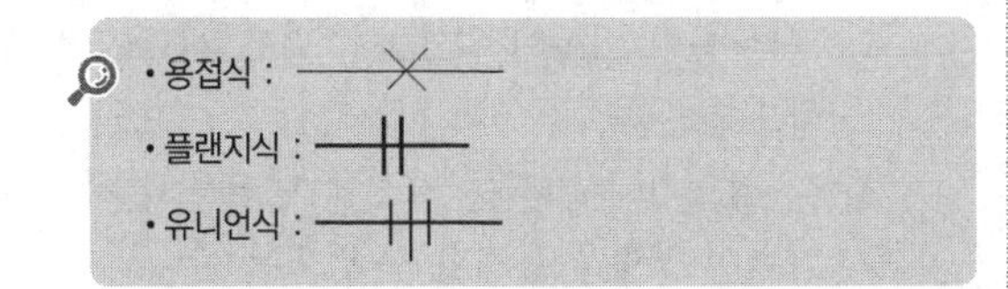

37 압축기의 흡입 및 토출밸브의 구비조건으로 적당하지 않은 것은?

① 밸브의 작동이 확실하고, 개폐하는데 큰 압력이 필요하지 않을 것
② 밸브의 관성력이 크고, 냉매의 유동에 저항을 많이 주는 구조일 것
③ 밸브가 닫혔을 때 냉매의 누설이 없을 것
④ 밸브가 마모와 파손에 강할 것

흡입 및 토출밸브는 냉매의 유동에 저항을 적게 주는 구조이어야 한다.

38 압축기 용량제어의 목적이 아닌 것은?

① 경제적 운전을 하기 위하여
② 일정한 증발온도를 유지하기 위하여
③ 경부하 운전을 하기 위하여
④ 응축압력을 일정하게 유지하기 위하여

39 냉동장치에 사용하는 브라인(Brine)의 산성도(pH)로 가장 적당한 것은?

① 9.2~9.5 ② 7.5~8.2
③ 6.5~7.0 ④ 5.5~6.0

브라인의 산성도는 보통 7.5~8.2이다.

40 다음 냉매 중 대기압 하에서 냉동력이 가장 큰 냉매는?

① R-11 ② R-12
③ R-21 ④ R-717

냉매 비등점에서 증발열은 R-11 : 43.5, R-12 : 39.97, R-21 : 57.9, R-717(NH_3) : 327이다.

41 다음 중 브라인(brine)의 구비조건으로 옳지 않은 것은?

① 응고점이 낮을 것
② 전열이 좋을 것
③ 열용량이 작을 것
④ 점성이 작을 것

브라인은 열용량이 커야 한다.

42 냉매 R-22의 분자식으로 옳은 것은?

① CCl_4 ② CCl_3F
③ $CHCl_2F$ ④ $CHClF_2$

R-22 : $CHClF_2$

43 냉동 부속 장치 중 응축기와 팽창 밸브사이의 균압관에 설치하며, 증발기의 부하 변동에 대응하여 냉매 공급을 원활하게 하는 것은?

① 유분리기
② 수액기
③ 액분리기
④ 중간 냉각기

수액기는 응축기와 팽창 밸브 사이에 설치하여 응축기에서 액화된 고온 · 고압의 냉매액을 일시 저장하는 용기로 75% 이하로 충전해야 하며 냉동 장치를 휴지할 때, 또는 저압측 수리시 냉매를 회수하여(펌프 다운) 저장하는 용기이다.

44 표준사이클을 유지하고 암모니아의 순환량을 186kg/h로 운전했을 때의 소요동력(kW)은 약 얼마인가? (단, NH_3 1kg을 압축하는데 필요한 열량은 모리엘 선도상에서는 56kcal/kg이라 한다.)

① 12.1 ② 24.2
③ 28.6 ④ 36.4

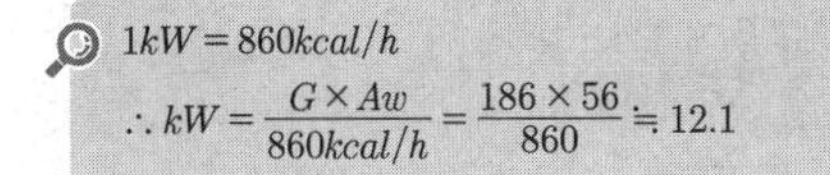

$1kW = 860kcal/h$

$\therefore kW = \frac{G \times Aw}{860kcal/h} = \frac{186 \times 56}{860} \fallingdotseq 12.1$

45 가용전(fusible plug)에 대한 설명으로 틀린 것은?

① 불의의 사고(화재 등) 시 일정 온도에서 녹아 냉동장치의 파손을 방지하는 역할을 한다.
② 용융점은 냉동기에서 68~75℃ 이하로 한다.
③ 구성 성분은 주석, 구리, 납으로 되어 있다.
④ 토출가스의 영향을 직접 받지 않는 곳에 설치해야 한다.

> 구성 성분은 주석, 카드뮴, 비스무스로 되어 있다.

46 보일러의 부속장치에서 댐퍼의 설치목적으로 틀린 것은?

① 통풍력을 조절한다.
② 연료의 분무를 조절한다.
③ 주연도와 부연도가 있을 경우 가스흐름을 전환한다.
④ 배기가스의 흐름을 조절한다.

> 댐퍼는 통풍력 조절, 가스흐름 전환, 배기가스 흐름을 조절한다.

47 송풍기의 풍량을 증가시키기 위해 회전속도를 변화시킬 때 송풍기의 법칙에 대한 설명 중 옳은 것은?

① 축동력은 회전수의 제곱에 반비례하여 변화한다.
② 축동력은 회전수의 3제곱에 비례하여 변화한다.
③ 압력은 회전수의 3제곱에 비례하여 변화한다.
④ 압력은 회전수의 제곱에 반비례하여 변화한다.

> 송풍기의 상사법칙 : 풍량은 회전수에 비례, 풍압은 회전수의 제곱에 비례, 축동력은 회전수의 3제곱에 비례한다.

48 난방부하에서 손실열량의 요인으로 볼 수 없는 것은?

① 조명기구의 발열 ② 벽 및 천장의 전도열
③ 문틈의 틈새바람 ④ 환기용 도입외기

> 난방부하의 손실열량
> • 벽, 천장 등 구조체를 통한 손실열량
> • 환기(틈새)에 의한 손실열량
> • 바닥을 통한 손실열량

49 덕트 설계 시 주의사항으로 올바르지 않은 것은?

① 고속 덕트를 이용하여 소음을 줄인다.
② 덕트 재료는 가능하면 압력손실이 적은 것을 사용한다.
③ 덕트 단면은 장방형이 좋으나 그것이 어려울 경우 공기 이동이 원활하고 덕트 재료도 적게 들도록 한다.
④ 각 덕트가 분기되는 지점에 댐퍼를 설치하여 압력이 평형을 유지할 수 있도록 한다.

> 저속 덕트를 사용해야 소음을 줄일 수 있다.

50 공기가 노점온도보다 낮은 냉각코일을 통과하였을 때의 상태를 기술한 것 중 틀린 것은?

① 상대습도 감소 ② 절대습도 감소
③ 비체적 감소 ④ 건구온도 저하

51 공기조화설비의 구성요소 중에서 열원장치에 속하지 않는 것은?

① 보일러 ② 냉동기
③ 공기 여과기 ④ 열펌프

> 공기 여과기는 공기 중에 포함되어 있는 먼지나 세균 등을 제거하여 청결한 공기로 만들어 주는 장치이다.

52 방열기의 EDR이란 무엇을 뜻하는가?

① 최대방열면적 ② 표준방열면적
③ 상당방열면적 ④ 최소방열면적

> EDR : 상당방열면적

53 1보일러마력은 약 몇 kcal/h의 증발량에 상당하는가?

① 7205kcal/h ② 8435kcal/h
③ 9600kcal/h ④ 10800kcal/h

> 1㎏의 증발 잠열은 539kcal이므로, 1보일러 마력은 15.65×539 ≒ 8435kcal/h이다.

54 **공조방식의 분류에서 2중 덕트 방식은 어느 방식에 속하는가?**

① 물–공기 방식　② 전수 방식
③ 전공기 방식　④ 냉매 방식

> 전공기 방식에는 단일 덕트, 2중 덕트, 덕트병용 패키지, 각층 유닛 방식이 있다.

55 **코일의 열수 계산 시 계산항목에 해당되지 않는 것은?**

① 코일의 열관류율
② 코일의 전면적
③ 대수평균온도차
④ 코일 내를 흐르는 유체의 유속

> 코일의 열수 계산에는 열수를 계산하는데 필요한 값이 열전달률, 대수평균 온도차, 전면적이다.

56 **팬코일 유닛 방식의 특징으로 옳지 않은 것은?**

① 외기 송풍량을 크게 할 수 없다.
② 수 배관으로 인한 누수의 염려가 있다.
③ 유닛별로 단독운전이 불가능하므로 개별 제어도 불가능하다.
④ 부분적인 팬코일 유닛만의 운전으로 에너지 소비가 적은 운전이 가능하다.

> 팬코일 유닛은 냉각 및 가열코일, 송풍기, 공기여과기를 케이싱 내 수납한 것으로 기계실에서 냉온수를 코일에 공급하여 실내공기를 팬으로 코일에 순환시켜 부하를 처리하는 방식으로, 주로 외주부에 설치하여 콜트 드래프트를 방지하므로 개별 제어가 가능하다.

57 **겨울철 창문의 창면을 따라서 존재하는 냉기가 토출기류에 의하여 밀려 내려와서 바닥을 따라 거주구역으로 흘러 들어와 인체의 과도한 차가움을 느끼는 현상을 무엇이라 하는가?**

① 쇼크 현상　② 콜드 드래프트
③ 도달거리　④ 확산 반경

> 콜드 드래프트는 겨울철에 실내에 저온의 기류가 흘러들거나, 또는 유리 등의 냉벽면에서 냉각된 냉풍이 하강하는 현상을 말한다.

58 **다음 중 개별제어 방식이 아닌 것은?**

① 유인유닛 방식
② 패키지유닛 방식
③ 단일덕트 정풍량 방식
④ 단일덕트 변풍량 방식

> 단일 덕트 정풍량 방식은 중앙 제어 방식이다.

59 **증기배관 설계 시 고려사항으로 잘못된 것은?**

① 증기의 압력은 기기에서 요구되는 온도조건에 따라 결정하도록 한다.
② 배관관경, 부속기기는 부분부하나 예열부하시의 과열부하도 고려해야 한다.
③ 배관에는 적당한 구배를 주어 응축수사 고이지 않도록 해야 한다.
④ 증기배관은 가동 시나 정지 시 온도차이가 없으므로 온도변화에 따른 열응력을 고려할 필요가 없다.

> 증기배관은 온도변화에 따른 열응력을 고려해야 한다.

60 **실내 냉방부하 중에서 현열부하가 2500kcal/h, 잠열부하가 500kcal/h일 때 현열비는 약 얼마인가?**

① 0.21　② 0.83
③ 1.2　④ 1.85

> 현열비 $SHF = \frac{\text{현열부하}}{\text{현열부하} + \text{잠열부하}} = \frac{2500}{2500 + 500} \fallingdotseq 0.83$

정답 최근기출문제 – 2014년 1회

01 ④	02 ④	03 ①	04 ②	05 ④
06 ④	07 ②	08 ①	09 ②	10 ④
11 ②	12 ①	13 ②	14 ②	15 ③
16 ④	17 ②	18 ③	19 ①	20 ③
21 ③	22 ③	23 ①	24 ①	25 ②
26 ④	27 ③	28 ④	29 ①	30 ③
31 ③	32 ④	33 ④	34 ②	35 ④
36 ③	37 ②	38 ④	39 ②	40 ④
41 ③	42 ④	43 ②	44 ①	45 ③
46 ②	47 ②	48 ①	49 ①	50 ①
51 ③	52 ③	53 ②	54 ③	55 ④
56 ③	57 ②	58 ③	59 ④	60 ②

2014년 2회

QUESTIONS FROM PREVIOUS TESTS

최근기출문제

01 수공구인 망치(hammer)의 안전 작업수칙으로 올바르지 못한 것은?

① 작업 중 해머 상태를 확인할 것
② 담금질한 것은 처음부터 힘을 주어 두들길 것
③ 장갑이나 기름 묻은 손으로 자루를 잡지 않을 것
④ 해머의 공동 작업 시에는 서로 호흡을 맞출 것

처음과 마지막에는 힘을 너무 가하지 않아야 한다.

02 산소의 저장설비 주위 몇 m 이내에는 화기를 취급해서는 안 되는가?

① 5m ② 6m
③ 7m ④ 8m

고압가스안전관리법 시행규칙에 따르면 산소의 저장설비 주의 8m 이내에는 화기를 취급해서는 아니되며, 작업에 필요한 양 이상의 연소하기 쉬운 물질을 두지 않아야 한다.

03 안전사고 발생의 심리적 요인에 해당되는 것은?

① 감정 ② 극도의 피로감
③ 육체적 능력의 초과 ④ 신경계통의 이상

심리적 요인 : 안전지식 및 주의력 부족, 방심 및 공상, 감정 등

04 아세틸렌 용접기에서 가스가 새어 나올 경우 적당한 검사방법은?

① 촛불로 검사한다.
② 기름을 칠해본다.
③ 성냥불로 검사한다.
④ 비눗물을 칠해 검사한다.

가스 누설 확인은 비눗물을 칠해 검사해야 한다.

05 안전사고 예방을 위하여 신는 작업용 안전화의 설명으로 틀린 것은?

① 중량물을 취급하는 작업장에서는 앞 발가락 부분이 고무로 된 신발을 착용한다.
② 용접공은 구두창에 쇠붙이가 없는 부도체의 안전화를 신어야 한다.
③ 부식성 약품 사용 시에는 고무제품 장화를 착용한다.
④ 작거나 헐거운 안전화는 신지 말아야 한다.

중량물을 취급하므로 고무로 된 신발을 착용해서는 안 된다.

06 다음 중 C급 화재에 적합한 소화기는?

① 건조사
② 포말 소화기
③ 물 소화기
④ 분말 소화기와 CO_2 소화기

화재에 적합한 소화기
- A급 화재 : 일반화재(포말, 분말, 강화액, 산 · 알칼리 소화기)
- B급 화재 : 유류화재(포말, 분말, 강화액, CO_2, 할로겐 소화기)
- C급 화재 : 전기화재(분말, CO_2, 강화액, 할로겐 소화기)
- D급 화재 : 금속화재(건조사, 팽창질석, 팽창진주암)
- E급 화재 : 가스화재(분말, CO_2, 할로겐 소화기)

07 보일러 휴지 시 보존방법에 관한 내용 중 틀린 것은?

① 휴지기간이 6개월 이상인 경우에는 건조보존법을 택한다.
② 휴지기간이 3개월 이상인 경우에는 만수보존법을 택한다.
③ 만수보존 시의 pH값은 4~5 정도로 유지하는 것이 좋다.
④ 건조보존 시에는 보일러를 청소하고 완전히 건조시킨다.

만수보존 시 pH값은 11정도로 유지한다.

08 연삭기의 받침대와 숫돌차의 중심 높이에 대한 내용으로 적합한 것은?

① 서로 같게 한다.
② 받침대를 높게 한다.
③ 받침대를 낮게 한다.
④ 받침대가 높던 낮던 관계없다.

09 와이어로프를 양중기에 사용해서는 아니 되는 기준으로 잘못된 것은?

① 열과 전기충격에 의해 손상된 것
② 지름의 감소가 공칭지름의 7%를 초과하는 것
③ 심하게 변형 또는 부식된 것
④ 이음매가 없는 것

사용해서는 안 되는 와이어로프의 기준
- 이음매가 있는 것
- 와이어로프의 한 꼬임[(스트랜드(strand)를 말한다. 이하 같다)]에서 끊어진 소선(素線)[필러(pillar)선은 제외한다)]의 수가 10퍼센트 이상(비자전로프의 경우에는 끊어진 소선의 수가 와이어로프 호칭지름의 6배 길이 이내에서 4개 이상이거나 호칭지름 30배 길이 이내에서 8개 이상)인 것
- 지름의 감소가 공칭지름의 7퍼센트를 초과하는 것
- 꼬인 것
- 심하게 변형되거나 부식된 것
- 열과 전기충격에 의해 손상된 것

10 전기기계 · 기구의 퓨즈 사용 목적으로 가장 적합한 것은?

① 기동 전류차단　　② 과전류 차단
③ 과전압 차단　　④ 누설 전류차단

퓨즈는 과전류 차단을 하기 위해 사용한다.

11 응축압력이 높을 때의 대책이라 볼 수 없는 것은?

① 가스퍼저(gas purger)를 점검하고 불응축가스를 배출시킬 것
② 설계 수량을 검토하고 막힌 곳이 없는가를 조사 후 수리할 것
③ 냉매를 과충전하여 부하를 감소시킬 것
④ 냉각면적에 대한 설계계산을 검토하여 냉각면적을 추가할 것

냉매의 과충전이나 응축부하가 증대되면 응축압력이 정상보다 높아진다.

12 안전표시를 하는 목적이 아닌 것은?

① 작업환경을 통제하여 예상되는 재해를 사전에 예방함
② 시각적 자극으로 주의력을 키움
③ 불안전한 행동을 배제하고 재해를 예방함
④ 사업장의 경계를 구분하기 위해 실시함

13 상용주파수(60Hz)에서 전류의 흐름을 느낄 수 있는 최소 전류값으로 옳은 것은?

① 1mA　　② 5mA
③ 10mA　　④ 20mA

전류 흐름을 느낄 수 있는 최소 전류는 1mA 정도이다.

14 동력에 의해 운전되는 컨베이어 등에 근로자의 신체 일부가 말려드는 등 근로자에게 위험을 미칠 우려가 있을 때 설치해야 할 장치는 무엇인가?

① 권과방지장치
② 비상정지장치
③ 해지장치
④ 이탈 및 역주행 방지장치

사업주는 컨베이어 등에 해당 근로자의 신체의 일부가 말려드는 등 근로자가 위험해질 우려가 있는 경우 및 비상시에는 즉시 컨베이어 등의 운전을 정지시킬 수 있는 장치를 설치하여야 한다.

15 보일러에 사용하는 안전밸브의 필요조건이 아닌 것은?

① 분출압력에 대한 작동이 정확할 것
② 안전밸브의 크기는 보일러의 정격용량 이상을 분출할 것
③ 밸브의 개폐동작이 완만할 것
④ 분출 전 · 후에 증기가 새지 않을 것

안전밸브는 밸브의 개폐동작이 신속해야 한다.

16 15℃의 1ton의 물을 0℃의 얼음으로 만드는데 제거해야 할 열량은? (단, 물의 비열 4.2kJ/kg · K, 응고잠열 334kJ/kg이다.)

① 63000kJ ② 271600kJ
③ 334000kJ ④ 397000kJ

> 계산법
> • 현열 = $G \times C \times \Delta t = 1000 \times 4.2 \times 15 = 63,000$
> • 잠열 = $G \times \gamma = 1000 \times 334 = 334,000$
> • 전체열량 = 잠열 + 현열
> $= 334,000 + 63,000 = 397,000$

17 최대값이 I_m인 사인파 교류전류가 있다. 이 전류의 파고율은?

① 1.11 ② 1.414
③ 1.71 ④ 3.14

> 파형률과 파고율

파형	최대값	실효값	평균값	파형률	파고율
직사 각형파	V	V	V	1	1
사인파	V	$\frac{V}{\sqrt{2}}$	$\frac{2V}{\pi}$	1.11	1.414
전파 정류파	V	$\frac{V}{\sqrt{2}}$	$\frac{2V}{\pi}$	1.11	1.414
삼각파	V	$\frac{V}{\sqrt{3}}$	$\frac{V}{2}$	1.155	1.732

18 다음 중 브라인의 동파방지책으로 옳지 않은 것은?

① 부동액을 첨가한다.
② 단수릴레이를 설치한다.
③ 흡입압력조절밸브를 설치한다.
④ 브라인 순환펌프와 압축기 모터를 인터록 한다.

19 냉매에 관한 설명으로 옳은 것은?

① 비열비가 큰 것이 유리하다.
② 응고온도가 낮을수록 유리하다.
③ 임계온도가 낮을수록 유리하다.
④ 증발온도에서의 압력은 대기압보다 약간 낮은 것이 유리하다.

> 냉매는 비열비가 작고, 응고온도는 낮고, 임계온도는 높아야 유리하다.

20 동관을 용접 이음하려고 한다. 다음 중 가장 적당한 것은?

① 가스 용접 ② 스폿 용접
③ 테르밋 용접 ④ 플라즈마 용접

> 동관은 용융점이 낮기 때문에 가스 용접이 적당하다.

21 다음 중 수소, 염소, 불소, 탄소로 구성된 냉매계열은?

① HFC계 ② HCFC계
③ CFC계 ④ 할론계

> 불소계 물질은 수소화염화불화탄소(HCFC)계, 수소화불화탄소(HFC)계 물질로 HCFC-123, R-502, HFC-125, HFC-134a 등이 있다.

22 냉동기 오일에 관한 설명으로 옳지 않은 것은?

① 윤활 방식에는 비말식과 강제급유식이 있다.
② 사용 오일은 응고점이 높고 인화점이 낮아야 한다.
③ 수분의 함유량이 적고 장기간 사용하여도 변질이 적어야 한다.
④ 일반적으로 고속다기통 압축기의 경우 윤활유의 온도는 50~60℃ 정도이다.

> 냉동기 오일은 응고점이 낮아야 한다.

23 다음 그림(p-h 선도)에서 응축부하를 구하는 식으로 맞는 것은?

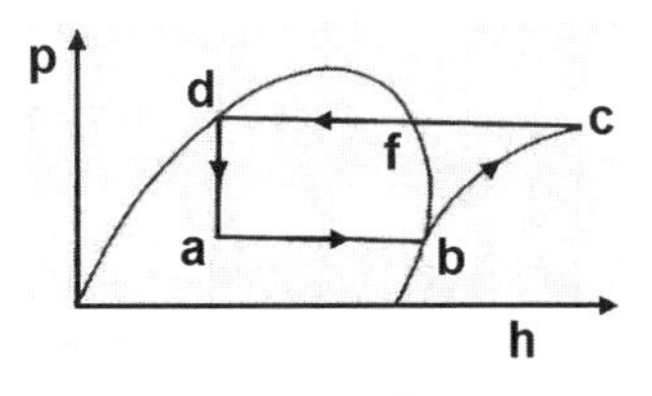

① hc − hd ② hc − hb
③ hb − ha ④ hd − ha

> ① 응축과정, ② 압축과정, ③ 증발과정, ④ 팽창과정

24 절대 압력과 게이지 압력과의 관계식으로 옳은 것은?

① 절대압력 = 대기압력 + 게이지 압력
② 절대압력 = 대기압력 − 게이지 압력
③ 절대압력 = 대기압력 × 게이지 압력
④ 절대압력 = 대기압력 ÷ 게이지 압력

절대압력은 기체의 실제 압력으로, 완전 진공인 때가 0이며, 표준 대기압은 1.033이다. 대기압력과 게이지 압력을 더한 값으로 나타난다.

25 회로망 중의 한 점에서의 전류의 흐름이 그림과 같을 때 전류 I는 얼마인가?

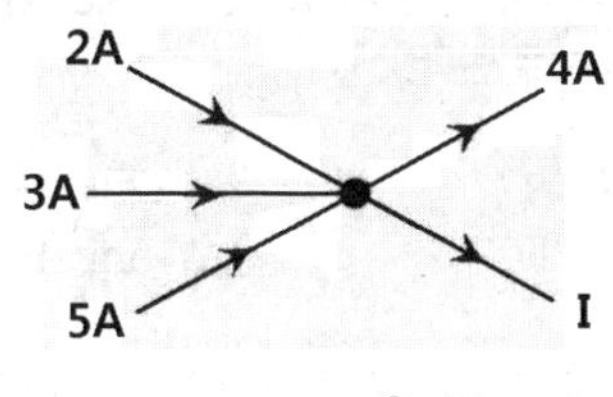

① 2A ② 4A
③ 6A ④ 8A

키르히호프 제1법칙은 회로 내의 임의 점에서 들어오는 전류와 나가는 전류의 총합은 0이다.
$\therefore I=(2+3+5)-4=6A$

26 제빙 장치에서 브라인의 온도가 −10℃이고, 결빙소요시간이 48시간일 때 얼음의 두께는 약 몇 mm인가? (단, 결빙계수는 0.56이다.)

① 253mm ② 273mm
③ 293mm ④ 313mm

공식
• $결빙시간 = 결빙계수 \times \frac{(얼음두께)^2(cm)}{(브라인온도)}$
• $얼음두께 = \sqrt{\frac{48 \times 10}{0.56}} ≒ 29.27cm ≒ 293mm$

27 냉동기의 보수 계획을 세우기 전에 실행하여야 할 사항으로 옳지 않은 것은?

① 인사기록철의 완비
② 설비 운전기록의 완비
③ 보수용 부품 명세의 기록 완비
④ 설비 인 · 허가에 관한 서류 및 기록 등의 보존

28 2단 압축장치의 구성 기기에 속하지 않는 것은?

① 증발기 ② 팽창 밸브
③ 고단 압축기 ④ 캐스케이드 응축기

캐스케이드 응축기는 고온측의 증발기를 그대로 저온측의 응축기로 사용하는 것이다.

29 2원 냉동장치에 사용하는 저온측 냉매로서 옳은 것은?

① R−717 ② R−718
③ R−14 ④ R−22

30 온도식 자동팽창 밸브에 관한 설명으로 옳은 것은?

① 냉매의 유량은 증발기 입구의 냉매가스 과열도에 의해 제어된다.
② R−12에 사용하는 팽창밸브를 R−22 냉동기에 그대로 사용해도 된다.
③ 팽창 밸브가 지나치게 적으면 압축기 흡입가스의 과열도는 크게 된다.
④ 증발기가 너무 길어 증발기의 출구에서 압력 강하가 커지는 경우에는 내부균압형을 사용한다.

냉매 유량은 증발기 출구의 감온통에서 감지해 과열도를 제어하며, 주로 프레온 건식 증발기에 사용되며, 압력강하가 커지는 경우에는 외부 균압형을 사용한다.

31 수증기를 열원으로 하여 냉방에 적용시킬 수 있는 냉동기는?

① 원심식 냉동기 ② 왕복식 냉동기
③ 흡수식 냉동기 ④ 터보식 냉동기

흡수식 냉동기는 수증기를 열원으로 사용하며 단효용식과 이중효용식이 있다.

32 15A 강관을 45°로 구부릴 때 곡관부의 길이(mm)는? (단, 굽힘 반지름은 100mm이다.)

① 78.5 ② 90.5
③ 157 ④ 209

공식
$곡관부\ 길이 = 2\pi r \times \frac{각도}{360} = 2\pi r \times 100 \times \frac{45}{360} = 78.5$

33 다음의 역 카르노 사이클에서 냉동장치의 각 기기에 해당되는 구간이 바르게 연결된 것은?

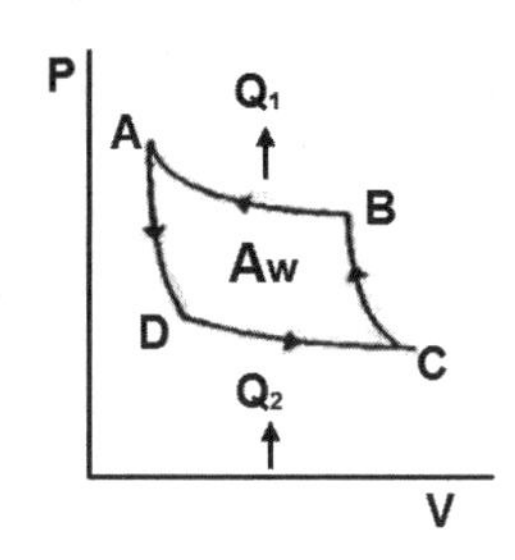

① B→A 응축기, C→B 팽창변, D→C 증발기, A→D 압축기
② B→A 증발기, C→B 압축기, D→C 응축기, A→D 팽창변
③ B→A 응축기, C→B 압축기, D→C 증발기, A→D 팽창변
④ B→A 압축기, C→B 응축기, D→C 증발기, A→D 팽창변

34 다음 중 냉동장치에서 전자밸브의 사용 목적과 가장 거리가 먼 것은?

① 온도 제어
② 습도 제어
③ 냉매, 브라인의 흐름제어
④ 리키드 백(Liquid back)방지

전자밸브는 용량 및 액면제어, 온도제어, 액압축 방지, 제상, 냉매 및 브라인 등의 흐름을 제어한다.

35 증발열을 이용한 냉동법이 아닌 것은?

① 증기분사식 냉동법
② 압축 기체 팽창 냉동법
③ 흡수식 냉동법
④ 증기 압축식 냉동법

36 수평배관을 서로 직선 연결할 때 사용되는 이음쇠는?

① 캡 ② 티
③ 유니언 ④ 엘보우

캡 : 배관 마무리, 티 : 3개 방향, 유니언 : 직선 연결, 엘보우 : 90도 방향

37 다음 중 입력신호가 0이면 출력이 1이 되고 반대로 입력이 1이면 출력이 0이 되는 회로는?

① NAND 회로 ② OR 회로
③ NOR 회로 ④ NOT 회로

- AND 회로 : 입력신호 A, B가 동시에 1일 때만 출력이 1인 회로
- NAND 회로 : 입력신호 A, B가 동시에 1일 때만 출력이 0인 회로(AND회로 부정)
- OR 회로 : 입력신호 A, B 중 어느 하나라도 1이면 출력이 1인 회로
- NOR 회로 : 입력신호 A, B가 동시에 0일 때만 출력이 1인 회로(OR회로 부정)

38 증발식 응축기 설계 시 1RT당 전열면적은? (단, 응축 온도는 43℃로 한다.)

① $1.2m^2/RT$ ② $3.5m^2/RT$
③ $6.5m^2/RT$ ④ $7.5m^2/RT$

증발식 응축기 전열면적은 암모니아는 $1.5m^2/RT$, 프레온은 $1.3m^2/RT$이다.

39 유니언 나사이음의 도시기호로 옳은 것은?

① 플랜지 이음, ② 나사 이음, ③ 유니언 이음, ④ 용접 이음

40 냉동 효과의 증대 및 플래시(flash) 가스 방지에 적당한 사이클은?

① 건조 압축 사이클 ② 과열 압축 사이클
③ 습압축 사이클 ④ 과냉각 사이클

41 압축방식에 의한 분류 중 체적 압축식 압축기에 속하지 않는 것은?

① 왕복동식 압축기 ② 회전식 압축기
③ 스크류식 압축기 ④ 흡수식 압축기

- 체적압축식 : 왕복동식, 회전식, 스크류식
- 원심식 : 단단 압축식, 다단압축식

42 탱크형 증발기에 관한 설명으로 옳지 않은 것은?

① 만액식에 속한다.
② 주로 암모니아용으로 제빙용에 사용된다.
③ 상부에는 가스헤드, 하부에는 액헤드가 존재한다.
④ 브라인의 유동속도가 늦어도 능력에는 변화가 없다.

43 회전식과 비교한 왕복동식 압축기의 특징으로 옳지 않은 것은?

① 진동이 크다.
② 압축능력이 적다.
③ 압축이 단속적이다.
④ 크랭크케이스 내부압력이 저압이다.

왕복동식 압축기는 회전식보다는 압축능력이 크다.

44 4방 밸브를 이용하여 겨울에는 고온부 방출열로 난방을 행하고, 여름에는 저온부로 열을 흡수하여 냉방을 행하는 장치는?

① 열펌프　② 열전 냉동기
③ 증기분사 냉동기　④ 공기사이클 냉동기

45 수액기 취급 시 주의사항으로 옳은 것은?

① 직사광선을 받아도 무방하다.
② 안전밸브를 설치할 필요가 없다.
③ 균압관은 지름이 작은 것을 사용한다.
④ 저장 냉매액을 3/4 이상 채우지 말아야 한다.

수액기는 응축기에서 응축된 냉매액을 저장하는 용기로 내용적의 3/4 이하로 충전해야 한다.

46 송풍기의 정압에 대한 내용으로 옳은 것은?

① 정압 = 전압 × 동압
② 정압 = 전압 ÷ 동압
③ 정압 = 전압 − 동압
④ 정압 = 전압 + 동압

47 공기조화기용 코일의 배열방식에 따른 분류에 해당되지 않는 것은?

① 풀 서킷 코일　② 더블 서킷 코일
③ 슬릿 핀 서킷 코일　④ 하프 서킷 코일

48 보일러의 증발량이 20ton/h이고 본체 전열면적이 400m²일 때, 이 보일러의 증발률은 얼마인가?

① $30kg/m^2h$　② $40kg/m^2h$
③ $50kg/m^2h$　④ $60kg/m^2h$

증발률 = 증발량/전열면적 = 20000/400 = $50kg/m^2h$

49 공기조화 설비의 구성은 열원장치, 공기조화기, 열 운반장치 등으로 구분하는데, 이중 공기조화기에 해당되지 않는 것은?

① 여과기　② 제습기
③ 가열기　④ 송풍기

50 온도, 습도, 기류를 1개의 지수로 나타낸 것으로 상대습도 100%, 풍속 0m/s인 경우의 온도는?

① 복사온도　② 유효온도
③ 불쾌온도　④ 효과온도

51 적당한 위치에 배기구를 설치하고 송풍기에 의하여 외기를 강제적으로 도입하여 배기는 배기구에서 자연적으로 환기되도록 하는 환기법은?

① 제1종 환기　② 제2종 환기
③ 제3종 환기　④ 제4종 환기

52 독립계통으로 운전이 자유롭고 냉수 배관이나 복잡한 덕트 등이 없기 때문에 소규모 상점이나 사무실 등에서 사용되는 경제적인 공조 방식은?

① 중앙식 공조 방식
② 복사 냉난방 공조 방식
③ 유인유닛 공조 방식
④ 패키지 유닛 공조 방식

패키지 유닛 공조 방식은 냉동기, 냉각코일, 공기여과기, 송풍기, 자동제어기기 등을 케이싱 내에 수납하여 직접 유닛을 실내에 설치하여 공조하는 방식이다.

53 온풍난방의 특징에 대한 설명으로 옳은 것은?

① 예열시간이 짧아 간헐운전이 가능하다.
② 온 · 습도 조정을 할 수 없다.
③ 실내 상하온도차가 적어 쾌적성이 좋다.
④ 공기를 공급하므로 소음발생이 적다.

54 터보형 펌프의 종류에 해당되지 않는 것은?

① 볼류트 펌프 ② 터빈 펌프
③ 축류 펌프 ④ 수격 펌프

수격 펌프는 특수형에 포함된다.

55 수-공기 방식인 팬 코일 유닛(fan coil unit)방식의 장점으로 옳지 않은 것은?

① 개별제어가 가능하다.
② 부하변경에 따른 증설이 비교적 간단하다.
③ 전공기 방식에 비해 이송동력이 적다.
④ 부분 부하 시 도입 외기량이 많아 실내공기의 오염이 적다.

팬 코일 유닛 방식은 외기량 부족으로 실내공기의 오염 우려가 있다.

56 벌집모양의 로터를 회전시키면서 윗부분으로 외기를 아래쪽으로 실내배기를 통과하면서 외기와 배기의 온도 및 습도를 교환하는 열교환기는?

① 고정식 전열교환기 ② 현열교환기
③ 히트 파이프 ④ 회전식 전열교환기

57 습공기 선도에서 표시되어 있지 않은 값은?

① 건구온도 ② 습구온도
③ 엔탈피 ④ 엔트로피

습공기 선도에는 건구온도, 습구온도, 노점온도, 상대습도, 절대습도, 수증기분압. 엔탈피, 비체적, 현열비, 열수분비 등으로 구성되어 있다.

58 냉방부하 계산 시 현열부하에만 속하는 것은?

① 인체에서의 발생열
② 실내 기구에서의 발생열
③ 송풍기의 동력열
④ 틈새바람에 의한 열

59 콜드 드래프트(cold draft) 현상의 원인에 해당되지 않는 것은?

① 주위 벽면의 온도가 낮을 때
② 동절기 창문의 극간풍이 없을 때
③ 기류의 속도가 클 때
④ 주위 공기의 습도가 낮을 때

60 다익형 송풍기의 임펠러 지름이 450mm인 경우 이 송풍기의 번호는 몇 번인가?

① NO 2 ② NO 3
③ NO 4 ④ NO 5

원심식 송풍기 번호는 회전날개지름(mm)/150mm 이며 축류식 송풍기 번호는 회전날개지름(mm)/100mm로 계산한다. 다익형 송풍기는 원심식 송풍기에 속하므로 450/150 = 3이다.

정답 최근기출문제 – 2014년 2회

01 ②	02 ④	03 ①	04 ④	05 ①
06 ④	07 ③	08 ①	09 ④	10 ②
11 ③	12 ④	13 ①	14 ②	15 ③
16 ④	17 ②	18 ③	19 ②	20 ①
21 ②	22 ②	23 ①	24 ①	25 ③
26 ③	27 ①	28 ④	29 ③	30 ③
31 ③	32 ①	33 ③	34 ②	35 ②
36 ③	37 ④	38 ①	39 ③	40 ④
41 ④	42 ④	43 ②	44 ①	45 ④
46 ③	47 ③	48 ③	49 ④	50 ②
51 ②	52 ④	53 ①	54 ④	55 ④
56 ④	57 ④	58 ③	59 ②	60 ②

2014년 3회

최근기출문제

01 **고압가스 냉동제조 시설에서 압축기의 최종단에 설치한 안전장치의 작동 점검기준으로 옳은 것은?(단, 액체의 열팽창으로 인한 배관의 파열방지용 안전밸브는 제외한다.)**

① 3개월에 1회 이상 ② 6개월에 1회 이상
③ 1년에 1회 이상 ④ 2년에 1회 이상

고압가스 냉동제조 시설 점검기준
- 안전장치 중 압축기의 최종단에 설치한 안전장치는 1년에 1회 이상, 그 밖의 안전밸브는 2년에 1회 이상 조정을 하여 고압가스설비가 파손되지 않도록 적절한 압력 이하에서 작동되도록 하여야 한다.
- 단, 고압가스특정제조허가를 받아 설치된 안전밸브의 조정주기는 4년의 범위에서 연장할 수 있다.

02 **산업재해의 직접적인 원인에 해당되지 않는 것은?**

① 안전장치의 기능 상실
② 불안전한 자세와 동작
③ 위험물의 취급 부주의
④ 기계장치 등의 설계불량

산업재해의 간접적 원인
- 결함있는 기계 설비 및 장비
- 불안전 설계
- 부적절한 조명, 환기, 복장
- 불량한 정리 정돈
- 불량 상태

03 **작업조건에 따라 착용하여야 하는 보호구의 연결로 틀린 것은?**

① 고열에 의한 화상 등의 위험이 있는 작업 – 안전대
② 근로자가 추락할 위험이 있는 작업 – 안전모
③ 물체가 흩날릴 위험이 있는 작업 – 보안경
④ 감전의 위험이 있는 작업 – 절연용 보호구

고열에 의한 화상 등의 위험이 있는 작업은 개인 보호구를 착용해야 한다.

04 **피로의 원인 중 외부인자로 볼 수 있는 것은?**

① 경험
② 책임감
③ 생활조건
④ 신체적 특성

05 **전기용접 작업을 할 때 안전관리 사항 중 적합하지 않은 것은?**

① 피용접물은 완전히 접지시킨다.
② 우천 시에는 옥외작업을 하지 않는다.
③ 용접봉은 홀더로부터 빠지지 않도록 정확히 끼운다.
④ 옥외용접 시에는 헬멧이나 핸드실드를 사용하지 않는다.

옥외 용접 시에도 헬멧이나 핸드실드를 사용해야 한다.

06 **압축기 운전 중 이상음이 발생하는 원인으로 가장 거리가 먼 것은?**

① 기초 볼트의 이완
② 피스톤 하부에 오일이 고임
③ 토출밸브, 흡입밸브의 파손
④ 크랭크샤프트 및 피스톤 핀의 마모

07 **보일러 파열사고의 원인으로 가장 거리가 먼 것은?**

① 역화의 발생
② 강도 부족
③ 취급 불량
④ 계기류의 고장

파열 사고는 압력초과, 저수위, 과열 있으며 역화의 발생은 미연소 가스 폭발에 포함된다.

08 작업장에서 계단을 설치할 때 계단의 폭은 최소 얼마 이상으로 하여야 하는가? (단, 급유용 · 보수용 · 비상용 계단 및 나선형 계단이 아닌 경우)

① 0.5m　② 1m
③ 2m　④ 5m

09 다음의 안전 · 보건표지가 의미하는 것은?

① 사용금지　② 보행금지
③ 탑승금지　④ 출입금지

10 가스용접 작업의 안전사항으로 틀린 것은?

① 기름 묻은 옷은 인화의 위험이 있으므로 입지 않도록 한다.
② 역화 하였을 때에는 산소 밸브를 조금 더 연다.
③ 역화의 위험을 방지하기 위하여 역화 방지기를 사용하도록 한다.
④ 밸브를 열 때는 용기 앞에서 몸을 피하도록 한다.

> 역화 되었을 때에는 모든 밸브를 잠겨야 한다.

11 드릴로 뚫어진 구멍의 내벽이나 절단한 관의 내벽을 다듬어서 구멍의 치수를 정확하게 하고, 구멍 내면을 다듬는 구멍 수정용 공구는?

① 평줄　② 리머
③ 드릴　④ 렌치

12 드릴링 머신의 작업 시 일감의 고정 방법에 관한 설명으로 틀린 것은?

① 일감이 작을 때 – 바이스로 고정
② 일감이 클 때 – 볼트와 고정구(클램프) 사용
③ 일감이 복잡할 때 – 볼트와 고정구(클램프) 사용
④ 대량 생산과 정밀도를 요구할 때 – 이동식 바이스 사용

13 목재 화재 시에는 물을 소화제로 이용하는데, 주된 소화 효과는?

① 제거 효과
② 질식 효과
③ 냉각 효과
④ 억제 효과

> 냉각 효과 : 물이나 그 밖에 액체의 증발잠열을 이용하여 냉각시키는 방법

14 냉동 장치 내에 공기가 유입되었을 경우 나타나는 현상으로 가장 거리가 먼 것은?

① 응축 압력이 높아진다.
② 압축비가 높게 되어 체적 효율이 증가된다.
③ 냉매와 증발관과의 열전달을 방해하여 냉동능력이 감소된다.
④ 공기침입 시 수분도 혼입되어 프레온 냉동 장치에서 부식이 일어난다.

15 다음 중 보호구 사용 시 유의사항으로 틀린 것은?

① 작업에 적절한 보호구를 선정한다.
② 작업장에는 필요한 수량의 보호구를 비치한다.
③ 보호구는 사용하는데 불편이 없도록 관리를 철저히 한다.
④ 작업을 할 때 개인에 따라 보호구는 사용하지 않아도 된다.

> 개인 보호구는 반드시 착용해야 한다.

16 다음 중 강관의 보온 재료로 가장 거리가 먼 것은?

① 규조토
② 유리면
③ 기포성 수지
④ 광명단

> 광명단은 금속이 녹슬지 않도록, 녹을 발생시키는 물이나 이산화탄소와의 접촉을 막거나 화학적으로 녹이 발생하지 않도록 하는 방청도료이다.

17 이론상의 표준냉동사이클에서 냉매가 팽창밸브를 통과할 때 변하는 것은?

① 엔탈피와 압력　② 온도와 엔탈피
③ 압력과 온도　④ 엔탈피와 비체적

> 팽창밸브를 통과할 때는 압력과 온도가 변하면서 교축작용을 한다.

18 냉동 장치에서 자동제어를 위해 사용되는 전자밸브(Solenoide valve)의 역할로 가장 거리가 먼 것은?

① 액압축 방지
② 냉매 및 브라인 흐름 제어
③ 용량 및 액면 제어
④ 고수위 경보

> 전자밸브는 용량 및 액면제어, 온도제어, 액압축 방지, 제상, 냉매 및 브라인 등의 흐름을 제어한다.

19 강관의 나사식 이음쇠 중 벤드의 종류에 해당하지 않는 것은?

① 암수 롱 벤드　② 45° 롱 벤드
③ 리턴 벤드　④ 크로스 벤드

20 압축기 종류에 따른 정상적인 유압이 아닌 것은?

① 터보 = 정상저압+6kg/cm^2
② 입형저속 = 정상저압+0.5~1.5kg/cm^2
③ 고속다기통 = 정상저압+1.5~3kg/cm^2
④ 고속다기통 = 정상저압+6kg/cm^2

21 암모니아 냉동장치에서 실린더 직경 150mm, 행정이 90mm, 회전수 1170rpm, 기통수 6기통 일 때, 법정 냉동능력(RT)은? (단, 냉매상수는 8.4이다.)

① 약 98.2　② 약 79.7
③ 약 59.2　④ 약 38.9

> 냉동능력
>
> $$RT = \frac{\frac{3.14}{4} \times 0.15^2 \times 0.09 \times 1170 \times 6 \times 60}{8.4} \fallingdotseq 79.7$$

22 동결장치 상부에 냉각코일을 집중적으로 설치하고 공기를 유동시켜 피 냉각물체를 동결시키는 장치는?

① 송풍 동결장치
② 공기 동결장치
③ 접촉 동결장치
④ 브라인 동결장치

> 공기를 유동시키는 동결장치에서 냉각 물체를 동결시키는 장치는 송풍 동결장치이다.

23 건포화 증기를 압축기에서 압축시킬 경우 토출되는 증기의 상태는?

① 과열증기　② 포화증기
③ 포화액　④ 습증기

24 냉동기용 전동기의 시동 릴레이는 전동기 정격속도의 얼마에 달할 때까지 시동권선에 전류를 흐르게 하는가?

① 1/2　② 2/3
③ 1/4　④ 1/5

25 열전달율에 대한 설명 중 옳은 것은?

① 열이 관벽 또는 브라인(Brine) 등의 재질 내에서의 이동을 나타내며, 단위는 kcal/m · h · ℃이다.
② 액체면과 기체면 사이의 열의 이동을 나타내며, 단위는 kcal/m · h · ℃이다.
③ 유체와 고체 사이의 열의 이동을 나타내며, 단위는 kcal/m^2 · h · ℃이다.
④ 유체와 기체 사이의 한정된 열의 이동을 나타내며, 단위는 kcal/m^3 · h · ℃이다.

26 표준냉동사이클의 증발 과정 동안 압력과 온도는 어떻게 변화하는가?

① 압력과 온도가 모두 상승한다.
② 압력과 온도가 모두 일정하다.
③ 압력은 상승하고, 온도는 일정하다.
④ 압력은 일정하고, 온도는 상승한다.

27 흡수식 냉동장치에서 냉매로 암모니아를 사용할 때, 흡수제로 가장 적당한 것은?

① LiBr ② $CaCl_2$
③ LiCl ④ H_2O

흡수제의 종류

냉매	흡수제
NH_3	물(H_2O)
물	취화리튬
염화메틸(CH_3OH)	사염화에탄($C_2H_2Cl_4$)
톨루엔($C_6H_5CH_3$)	파라핀유

28 냉동 장치에서 다단 압축을 하는 목적으로 옳은 것은?

① 압축비 증가와 체적 효율 감소
② 압축비와 체적 효율 증가
③ 압축비와 체적 효율 감소
④ 압축비 감소와 체적 효율 증가

다단 압축 목적은 압축비 감소와 체적 효율을 증가시키기 위해서이다.

29 동력의 단위 중 값이 큰 순서대로 바르게 나열된 것은?

① 1kW 〉 1PS 〉 1kgf · m/sec 〉 1kcal/h
② 1kW 〉 1kcal/h 〉 1PS 〉 1kgf · m/sec
③ 1PS 〉 1kgf · m/sec 〉 1kcal/h 〉 1kW
④ 1PS 〉 1kgf · m/sec 〉 1kW 〉 1kcal/h

30 암모니아 냉동장치에 대한 설명 중 틀린 것은?

① 윤활유에는 잘 용해되나, 수분과 용해성이 극히 작다.
② 연소성, 폭발성, 독성 및 악취가 있다.
③ 전열 성능이 양호하다.
④ 프레온 냉동장치에 비해 비열비가 크다.

31 온도식 자동팽창 밸브에서 감온통의 부착위치는?

① 응축기 출구 ② 증발기 입구
③ 증발기 출구 ④ 수액기 출구

자동팽창 밸브는 증발기 출구에 감온통을 설치하여 감온통에서 감지한 냉매가스의 과열을 제어한다.

32 냉동장치 운전에 관한 설명으로 옳은 것은?

① 흡입압력이 저하되면 토출가스 온도가 저하된다.
② 냉각수온이 높으면 응축압력이 저하된다.
③ 냉매가 부족하면 증발압력이 상승한다.
④ 응축압력이 상승되면 소요동력이 상승한다.

33 다음 보기 중 브라인의 구비조건으로 적절한 것은?

㉠ 비열과 열전도율이 클 것 ㉡ 끓는점이 높고, 불연성일 것 ㉢ 동결온도가 높을 것 ㉣ 점성이 크고 부식성이 클 것

① ㉠, ㉡ ② ㉠, ㉢
③ ㉡, ㉢ ④ ㉠, ㉣

브라인 구비조건
- 열용량(비열)이 크고, 전열이 양호할 것
- 공정점과 점도가 낮을 것
- 부식성이 없을 것
- 어는점이 낮을 것
- 누설시 냉장물품에 손상이 없을 것
- 가격이 싸고, 구입이 용이할 것
- pH값이 적당할 것(7.5~8.2 정도)

34 냉동능력이 5냉동톤(한국 냉동톤)이며, 압축기의 소요동력이 5마력(PS)일 때 응축기에서 제거하여야 할 열량(kcal/h)은?

① 약 18790kcal/h ② 약 19760kcal/h
③ 약 20900kcal/h ④ 약 21100kcal/h

35 동일한 증발온도일 경우 간접 팽창식과 비교하여 직접 팽창식 냉동장치에 대한 설명으로 틀린 것은?

① 소요동력이 적다.
② 냉동톤(RT)당 냉매 순환량이 적다.
③ 감열에 의해 냉각시키는 방법이다.
④ 냉매 증발온도가 높다.

36 증발기에 대한 설명으로 옳은 것은?

① 증발기 입구 냉매온도는 출구 냉매온도보다 높다.
② 탱크형 냉각기는 주로 제빙용에 쓰인다.
③ 1차 냉매는 감열로 열을 운반한다.
④ 브라인은 무기질이 유기질보다 부식성이 작다.

> 탱크형 냉각기는 제빙장치의 브라인 냉각용으로 사용된다.

37 냉동기의 스크류 압축기(screw compressor)에 대한 특징으로 틀린 것은?

① 암 · 숫나사 2개의 로터나사의 맞물림에 의해 냉매가스를 압축한다.
② 왕복동식 압축기와 동일하게 흡입, 압축, 토출의 3행정으로 이루어진다.
③ 액격 및 유격이 비교적 크다.
④ 흡입 · 토출 밸브가 없다.

> 스크류 압축기는 2개의 로터의 맞물림에 의해 냉매가스를 흡입, 압축, 토출시키는 방식으로 운전, 정지 중 토출가스 역류 방지를 위해 체크밸브를 설치한다.

38 증발식 응축기에 대한 설명 중 옳은 것은?

① 냉각수의 사용량이 많아 증발량도 커진다.
② 응축능력은 냉각관 표면의 온도와 외기 건구 온도차에 비례한다.
③ 냉각수량이 부족한 곳에 적합하다.
④ 냉매의 압력강하가 작다.

> 증발식 응축기는 물의 증발잠열을 이용하므로 냉각수 소비량이 적으며 습도가 높으면 물의 증발이 어려워 응축능력이 감소하고 관이 가늘고 길기 때문에 냉매의 압력강하가 크다.

39 시간적으로 변화하지 않는 일정한 입력신호를 단속신호로 변환하는 회로로서 경보용 부저 신호에 많이 사용하는 것은?

① 선택회로 ② 플리커 회로
③ 인터로크회로 ④ 자기유지회로

40 저압 차단 스위치의 작동에 의해 장치가 정지되었을 때, 행하는 점검사항 중 가장 거리가 먼 것은?

① 응축기의 냉각수 단수 여부 확인
② 압축기의 용량제어 장치의 고장 여부 확인
③ 저압측 적상 유무 확인
④ 팽창밸브의 개도 점검

41 왕복동 압축기와 비교하여 원심 압축기의 장점으로 틀린 것은?

① 흡입밸브, 토출밸브 등의 마찰부분이 없으므로 고장이 적다.
② 마찰에 의한 손상이 적어서 성능저하가 적다.
③ 저온장치에는 압축단수를 1단으로 가능하다.
④ 왕복동 압축기에 비해 구조가 간단하다.

> 원심 압축기는 1단으로 압축비를 크게 할 수 없어 다단 압축방식을 사용한다.

42 냉동장치에서 응축기나 수액기 등 고압부에 이상이 생겨 점검 및 수리를 위해 고압측 냉매를 저압측으로 회수하는 작업은?

① 펌프아웃(pump out)
② 펌프다운(pump down)
③ 바이패스아웃(bypass out)
④ 바이패스다운(bypass down)

43 응축 온도가 13℃이고, 증발온도가 －13℃인 이론적 냉동 사이클에서 냉동기의 성적계수는?

① 0.5
② 2
③ 5
④ 10

> 공식
> $$COP = \frac{T_2}{T_1 - T_2} = \frac{273-13}{(273+13)-(273-13)} = 10$$

44 **입형 쉘 앤 튜브식 응축기의 특징으로 가장 거리가 먼 것은?**

① 옥외 설치가 가능하다.
② 액냉매의 과냉각이 쉽다.
③ 과부하에 잘 견딘다.
④ 운전 중 청소가 가능하다.

> 입형 쉘 앤 튜브식은 냉매와 냉각수가 평행으로 흐르므로 과냉각이 어렵다.

45 **동관을 구부릴 때 사용되는 동관전용 벤더의 최소곡률 반지름은 관지름의 약 몇 배인가?**

① 약 1~2배
② 약 4~5배
③ 약 7~8배
④ 약 10~11배

> 최소곡률 반지름은 관지름의 약 4~5배 정도이다.

46 **사무실의 공기조화를 행할 경우, 다음 중 전체 열부하에서 가장 큰 비중을 차지하는 항목은?**

① 바닥에서 침입하는 열과 재실자부터의 발생열
② 문을 열 때 들어오는 열과 문틈으로 들어오는 열
③ 재실자로부터의 발생 열과 조명기구로부터의 발생열
④ 벽, 창, 천정 등에서 침입하는 열과 일사에 의해 유리창을 투과하여 침입하는 열

47 **실내의 오염된 공기를 신선한 공기로 희석 또는 교환하는 것을 무엇이라고 하는가?**

① 환기　　② 배기
③ 취기　　④ 송기

> • 환기 : 실내의 오염된 공기를 신선한 공기로 희석 또는 교환하는 것
> • 배기 : 오염된 공기를 실외로 배출하는 것

48 **보일러 스케일 방지책으로 적절하지 않은 것은?**

① 청정제를 사용한다.
② 보일러 판을 미끄럽게 한다.
③ 급수 중의 불순물을 제거한다.
④ 수질분석을 통한 급수의 한계 값을 유지한다.

49 **냉방부하 계산 시 인체로부터의 취득열량에 대한 설명으로 틀린 것은?**

① 인체 발열부하는 작업 상태와는 관계없다.
② 땀의 증발, 호흡 등을 잠열이라 할 수 있다.
③ 인체의 발열량은 재실 인원수와 현열량과 잠열량으로 구한다.
④ 인체 표면에서 대류 및 복사에 의해 방사되는 열은 현열이다.

50 **보일러 송기장치의 종류로 가장 거리가 먼 것은?**

① 비수방지관
② 주증기 밸브
③ 증기헤더
④ 화염검출기

> 화염검출기는 화염이 불착화나 실화되었을 때 연료 공급을 차단하기 위한 장치로 종류에는 프레임아이, 프레임로드, 스택스위치가 있다.

51 **건물 내 장소에 따라 부하변동의 상황이 달라질 경우, 구역구분을 통해 구역마다 공조기를 설치하여 부하처리를 하는 방식은?**

① 단일 덕트 재열 방식
② 단일 덕트 변풍량 방식
③ 단일 덕트 정풍량 방식
④ 단일 덕트 각 층 유닛 방식

> 단일 덕트 정풍량 방식은 실내 취출구를 통해 일정한 풍량으로 송풍온도 및 습도를 변화시켜 부하에 대응하는 방식으로 급기량이 일정하여 실내가 쾌적하고 에너지 소비가 크며 각 방의 개별 제어가 어렵다.

52 복사난방에 대한 설명으로 틀린 것은?

① 설비비가 적게 든다.
② 매립 코일이 고장나면 수리가 어렵다.
③ 외기침입이 있는 곳에도 난방감을 얻을 수 있다.
④ 실내의 벽, 바닥 등을 가열하여 평균복사온도를 상승시키는 방법이다.

복사난방은 방수층, 단열층 시공 등 설비비가 비싸다.

53 취출구의 종류 중 취출 기류의 방향조정이 가능하고, 댐퍼가 있어 풍량조절이 가능하며, 공기저항이 크고, 공장, 주방 등의 국소 냉방에 사용되는 것은?

① 다공판형　　② 베인격자형
③ 펑커루버형　　④ 아네모스탯형

- 다공판형 : 확산 성능은 우수하나 소음이 크고, 항온항습실, 클린룸 등에 사용한다.
- 베인격자형 : 고정베인형, 가동베인형이 있다.
- 아네모스탯형 : 팬형의 단점을 보완한 것으로 천장취출구에 가장 많이 사용한다.

54 공기조화용 에어필터의 여과효율을 측정하는 방법으로 가장 거리가 먼 것은?

① 중량법　　② 비색법
③ 계수법　　④ 용적법

여과 효율 측정법
- 중량법 : 비교적 큰 입자를 대상으로 필터에서 제거되는 먼지 중량으로 측정
- 비색법 : 비교적 작은 입자를 대상으로 공기를 여과지에 통과시켜 광전관으로 측정
- 계수법 : 고성능 필터를 측정하는 방법으로 먼지의 수를 계측하여 사용

55 열원이 분산된 개별공조방식에 대한 설명으로 틀린 것은?

① 써모스탯이 내장되어 개별제어가 가능하다.
② 외기냉방이 가능하여 중간기에는 에너지 절약형이다.
③ 유닛에 냉동기를 내장하고 있어 부분운전이 가능하다.
④ 장래의 부하증가, 증축 등에 대해 쉽게 대응할 수 있다.

56 실내에서 폐기되는 공기 중의 열을 이용하여 외기 공기를 예열하는 열 회수방식은?

① 열펌프 방식
② 팬코일 방식
③ 열파이프 방식
④ 런 어라운드 방식

57 유체의 속도가 15m/s일 때, 이 유체의 속도수두는?

① 약 5.1m
② 약 11.5m
③ 약 15.5m
④ 약 20.4m

$e_v = \frac{v^2}{2g} = \frac{15^2}{2 \times 9.8} ≒ 11.5$

58 흡수식 감습장치에 주로 사용하는 흡수제는?

① 실리카겔
② 염화리튬
③ 아드 소울
④ 활성 알루미나

흡수식 감습장치
- 액체 : 염화리튬, 트리에틸렌글리콜 등
- 고체 : 실리카겔, 아드소울, 활성 알루미나 등

59 습공기의 엔탈피에 대한 설명으로 틀린 것은?

① 습공기가 가열되면 엔탈피가 증가된다.
② 습공기 중에 수증기가 많아지면 엔탈피는 증가한다.
③ 습공기의 엔탈피는 온도, 압력, 풍속의 함수로 결정된다.
④ 습공기 중의 건공기 엔탈피와 수증기 엔탈피의 합과 같다.

습공기의 엔탈피는 내부에너지, 체적, 온도, 압력의 함수로 결정된다.

60 **공기조화기의 자동제어 시 제어요소가 바르게 나열된 것은?**

① 온도제어 – 습도제어 – 환기제어
② 온도제어 – 습도제어 – 압력제어
③ 온도제어 – 차압제어 – 환기제어
④ 온도제어 – 수위제어 – 환기제어

공기조화기의 자동제어 자동요소는 온도, 습도, 환기 제어 등이 있다.

정답 최근기출문제 – 2014년 3회

01 ③	02 ④	03 ①	04 ③	05 ④
06 ②	07 ①	08 ②	09 ①	10 ②
11 ②	12 ④	13 ③	14 ②	15 ④
16 ④	17 ③	18 ④	19 ④	20 ④
21 ②	22 ①	23 ①	24 ②	25 ③
26 ②	27 ④	28 ④	29 ①	30 ①
31 ③	32 ④	33 ①	34 ②	35 ③
36 ②	37 ③	38 ③	39 ②	40 ①
41 ③	42 ①	43 ④	44 ②	45 ②
46 ④	47 ①	48 ②	49 ①	50 ④
51 ③	52 ①	53 ③	54 ④	55 ②
56 ④	57 ②	58 ②	59 ③	60 ①

2014년 4회

최근기출문제

01 **전기용접 작업의 안전사항으로 옳은 것은?**

① 홀더는 파손되어도 사용에는 관계없다.
② 물기가 있거나 땀에 젖은 손으로 작업해서는 안 된다.
③ 작업장은 환기를 시키지 않아도 무방하다.
④ 용접봉을 갈아 끼울 때는 홀더의 충전부가 몸에 닿도록 한다.

홀더는 파손되어 있으면 수리를 해야 하며 작업장은 환기를 위해 송풍기를 설치해야 하고, 용접봉을 갈아 끼울 때는 홀더의 충전부가 몸에 닿으면 감전의 우려가 있다.

02 **고압 전선이 단선된 것을 발견하였을 때 조치로 가장 적절한 것은?**

① 위험하다는 표시를 하고 돌아온다.
② 사고사항을 기록하고 다음 장소의 순찰을 계속한다.
③ 발견 즉시 회사로 돌아와 보고한다.
④ 일반인의 접근 및 통행을 막고 주변을 감시한다.

03 **다음 중 감전사고 예방을 위한 방법으로 틀린 것은?**

① 전기 설비의 점검을 철저히 한다.
② 전기기기에 위험 표시를 해 둔다.
③ 설비의 필요 부분에는 보호 접지를 한다.
④ 전기기계, 기구의 조작은 필요 시 아무나 할 수 있게 한다.

04 **연삭숫돌을 교체한 후 시험운전 시 최소 몇 분 이상 공회전을 시켜야 하는가?**

① 1분 이상 ② 3분 이상
③ 5분 이상 ④ 10분 이상

연삭숫돌을 교체한 후 시험 운전은 3분 이상 공회전 시켜야 한다.

05 **아세틸렌-산소를 사용하는 가스용접장치를 사용할 때 조정기로 압력 조정 후 점화순서로 옳은 것은?**

① 아세틸렌과 산소 밸브를 동시에 열어 조연성 가스를 많이 혼합 후 점화시킨다.
② 아세틸렌 밸브를 열어 점화시킨 후 불꽃 상태를 보면서 산소 밸브를 열어 조정한다.
③ 먼저 산소 밸브를 연 다음 아세틸렌 밸브를 열어 점화시킨다.
④ 먼저 아세틸렌 밸브를 연 다음 산소 밸브를 열어 적정하게 혼합한 후 점화시킨다.

06 **압축기의 톱 클리어런스(top clearance)가 클 경우에 일어나는 현상으로 틀린 것은?**

① 체적효율 감소
② 토출가스온도 감소
③ 냉동능력 감소
④ 윤활유의 열화

톱 클리어런스를 크게 하면 토출시 클리어런스에 더 많은 가스가 남아 있어므로 토출가스 온도는 증가한다.

07 **위험을 예방하기 위하여 사업주가 취해야 할 안전상의 조치로 틀린 것은?**

① 시설에 대한 안전조치
② 기계에 대한 안전조치
③ 근로수당에 대한 안전조치
④ 작업방법에 대한 안전조치

08 **유류 화재 시 사용하는 소화기로 가장 적합한 것은?**

① 무상수 소화기 ② 봉상수 소화기
③ 분말 소화기 ④ 방화수

유류 화재 시 포말, 분말, 강화액, 할로겐 소화기가 적당하다.

09 냉동설비에 설치된 수액기의 방류둑 용량에 관한 설명으로 옳은 것은?

① 방류둑 용량은 설치된 수액기 내용적의 90% 이상으로 할 것
② 방류둑 용량은 설치된 수액기 내용적의 80% 이상으로 할 것
③ 방류둑 용량은 설치된 수액기 내용적의 70% 이상으로 할 것
④ 방류둑 용량은 설치된 수액기 내용적의 60% 이상으로 할 것

10 보일러 운전상의 장애로 인한 역화(back fire) 방지 대책으로 틀린 것은?

① 점화방법이 좋아야 하므로 착화를 느리게 한다.
② 공기를 노 내에 먼저 공급하고 다음에 연료를 공급한다.
③ 노 및 연도 내에 미연소 가스가 발생하지 않도록 취급에 유의한다.
④ 점화 시 댐퍼를 열고 미연소 가스를 배출시킨 뒤 점화한다.

착화는 빠르게 해야 한다.

11 다음 산업안전대책 중 기술적인 대책이 아닌 것은?

① 안전설계
② 근로의욕의 향상
③ 작업행정의 개선
④ 점검보전의 확립

12 공장 설비 계획에 관하여 기계 설비의 배치와 안전의 유의사항으로 틀린 것은?

① 기계설비의 주위에는 충분한 공간을 둔다.
② 공장 내외에는 안전 통로를 설정한다.
③ 원료나 제품의 보관 장소는 충분히 설정한다.
④ 기계 배치는 안전과 운반에 관계없이 가능한 가깝게 설치한다.

기계 배치는 안전과 운반을 고려해야 한다.

13 화물을 벨트, 롤러 등을 이용하여 연속적으로 운반하는 컨베이어의 방호장치에 해당되지 않는 것은?

① 이탈 및 역주행 방지장치
② 비상 정지 장치
③ 덮개 또는 울
④ 권과 방지 장치

권과 방지 장치 : 크레인, 이동식 크레인, 데릭에 설치된 권상용 와이어로프 또는 지브 등의 기복용 와이어로프의 권과를 방지하는 장치이다.

14 가스용접 또는 가스절단 시 토치 관리의 잘못으로 인한 가스누출 부위로 타당하지 않은 것은?

① 산소밸브, 아세틸렌 밸브의 접속 부분
② 팁과 본체의 접속 부분
③ 절단기의 산소관과 본체의 접속 부분
④ 용접기와 안전홀더 및 어스선 연결 부분

용접기와 안전홀더 및 어스선 연결에 관한 사항은 피복 아크 용접에 관한 사항이다.

15 보일러 사고원인 중 제작상의 원인이 아닌 것은?

① 재료 불량
② 설계 불량
③ 급수처리 불량
④ 구조 불량

- 제작상 원인 : 재료 불량, 강도 부족, 구조 및 설계 불량 등
- 취급상 원인 : 저수위, 압력 초과, 급수처리 불량, 부식, 과열 등

16 동관의 이음방식이 아닌 것은?

① 플레어 이음
② 빅토릭 이음
③ 납땜 이음
④ 플랜지 이음

빅토릭 이음은 관단에 링을 용접하거나 홈을 가공하여 연질가스킷(고무)을 끼우고 다시 그 위에 직경 300mm까지는 2개, 그 이상은 4~6개로 분할된 주물칼라로 체결하는 방식으로 주철관 이음방식이다.

17 다음과 같은 냉동장치의 P-h 선도에서 이론 성적계수는?

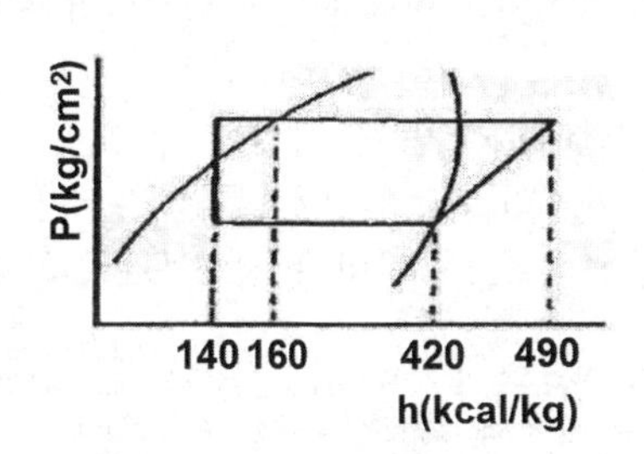

① 3.7 ② 4
③ 4.7 ④ 5

$COP = \frac{h_1 - h_2}{h_2 - h_1} = \frac{420 - 140}{490 - 420} = 4$

18 브라인에 대한 설명 중 옳은 것은?

① 브라인은 잠열 형태로 열을 운반한다.
② 에틸렌글리콜, 프로필렌글리콜, 염화칼슘 용액은 유기질 브라인이다.
③ 염화칼슘 브라인은 그 중에 용해되고 있는 산소량이 많을수록 부식성이 적다.
④ 프로필렌글리콜은 부식성, 독성이 없어 냉동식품의 동결용으로 사용된다.

브라인은 감열 형태로 열을 운반하며, 에틸렌글리콜, 프로필렌글리콜은 유기질 브라인이며, 염화칼슘 브라인은 부식성이 높다.

19 프레온 냉매 액관을 시공할 때 플래시가스 발생 방지 조치로서 틀린 것은?

① 열교환기를 설치한다.
② 지나친 입상을 방지한다.
③ 액관을 방열한다.
④ 응축 설계온도를 낮게 한다.

20 다음 냉매 중 물에 용해성이 좋아서 흡수식 냉동기의 냉매로 가장 적합한 것은?

① R-502 ② 황산
③ 암모니아 ④ R-22

흡수식 냉동기 냉매는 암모니아가 적합하다.

21 완전 기체에서 단열압축 과정 동안 나타나는 현상은?

① 비체적이 커진다.
② 전열량의 변화가 없다.
③ 엔탈피가 증가한다.
④ 온도가 낮아진다.

단열 압축과정은 기체를 단열적으로 압축하면 부피는 줄어들고 온도가 올라가므로 엔탈피는 증가한다.

22 팽창 밸브를 적게 열었을 때 일어나는 현상으로 옳은 것은?

① 증발 압력 상승
② 토출 온도 상승
③ 증발 온도 상승
④ 냉동 능력 상승

23 프레온 누설 검사 중 헬라이드 토치 시험에서 냉매가 다량으로 누설될 때 변화된 불꽃의 색깔은?

① 청색 ② 녹색
③ 노랑 ④ 자색

24 교류 주기가 0.004sec일 때 주파수는?

① 400Hz ② 450Hz
③ 200Hz ④ 250Hz

$주파수 = \frac{1}{주기} = \frac{1}{0.004} = 250$

25 다음의 기호가 표시하는 밸브로 옳은 것은?

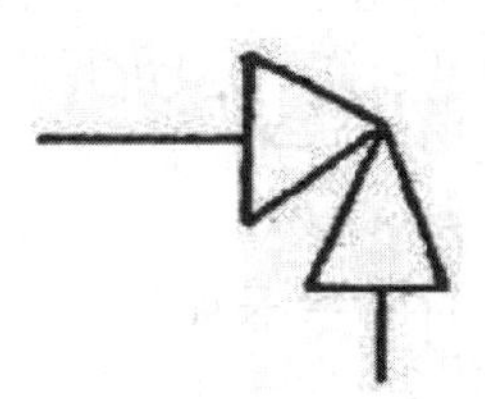

① 볼 밸브 ② 게이트 밸브
③ 수동 밸브 ④ 앵글 밸브

앵글 밸브는 일반적으로 주증기 밸브에 사용된다.

26 다음 그림은 2단압축, 2단팽창 이론 냉동사이클이다. 이론 성적계수를 구하는 공식으로 옳은 것은? (단, G_L 및 G_H는 각각 저단, 고단 냉매순환량이다.)

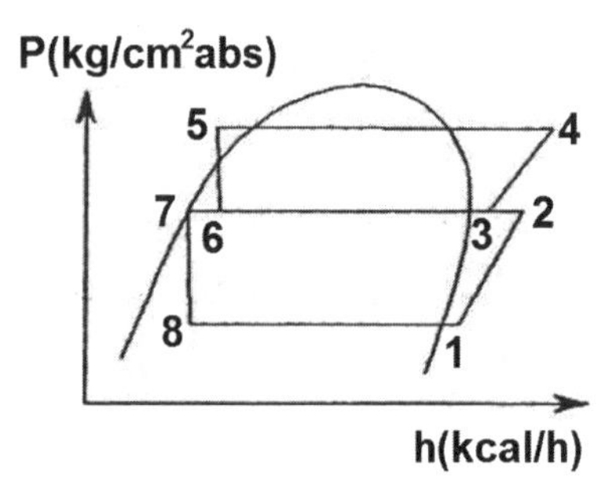

① $COP = \dfrac{G_L \times (h_1 - h_8)}{(G_L + G_H) \times (h_4 - h_1)}$

② $COP = \dfrac{G_L \times (h_1 - h_8)}{(G_L - G_H) \times (h_4 - h_1)}$

③ $COP = \dfrac{G_H \times (h_1 - h_8)}{G_L \times (h_2 - h_1) + G_H \times (h_4 - h_3)}$

④ $COP = \dfrac{G_L \times (h_1 - h_8)}{G_L \times (h_2 - h_1) + G_H \times (h_4 - h_3)}$

27 프레온 응축기(수랭식)에서 냉각수량이 시간당 18000L, 응축기 냉각관의 전열면적 20m², 냉각수 입구온도 30℃, 출구온도 34℃인 응축기의 열통과율 900kcal/ m²·h·℃라고 할 때 응축온도는? (단, 냉매와 냉각수와의 평균온도차는 산술평균치로 하고 열손실은 없는 것으로 한다.)

① 32℃　　② 34℃
③ 36℃　　④ 38℃

28 열의 이동에 관한 설명으로 틀린 것은?

① 열에너지가 중간물질에는 관계없이 열선의 형태를 갖고 전달되는 전열형식을 복사라 한다.
② 대류는 기체나 액체 운동에 의한 열의 이동 현상을 말한다.
③ 온도가 다른 두 물체가 접촉할 때 고온에서 저온으로 열이 이동하는 것을 전도라 한다.
④ 물체 내부를 열이 이동할 때 전열량은 온도차에 반비례하고, 도달거리에 비례한다.

29 광명단 도료에 대한 설명 중 틀린 것은?

① 밀착력이 강하고 도막도 단단하여 풍화에 강하다.
② 연단에 아마인유를 배합한 것이다.
③ 기계류의 도장 밑칠에 널리 사용된다.
④ 은분이라고도 하며, 방청효과가 매우 좋다.

> 은분은 고순도 알류미늄 안료와 특수 바니쉬로 제조된 리핑용 알루미늄 도료로 열차단성 및 내열성이 우수하다.

30 압축기의 축봉 장치에 대한 설명으로 옳은 것은?

① 냉매나 윤활유가 외부로 새는 것을 방지한다.
② 축의 회전을 원활하게 하는 베어링 역할을 한다.
③ 축이 빠지는 것을 막아주는 역할을 한다.
④ 윤활유를 냉각하는 장치이다.

> 축봉 장치는 크랭크케이스에 축이 관통하는 부분에서 냉매나 오일이 누설되거나, 진공운전 시 공기 침입을 방지하기 위한 장치이다.

31 강관 이음법 중 용접 이음에 대한 설명으로 틀린 것은?

① 유체의 마찰손실이 적다.
② 관의 해체와 교환이 쉽다.
③ 접합부 강도가 강하며, 누수의 염려가 적다.
④ 중량이 가볍고 시설의 보수 유지비가 절감된다.

> 용접이음은 관 해체와 교환이 어렵다.

32 냉동장치의 장기간 정지 시 운전자의 조치사항으로 틀린 것은?

① 냉각수는 다음에 사용 시 필요하므로 누설되지 않게 밸브 및 플러그의 잠김 상태를 확인하여 잘 잠가 둔다.
② 저압측 냉매를 전부 수액기에 회수하고, 수액기에 전부 회수할 수 없을 때에는 냉매통에 회수한다.
③ 냉매 계통 전체의 누설을 검사하여 누설 가스를 발견했을 때에는 수리해 둔다.

④ 압축기의 축봉 장치에서 냉매가 누설될 수 있으므로 압력을 걸어 둔 상태로 방치해서는 안 된다.

33 암모니아 냉매에 대한 설명으로 틀린 것은?

① 가연성, 독성, 자극적인 냄새가 있다.
② 전기 절연도가 떨어져 밀폐식 압축기에는 부적합하다.
③ 냉동효과와 증발잠열이 크다.
④ 철, 강을 부식시키므로 냉매배관은 동관을 사용해야 한다.

암모니아는 동 및 동을 62% 이상 함유하는 동합금을 부식시킨다.

34 다음과 같은 P-h선도에서 온도가 가장 높은 곳은?

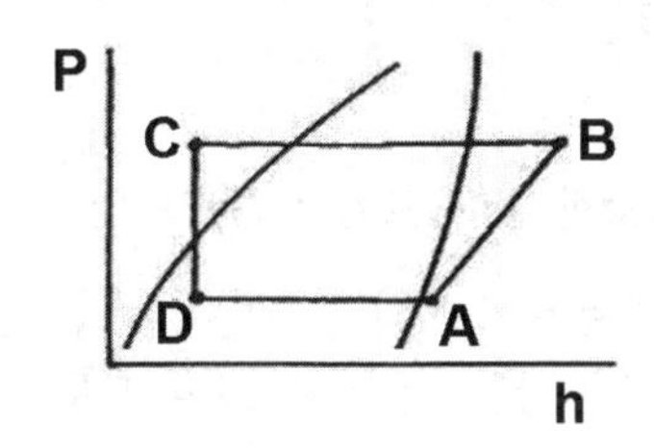

① A　　② B
③ C　　④ D

압축기 출구 온도가 가장 높다.

35 냉동장치 내에 냉매가 부족할 때 일어나는 현상으로 가장 거리가 먼 것은?

① 냉동능력이 감소한다.
② 고압측 압력이 상승한다.
③ 흡입관에 상(霜)이 붙지 않는다.
④ 흡입가스가 과열된다.

36 고속 다기통 압축기의 흡입 및 토출밸브에 주로 사용하는 것은?

① 포핏 밸브　　② 플레이트 밸브
③ 리이드 밸브　　④ 와샤 밸브

플레이트 밸브는 얇은 원판 혹은 윤상으로 된 밸브이며, 밸브좌에 스프링으로 눌려 있는 구조로 작동이 경쾌하고 주로 고속용에 많이 쓰인다.

37 표준 냉동 사이클의 온도조건으로 틀린 것은?

① 증발온도 : −15℃
② 응축온도 : 30℃
③ 팽창밸브 입구에서의 냉매액 온도 : 25℃
④ 압축기 흡입가스 온도 : 0℃

압축기 흡입가스 상태는 −15℃의 건포화 증기이다.

38 냉동장치의 냉각기 적상이 심할 때 미치는 영향이 아닌 것은?

① 냉동능력 감소
② 냉장고내 온도 저하
③ 냉동 능력당 소요동력 증대
④ 리키드 백(Liquid back) 발생

39 냉매배관에 사용되는 저온용 단열재에 요구되는 성질로 틀린 것은?

① 열전도율이 작을 것
② 투습 저항이 크고 흡습성이 작을 것
③ 팽창 계수가 클 것
④ 불연성 또는 난연성일 것

저온용 단열재는 팽창 계수가 작아야 한다.

40 아래의 기호에 대한 설명으로 적절한 것은?

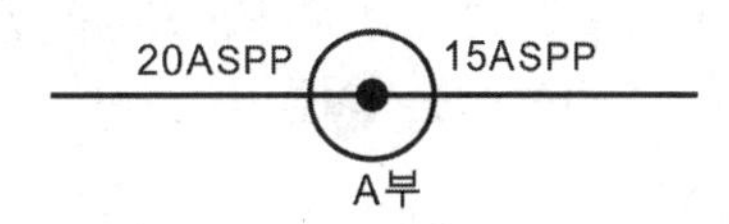

① 누르고 있는 동안만 접점이 열린다.
② 누르고 있는 동안만 접점이 닫힌다.
③ 누름/안누름 상관없이 언제나 접점이 열린다.
④ 누름/안누름 상관없이 언제나 접점이 닫힌다.

도시기호는 B접점이므로 누르고 있는 동안만 접점이 열린다.

41 건포화 증기를 흡입하는 압축기가 있다. 고압이 일정한 상태에서 저압이 내려가면 이 압축기의 냉동 능력은 어떻게 되는가?

① 증대한다.
② 변하지 않는다.
③ 감소한다.
④ 감소하다가 점차 증대한다.

42 압축기의 토출가스 압력의 상승 원인이 아닌 것은?

① 냉각수온의 상승
② 냉각수량의 감소
③ 불응축가스의 부족
④ 냉매의 과충전

43 유기질 브라인으로 부식성이 적고, 독성이 없으므로 주로 식품냉동의 동결용에 사용되는 브라인은?

① 염화마그네슘 ② 염화칼슘
③ 에틸렌글리콜 ④ 프로필렌글리콜

> 프로필렌글리콜은 물보다 무거우며 점성이 크고 단맛이 있는 무색의 액체로 식품냉동의 동결용으로 사용된다.

44 2원 냉동사이클에 대한 설명으로 가장 거리가 먼 것은?

① 각각 독립적으로 작동하는 저온측 냉동사이클과 고온측 냉동사이클로 구성된다.
② 저온측의 응축기 방열량을 고온측의 증발기로 흡수하도록 만든 냉동사이클이다.
③ 보통 저온측 냉매는 임계점이 낮은 냉매, 고온측은 임계점이 높은 냉매를 사용한다.
④ 일반적으로 −180℃ 이하의 저온을 얻고자 할 때 이용하는 냉동사이클이다.

45 개방식 냉각탑의 종류로 가장 거리가 먼 것은?

① 대기식 냉각탑
② 자연 통풍식 냉각탑
③ 강제 통풍식 냉각탑
④ 증발식 냉각탑

46 건물의 바닥, 벽, 천장 등에 온수코일을 매설하고 열원에 의해 패널을 직접 가열하여 실내를 난방하는 방식은?

① 온수 난방
② 열펌프 난방
③ 온풍 난방
④ 복사 난방

> 복사 난방은 복사열에 의해 난방하는 방식으로 패널 난방이라고도 한다.

47 보일러에서 연도로 배출되는 배기열을 이용하여 보일러 급수를 예열하는 부속장치는?

① 과열기 ② 연소실
③ 절탄기 ④ 공기예열기

> 절탄기는 연도로 배출되는 배기열을 이용한 급수 예열장치로 이코노마이저라고도 한다.

48 환기에 대한 설명으로 틀린 것은?

① 환기는 배기에 의해서만 이루어진다.
② 환기는 급기, 배기의 양자를 모두 사용하기도 한다.
③ 공기를 교환해서 실내 공기 중의 오염물 농도를 희석하는 방식은 전체환기라고 한다.
④ 오염물이 발생하는 곳과 주변의 국부적인 공간에 대해서 처리하는 방식을 국소환기라고 한다.

49 캐비테이션(공동현상)의 방지대책으로 틀린 것은?

① 펌프의 흡입양정을 짧게 한다.
② 펌프의 회전수를 적게 한다.
③ 양흡입 펌프를 단흡입 펌프로 바꾼다.
④ 흡입관경은 크게 하며 굽힘을 적게 한다.

> 캐비테이션 방지대책
> - 흡입양정을 짧게 한다.
> - 압축펌프를 사용하고, 회전차를 수중에 완전히 잠기게 한다.
> - 흡입 비교회전도를 낮춘다.
> - 양흡입펌프를 사용한다.
> - 2대 이상의 펌프를 사용한다.
> - 흡입관 길이는 가능한 짧게 한다.

50 공기조화기의 가열코일에서 건구온도 3℃의 공기 2500kg/h를 25℃까지 가열하였을 때 가열 열량은? (단, 공기의 비열은 0.24kcal/kg · ℃이다.)

① 7200kcal/h
② 8700kcal/h
③ 9200kcal/h
④ 13200kcal/h

> 가열열량 = 비열×질량×온도차
> = 0.24×2500×(25 − 3) = 13200

51 공기 중의 미세먼지 제거 및 클린룸에 사용되는 필터는?

① 여과식 필터
② 활성탄 필터
③ 초고성능 필터
④ 자동감기용 필터

> 초고성능 필터는 절대 필터라 하며 겉보기에 면적의 15~20배 여과 면적을 갖고 있다.

52 덕트 보온 시공 시 주의사항으로 틀린 것은?

① 보온재를 붙이는 면은 깨끗하게 한 후 붙인다.
② 보온재의 두께가 50mm 이상인 경우는 두 층으로 나누어 시공한다.
③ 보의 관통부 등은 반드시 보온 공사를 실시한다.
④ 보온재를 다층으로 시공할 때는 종횡의 이음이 한곳에 합쳐지도록 한다.

> 보온재의 두께가 50mm를 넘는 경우 두 층으로 나눠서 시공하되 종횡의 이음이 한 곳에 합쳐지지 않도록 시공하여야 한다.

53 다음 공조방식 중 개별 공기조화 방식에 해당되는 것은?

① 팬코일 유닛 방식
② 2중덕트 방식
③ 복사 · 냉난방 방식
④ 패키지 유닛 방식

> 개별 공기조화 방식에는 룸쿨러, 패키지 유닛, 멀티유닛 방식이 있다.

54 원심식 송풍기의 종류에 속하지 않는 것은?

① 터보형 송풍기
② 다익형 송풍기
③ 플레이트형 송풍기
④ 프로펠러형 송풍기

> • 원심식 송풍기 : 다익형, 터보형, 리밋로드형, 플레이트형
> • 축류형 송풍기 : 프로펠러형, 축류형

55 공기조화에서 시설 내 일산화탄소의 허용되는 오염기준은 시간당 평균 얼마인가?

① 25ppm 이하 ② 30ppm 이하
③ 35ppm 이하 ④ 40ppm 이하

56 복사난방에 대한 설명으로 틀린 것은?

① 실내의 쾌감도가 높다.
② 실내온도 분포가 균등하다.
③ 외기 온도의 급변에 대한 방열량 조절이 용이하다.
④ 시공, 수리, 개조가 불편하다.

> 방열량 조절이 용이한 것은 온수난방이다.

57 온풍난방에 대한 설명으로 틀린 것은?

① 예열시간이 짧다.
② 송풍온도가 고온이므로 덕트가 대형이다.
③ 설치가 간단하며 설비비가 싸다.
④ 별도의 가습기를 부착하여 습도조절이 가능하다.

> 송풍온도가 고온이고 덕트가 대형인 것은 증기난방이다.

58 난방부하를 줄일 수 있는 요인으로 가장 거리가 먼 것은?

① 천장을 통한 전도 열
② 태양열에 의한 복사 열
③ 사람에서의 발생 열
④ 기계의 발생 열

59 열의 운반을 위한 방법 중 공기방식이 아닌 것은?

① 단일덕트 방식
② 이중덕트 방식
③ 멀티존유닛 방식
④ 패키지유닛 방식

패키지유닛 방식은 냉동기, 냉각코일, 공기여과기, 송풍기, 자동제어기기 등을 케이싱 내에 수납하여 직접 유닛을 실내에 설치하여 공조하는 방식으로 개별제어가 쉽고 소규모에 적합하다.

60 30℃인 습공기를 80℃ 온수로 가열 가습한 경우 상태변화로 틀린 것은?

① 절대습도가 증가한다.
② 건구온도가 감소한다.
③ 엔탈피가 증가한다.
④ 노점온도가 증가한다.

정답 최근기출문제 – 2014년 4회

01 ②	02 ④	03 ④	04 ②	05 ②
06 ②	07 ③	08 ③	09 ①	10 ①
11 ②	12 ④	13 ④	14 ④	15 ③
16 ②	17 ②	18 ④	19 ④	20 ③
21 ③	22 ②	23 ④	24 ④	25 ④
26 ④	27 ③	28 ④	29 ④	30 ①
31 ②	32 ①	33 ④	34 ②	35 ②
36 ②	37 ④	38 ②	39 ③	40 ①
41 ③	42 ③	43 ④	44 ④	45 ④
46 ④	47 ③	48 ①	49 ③	50 ④
51 ③	52 ④	53 ④	54 ④	55 ①
56 ③	57 ②	58 ①	59 ④	60 ②

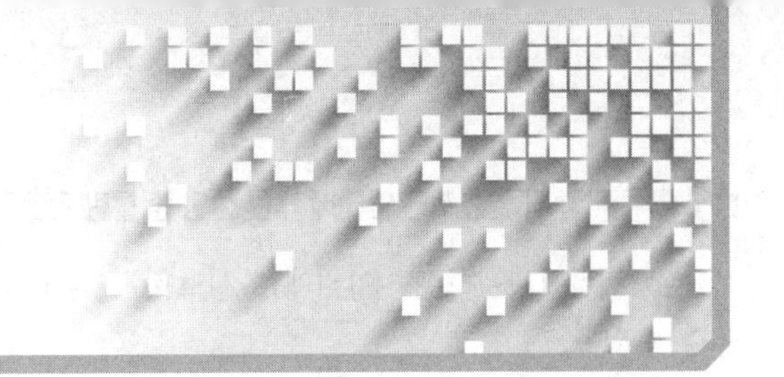

2015년 1회

최근기출문제

01 다음 중 정전기 방전의 종류가 아닌 것은?

① 불꽃 방전　　② 연면 방전
③ 분기 방전　　④ 코로나 방전

정전기 방전 종류에는 코로나, 브러쉬, 불꽃, 연면 방전이 있다.

02 보일러 운전 중 과열에 의한 사고를 방지하기 위한 사항으로 틀린 것은?

① 보일러의 수위가 안전저수면 이하가 되지 않도록 한다.
② 보일러수의 순환을 교란시키지 말아야 한다.
③ 보일러 전열면을 국부적으로 과열하여 운전한다.
④ 보일러수가 농축되지 않게 운전한다.

보일러 전열면을 국부 과열하면 폭발 우려가 있다.

03 보일러의 수압시험을 하는 목적으로 가장 거리가 먼 것은?

① 균열의 유무를 조사
② 각종 덮개를 장치한 후의 기밀도 확인
③ 이음부의 누설정도 확인
④ 각종 스테이의 효력을 지시

각종 스테이는 경도 및 강도를 증가시키기 위해서이다.

04 응축압력이 지나치게 내려가는 것을 방지하기 위한 조치방법 중 틀린 것은?

① 송풍기의 풍량을 조절한다.
② 송풍기 출구에 댐퍼를 설치하여 풍량을 조절한다.
③ 수랭식일 경우 냉각수의 공급을 증가시킨다.
④ 수랭식일 경우 냉각수의 온도를 높게 유지한다.

05 작업 시 사용하는 해머의 조건으로 적절한 것은?

① 쐐기가 없는 것
② 타격면에 흠이 있는 것
③ 타격면이 평탄할 것
④ 머리가 깨어진 것

06 팽창밸브가 냉동 용량에 비하여 너무 작을 때 일어나는 현상은?

① 증발압력 상승
② 압축기 소요동력 감소
③ 소요전류 증대
④ 압축기 흡입가스 과열

팽창밸브가 냉동 용량에 비해 작으면 압축기 흡입가스가 과열되기 쉽다.

07 보일러의 운전 중 파열사고의 원인으로 가장 거리가 먼 것은?

① 수위 상승　　② 강도의 부족
③ 취급의 불량　　④ 계기류 고장

08 전기화재의 원인으로 고압선과 저압선이 나란히 설치된 경우, 변압기의 1, 2차 코일의 절연파괴로 인하여 발생하는 것은?

① 단락　　② 지락
③ 혼촉　　④ 누전

- 혼촉 : 전기 회로에 있어서 심선(心線)이 다른 심선과 접촉하는 현상
- 단락 : 고장 또는 과실에 의해서 전로(電路)에 의해서 선 사이가 전기저항이 작아진 상태 또는 전혀 없는 상태에서 접촉한 이상상태
- 지락 : 전로와 대지와의 사이에 절연이 이상하게 저하해서 아크 또는 도전성 물질에 의해 전로 또는 기기의 외부에 위험한 전압이 나타나거나, 전류가 흐르는 현상

09 기계 작업 시 일반적인 안전에 대한 설명 중 틀린 것은?

① 취급자나 보조자 이외에는 사용하지 않도록 한다.
② 칩이나 절삭된 물품에 손을 대지 않는다.
③ 사용법을 확실히 모르면 손으로 움직여 본다.
④ 기계는 사용 전에 점검한다.

> 기계 작업 시 사용법을 확실하게 숙지한 후에 사용해야 한다.

10 보호구의 적절한 선정 및 사용 방법에 대한 설명 중 틀린 것은?

① 작업에 적절한 보호구를 선정한다.
② 작업장에는 필요한 수량의 보호구를 비치한다.
③ 보호구는 방호 성능이 없도록 품질이 양호해야 한다.
④ 보호구는 착용이 간편해야 한다.

> 보호구는 방호성능이 있어야 한다.

11 냉동기를 운전하기 전에 준비해야 할 사항으로 틀린 것은?

① 압축기 유면 및 냉매량을 확인한다.
② 응축기, 유냉각기의 냉각수 입·출구밸브를 연다.
③ 냉각수 펌프를 운전하여 응축기 및 실린더 재킷의 통수를 확인한다.
④ 암모니아 냉동기의 경우는 오일 히터를 기동 30~60분 전에 통전한다.

12 냉동기 검사에 합격한 냉동기 용기에 반드시 각인해야 할 사항은?

① 제조업체의 전화번호 ② 용기의 번호
③ 제조업체의 등록번호 ④ 제조업체의 주소

13 가스용접 작업 시 주의사항이 아닌 것은?

① 용기밸브는 서서히 열고 닫는다.
② 용접 전에 소화기 및 방화사를 준비한다.
③ 용접 전에 전격방지기 설치 유무를 확인한다.
④ 역화방지를 위하여 안전기를 사용한다.

> 전격방지기 설치 유무는 전기아크용접에 사용된다.

14 전기 기기의 방폭구조의 형태가 아닌 것은?

① 내압 방폭구조 ② 안전증 방폭구조
③ 유입 방폭구조 ④ 차동 방폭구조

> 전기 기기 방폭구조 형태 : 내압, 안전증, 유입, 비점화, 몰드, 충전, 방진 방폭구조 등

15 수공구 사용에 대한 안전사항 중 틀린 것은?

① 공구함에 정리를 하면서 사용한다.
② 결함이 없는 완전한 공구를 사용한다.
③ 작업완료 시 공구의 수량과 훼손 유무를 확인한다.
④ 불량공구는 사용자가 임시 조치하여 사용한다.

16 표준냉동사이클로 운전될 경우, 다음 왕복동 압축기용 냉매 중 토출가스 온도가 제일 높은 것은?

① 암모니아 ② R-22
③ R-12 ④ R-500

17 증기압축식 냉동사이클의 압축 과정 동안 냉매의 상태 변화로 틀린 것은?

① 압력 상승 ② 온도 상승
③ 엔탈피 증가 ④ 비체적 증가

> 압축과정은 등엔트로피 및 단열압축 과정이다.

18 다음 중 동관작업용 공구가 아닌 것은?

① 익스팬더 ② 티뽑기
③ 플레어링 툴 ④ 클립

> 클립은 주철관용 공구로 소켓 접합시 용해된 납의 주입시 납물의 비산을 방지하기 위해 사용되는 공구이다.

19 유체의 입구와 출구의 각이 직각이며, 주로 방열기의 입구 연결밸브나 보일러 주증기 밸브로 사용되는 밸브는?

① 슬로우스 밸브(Sluice valve)
② 체크밸브(Check valve)
③ 앵글밸브(Angle valve)
④ 게이트밸브(Gate valve)

주증기 밸브는 일반적으로 앵글밸브가 사용된다.

20 횡형 쉘 앤 튜브(Horizental shell and tube)식 응축기에 부착되지 않는 것은?

① 역지 밸브
② 공기배출구
③ 물 드레인 밸브
④ 냉각수 배관 출입구

21 냉동장치의 냉매배관에서 흡입관의 시공상 주의점으로 틀린 것은?

① 두 개의 흐름이 합류하는 곳은 T이음으로 연결한다.
② 압축기가 증발기보다 밑에 있는 경우, 흡입관은 증발기 상부보다 높은 위치까지 올린 후 압축기로 가게 한다.
③ 흡입관의 입상이 매우 길 때는 약 10m마다 중간에 트랩을 설치한다.
④ 각각의 증발기에서 흡인 주관으로 들어가는 관은 주관 위에서 접속한다.

22 압축기의 상부간격(Top Clearance)이 크면 냉동 장치에 어떤 영향을 주는가?

① 토출가스 온도가 낮아진다.
② 체적 효율이 상승한다.
③ 윤활유가 열화되기 쉽다.
④ 냉동능력이 증가한다.

압축기의 상부간격은 압축기의 피스톤이 최고점에 도달했을 때 피스톤과 밸브 조립부와의 사이에 필요한 공간으로 상부간격이 크면 윤활유가 열화되기 쉽다.

23 200V, 300W의 전열기를 100V 전압에서 사용할 경우 소비전력은?

① 약 50kW
② 약 75kW
③ 약 100kW
④ 약 150kW

$\left(\frac{100}{200}\right)^2 \times 300 = 75kW$

24 흡수식 냉동기에 사용되는 흡수제의 구비조건으로 틀린 것은?

① 용액의 증기압이 낮을 것
② 농도변화에 의한 증기압의 변화가 클 것
③ 재생에 많은 열량을 필요로 하지 않을 것
④ 점도가 높지 않을 것

농도 변화에 대한 증기압의 변화가 적어야 한다.

25 냉동장치의 능력을 나타내는 단위로서 냉동톤(RT)이 있다. 1냉동톤에 대한 설명으로 옳은 것은?

① 0℃의 물 1kg을 24시간에 0℃의 얼음으로 만드는데 필요한 열량
② 0℃의 물 1ton을 24시간에 0℃의 얼음으로 만드는데 필요한 열량
③ 0℃의 물 1kg을 1시간에 0℃의 얼음으로 만드는데 필요한 열량
④ 0℃의 물 1ton을 1시간에 0℃의 얼음으로 만드는데 필요한 열량

26 암모니아 냉매의 특성으로 틀린 것은?

① 물에 잘 용해된다.
② 밀폐형 압축기에 적합한 냉매이다.
③ 다른 냉매보다 냉동효과가 크다.
④ 가연성으로 폭발의 위험이 있다.

밀폐형 압축기는 압축기와 전동기를 하나의 하우징내에 내장시킨 구조로 암모니아 냉매는 부적합하다.

27 동관에 관한 설명 중 틀린 것은?

① 전기 및 열전도율이 좋다.
② 가볍고 가공이 용이하며 일반적으로 동파에 강하다.
③ 산성에는 내식성이 강하고 알칼리성에는 심하게 침식된다.
④ 전연성이 풍부하고 마찰저항이 적다.

> 동관은 내식성 및 알칼리에 강하고 산성에는 약하다.

28 회전 날개형 압축기에서 회전 날개의 부착은?

① 스프링 힘에 의하여 실린더에 부착한다.
② 원심력에 의하여 실린더에 부착한다.
③ 고압에 의하여 실린더에 부착한다.
④ 무게에 의하여 실린더에 부착한다.

29 회전식 압축기의 특징에 관한 설명으로 틀린 것은?

① 조립이나 조정에 있어서 고도의 정밀도고 요구된다.
② 대형 압축기와 저온용 압축기에 많이 사용한다.
③ 왕복동식보다 부품수가 적으며 흡입밸브가 없다.
④ 압축이 연속적으로 이루어져 진공펌프로도 사용된다.

> 소형이며 가볍고 압축이 연속적이므로 고진공을 얻을 수 있고 진공펌프로 많이 사용된다.

30 고체 냉각식 동결장치가 아닌 것은?

① 스파이럴식 동결장치
② 배치식 콘택트 프리저 동결장치
③ 연속식 싱글 스틸 벨트 프리저 동결장치
④ 드럼 프리저 동결장치

31 흡수식 냉동장치의 주요구성 요소가 아닌 것은?

① 재생기 ② 흡수기
③ 이젝터 ④ 용액펌프

> 이젝터는 압력을 갖는 물 · 공기 · 증기를 분출구로부터 고속으로 분출시켜 주위에 있는 유체를 유인하여 다른 곳으로 보내는 펌프류이다.

32 단단 증기압축기 냉동사이클에서 건조압축과 비교하여 과열압축이 일어날 경우 나타나는 현상으로 틀린 것은?

① 압축기 소비동력이 커진다.
② 비체적이 커진다.
③ 냉매 순환량이 증가한다.
④ 토출가스의 온도가 높아진다.

33 다음 중 P-h선도(Mollier Diagram)에서 등온선을 나타낸 것은?

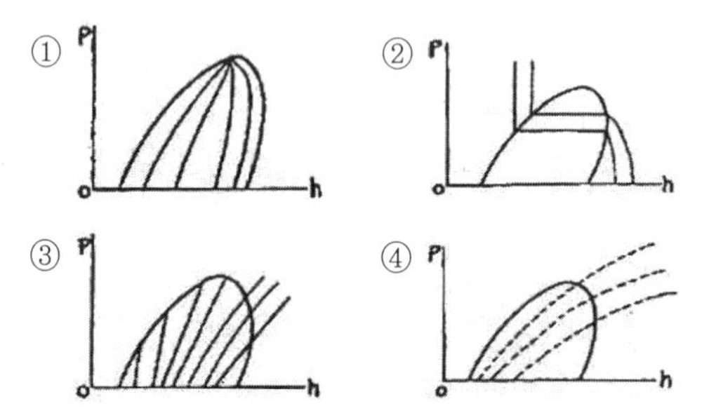

34 냉동기의 2차 냉매인 브라인의 구비조건으로 틀린 것은?

① 낮은 응고점으로 낮은 온도에서도 동결되지 않을 것
② 비중이 적당하고 점도가 낮을 것
③ 비열이 크고 열전달 특성이 좋을 것
④ 증발이 쉽게 되고 잠열이 클 것

> 브라인은 냉동장치 밖을 순환하면서 상태변화없이 잠열로 열을 운반하는 동작유체이다.

35 두 전하 사이에 작용하는 힘의 크기는 두 전하 세기의 곱에 비례하고, 두 전하 사이의 거리의 제곱에 반비례하는 법칙은?

① 옴의 법칙 ② 쿨롱의 법칙
③ 패러데이의 법칙 ④ 키르히호프의 법칙

36 2단압축 1단팽창 사이클에서 중간냉각기 주위에 연결되는 장치로 적당하지 않은 것은?

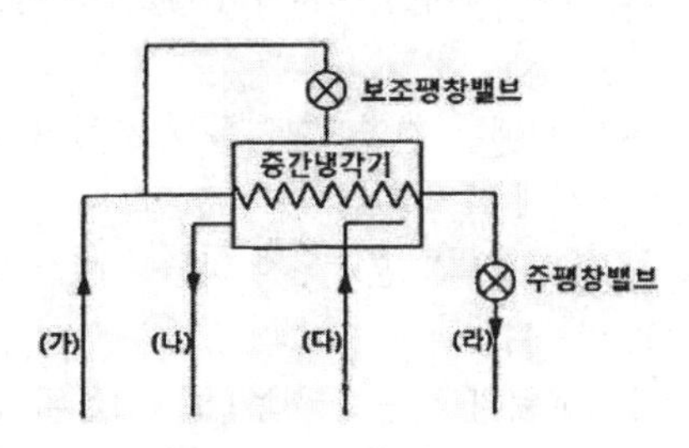

① (가) : 수액기
② (나) : 고단측압축기
③ (다) : 응축기
④ (라) : 증발기

37 지열을 이용하는 열펌프(Heat Pump)의 종류로 가장 거리가 먼 것은?

① 엔진 구동 열펌프
② 지하수 이용 열펌프
③ 지표수 이용 열펌프
④ 토양 이용 열펌프

엔진 구동 열펌프는 증기압축식이다.

38 냉동사이클에서 응축온도는 일정하게 하고 증발온도를 저하시키면 일어나는 현상으로 틀린 것은?

① 냉동능력이 감소한다.
② 성능계수가 저하한다.
③ 압축기의 토출온도가 감소한다.
④ 압축비가 증가한다.

39 점토 또는 탄산마그네슘을 가하여 형틀에 압축 성형한 것으로 다른 보온재에 비해 단열효과가 떨어져 두껍게 시공하며, 500℃ 이하의 파이프, 탱크 노 벽 등의 보온에 사용하는 것은?

① 규조토
② 합성수지 패킹
③ 석면
④ 오일시일 패킹

규조토는 주로 규산(SiO_2)으로 되어 있으며, 백색 또는 회백색을 띤다. 가벼우며 손가락으로 만지면 분말이 묻을 정도로 연하다. 미세한 다공질(多孔質)이기 때문에 흡수성이 강하고, 열의 불량 도체이다.

40 액체가 기체로 변할 때의 열은?

① 승화열
② 응축열
③ 증발열
④ 융해열

41 다음 그림과 같이 15A 강관을 45° 엘보에 동일부속 나사 연결할 때 관의 실제 소요길이는? (단, 엘보중심 길이21mm, 나사물림 길이 11mm이다.)

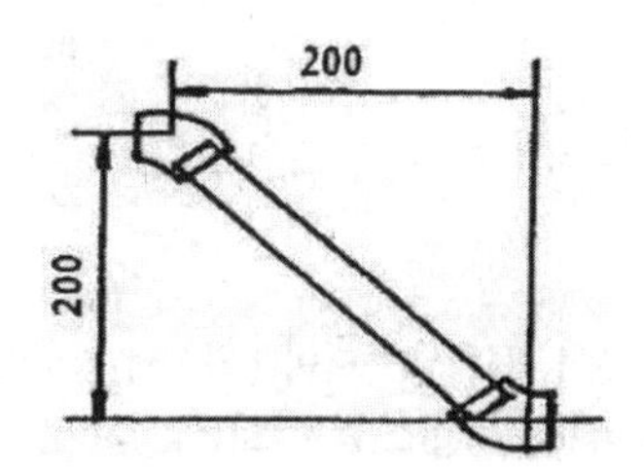

① 약 255.8mm
② 약 258.8mm
③ 약 274.8mm
④ 약 262.8mm

전체길이 = $200 \times \sqrt{2} \fallingdotseq 282.8$
나사유효부 = 21−11 = 10mm ∴ 282.8 − (2×10) = 262.8

42 기준냉동사이클에 의해 작동되는 냉동장치의 운전 상태에 대한 설명 중 옳은 것은?

① 증발기 내의 액냉매는 피냉각 물체로부터 열을 흡수함으로써 증발기 내를 흘러감에 따라 온도가 상승한다.
② 응축온도는 냉각수 입구온도보다 높다.
③ 팽창과정 동안 냉매는 단열팽창하므로 엔탈피가 증가한다.
④ 압축기 토출 직후의 증기온도는 응축과정 중의 냉매 온도보다 낮다.

43 표준냉동사이클의 P-h(압력-엔탈피) 선도에 대한 설명으로 틀린 것은?

① 응축과정에서는 압력이 일정하다.
② 압축과정에서는 엔트로피가 일정하다.
③ 증발과정에서는 온도와 압력이 일정하다.
④ 팽창과정에서는 엔탈피와 압력이 일정하다.

> 팽창과정에서 엔탈피 변화는 없고 압력은 유체 속도가 증대되면 압력은 올라가고 온도는 저하된다.

44 냉동장치의 압축기에서 가장 이상적인 압축과정은?

① 등온 압축
② 등엔트로피 압축
③ 등압 압축
④ 등엔탈피 압축

> 압축기에서 가장 이상적인 압축과정은 등엔트로피이다.

45 다음은 NH_3 표준냉동사이클의 P-h선도이다. 플래시 가스 열량(kcal/kg)은 얼마인가?

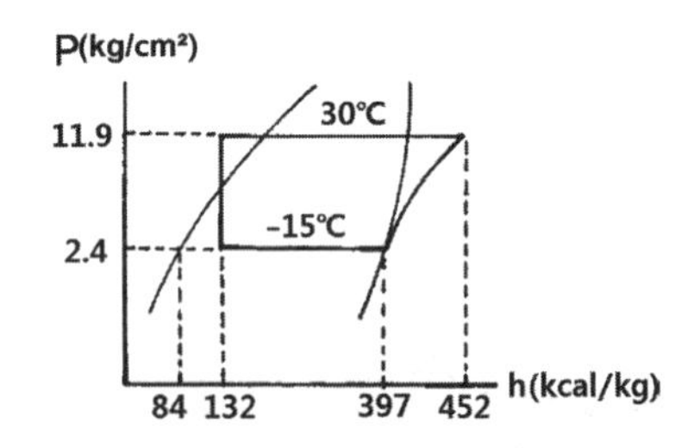

① 48　　② 55
③ 313　　④ 368

> F(g) = i(e) − i(g) = 132 − 84 = 48

46 15℃의 공기 15kg과 30℃의 공기 5kg을 혼합할 때 혼합 후의 공기온도는?

① 약 22.5℃
② 약 20℃
③ 약 19.2℃
④ 약 18.7℃

47 동절기의 가열코일의 동결방지 방법으로 틀린 것은?

① 온수코일은 야간 운전정지 중 순환펌프를 운전한다.
② 운전 중에는 전열교환기를 사용하여 외기를 예열하여 도입한다.
③ 외기와 환기가 혼합되지 않도록 별도의 통로를 만든다.
④ 증기코일의 경우 0.5kg/cm^2 이상의 증기를 사용하고 코일 내에 응축수가 고이지 않도록 한다.

48 송풍기의 효율을 표시하는데 사용되는 정압효율에 대한 정의로 옳은 것은?

① 팬의 축 동력에 대한 공기의 저항력
② 팬의 축 동력에 대한 공기의 정압 동력
③ 공기의 저항력에 대한 팬의 축 동력
④ 공기의 정압 동력에 대한 팬의 축 동력

> 정압효율은 팬의 축 동력에 대한 공기의 정압 동력을 말한다.

49 노통 연관 보일러에 대한 설명으로 틀린 것은?

① 노통 보일러와 연관 보일러의 장점을 혼합한 보일러이다.
② 보유수량에 비해 보일러 열효율이 80~85% 정도로 좋다.
③ 형체에 전열면적이 크다.
④ 구조상 고압, 대용량에 적합하다.

> 노통 연관 보일러는 구조상 고압, 대용량에는 적합하지 않다.

50 공기조화에 사용되는 온도 중 사람이 느끼는 감각에 대한 온도, 습도, 기류의 영향을 하나로 모아 만든 쾌감의 지표는?

① 유효온도(effective temperature : ET)
② 흑구온도(globe temperature : GT)
③ 평균복사온도(mean radiant temperature : MRT)
④ 작용온도(operation temperature : OT)

유효온도는 인체가 느끼는 쾌적 온도의 지표로 유효온도 3요소에는 온도, 습도, 기류가 있다.

51 **핀(fin)이 붙은 튜브형 코일을 강판형 박스에 넣은 것으로 대류를 이용한 방열기는?**

① 콘벡터(convector)
② 팬코일 유닛(fan coil unit)
③ 유닛 히터(unit heater)
④ 라디에이터(radiator)

52 **단일 덕트 방식의 특징으로 틀린 것은?**

① 단일 덕트 스페이스가 비교적 크게 된다.
② 외기 냉방운전이 가능하다.
③ 고성능 공기정화장치의 설치가 불가능하다.
④ 공조기가 집중되어 있으므로 보수관리가 용이하다.

53 **건축물에서 외기와 접하지 않는 내벽, 내창, 천정 등에서의 손실열량을 계산할 때 관계없는 것은?**

① 열관류율
② 면적
③ 인접실과 온도차
④ 방위계수

54 **공기조화방식 중에서 외기도입을 하지 않아 덕트 설비가 필요 없는 방식은?**

① 팬코일 유닛방식
② 유인 유닛방식
③ 각층 유닛방식
④ 멀티존 방식

팬코일 유닛방식은 냉각 및 가열코일, 송풍기, 공기여과기를 케이싱 내 수납한 것으로 기계실에서 냉온수를 코일에 공급하여 실내공기를 팬으로 코일에 순환시켜 부하를 처리하는 방식이다.

55 **다음 그림에서 설명하고 있는 냉방 부하의 변화요인은?**

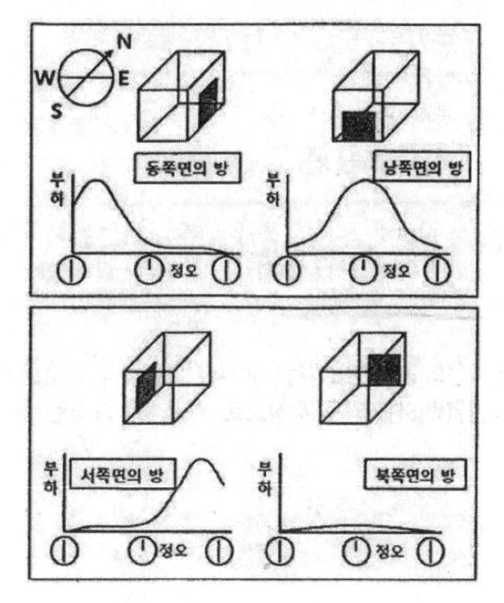

① 방의 크기
② 방의 방위
③ 단열재의 두께
④ 단열재의 종류

56 **개별 공조방식이 아닌 것은?**

① 패키지방식
② 룸쿨러방식
③ 멀티유닛방식
④ 팬코일유닛방식

개별 공조방식에는 룸쿨러, 패키지, 멀티 유닛 방식이 있다.

57 **판형 열교환기에 관한 설명 중 틀린 것은?**

① 열전달 효율이 높아 온도차가 작은 유체 간의 열교환에 매우 효과적이다.
② 전열판에 요철 형태를 성형시켜 사용하므로 유체의 압력손실이 크다.
③ 셸튜브형에 비해 열관류율이 매우 높으므로 전열면적을 줄일 수 있다.
④ 다수의 전열판을 겹쳐 놓고 볼트로 고정시키므로 전열면의 점검 및 청소가 불편하다.

58 난방 방식의 분류에서 간접 난방에 해당하는 것은?

① 온수난방
② 증기난방
③ 복사난방
④ 히트펌프난방

> • 직접난방 : 증기난방, 온수난방, 복사난방
> • 간접난방 : 공기조화, 히트펌프난방

59 다음의 공기선도에서 (2)에서 (1)로 냉각, 감습을 할 때 현열비(SHF)의 값을 식으로 나타낸 것 중 옳은 것은?

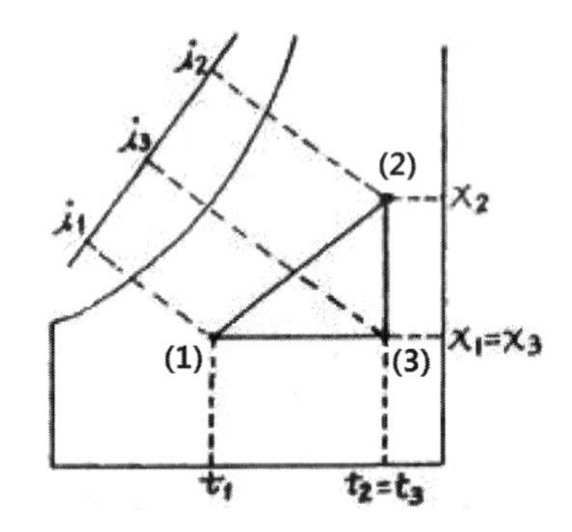

① $\dfrac{i_2 - i_3}{i_2 - i_1}$　② $\dfrac{i_3 - i_1}{i_2 - i_1}$

③ $\dfrac{i_2 - i_1}{i_3 - i_1}$　④ $\dfrac{i_3 + i_2}{i_2 + i_1}$

60 덕트 속에 흐르는 공기의 평균 유속 10m/s, 공기의 비중량 1.2kgf/m^3, 중력 가속도가 9.8m/s^{2}일 때 동압은?

① 약 3mmAq
② 약 4mmAq
③ 약 5mmAq
④ 약 6mmAq

> 동압
> $\dfrac{(\text{유속}^2 \times \text{비중량})}{2 \times \text{중력가속도}} = \dfrac{(10^2 \times 1.2)}{2 \times 9.8} \fallingdotseq 6$

정답 최근기출문제 – 2015년 1회

01 ③	02 ③	03 ④	04 ③	05 ③
06 ④	07 ①	08 ③	09 ③	10 ③
11 ④	12 ②	13 ③	14 ④	15 ④
16 ①	17 ④	18 ④	19 ③	20 ①
21 ①	22 ③	23 ②	24 ②	25 ②
26 ②	27 ③	28 ②	29 ②	30 ①
31 ③	32 ③	33 ②	34 ④	35 ②
36 ③	37 ①	38 ③	39 ①	40 ③
41 ④	42 ②	43 ④	44 ②	45 ①
46 ④	47 ③	48 ②	49 ④	50 ①
51 ①	52 ③	53 ④	54 ①	55 ②
56 ④	57 ④	58 ④	59 ②	60 ④

2015년 2회

최근기출문제

01 **전기스위치의 조작 시 오른손으로 하기를 권장하는 이유로 가장 적당한 것은?**

① 심장에 전류가 직접 흐르지 않도록 하기 위하여
② 작업을 손쉽게 하기 위하여
③ 스위치 개폐를 신속히 하기 위하여
④ 스위치 조작 시 많은 힘이 필요하므로

02 **작업복 선정 시 유의사항으로 틀린 것은?**

① 작업복의 스타일은 착용자의 연령, 성별 등은 고려할 필요가 없다.
② 화기사용 작업자는 방염성, 불연성의 작업복을 착용한다.
③ 작업복은 항상 깨끗이 하여야 한다.
④ 작업복은 몸에 맞고 동작이 편하며, 상의 끝이나 바지자락 등이 기계에 말려 들어갈 위험이 없도록 한다.

작업복은 착용자의 연령, 성별 등을 고려해야 한다.

03 **다음 중 저속 왕복동 냉동장치의 운전 순서로 옳은 것은?**

> 1. 압축기를 시동한다.
> 2. 흡입측 스톱밸브를 천천히 연다.
> 3. 냉각수 펌프를 운전한다.
> 4.응축기의 액면계 등으로 냉매량을 확인한다.
> 5. 압축기의 유면을 확인한다.

① 1-2-3-4-5
② 5-4-3-2-1
③ 5-4-3-1-2
④ 1-2-5-3-4

04 **소화기 보관상의 주의사항으로 틀린 것은?**

① 겨울철에는 얼지 않도록 보온에 유의 한다.
② 소화기 뚜껑은 조금 열어놓고 봉인하지 않고 보관한다.
③ 습기가 적고 서늘한 곳에 둔다.
④ 가스를 채워 넣는 소화기는 가스를 채울 때 반드시 제조업자에게 의뢰하도록 한다.

소화기 뚜껑은 봉인해서 보관해야 한다.

05 **왕복펌프의 보수 관리 시 점검 사항으로 틀린 것은?**

① 윤활유 작동 확인
② 축수 온도 확인
③ 스터핑 박스의 누설 확인
④ 다단 펌프에 있어서 프라이밍 누설 확인

06 **가스접합용접장치의 배관을 하는 경우 주관, 분기관에 안전기를 설치하는데, 이 경우 하나의 취관에 몇 개 이상의 안전기를 설치해야 하는가?**

① 1
② 2
③ 3
④ 4

07 **안전보건관리책임자의 직무로 가장 거리가 먼 것은?**

① 산업재해의 원인 조사 및 재발 방지대책 수립에 관한 사항
② 안전에 관한 조직편성 및 예산책정에 관한 사항
③ 안전 보건과 관련된 안전장치 및 보호구 구입 시의 적격품 여부 확인에 관한 사항
④ 근로자의 안전 보건교육에 관한 사항

08 전기 용접 시 전격을 방지하는 방법으로 틀린 것은?

① 용접기의 절연 및 접지상태를 확실히 점검할 것
② 가급적 개로 전압이 높은 교류용접기를 사용할 것
③ 장시간 작업 중지 때는 반드시 스위치를 차단시킬 것
④ 반드시 주어진 보호구와 복장을 착용할 것

09 다음 중 점화원으로 볼 수 없는 것은?

① 전기 불꽃
② 기화열
③ 정전기
④ 못을 박을 때 튀는 불꽃

10 스패너 사용 시 주의 사항으로 틀린 것은?

① 스패너가 벗겨지거나 미끄러짐에 주의한다.
② 스패너의 입이 너트 폭과 잘 맞는 것을 사용한다.
③ 스패너 길이가 짧은 경우에는 파이프를 끼어서 사용한다.
④ 무리하게 힘을 주지 말고 조심스럽게 사용한다.

11 보일러의 과열 원인으로 적절하지 못한 것은?

① 보일러 수의 수위가 높을 때
② 보일러 내 스케일이 생성되었을 때
③ 보일러 수의 순환이 불량할 때
④ 전열면에 국부적인 열을 받았을 때

> 보일러 과열은 보일러 수의 수위가 낮을 때 발생된다.

12 다음 중 위생 보호구에 해당되는 것은?

① 안전모　　② 귀마개
③ 안전화　　④ 안전대

> 위생 보호구 종류
> • 눈 보호구 : 방진안경, 차광보호구(보안경, 보안면)
> • 귀 보호구 : 귀마개, 귀덮개
> • 호흡 보호구 : 방진마스크, 방독마스크, 송기마스크
> • 피부 보호구 : 보호의, 보호장갑, 장화, 전신보호복

13 근로자가 안전하게 통행할 수 있도록 통로에는 몇 럭스 이상의 조명시설을 해야 하는가?

① 10　　② 30
③ 45　　④ 75

> 산업안전보건기준에 관한 규칙에 따르면 근로자가 안전하게 통행할 수 있도록 통로에 75럭스 이상의 조명시설을 해야 한다.

14 교류 아크 용접기 사용 시 안전 유의사항으로 틀린 것은?

① 용접변압기의 1차측 전로는 하나의 용접기에 대해서 2개의 개폐기로 할 것
② 2차측 전로는 용접봉 케이블 또는 캡타이어 케이블을 사용할 것
③ 용접기의 외함은 접지하고 누전차단기를 설치할 것
④ 일정 조건하에서 용접기를 사용할 때는 자동전격방지장치를 사용할 것

> 용접기에 대해 각각의 개폐기로 해야 한다.

15 전동공구 사용상의 안전수칙이 아닌 것은?

① 전기드릴로 아주 작은 물건이나 긴 물건에 작업할 때에는 지그를 사용한다.
② 전기 그라인더나 샌더가 회전하고 있을 때 작업대 위에 공구를 놓아서는 안 된다.
③ 수직 휴대용 연삭기의 숫돌의 노출각도는 90°까지 허용된다.
④ 이동식 전기드릴 작업 시는 장갑을 끼지 말아야 한다.

16 글랜드 패킹의 종류가 아닌 것은?

① 오일시일 패킹
② 석면 야안 패킹
③ 아마존 패킹
④ 몰드 패킹

> • 글랜트 패킹 : 석면각형, 석면 야안, 아마존, 몰드 패킹 등
> • 오일시일 패킹 : 한지를 일정한 두께로 겹쳐서 내유가공한 것으로 내열도는 낮으나 펌프, 기어박스 등에 사용

17 냉동사이클에서 증발온도가 -15℃이고 과열도가 5℃일 경우 압축기 흡입가스온도는?

① 5℃ ② -10℃
③ -15℃ ④ -20℃

압축기 흡입가스온도 = 증발온도 + 과열온도
= -15 + 5 = -10

18 열에 관한 설명으로 틀린 것은?

① 승화열은 고체가 기체로 되면서 주위에서 빼앗는 열량이다.
② 잠열은 물체의 상태를 바꾸는 작용을 하는 열이다.
③ 현열은 상태 변화 없이 온도 변화에 필요한 열이다.
④ 융해열은 현열의 일종이며, 고체를 액체로 바꾸는데 필요한 열이다.

19 2000W의 전기가 1시간 일한 양을 열량으로 표현하면 얼마인가?

① 172kcal/h
② 860kcal/h
③ 17200kcal/h
④ 1720kcal/h

$1W = 0.86kcal/h$이므로
$2000 \times 0.86 = 1720kcal/h$

20 왕복동식 압축기와 비교하여 스크류 압축기의 특징이 아닌 것은?

① 흡입 · 토출밸브가 없으므로 마모 부분이 없어 고장이 적다.
② 냉매의 압력 손실이 크다.
③ 무단계 용량제어가 가능하며 연속적으로 행할 수 있다.
④ 체적 효율이 좋다.

스크류 압축기는 냉매 압력 손실이 적어 산업용 냉동으로 널리 사용되고 있다.

21 2원 냉동장치에 대한 설명 중 틀린 것은?

① 냉매는 주로 저온용과 고온용을 1:1로 섞어서 사용한다.
② 고온측 냉매로는 비등점이 높은 냉매를 주로 사용한다.
③ 저온측 냉매로는 비등점이 낮은 냉매를 주로 사용한다.
④ -80~-70℃ 정도 이하의 초저온 냉동장치에 주로 사용한다.

22 흡수식 냉동장치의 적용대상으로 가장 거리가 먼 것은?

① 백화점 공조용
② 산업 공조용
③ 제빙공장용
④ 냉난방장치용

흡수식 냉동장치는 예냉시간이 길고 진공 유지가 어려워 제빙 공장용에는 부적합하다.

23 냉매의 특징에 관한 설명으로 맞는 것은?

① NH_3는 물과 기름에 잘 녹는다.
② R-12는 기름에 잘 용해되나 물에는 잘 녹지 않는다.
③ R-12는 NH_3보다 전열이 양호하다.
④ NH_3의 포화증기의 비중은 R-12보다 작지만 R-22보다 크다.

24 컨덕턴스는 무엇을 뜻하는가?

① 전류의 흐름을 방해하는 정도를 나타낸 것이다.
② 전류가 잘 흐르는 정도를 나타낸 것이다.
③ 전위차를 얼마나 적게 나타내느냐의 정도를 나타낸 것이다.
④ 전위차를 얼마나 크게 나타내느냐의 정도를 나타낸 것이다.

컨덕턴스는 저항의 역수로 전류가 잘 흐르는 정도를 나타낸다.

25 다음 중 2단압축, 2단팽창 냉동사이클에서 주로 사용되는 중간 냉각기의 형식은?

① 플래시형 ② 액냉각형
③ 직접팽창식 ④ 저압수액기식

26 암모니아 냉매 배관을 설치할 때 시공방법으로 틀린 것은?

① 관이음 패킹재료는 천연고무를 사용한다.
② 흡입관에는 U트랩을 설치한다.
③ 토출관의 합류는 Y접속으로 한다.
④ 액관의 트랩부에는 오일 드레인 밸브를 설치한다.

27 엔탈피의 단위로 옳은 것은?

① kcal/kg
② kcal/h · ℃
③ kcal/kg · ℃
④ kcal/m^3 · h · ℃

28 냉방능력 1냉동톤인 응축기에 10L/min의 냉각수가 사용되었다. 냉각수 입구의 온도가 32℃이면 출구 온도는? (단, 방열계수는 1.2로 한다.)

① 12.5℃
② 22.6℃
③ 38.6℃
④ 49.5℃

열량 = 3,320×1.2 = 3,984
3,984 = 10×60×(출구온도 − 32)
출구온도 = $(\frac{3,984}{600}) + 32 ≒ 38.6$

29 다음 중 등온변화에 대한 설명으로 틀린 것은?

① 압력과 부피의 곱은 항상 일정하다.
② 내부에너지는 증가한다.
③ 가해진 열량과 한 일이 같다.
④ 변화 전과 후의 내부에너지의 값이 같아진다.

30 열역학 제1법칙을 설명한 것으로 옳은 것은?

① 밀폐계가 변화할 때 엔트로피의 증가를 나타낸다.
② 밀폐계에 가해 준 열량과 내부에너지의 변화량의 합은 일정하다.
③ 밀폐계에 전달된 열량은 내부에너지 증가와 계가 한 일의 합과 같다.
④ 밀폐계의 운동에너지와 위치에너지의 합은 일정하다.

31 팽창밸브 직후의 냉매 건조도를 0.23, 증발잠열이 52kcal/kg이라 할 때, 이 냉매의 냉동효과는?

① 226kcal/kg
② 40kcal/kg
③ 38kcal/kg
④ 12kcal/kg

냉동효과 = (1−건조도)×증발잠열
= (1−0.23)×52 ≒ 40.04

32 터보 냉동기의 운전 중 서징(surging) 현상이 발생하였다. 그 원인으로 틀린 것은?

① 흡입가이드 베인을 너무 조일 때
② 가스 유량이 감소될 때
③ 냉각수온이 너무 낮을 때
④ 너무 낮은 가스유량으로 운전할 때

33 2단압축 냉동장치에서 각각 다른 2대의 압축기를 사용하지 않고 1대의 압축기가 2대의 압축기 역할을 할 수 있는 압축기는?

① 부스터 압축기
② 캐스케이드 압축기
③ 콤파운드 압축기
④ 보조 압축기

콤파운드 압축기는 2단 압축에서 저단측 압축기와 고단측 압축기를 1대의 압축기로 기통을 2단으로 나누어 사용한 것으로 설치면적, 중량, 설비비 등의 절감을 위해 사용되는 방식이다.

34 역 카르노 사이클은 어떤 상태변화 과정으로 이루어져 있는가?

① 1개의 등온과정, 1개의 등압과정
② 2개의 등압과정, 2개의 교축작용
③ 1개의 단열과정, 2개의 교축작용
④ 2개의 단열과정, 2개의 등온과정

> 역 카르노 사이클은 단열압축(압축기) – 등온압축(응축기) – 단열팽창(팽창밸브) – 등온팽창(증발기)로 이루어진 사이클이다.

35 팽창밸브 본체와 온도센서 및 전자제어부를 조립함으로써 과열도 제어를 하는 특징을 가지며, 바이메탈과 전열기가 조립된 부분과 니들밸브 부분으로 구성된 팽창밸브는?

① 온도식 자동 팽창밸브
② 정압식 자동 팽창밸브
③ 열전식 팽창밸브
④ 플로토식 팽창밸브

> 열전식 팽창밸브는 팽창밸브 본체와 온도센서 및 전자제어부를 조립함으로써 과열 제어를 비롯하여 각종 기능을 발휘할 수 있도록 한 것이다.

36 회전식 압축기의 특징에 관한 설명으로 틀린 것은?

① 용량제어가 없고 분해조립 및 정비에 특수한 기술이 필요하다.
② 대형 압축기와 저온용 압축기로 사용하기 적당하다.
③ 왕복동식처럼 격간이 없어 체적효율, 성능계수가 양호하다.
④ 소형이고 설치면적이 적다.

37 다음 중 흡수식 냉동기의 용량제어 방법이 아닌 것은?

① 구동열원 입구제어
② 증기토출 제어
③ 발생기 공급 용액량 조절
④ 증발기 압력제어

> 흡수식 냉동기 용량제어 방법
> • 발생기 공급 용액량 조절 • 구동 열원 입구 제어
> • 증기 토출 제어 • 바이패스 제어

38 동관 공작용 작업 공구가 아닌 것은?

① 익스 팬더 ② 사이징 툴
③ 튜브 밴드 ④ 봄볼

> 봄볼은 연관용 작업 공구로 주관에 구멍을 뚫을 때 사용된다.

39 유량이 적거나 고압일 때에 유량조절을 한 층 더 엄밀하게 행할 목적으로 사용되는 것은?

① 콕 ② 안전밸브
③ 글로브 밸브 ④ 앵글밸브

> 글로브 밸브 : 유량 조절

40 다음 중 압축기 효율과 가장 거리가 먼 것은?

① 체적효율 ② 기계효율
③ 압축효율 ④ 팽창효율

> 팽창효율은 증발기와 연관된다.

41 –15℃에서 건조도가 0인 암모니아 가스를 교축, 팽창시켰을 때 변화가 없는 것은?

① 비체적 ② 압력
③ 엔탈피 ④ 온도

> 교축팽창 과정에서는 압력이 줄어들면서 엔탈피가 변화없이 진행된다.

42 다음 수랭식 응축기에 관한 설명으로 옳은 것은?

① 수온이 일정한 경우 유막 물때가 두껍게 부착하여도 수량을 증가하면 응축압력에는 영향이 없다.
② 응축부하가 크게 증가하면 응축압력 상승에 영향을 준다.
③ 냉온수량이 풍부한 경우에는 불응축 가스의 혼입 영향이 없다.
④ 냉각수량이 일정한 경우에는 수온에 의한 영향은 없다.

43 증발압력 조정밸브를 부착하는 주요 목적은?

① 흡입압력을 저하시켜 전동기의 기동 전류를 적게 한다.
② 증발기 내의 압력이 일정 압력 이하가 되는 것을 방지한다.
③ 냉매의 증발온도를 일정치 이하로 내리게 한다.
④ 응축압력을 항상 일정하게 유지한다.

44 주로 저압증기나 온수배관에서 호칭지름이 작은 분기관에 이용되며, 굴곡부에서 압력강하가 생기는 이음쇠는?

① 슬리브형
② 스위블형
③ 루프형
④ 벨로즈형

> 스위블형은 2개 이상의 나사엘보를 사용하여 이음부 나사의 회전을 이용하여 배관의 신축을 흡수하는 것으로 방열기 주위 배관용으로 사용된다.

45 시퀀스 제어에 속하지 않는 것은?

① 자동 전기밥솥
② 전기세탁기
③ 가정용 전기냉장고
④ 네온사인

46 개별 공조방식에서 성적계수에 관한 설명으로 옳은 것은?

① 히트펌프의 경우 축열조를 사용하면 성적계수가 낮다.
② 히트펌프 시스템의 경우 성적계수는 1보다 적다.
③ 냉방 시스템은 냉동효과가 동일한 경우에는 압축일이 클수록 성적계수는 낮아진다.
④ 히트펌프의 난방 운전 시 성적계수는 냉방 운전 시 성적계수보다 낮다.

47 복사난방에 관한 설명 중 틀린 것은?

① 바닥면의 이용도가 높고 열손실이 적다.
② 단열층 공사비가 많이 들고 배관의 고장 발견이 어렵다.
③ 대류 난방에 비하여 설비비가 많이 든다.
④ 방열체의 열용량이 적으므로 외기온도에 따라 방열량의 조절이 쉽다.

> 복사난방은 온수코일을 매립하여 증기나 온수를 순환시켜 발생하는 복사열에 의해 난방하는 방식으로 예열시간이 길어 부하에 대응하기 어렵다.

48 환기에 대한 설명으로 틀린 것은?

① 기계환기법에는 풍압과 온도차를 이용하는 방식이 있다.
② 제품이나 기기 등의 성능을 보전하는 것도 환기의 목적이다.
③ 자연환기는 공기의 온도에 따른 비중차를 이용한 환기이다.
④ 실내에서 발생하는 열이나 수증기도 제거한다.

49 다음의 습공기선도에 대하여 바르게 설명한 것은?

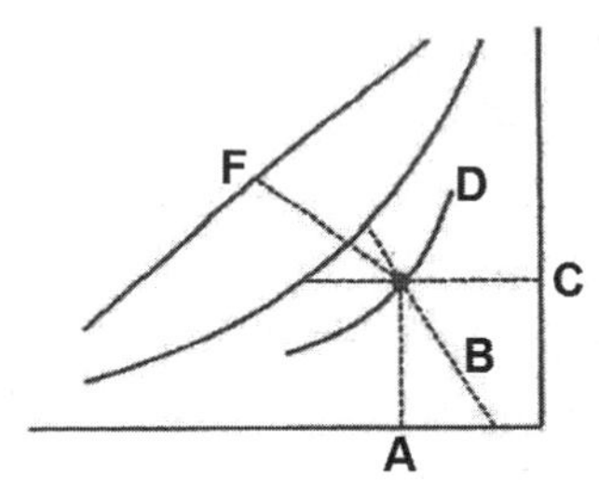

① F점은 습공기의 습구온도를 나타낸다.
② C점은 습공기의 노점온도를 나타낸다.
③ A점은 습공기의 절대습도를 나타낸다.
④ B점은 습공기의 비체적을 나타낸다.

50 공기의 감습방법에 해당되지 않는 것은?

① 흡수식　② 흡착식
③ 냉각식　④ 가열식

> 감습 종류 : 냉각식, 흡착식, 흡수식이 있다.

51 **냉방부하에서 틈새 바람으로 손실되는 열량을 보호하기 위하여 극간풍을 방지하는 방법으로 틀린 것은?**

① 회전문을 설치한다.
② 충분한 간격을 두고 이중문을 낮게 유지한다.
③ 실내의 압력을 외부압력보다 낮게 유지한다.
④ 에어 커튼(air curtain)을 사용한다.

52 **체감을 나타내는 척도로 사용되는 유효온도와 관계있는 것은?**

① 습도와 복사열 ② 온도와 습도
③ 온도와 기압 ④ 온도와 복사열

- 유효온도 3요소 : 온도, 습도, 기류
- 수정유효온도 4요소 : 온도, 습도, 기류, 복사열

53 **기계배기와 적당한 자연급기에 의한 환기방식으로서 화장실, 탕비실, 소규모 조리장의 환기 설비에 적당한 환기법은?**

① 제1종 환기법 ② 제2종 환기법
③ 제3종 환기법 ④ 제4종 환기법

환기법
- 제1종 환기(병용식) : 급기팬 + 배기팬 (보일러실, 병원 수술실 등)
- 제2종 환기(압입식) : 급기팬 + 배기구 (실내정압, 반도체 공장, 무균실 등)
- 제3종 환기(흡출식) : 급기구 + 배기팬 (실내부압, 화장실, 주방, 차고 등)

54 **난방부하에 대한 설명으로 틀린 것은?**

① 건물의 난방 시에 재실자 또는 기구의 발생 열량은 난방 개시 시간을 고려하여 일반적으로 무시해도 좋다.
② 외기부하 계산은 냉방부하 계산과 마찬가지로 현열부하와 잠열부하로 나누어 계산해야 한다.
③ 덕트면의 열통과에 의한 손실 열량은 작으므로 일반적으로 무시해도 좋다.
④ 건물의 벽체는 바람을 통하지 못하게 하므로 건물 벽체에 의한 손실 열량은 무시해도 좋다.

55 **온수난방에 대한 설명 중 틀린 것은?**

① 일반적으로 고온수식과 저온수식의 기준온도는 100℃이다.
② 개방형은 방열기보다 1m 이상 높게 설치하고, 밀폐형은 가능한 보일러로부터 멀리 설치한다.
③ 중력 순환식 온수난방 방법은 소규모 주택에 사용된다.
④ 온수난방 배관의 주재료는 내열성을 고려해서 선택해야 한다.

56 **2중 덕트 방식의 특징이 아닌 것은?**

① 설비비가 저렴하다.
② 각 실 각 존의 개별 온습도의 제어가 가능하다.
③ 용도가 다른 존 수가 많은 대규모 건물에 적합하다.
④ 다른 방식에 비해 덕트 공간이 크다.

57 **실내의 현열부하가 3200kcal/h, 잠열부하는 600kcal/h일 때, 현열비는?**

① 0.16
② 6.25
③ 1.20
④ 0.84

$$\text{현열비} = \frac{\text{현열부하}}{\text{총부하}} = \frac{3200}{600 + 3200} \fallingdotseq 0.84$$

58 **흡수식 냉동기의 특징으로 틀린 것은?**

① 전력 사용량이 적다.
② 압축식 냉동기보다 소음, 진동이 크다.
③ 용량제어 범위가 넓다.
④ 부분 부하에 대한 대응성이 좋다.

흡수식 냉동기는 운전시 소음 진동이 없고 전력 소요량이 적게 든다.

59 다음은 덕트 내의 공기압력을 측정하는 방법이다. 그림 중 정압을 측정하는 방법은?

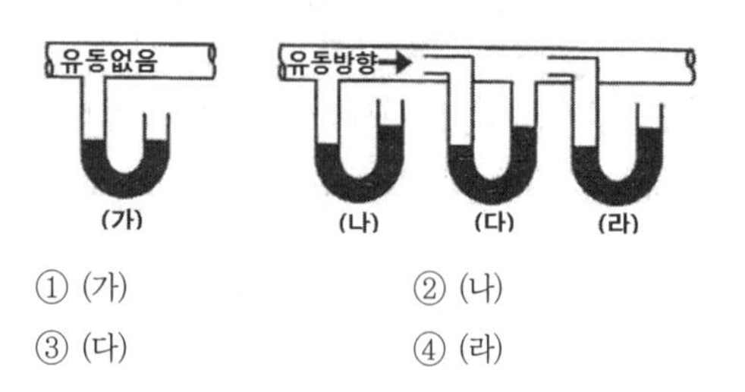

① (가)　　② (나)
③ (다)　　④ (라)

60 건구온도 33℃, 상대습도 50%인 습공기 500 m^3/h를 냉각 코일에 의하여 냉각한다. 코일의 장치노점온도는 9℃이고 바이패스 팩터가 0.1이라면, 냉각된 공기의 온도는?

① 9.5℃　　② 10.2℃
③ 11.4℃　　④ 12.6℃

> 냉각된 공기의 온도
> BF × (건구온도 - 노점온도) + 노점온도
> = [0.1 × (33-9)] + 9 = 11.4

정답 최근기출문제 - 2015년 2회

01 ①	02 ①	03 ③	04 ②	05 ④
06 ②	07 ②	08 ②	09 ②	10 ③
11 ①	12 ②	13 ④	14 ①	15 ③
16 ①	17 ②	18 ④	19 ④	20 ②
21 ①	22 ③	23 ②	24 ②	25 ①
26 ②	27 ①	28 ③	29 ②	30 ③
31 ②	32 ③	33 ③	34 ④	35 ③
36 ②	37 ④	38 ④	39 ③	40 ④
41 ③	42 ②	43 ②	44 ②	45 ③
46 ③	47 ④	48 ①	49 ④	50 ④
51 ③	52 ②	53 ③	54 ④	55 ②
56 ①	57 ④	58 ②	59 ②	60 ③

2015년 3회

최근기출문제

01 수공구 사용방법 중 옳은 것은?

① 스패너에 너트를 깊이 물리고 바깥쪽으로 밀면서 풀고 조인다.
② 정 작업 시 끝날 무렵에는 힘을 빼고 천천히 타격한다.
③ 쇠톱 작업 시 톱날을 고정한 후에는 재조정을 하지 않는다.
④ 장갑을 낀 손이나 기름 묻은 손으로 해머를 잡고 작업해도 된다.

> • 스패너에 너트를 깊이 물리고 조금씩 앞으로 당기는 식으로 풀고 조인다.
> • 톱날을 틀에 정치하고 2~3회 사용한 다음 재조정을 하고 작업한다.
> • 장갑을 낀 손이나 기름이 묻은 손으로 작업하지 않는다.

02 공기압축기를 가동할 때, 시작 전 점검사항에 해당되지 않는 것은?

① 공기저장 압력용기의 외관상태
② 드레인 밸브의 조작 및 배수
③ 압력방출장치의 기능
④ 비상정지장치 및 비상하강방지장치 기능의 이상 유무

03 화재 시 소화제로 물을 사용하는 이유로 가장 적당한 것은?

① 산소를 잘 흡수하기 때문에
② 증발잠열이 크기 때문에
③ 연소하지 않기 때문에
④ 산소공급을 차단하기 때문에

> 화재 발생 시 물을 사용하는 이유는 증발잠열이 크기 때문이다.

04 각 작업조건에 맞는 보호구의 연결로 틀린 것은?

① 물체가 떨어지거나 날아올 위험이 있는 작업 : 안전모
② 고열에 의한 화상 등의 위험이 있는 작업 : 방열복
③ 선창 등에서 분진이 심하게 발생하는 하역작업 : 방한복
④ 높이 또는 깊이 2m 이상의 추락할 위험이 있는 장소에서 하는 작업 : 안전대

> 분진 등이 발생하는 곳 : 방진 마스크

05 연삭작업의 안전수칙으로 틀린 것은?

① 작업 도중 진동이나 마찰면에서의 파열이 심하면 곧 작업을 중지한다.
② 숫돌차에 편심이 생기거나 원주면의 메짐이 심하면 드레싱을 한다.
③ 작업 시 반드시 숫돌의 정면에 서서 작업한다.
④ 축과 구멍에는 틈새가 없어야 한다.

06 크레인을 사용하여 작업을 하고자 한다. 작업 시작 전의 점검사항으로 틀린 것은?

① 권과방지장치 · 브레이크 · 클러치 및 운전장치의 기능
② 주행로의 상측 및 트롤리가 횡행(橫行)하는 레일의 상태
③ 와이어로프가 통하고 있는 곳의 상태
④ 압력방출장치의 기능

07 보일러의 휴지보존법 중 장기 보존법에 해당되지 않는 것은?

① 석회밀폐건조법　② 질소가스봉입법
③ 소다만수보존법　④ 가열건조법

보일러 휴지 기간이 2~3개월 걸리는 경우의 휴지 보존법으로 석회밀폐, 질소가스봉입, 소다만수 보존법이 있다.

08 보일러의 역화(back fire)의 원인이 아닌 것은?

① 점화 시 착화를 빨리한 경우
② 점화 시 공기보다 연료를 먼저 노 내에 공급하였을 경우
③ 노 내의 미연소가스가 충만해 있을 때 점화하였을 경우
④ 연료 밸브를 급개하여 과다한 양을 노 내에 공급하였을 경우

역화는 보일러 노 내의 미연 가스량이 적어 이 가스 폭발의 규모가 작은 경우로 착화를 빨리한 경우에는 역화가 일어나지 않는다.

09 산업안전보건기준에 따른 작업장의 출입구 설치기준으로 틀린 것은?

① 출입구의 위치 · 수 및 크기가 작업장의 용도와 특성에 맞도록 할 것
② 출입구에 문을 설치하는 경우에는 근로자가 쉽게 열고 닫을 수 있도록 할 것
③ 주된 목적이 하역운반기계용인 출입구에는 보행자용 출입구를 따로 설치하지 말 것
④ 계단이 출입구와 바로 연결된 경우에는 작업자의 안전한 통행을 위하여 그 사이에 충분한 거리를 둘 것

10 아크 용접의 안전사항으로 틀린 것은?

① 홀더가 신체에 접촉되지 않도록 한다.
② 절연 부분이 균열이나 파손되었으면 교체한다.
③ 장시간 용접기를 사용하지 않을 때는 반드시 스위치를 차단시킨다.
④ 1차 코드는 벗겨진 것을 사용해도 좋다.

1차 코드도 벗겨진 것은 사용하면 안 된다.

11 차량 계 하역 운반 기계의 종류로 가장 거리가 먼 것은?

① 지게차　② 화물 자동차
③ 구내 운반차　④ 크레인

12 보일러의 폭발사고 예방을 위하여 그 기능이 정상적으로 작동할 수 있도록 유지 관리해야 하는 장치로 가장 거리가 먼 것은?

① 압력방출장치　② 감압밸브
③ 화염검출기　④ 압력제한스위치

감압밸브는 증기 · 공기 · 가스 등을 감압하여 일정한 압력으로 유지하는 경우에 사용한다.

13 냉동장치의 안전운전을 위한 주의사항 중 틀린 것은?

① 압축기와 응축기 간에 스톱밸브가 닫혀있는 것을 확인한 후 압축기를 가동할 것
② 주기적으로 유압을 체크할 것
③ 동절기(휴지기)에는 응축기 및 수배관의 물을 완전히 뺄 것
④ 압축기를 처음 가동 시에는 정상으로 가동되는가를 확인할 것

14 전체 산업 재해의 원인 중 가장 큰 비중을 차지하는 것은?

① 설비의 미비　② 정돈상태의 불량
③ 계측공구의 미비　④ 작업자의 실수

15 가스용접 시 역화를 방지하기 위하여 사용하는 수봉식 안전기에 대한 내용 중 틀린 것은?

① 하루에 1회 이상 수봉식 안전기의 수위를 점검할 것
② 안전기는 확실한 점검을 위하여 수직으로 부착할 것
③ 1개의 안전기에는 3개 이하의 토치만 사용할 것
④ 동결 시 화기를 사용하지 말고 온수를 사용할 것

16 다음에 해당하는 법칙은?

> 회로망 중 임의의 한 점에서 흘러 들어오는 전류와 나가는 전류의 대수합은 0이다.

① 쿨롱의 법칙
② 옴의 법칙
③ 키르히호프의 제1법칙
④ 키르히호프의 제2법칙

키르히호프 제1법칙은 회로 내의 어느 점을 취해도 그곳에 흘러 들어오거나(+) 흘러 나가는 (-) 전류를 음양의 부호를 붙여 구별하면, 들어오고 나가는 전류의 총계는 0이 된다. 즉, 전류가 흐르는 길에서 들어오는 전류와 나가는 전류의 합이 같다.

17 2개 이상의 엘보를 사용하여 배관의 신축을 흡수하는 신축이음은?

① 루프형 이음 ② 벨로즈형 이음
③ 슬리브형 이음 ④ 스위블형 이음

스위블형은 2개 이상의 나사엘보를 사용하여 이음부 나사의 회전을 이용하여 배관의 신축을 흡수하는 것으로 방열기 주위 배관용으로 사용된다.

18 냉동장치에서 압축기의 이상적인 압축 과정은?

① 등엔트로피 변화 ② 정압 변화
③ 등온 변화 ④ 정적 변화

19 원심식 압축기에 대한 설명으로 옳은 것은?

① 임펠러의 원심력을 이용하여 속도에너지를 압력에너지로 바꾼다.
② 임펠러 속도가 빠르면 유량흐름이 감소한다.
③ 1단으로 압축비를 크게 할 수 있어 단단 압축방식을 주로 채택한다.
④ 압축비는 원주 속도의 3제곱에 비례한다.

원심식 압축기는 터보압축기라 하며 고속회전하는 임펠러의 원심력을 이용하여 냉매가스의 속도에너지를 압력으로 바꾸어 압축하는 형식으로 고속회전을 위해 증속장치가 요구되며 1단으로는 압축비를 크게 할 수 없어 다단 압축방식을 주로 채택한다.

20 온도 작동식 자동팽창 밸브에 대한 설명으로 옳은 것은?

① 실온을 써모스탯에 의하여 감지하고, 밸브의 개도를 조정한다.
② 팽창밸브 직전의 냉매온도에 의하여 자동적으로 개도를 조정한다.
③ 증발기 출구의 냉매온도에 의하여 자동적으로 개도를 조정한다.
④ 압축기의 토출 냉매온도에 의하여 자동적으로 개도를 조정한다.

21 냉동기에서 압축기의 기능으로 가장 거리가 먼 것은?

① 냉매를 순환시킨다.
② 응축기에 냉각수를 순환시킨다.
③ 냉매의 응축을 돕는다.
④ 저압을 고압으로 상승시킨다.

22 파이프 내의 압력이 높아지면 고무링은 더욱 파이프 벽에 밀착되어 누설을 방지하는 접합 방법은?

① 기계적 접합
② 플랜지 접합
③ 빅토릭 접합
④ 소켓 접합

빅토릭 접합은 특수모양으로 된 주철관 끝에 고무링과 가단주철제의 칼라를 죄어 이음하는 방법이다.

23 표준 냉동사이클에서 과냉각도는 얼마인가?

① 45℃
② 30℃
③ 15℃
④ 5℃

표준 냉동사이클
- 응축온도 : 30℃
- 증발온도 : -15℃
- 팽창밸브 직전 온도 : 25℃(과냉각도 5℃)
- 압축기 흡입가스 상태 : -15℃의 건포화 증기

24 NH_3, R-12, R-22 냉매의 기름과 물에 대한 용해도를 설명한 것으로 옳은 것은?

> ㉠ 물에 대한 용해도는 R-12가 가장 크다.
> ㉡ 기름에 대한 용해도는 R-12가 가장 크다.
> ㉢ R-22는 물에 대한 용해도와 기름에 대한 용해도가 모두 암모니아보다 크다.

① ㉠, ㉡, ㉢ ② ㉡, ㉢
③ ㉡ ④ ㉢

25 냉동장치 운전 중 유압이 너무 높을 때 원인으로 가장 거리가 먼 것은?

① 유압계가 불량일 때
② 유배관이 막혔을 때
③ 유온이 낮을 때
④ 유압조정밸브 개도가 과다하게 열렸을 때

26 냉동에 대한 설명으로 가장 적합한 것은?

① 물질의 온도를 인위적으로 주위의 온도보다 낮게 하는 것을 말한다.
② 열이 높은 데서 낮은 곳으로 흐르는 것을 말한다.
③ 물체 자체의 열을 이용하여 일정한 온도를 유지하는 것을 말한다.
④ 기체가 액체로 변화할 때의 기화열에 의한 것을 말한다.

27 양측의 표면 열전달율이 3000kcal/m² · h · ℃인 수랭식 응축기의 열관류율은? (단, 냉각관의 두께는 3mm이고, 냉각관 재질의 열전도율은 40kcal/m · h · ℃이며, 부착 물때의 두께는 0.2mm, 물때의 열전도율은 0.8kcal/m² · h · ℃이다.)

① 978kcal/m² · h · ℃
② 988kcal/m² · h · ℃
③ 998kcal/m² · h · ℃
④ 1008kcal/m² · h · ℃

> 열관류율 = $\dfrac{1}{\left(\dfrac{1}{3000}+\dfrac{0.003}{40}+\dfrac{0.0002}{0.8}+\dfrac{1}{3000}\right)} \fallingdotseq 1008$

28 2단 압축 1단 팽창 냉동장치에 대한 설명 중 옳은 것은?

① 단단 압축시스템에서 압축비가 작을 때 사용된다.
② 냉동부하가 감소하면 중간냉각기는 필요 없다.
③ 단단 압축시스템보다 응축능력을 크게 하기 위해 사용된다.
④ −30℃ 이하의 비교적 낮은 증발온도를 요하는 곳에 주로 사용된다.

29 강관용 공구가 아닌 것은?

① 파이프 바이스 ② 파이프 커터
③ 드레서 ④ 동력 나사절삭기

> 드레서는 연관 표면의 산화피막을 제거할 때 사용되는 공구이다.

30 소요 냉각수량 120L/min, 냉각수 입 · 출구 온도차 6℃인 수랭 응축기의 응축부하는?

① 6400kcal/h ② 12000kcal/h
③ 14400kcal/h ④ 43200kcal/h

> 응축부하(kcal/h) = 냉각수량×비열×온도차
> = 120×60×1×6 = 43200

31 서로 다른 지름의 관을 이을 때 사용되는 것은?

① 소켓 ② 유니언
③ 플러그 ④ 부싱

32 운전 중에 있는 냉동기의 압축기 압력계가 고압은 8kg/cm², 저압은 진공도 100㎜Hg를 나타낼 때 압축기의 압축비는?

① 약 6 ② 약 8
③ 약 10 ④ 약 12

> 저압측 760−100 = 660㎜Hg이므로 약 0.89kg/cm²a
> 고압측 8 + 1.0332 = 9.0332kg/cm²a
> 압축비 = $\dfrac{고압}{저압} = \dfrac{9.0332}{0.89} \fallingdotseq 10$

33 어떤 물질의 산성, 알칼리성 여부를 측정하는 단위는?

① CHU ② USRT
③ pH ④ Therm

pH는 산성과 알칼리성 상태의 세기 정도를 표시하는 용어이다.

34 시퀀스 제어장치의 구성으로 가장 거리가 먼 것은?

① 검출부
② 조절부
③ 피드백부
④ 조작부

시퀀스 제어는 미리 정해놓은 순서에 따라 제어의 각 단계를 순차적으로 진행하는 제어로 검출부, 조작부, 조절부로 구성된다.

35 고열원 온도 T_1, 저열원 온도 T_2인 카르노사이클의 열효율은?

① $\frac{T_2 - T_1}{T_1}$ ② $\frac{T_1 - T_2}{T_2}$
③ $\frac{T_2}{T_1 - T_2}$ ④ $\frac{T_1 - T_2}{T_1}$

36 빙점 이하의 온도에 사용하며 냉동기 배관, LPG 탱크용 배관 등에 많이 사용하는 강관은?

① 고압 배관용 탄소강관
② 저온 배관용 탄소강관
③ 라이닝강관
④ 압력배관용 탄소강관

저온 배관용 탄소강관(SPLT)은 빙점 이하의 저온도 배관용이며 화학공업, LPG, LNG 탱크배관용으로 많이 사용되고 있다.

37 식품을 냉각된 부동액에 넣어 직접 접촉시켜서 동결시키는 것으로 살포식과 침지식으로 구분하는 동결장치는?

① 접촉식 동결장치
② 공기 동결장치
③ 브라인 동결장치
④ 송풍식 동결장치

38 도선에 전류가 흐를 때 발생하는 열량으로 옳은 것은?

① 전류의 세기에 반비례한다.
② 전류의 세기의 제곱에 비례한다.
③ 전류의 세기의 제곱에 반비례한다.
④ 열량은 전류의 세기와 무관하다.

39 다음 중 불응축 가스가 주로 모이는 곳은?

① 증발기
② 액분리기
③ 압축기
④ 응축기

응축기는 압축기로 고압 고온으로 압축된 냉매 증기를 냉각하고 응축열을 제거해 액화시키며 냉각방법에는 수랭, 공랭, 증발식 등이 있다.

40 회전식(rotary) 압축기에 대한 설명으로 틀린 것은?

① 흡입밸브가 없다.
② 압축이 연속적이다.
③ 회전 압축으로 인한 진동이 심하다.
④ 왕복동에 비해 구조가 간단하다.

회전식 압축기는 운동부분의 동작이 단순하여 고속회전에도 진동 및 소음이 적다.

41 1PS는 1시간 당 약 몇 kcal에 해당되는가?

① 860
② 550
③ 632
④ 427

1PS = 75kgm/s = 75 × (1/427) × 3600 ≒ 632kcal/h

42 -10℃ 얼음 5kg을 20℃ 물로 만드는데 필요한 열량은? (단, 물의 융해잠열은 80kcal/kg으로 한다.)

① 25kcal ② 125kcal
③ 325kcal ④ 525kcal

43 다음 온도-엔트로피 선도에서 a→b과정은 어떤 과정인가?

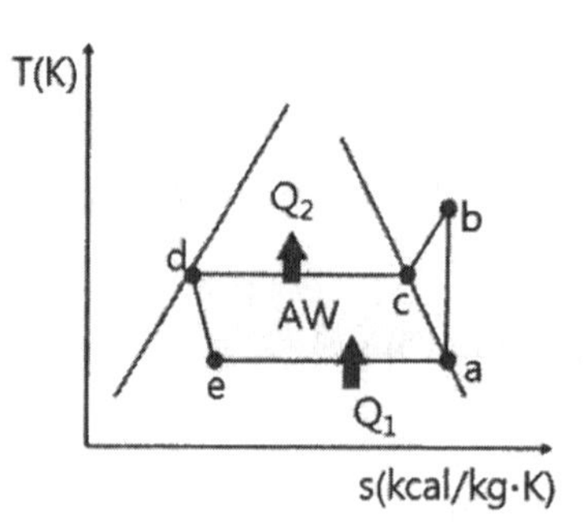

① 압축과정 ② 응축과정
③ 팽창과정 ④ 증발과정

> a→b : 단열압축(압축기)

44 제빙장치 중 결빙한 얼음을 제빙관에서 떼어낼 때 관내의 얼음 표면을 녹이기 위해 사용하는 기기는?

① 주수조 ② 양빙기
③ 저빙고 ④ 용빙조

45 단수 릴레이의 종류로 가장 거리가 먼 것은?

① 단압식 릴레이
② 차압식 릴레이
③ 수류식 릴레이
④ 비례식 릴레이

46 난방방식 중 방열체가 필요 없는 것은?

① 온수난방 ② 증기난방
③ 복사난방 ④ 온풍난방

> 온풍난방은 개별 난방으로 방열체가 필요없다.

47 물과 공기의 접촉면적을 크게 하기 위해 증발포를 사용하여 수분을 자연스럽게 증발시키는 가습방식은?

① 초음파식 ② 가열식
③ 원심분리식 ④ 기화식

48 송풍기의 상사법칙으로 틀린 것은?

① 송풍기의 날개 직경이 일정할 때 송풍압력은 회전수 변화의 2승에 비례한다.
② 송풍기의 날개 직경이 일정할 때 송풍압력은 회전수 변화의 3승에 비례한다.
③ 송풍기의 회전수가 일정할 때 송풍압력은 날개직경 변화의 2승에 비례한다.
④ 송풍기의 회전수가 일정할 때 송풍압력은 날개직경 변화의 3승에 비례한다.

> 송풍량은 회전수에 비례하고, 압력은 회전수 제곱에 비례하며, 동력은 회전수 세제곱에 비례한다.

49 온풍난방에 대한 설명 중 옳은 것은?

① 설비비는 다른 난방에 비하여 고가이다.
② 예열부하가 크므로 예열시간이 길다.
③ 습도조절이 불가능하다.
④ 신선한 외기도입이 가능하여 환기가 가능하다.

> 온풍난방은 난방기의 연소실에서 공기를 가열하여 시설내로 송풍해서 실내를 난방하는 방식으로 가열속도가 빨라 실내 온도 상승이 용이하고, 설비비가 저렴하다.

50 100℃ 물의 증발 잠열은 약 몇 kcal/kg인가?

① 539 ② 600
③ 627 ④ 700

> 물의 증발 잠열은 539kcal/kg이다.

51 어떤 사무실 동쪽 유리면이 50m²이고 안쪽은 베니션 블라인드가 설치되어 있을 때, 동쪽 유리면에서 실내에 침입하는 냉방부하는? (단, 유리 통과율은 6.2kcal/m²·h·℃, 복사량은 512kcal/m²·h, 차폐계수는 0.56, 실내외 온도차는 10℃이다.)

① 3100kcal/h
② 14336kcal/h
③ 17436kcal/h
④ 15886kcal/h

52 다음 중 제2종 환기법으로 송풍기만 설치하여 강제 급기하는 방식은?

① 병용식 ② 압입식
③ 흡출식 ④ 자연식

> • 제1종 환기법 : 병용식
> • 제2종 환기법 : 압입식
> • 제3종 환기법 : 흡출식

53 수분무식 가습장치의 종류가 아닌 것은?

① 모세관식 ② 초음파식
③ 분무식 ④ 원심식

54 다음 장치 중 신축이음 장치의 종류로 가장 거리가 먼 것은?

① 스위블 조인트 ② 볼 조인트
③ 루프형 ④ 버켓형

> 버켓형은 증기트랩의 종류이다.

55 단일덕트 정풍량 방식에 대한 설명으로 틀린 것은?

① 실내부하가 감소될 경우에 송풍량을 줄여도 실내공기가 오염되지 않는다.
② 고성능 필터의 사용이 가능하다.
③ 기계실에 기기류가 집중 설치되므로 운전보수 관리가 용이하다.
④ 각 실이나 존의 부하변동이 서로 다른 건물에서는 온습도에 불균형이 생기기 쉽다.

56 온수난방에 이용되는 밀폐형 팽창탱크에 관한 설명으로 틀린 것은?

① 공기층의 용적을 작게 할수록 압력의 변동은 감소한다.
② 개방형에 비해 용적은 크다.
③ 통상 보일러 근처에 설치되므로 동결의 염려가 없다.
④ 개방형에 비해 보수점검이 유리하고 가압실이 필요하다.

> 밀폐형 팽창탱크는 공기층의 용적을 크게 할수록 압력 변동은 감소한다.

57 온수난방의 장점이 아닌 것은?

① 관 부식은 증기난방보다 적고 수명이 길다.
② 증기난방에 비해 배관지름이 작으므로 설비비가 적게 든다.
③ 보일러 취급이 용이하고 안전하며 배관 열손실이 적다.
④ 온수 때문에 보일러의 연소를 정지해도 여열이 있어 실온이 급변하지 않는다.

> 온수난방은 순환펌프 등의 설치로 설비비가 비싸다.

58 이중덕트 변풍량 방식의 특징으로 틀린 것은?

① 각 실 내의 온도제어가 용이하다.
② 설비비가 높고 에너지 손실이 크다.
③ 냉풍과 온풍을 혼합하여 공급한다.
④ 단일덕트 방식에 비해 덕트 스페이스가 적다.

> 이중덕트 방식은 단일덕트 방식에 비해 덕트 공간이 크다.

59 공기에서 수분을 제거하여 습도를 낮추기 위해서는 어떻게 하여야 하는가?

① 공기의 유로 중에 가열 코일을 설치한다.
② 공기의 유로 중에 공기의 노점온도보다 높은 온도의 코일을 설치한다.
③ 공기의 유로 중에 공기의 노점온도와 같은 온도의 코일을 설치한다.
④ 공기의 유로 중에 공기의 노점온도보다 낮은 온도의 코일을 설치한다.

> 공기에서 수분을 제거하기 위해서 공기의 유로 중에 공기 노점보다 낮은 온도 코일을 설치해야 한다.

60 **공기의 냉각, 가열 코일의 선정 시 유의사항에 대한 내용 중 가장 거리가 먼 것은?**

① 냉각 코일 내에 흐르는 물의 속도는 통상 약 1m/s 정도로 하는 것이 좋다.
② 증기 코일을 통과하는 풍속은 통상 약 3~5m/s 정도로 하는 것이 좋다.
③ 냉각 코일의 입·출구 온도차는 통상 약 5℃ 정도로 하는 것이 좋다.
④ 공기 흐름과 물의 흐름은 평행류로 하여 전열을 증대시킨다.

공기 흐름과 물 흐름은 역류로 하여 전열을 증대시킨다.

정답 최근기출문제 - 2015년 3회

01 ②	02 ④	03 ②	04 ③	05 ③
06 ④	07 ④	08 ①	09 ③	10 ④
11 ④	12 ②	13 ①	14 ④	15 ③
16 ③	17 ④	18 ①	19 ①	20 ③
21 ②	22 ③	23 ④	24 ③	25 ④
26 ①	27 ④	28 ④	29 ③	30 ④
31 ④	32 ③	33 ③	34 ③	35 ④
36 ②	37 ③	38 ②	39 ④	40 ③
41 ③	42 ④	43 ①	44 ④	45 ④
46 ④	47 ④	48 ④	49 ④	50 ①
51 ③	52 ②	53 ①	54 ④	55 ①
56 ①	57 ②	58 ④	59 ④	60 ④

최근기출문제

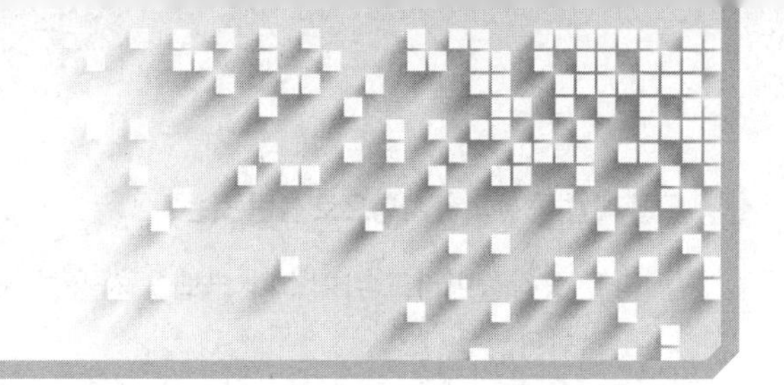

01 냉동제조의 시설 중 안전유지를 위한 기술기준에 관한 설명으로 틀린 것은?

① 안전밸브에 설치된 스톱밸브는 특별한 수리 등 특별한 경우 외에는 항상 열어둔다.
② 냉동설비의 설치공사가 완공되면 시운전 할 때 산소가스를 사용한다.
③ 가연성 가스의 냉동설비 부근에는 작업에 필요한 양 이상의 연소물질을 두지 않는다.
④ 냉동설비의 변경공사가 완공되어 기밀시험 시 공기를 사용할 때에는 미리 냉매 설비 중의 가연성가스를 방출한 후 실시한다.

시운전에 사용하는 가스는 공기 또는 불연성 가스를 사용하고, 산소 또는 독성가스를 사용해서는 안 된다.

02 줄 작업 시 안전관리 사항으로 틀린 것은?

① 칩은 브러시로 제거한다.
② 줄의 균열 유무를 확인한다.
③ 손잡이가 줄에 튼튼하게 고정되어 있는가 확인한 다음에 사용한다.
④ 줄 작업의 높이는 작업자의 어깨 높이로 하는 것이 좋다.

줄 작업의 높이는 작업자의 팔꿈치 높이로 하는 것이 좋다.

03 암모니아의 누설 검지 방법이 아닌 것은?

① 심한 자극성 냄새를 가지고 있으므로, 냄새로 확인이 가능하다.
② 적색 리트머스 시험지에 물을 적셔 누설 부위에 가까이 하면 누설 시 청색으로 변한다.
③ 백색 페놀프탈레인 용지에 물을 적셔 누설 부위에 가까이 하면 누설 시 적색으로 변한다.
④ 황을 묻힌 심지에 불을 붙여 누설 부위에 가져가면 누설 시 홍색으로 변한다.

황을 묻힌 심지에 불을 붙여 누설부위에 가까이 가면 백색 연기가 발생한다.

04 위험물 취급 및 저장 시의 안전조치 사항 중 틀린 것은?

① 위험물은 작업장과 별도의 장소에 보관하여야 한다.
② 위험물을 취급하는 작업장에는 너비 0.3m 이상, 높이 2m 이상의 비상구를 설치하여야 한다.
③ 작업장 내부에는 위험물을 작업에 필요한 양 만큼만 두어야 한다.
④ 위험물을 취급하는 작업장의 비상구 문은 피난 방향으로 열리도록 한다.

위험물을 취급하는 작업장에는 너비 0.75m 이상, 높이 1.5m 이상의 비상구를 설치한다.

05 다음 중 압축기가 시동되지 않는 이유로 가장 거리가 먼 것은?

① 전압이 너무 낮다.
② 오버로드가 작동하였다.
③ 유압보호 스위치가 리셋되어 있지 않다.
④ 온도조절기 감온통의 가스가 빠져 있다.

06 산소용접 중 역화현상이 일어났을 때 조치 방법으로 가장 적합한 것은?

① 아세틸렌 밸브를 즉시 닫는다.
② 토치 속의 공기를 배출한다.
③ 아세틸렌 압력을 높인다.
④ 산소압력을 용접조건에 맞춘다.

역화가 발생되었을 때는 가연성 가스인 아세틸렌 밸브를 제일 먼저 차단해야 한다.

07 드릴 작업 중 유의할 사항으로 틀린 것은?

① 작은 공작물이라도 바이스나 크램을 사용하여 장착한다.
② 드릴이나 소켓을 척에서 해체시킬 때에는 해머를 사용한다.
③ 가공 중 드릴 절삭 부분에 이상음이 들리면 작업을 중지하고 드릴 날을 바꾼다.
④ 드릴의 탈착은 회전이 완전히 멈춘 후에 한다.

척에서 해체시킬 때에는 척 렌치를 사용해야 한다.

08 안전장치의 취급에 관한 사항으로 틀린 것은?

① 안전장치는 반드시 작업 전에 점검한다.
② 안전장치는 구조상의 결함유무를 항상 점검한다.
③ 안전장치가 불량할 때에는 즉시 수정한 다음 작업한다.
④ 안전장치는 작업 형편상 부득이한 경우에는 일시 제거해도 좋다.

안전장치는 제거하지 말아야 한다.

09 전기용접 작업 시 전격에 의한 사고를 예방할 수 있는 사항으로 틀린 것은?

① 절연 홀더의 절연부분이 파손되었으면 바로 보수하거나 교체한다.
② 용접봉의 심선은 손에 접촉되지 않게 한다.
③ 용접용 케이블은 2차 접속단자에 접촉한다.
④ 용접기는 무부하 전압이 필요 이상 높지 않은 것을 사용한다.

10 산업안전보건법의 제정 목적과 가장 거리가 먼 것은?

① 산업재해 예방
② 쾌적한 작업환경 조성
③ 산업안전에 관한 정책수립
④ 근로자의 안전과 보건을 유지 · 증진

11 다음 중 용융온도가 비교적 높아 전기 기구에 사용하는 퓨즈(Fuse)의 재료로 가장 부적당한 것은?

① 납　② 주석
③ 아연　④ 구리

퓨즈 재료는 납, 주석, 아연 등을 사용한다.

12 가스 용접법의 특징으로 틀린 것은?

① 응용 범위가 넓다.
② 아크용접에 비해 불꽃의 온도가 높다.
③ 아크용접에 비해 유해 광선의 발생이 적다.
④ 열량조절이 비교적 자유로워 박판용접에 적당하다.

가스용접은 아크용접에 비해 불꽃 온도가 낮다.

13 크레인의 방호장치로서 와이어 로프가 후크에서 이탈하는 것을 방지하는 장치는?

① 과부하 방지 장치
② 권과 방지 장치
③ 비상 정지 장치
④ 해지 장치

- 과부하 방지장치 : 모든 크레인에 적용되며 정격하중의 1.1배 이상이 되면 크레인의 작동이 정지되는 것
- 해지 장치 : 후크에서 와이어 로프가 이탈하는 것을 방지

14 일반적인 컨베이어의 안전장치로 가장 거리가 먼 것은?

① 역회전 방지장치　② 비상 정지장치
③ 과속 방지장치　④ 이탈 방지장치

15 가스용접 작업 중 일어나기 쉬운 재해로 가장 거리가 먼 것은?

① 화재　② 누전
③ 가스중독　④ 가스폭발

누전은 아크용접에 발생되는 재해이다.

16 액백(Liquid back)의 원인으로 가장 거리가 먼 것은?

① 팽창밸브의 개도가 너무 클 때
② 냉매가 과충전되었을 때
③ 액분리기가 불량일 때
④ 증발기 용량이 너무 클 때

액압축현상은 증발기로 유입된 냉매 일부가 증발기에서 충분히 증발하지 못하고 액체 상태로 압축기에 들어가는 현상으로 증발기 용량이 적을 때 발생된다.

17 다음 표의 ( )안에 들어갈 말로 옳은 것은?

압축기의 체적효율은 격간(clearance)의 증대에 의하여 (가)하며, 압축비가 클수록 (나)하게 된다.

① 가 : 감소, 나 : 감소
② 가 : 증가, 나 : 감소
③ 가 : 감소, 나 : 증가
④ 가 : 증가, 나 : 증가

18 다음 설명 중 옳은 것은?

① 1kW는 760kcal/h이다.
② 증발열, 응축열, 승화열은 잠열이다.
③ 1kg의 얼음의 용해열은 860kcal이다.
④ 상대습도란 포화증기압을 증기압으로 나눈 것이다.

1kW는 860kcal/h, 얼음의 용해열은 80kcal이다.

19 다음 냉동장치에 대한 설명 중 옳은 것은?

① 고압차단스위치는 조정 설정 압력보다 벨로스에 가해진 압력이 낮을 때 접점이 떨어지는 장치이다.
② 온도식 자동 팽창밸브의 감온통은 증발기의 입구측에 붙인다.
③ 가용전은 프레온 냉동장치의 응축기나 수액기 등을 보호하기 위하여 사용된다.
④ 파열판은 암모니아 왕복동 냉동장치에만 사용된다.

20 가열원이 필요하며 압축기가 필요 없는 냉동기는?

① 터보 냉동기　　② 흡수식 냉동기
③ 회전식 냉동기　　④ 왕복동식 냉동기

흡수식 냉동기는 기체의 물에 의한 흡수성을 이용한 냉동기이므로 압축기가 필요없고 순환펌프가 필요하다.

21 다음 그림에서 고압 액관은 어느 부분인가?

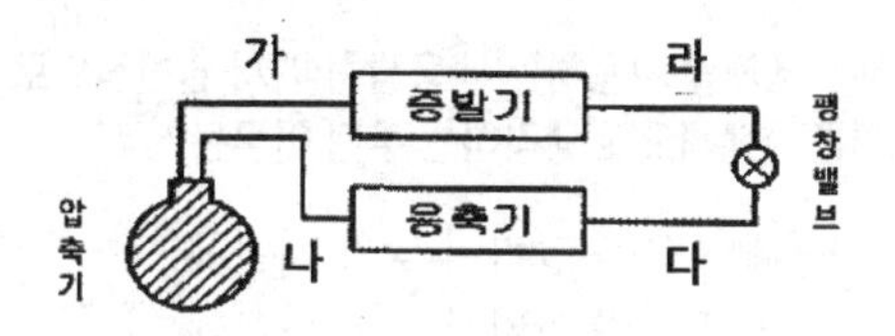

① 가　　② 나
③ 다　　④ 라

응축기에서 과열된 냉매가스는 고온 고압의 액체 상태가 된다.

22 왕복 압축기에서 이론적 피스톤 압출량(m^3/h)의 산출식으로 옳은 것은?(단, 기통수 N, 실린더 내경 D[m], 회전수 R[rpm], 피스톤행정 L[m]이다.)

① $V = D \cdot L \cdot R \cdot N \cdot 60$
② $V = \frac{\pi}{4} D \cdot L \cdot R \cdot N$
③ $V = \frac{\pi}{4} D \cdot L \cdot R \cdot N \cdot 60$
④ $V = \frac{\pi}{4} D^2 \cdot L \cdot R \cdot N \cdot 60$

23 다음 중 모세관의 압력 강하가 가장 큰 것은?

① 직경이 작고 길이가 길수록
② 직경이 크고 길이가 짧을수록
③ 직경이 작고 길이가 짧을수록
④ 직경이 크고 길이가 길수록

24 다음 중 압력 자동 급수밸브의 주된 역할은?

① 냉각수온을 제어한다.
② 증발온도를 제어한다.
③ 과열도 유지를 위해 증발압력을 제어한다.
④ 부하변동에 대응하여 냉각수량을 제어한다.

압력 자동 급수 밸브는 부하변동에 대응하여 냉각수량을 제어한다.

25 탄성이 부족하여 석면, 고무, 금속 등과 조합하여 사용되며, 내열범위는 -260~260℃ 정도로 기름에 침식되지 않는 패킹은?

① 고무 패킹 ② 석면조인트 시트
③ 합성수지 패킹 ④ 오일실 패킹

합성수지 패킹은 약품이나 기름에도 침식되지 않으며 테프론은 가장 우수한 패킹 재료이다.

26 NH_3 냉매를 사용하는 냉동장치 에서 일반적으로 압축기를 수랭식으로 냉각하는 주된 이유는?

① 냉매의 응축 압력이 낮기 때문에
② 냉매의 증발 압력이 낮기 때문에
③ 냉매의 비열비 값이 크기 때문에
④ 냉매의 임계점이 높기 때문에

27 냉동기유에 대한 설명으로 옳은 것은?

① 암모니아는 냉동기유에 쉽게 용해되어 윤활 불량의 원인이 된다.
② 냉동기유는 저온에서 쉽게 응고되지 않고 고온에서 쉽게 탄화되지 않아야 한다.
③ 냉동기유의 탄화현상은 일반적으로 암모니아 보다 프레온 냉동장치에서 자주 발생한다.
④ 냉동기유는 증발하기 쉽고, 열전도율 및 점도가 커야 한다.

28 열펌프(heat pump)의 구성요소가 아닌 것은?

① 압축기 ② 열교환기
③ 4방 밸브 ④ 보조 냉방기

열펌프는 증발기, 압축기, 응축기, 열교환기, 4방 밸브 등으로 구성된다.

29 10A의 전류를 5분간 도체에 흘렸을 때 도선단면을 지나는 전기량은?

① 3C ② 50C
③ 3000C ④ 5000C

Q(전하량) = I(전류) × t(시간, 단위 : sec)
= 10 × 300 = 3000

30 동관접합 중 동관의 끝을 넓혀 압축이음쇠로 접합하는 접합방법을 무엇이라고 표현하는가?

① 플랜지 접합 ② 플레어 접합
③ 플라스턴 접합 ④ 빅토리 접합

20mm 이하 동관을 배관할 때 기계의 점검, 보수 등을 할때 편리하게 하기 위하여 관끝을 플레어링 툴셋으로 살짝 벌려 플레어너트(압축이음쇠)로 접합하는 방식으로 일명 압축접합이라고도 한다.

31 저항이 50인 도체에 100V의 전압을 가할 때 그 도체에 흐르는 전류는?

① 0.5A ② 2A
③ 5A ④ 5000A

전류 = 전압 ÷ 저항 = 100 ÷ 50 = 2A

32 왕복동식 냉동기와 비교하여 터보식 냉동기의 특징으로 옳은 것은?

① 회전수가 매우 빠르므로 동작 밸런스를 잡기 어렵고 진동이 크다.
② 일반적으로 고압 냉매를 사용하므로 취급이 어렵다.
③ 소용량의 냉동기에 적용하기에는 경제적이지 못하다.
④ 저온장치에서도 압축단수가 적어지므로 사용도가 넓다.

33 다음 그림과 같은 건조 증기 압축 냉동사이클의 성적계수는? (단, 엔탈피 a=133.8kcal/kg, b=397.1kcal/kg, c=452.2kcal/kg)

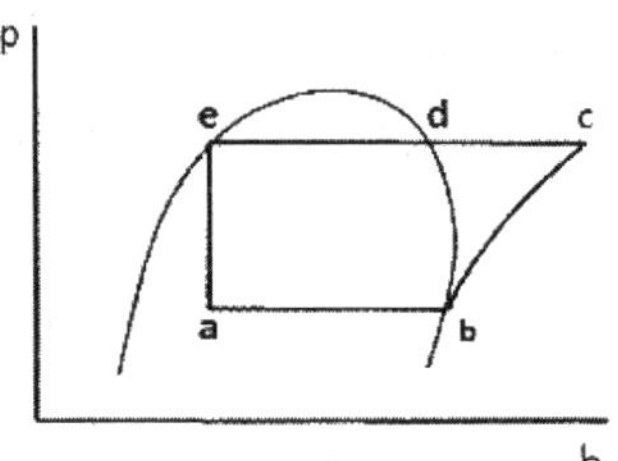

① 5.37 ② 5.11
③ 4.78 ④ 3.83

성적계수 = (397.1−133.8) ÷ (452.2−397.1) ≒ 4.78

34 2단압축 2단팽창 냉동사이클을 모리엘 선도에 표시한 것이다. 각 상태에 대해 옳게 연결한 것은?

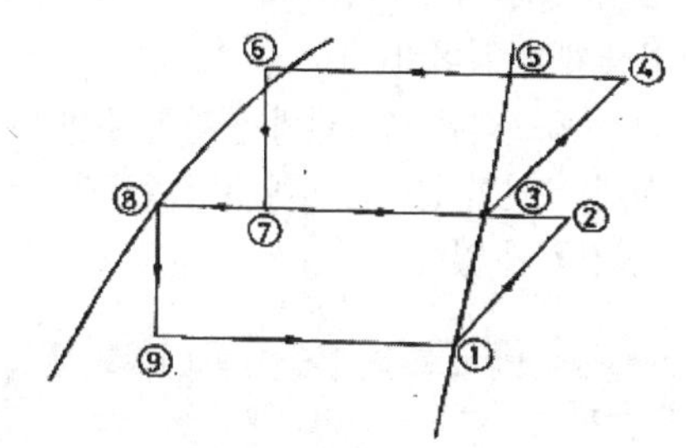

① 중간냉각기의 냉동효과 : ③ – ⑦
② 증발기의 냉동효과 : ② – ⑨
③ 팽창변 통과 직후의 냉매위치 : ⑤, ⑥
④ 응축기의 방출열량 : ⑧ – ②

35 다음 설명 중 옳은 것은?

① 냉각탑의 입구수온은 출구수온 보다 낮다.
② 응축기 냉각수 출구온도는 입구온도 보다 낮다.
③ 응축기에서의 방출열량은 증발기에서 흡수하는 열량과 같다.
④ 증발기의 흡수열량은 응축열량에서 압축일량을 뺀 값과 같다.

36 1냉동톤(한국 RT)이란?

① 65kcal/min ② 1.92kcal/sec
③ 3320kcal/hr ④ 55680kcal/day

- 1RT(한국 냉동톤) = (1000×79.68) ÷ 24 = 3320(kcal/hr)
- 1USRT(미국 냉동톤) = (2000×144) ÷ 24
  = 12000(BTU/hr) ≒ 3024(kcal/hr)

37 유기질 보온재인 코르크에 대한 설명으로 틀린 것은?

① 액체, 기체의 침투를 방지하는 작용을 한다.
② 입상(植狀), 판상(版狀) 및 원통 등으로 가공되어 있다.
③ 굽힘성이 좋아 곡면시공에 사용해도 균열이 생기지 않는다.
④ 냉수 · 냉매배관, 냉각기, 펌프 등의 보냉용에 사용된다.

유기질 보온재 : 펠트, 코르크, 텍스류, 기포성 수지 등이 있다.

38 수랭식 응축기의 능력은 냉각수 온도와 냉각수량에 의해 결정이 되는데, 응축기의 응축능력을 증대시키는 방법으로 가장 거리가 먼 것은?

① 냉각수량을 줄인다.
② 냉각수의 온도를 낮춘다.
③ 응축기의 냉각관을 세척한다.
④ 냉각수 유속을 적절히 조절한다.

39 혼합원료를 일정량씩 동결시키도록 하는 장치인 배치(batch)식 동결장치의 종류로 가장 거리가 먼 것은?

① 수평형
② 수직형
③ 연속형
④ 브라인식

40 브라인 부식방지처리에 관한 설명으로 틀린 것은?

① 공기와 접촉하면 부식성이 증대하므로 가능한 공기와 접촉하지 않도록 한다.
② $CaCl_2$ 브라인 1L에는 중크롬산소다 1.6g을 첨가하고, 중크롬산소다 100g마다 가성소다 27g의 비율로 혼합한다.
③ 브라인은 산성을 띠게 되면 부식성이 커지므로 pH 7.5~8.2 정도로 유지되도록 한다.
④ NaCl 브라인 1L에 대하여 중크롬산소다 0.9g을 첨가하고 중크롬산소다 100g마다 가성소다 1.3g씩 첨가한다.

41 피스톤링이 과대 마모되었을 때 일어나는 현상으로 옳은 것은?

① 실린더 냉각
② 냉동능력 상승
③ 체적 효율 감소
④ 크랭크케이스 내 압력 감소

피스톤링이 과대 마모되면 체적 효율은 감소된다.

42 다음 중 플랜지 패킹류가 아닌 것은?

① 석면 조인트 시트
② 고무 패킹
③ 글랜드 패킹
④ 합성수지 패킹

플랜지 패킹 : 고무패킹, 석면 조인트 시트, 합성수지 패킹, 금속패킹 등

43 프레온 냉매(할로겐화 탄화수소)의 호칭기호 결정과 관계없는 성분은?

① 수소
② 탄소
③ 산소
④ 불소

프레온 냉매는 탄소, 수소, 불소 등으로 구성된다.

44 압축비에 대한 설명으로 옳은 것은?

① 압축비는 고압 압력계가 나타내는 압력을 저압 압력계가 나타내는 압력으로 나눈 값에 1을 더한 값이다.
② 흡입압력이 동일할 때 압축비가 클수록 토출가스 온도는 저하된다.
③ 압축비가 적어지면 소요 동력이 증가한다.
④ 응축압력이 동일할 때 압축비가 커지면 냉동능력이 감소한다.

45 실제 증기압축 냉동사이클에 관한 설명으로 틀린 것은?

① 실제 냉동사이클은 이론 냉동사이클보다 열손실이 크다.
② 압축기를 제외한 시스템의 모든 부분에서 냉매배관의 마찰저항 때문에 냉매유동의 압력강하가 존재한다.
③ 실제 냉동사이클의 압축과정에서 소요되는 일량은 이론 냉동사이클보다 감소하게 된다.
④ 사이클의 작동유체는 순수물질이 아니라 냉매와 오일의 혼합물로 구성되어 있다.

46 개별공조방식의 특징에 관한 설명으로 틀린 것은?

① 설치 및 철거가 간편하다.
② 개별제어가 어렵다.
③ 히트 펌프식은 냉 · 난방을 겸할 수 있다.
④ 실내 유닛이 분리되어 있지 않는 경우는 소음과 진동이 있다.

개별공조방식은 각 유닛마다 실온으로서 자동적으로 개별제어할 수 있다.

47 실내의 현열부하가 52000kcal/h이고, 잠열부하가 25000kcal/h일 때 현열비(SHF)는?

① 0.72
② 0.68
③ 0.38
④ 0.25

현열비 = 현열부하 ÷ (현열부하 + 잠열부하)
= 52000 ÷ (52000 + 25000) ≒ 0.68

48 다음 설명 중 틀린 것은?

① 지구상에 존재하는 모든 공기는 건조공기로 취급된다.
② 공기 중에 수증기가 많이 함유될수록 상대 습도는 높아진다.
③ 지구상의 공기는 질소, 산소, 아르곤, 이산화탄소 등으로 이루어져 있다.
④ 공기 중에 함유될 수 있는 수증기의 한계는 온도에 따라 달라진다.

49 건축물의 벽이나 지붕을 통하여 실내로 침입하는 열량을 계산할 때 필요한 요소로 가장 거리가 먼 것은?

① 구조체의 면적
② 구조체의 열관류율
③ 상당외기 온도차
④ 차폐계수

50 공기조화용 덕트 부속기기의 댐퍼 중 주로 소형 덕트의 개폐용으로 사용되며 구조가 간단하고 완전히 닫았을 때 공기의 누설이 적으나 운전 중개폐 조작에 큰 힘을 필요로 하며 날개가 중간정도 열 렸을 때 와류가 생겨 유량 조절용으로 부적당한 댐퍼는?

① 버터플라이 댐퍼　② 평행익형 댐퍼
③ 대향익형 댐퍼　④ 스플릿 댐퍼

버터플라이 댐퍼는 날개의 중심에 회전축이 있고 축이 덕트의 측벽을 관통하여 외부로 나온 지점에 댐퍼 가이드를 설치하여, 댐퍼의 회전(개폐) 조작이 가능하도록 되어 있어 소형 보일러에 널리 사용된다.

51 온풍난방기 설치 시 유의사항으로 틀린 것은?

① 기기점검, 수리에 필요한 공간을 확보한다.
② 인화성 물질을 취급하는 실내에는 설치하지 않는다.
③ 실내의 공기온도 분포를 좋게 하기 위하여 창의 위치 등을 고려하여 설치한다.
④ 배기통식 온풍난방기를 설치하는 실내에는 바닥 가까이에 환기구, 천장 가까이에는 연소공기 흡입구를 설치한다.

52 공조용 전열교환기에 관한 설명으로 옳은 것은?

① 배열회수에 이용하는 배기는 탕비실, 주방 등을 포함한 모든 공간의 배기를 포함한다.
② 회전형 전열교환기의 로터 구동 모터와 급배기 팬은 반드시 연동 운전할 필요가 없다.
③ 중간기 외기냉방을 행하는 공조시스템의 경우에도 별도의 덕트 없이 이용할 수 있다.
④ 외기량과 배기량의 밸런스를 조정할 때 배기량은 외기량의 40% 이상을 확보해야 한다.

53 일정 풍량을 이용한 전공기 방식으로 부하변동의 대응이 어려워 정밀한 온습도를 요구하지 않는 극장, 공장 등의 대규모 공간에 적합한 공기조화 방식은?

① 정풍량 단일 덕트 방식
② 정풍량 2중 덕트 방식
③ 변풍량 단일 덕트 방식
④ 변풍량 2중 덕트 방식

정풍량 단일 덕트 방식은 공조간에 단일덕트로 일정 풍량을 송풍하고 부하변동에 따라 급기온도 및 습도를 가변시켜 제어하는 방식이다.

54 공조용 취출구 종류 중 원형 또는 원추형 팬을 매달아 여기에 토출기류를 부딪치게 하여 천장면을 따라서 수평방향으로 공기를 취출하는 것으로 유인비 및 소음 발생이 적은 것은?

① 팬형 취출구
② 웨이형 취출구
③ 라인형 취출구
④ 아네모스탯형 취출구

팬형 취출구는 천장 덕트의 아래쪽에 원형이나 방형판을 부착하고, 여기에 취출한 공기를 스치게 하여 천장면과 평행으로 불어내는 방식으로 냉방시에는 좋으나 난방시에는 천장에 온풍이 체류하기 때문에 좋지 않다.

55 난방 설비에 대한 설명으로 옳은 것은?

① 상향 공급식이란 송수주관보다 방열기가 낮을 때 상향 분기한 배관이다.
② 배관방법 중 복관식은 증기관과 응축수관이 동일관으로 사용되는 것이다.
③ 리프트 이음은 진공펌프에 의해 응축수를 원활히 끌어올리기 위해 펌프 입구 쪽에 설치한다.
④ 하트포트 접속은 고압증기 난방의 증기관과 환수관 사이에 저수위 사고를 방지하기 위한 균형관을 포함한 배관방법이다.

- 상향 공급식 : 송수주관보다 방열기가 높을 때 상향 분기한 배관
- 복관식 : 증기관과 응축수관이 분리되어 사용되는 것

56 드럼 없이 수관만으로 되어 있으며 가동시간이 짧고 과열되어 파손되어도 비교적 안전한 보일러는?

① 주철제 보일러　② 관류 보일러
③ 원통형 보일러　④ 노통연관식 보일러

관류 보일러는 드럼없이 수관만으로 구성되어 있으며 종류에는 벤숀, 술져, 앳모스 등이 있다.

57 표준 대기압 상태에서 100℃의 포화수 2kg을 100℃의 건포화증기로 만드는 데 필요한 열량은?

① 3320kcal
② 2435kcal
③ 1078kcal
④ 539kcal

열량 = 질량 × 증발잠열 = 2 × 539 = 1078kcal

58 1차 공조기로부터 보내 온 고속공기가 노즐 속을 통과할 때의 유인력에 의하여 2차 공기를 유인하여 냉각 또는 가열하는 방식은?

① 패키지 유닛방식
② 유인유닛방식
③ 팬코일유닛방식
④ 바이패스방식

유인유닛방식은 온도 및 습도를 조절한 외기를 1차 공기로 해서 이것을 실내에 설치한 유닛에 고압으로 공급하고 유닛 속에 여러 개의 노즐로부터 고속으로 취출할 때의 유인 작용에 의해 실내 공기를 순환시키고 유닛 속의 공기 코일에서의 냉각 또는 가열하는 방식이다.

59 다음 내용의 ( ) 안에 들어갈 용어로서 모두 옳은 것은?

송풍기 송풍량은 (㉠)이나 기기취득부하에 의해 구해지며, (㉡)는(은) 이들 열 부하 외에 외기부하나 재열부하를 합해서 얻어진다.

① ㉠ 실내취득 열량 ㉡ 냉동기용량
② ㉠ 냉각탑 방출 열량 ㉡ 배관부하
③ ㉠ 실내취득 열량 ㉡ 냉각코일용량
④ ㉠ 냉각탑 방출 열량 ㉡ 송풍기부하

60 송풍기의 종류 중 전곡형과 후곡형 날개 형태가 있으며 다익 송풍기, 터보 송풍기 등으로 분류되는 송풍기는?

① 원심 송풍기
② 축류 송풍기
③ 사류 송풍기
④ 관류 송풍기

원심 송풍기는 와권형 케이싱 내에 수납된 임펠러의 회전에 의해 발생하는 기체의 원심력을 이용하여 압송하는 송풍기. 임펠러에서 나온 기체는 바로 와권실로 들어가 송풍되며, 송풍 압력은 보통 800mmAq 이하이다. 임펠러의 구조에 따라 다익형(多翼形) 송풍기, 터보형 송풍기, 플레이트형 송풍기로 나누어진다.

정답 최근기출문제 – 2015년 4회

01 ②	02 ④	03 ④	04 ②	05 ④
06 ①	07 ②	08 ④	09 ③	10 ③
11 ④	12 ②	13 ④	14 ③	15 ②
16 ④	17 ①	18 ②	19 ③	20 ②
21 ③	22 ④	23 ①	24 ④	25 ③
26 ③	27 ②	28 ④	29 ③	30 ②
31 ②	32 ③	33 ③	34 ①	35 ④
36 ③	37 ③	38 ①	39 ③	40 ④
41 ③	42 ③	43 ③	44 ④	45 ③
46 ②	47 ②	48 ①	49 ④	50 ①
51 ④	52 ④	53 ①	54 ①	55 ③
56 ②	57 ③	58 ②	59 ③	60 ①

2016년 1회

최근기출문제

01 가연성 가스가 있는 고압가스 저장실은 그 외면으로부터 화기를 취급하는 장소까지 몇 m 이상의 우회거리를 유지해야 하는가?

① 1m ② 2m
③ 7m ④ 8m

02 가연성 냉매가스 중 냉매설비의 전기설비를 방폭구조로 하지 않아도 되는 것은?

① 에탄
② 노말부탄
③ 암모니아
④ 염화메탄

03 일반 공구의 안전한 취급 방법이 아닌 것은?

① 공구는 작업에 적합한 것을 사용한다.
② 공구는 사용 전 점검하여 불안전한 공구는 사용하지 않는다.
③ 공구는 옆 사람에게 넘겨줄 때에는 일의 능률 향상을 위하여 던져 신속하게 전달한다.
④ 손이나 공구에 기름이 묻었을 때에는 완전히 닦은 후 사용한다.

공구는 옆 사람에서 던져서 전달하면 위험하다.

04 사고 발생의 원인 중 정신적 요인에 해당되는 항목으로 맞는 것은?

① 불안과 초조
② 수면부족 및 피로
③ 이해부족 및 훈련미숙
④ 안전수칙의 미제정

② 신체적 원인, ③ 교육적 원인, ④ 관리적 원인

05 프레온 누설 검지에는 할라이드(halide) 토치를 이용한다. 이 때, 프레온 냉매의 누설량에 따른 불꽃의 색깔 변화로 옳은 것은? (단, '정상' – '소량 누설' – '다량 누설' 순으로 한다.)

① 청색 – 녹색 – 자색
② 자색 – 녹색 – 청색
③ 청색 – 자색 – 녹색
④ 자색 – 청색 – 녹색

06 가스용접 장치에서 신소와 아세틸렌가스를 혼합 분출시켜 연소시키는 장치는?

① 토치
② 안전기
③ 안전 밸브
④ 압력 조정기

07 휘발유 등 화기의 취급을 주의해야 하는 물질이 있는 장소에 설치하는 인화성 물질 경고 표지의 바탕은 무슨 색으로 표시하는가?

① 흰색 ② 노란색
③ 적색 ④ 흑색

인화성 물질 경고 표지 바탕색은 노란색이다.

08 양중기의 종류 중 동력을 사용하여 중량물을 매달아 상하 및 좌우로 운반하는 기계장치는?

① 크레인 ② 리프트
③ 곤돌라 ④ 승강기

- 리프트 : 크레인이 매달아 올리는 높이
- 곤돌라 : 건축물의 외벽이나 창의 보수, 청소, 도장 등에 사용하는 간이 비계
- 승강기 : 엘리베이터

09 다음 중 보일러에서 점화 전에 운전원이 점검 확인하여야 할 사항은?

① 증기압력관리
② 집진장치의 매진처리
③ 노 내 여열로 인한 압력 상승
④ 연소실 내 잔류가스 측정

10 최신 자동화 설비는 능률적인 만큼 재해를 일으키는 위험성도 그만큼 높아지는 게 사실이다. 자동화 설비를 구입, 사용하고자 할 때 검토해야 할 사항으로 가장 거리가 먼 것은?

① 단락 또는 스위치나 릴레이 고장 시 오동작
② 밸브 계통의 고장에 따른 오동작
③ 전압 강하 및 정전에 따른 오동작
④ 운전 미숙으로 인한 기계설비의 오동작

11 안전관리의 목적으로 가장 적합한 것은?

① 사회적 안정을 기하기 위하여
② 우수한 물건을 생산하기 위하여
③ 최고 경영자의 경영관리를 위하여
④ 생산성 향상과 생산원가를 낮추기 위하여

안전관리 목적 : 인명의 존중, 사회복지의 증진, 생산성과 경제성 향상

12 기계 운전 시 기본적인 안전 수칙에 대한 설명으로 틀린 것은?

① 작업 중에는 작업 범위 외의 어떤 기계도 사용할 수 있다.
② 방호장치는 허가 없이 무단으로 떼어놓지 않는다.
③ 기계 운전 중에는 기계에서 함부로 이탈할 수 없다.
④ 기계 고장 시는 정지, 고장표시를 반드시 기계에 부착해야 한다.

13 산업재해 예방을 위한 필요한 사항을 지켜야 하며, 사업주나 그 밖의 관련 단체에서 실시하는 산업재해 방지에 관한 조치를 따라야 하는 의무자는?

① 근로자
② 관리감독자
③ 안전관리자
④ 안전보건관리책임자

14 신규 검사에 합격된 냉동용 특정설비의 각인 사항과 그 기호의 연결이 올바르게 된 것은?

① 내용적 : TV
② 용기의 질량 : TM
③ 최고 사용 압력 : FT
④ 내압 시험 압력 : TP

내용적 : V, 질량 : W, 최고 충전 압력 : FP

15 다음 기계 작업 중 반드시 운전을 정지하고 해야 할 작업의 종류가 아닌 것은?

① 공작기계 정비 작업
② 냉동기 누설 검사 작업
③ 기계의 날 부분 청소 작업
④ 원심기에서 내용물을 꺼내는 작업

16 브라인에 관한 설명으로 틀린 것은?

① 무기질 브라인 중 염화나트륨이 염화칼슘보다 금속에 대한 부식성이 더 크다.
② 염화칼슘 브라인은 공정점이 낮아 제빙, 냉장 등으로 사용된다.
③ 브라인 냉매의 pH값은 7.5~8.2(약 알칼리)로 유지하는 것이 좋다.
④ 브라인은 유기질과 무기질로 구분되며 유기질 브라인이 금속에 대한 부식성이 더 크다.

- 유기질 브라인 : 에틸알콜, 에틸렌글리콜, 프로필렌글리콜 등
- 무기질 브라인 : 식염수, 염화마그네슘, 염화칼슘 등

17 **수동나사 절삭 방법으로 틀린 것은?**

① 관 끝은 절삭날이 쉽게 들어갈 수 있도록 약간의 모따기를 한다.
② 관을 파이프 바이스에서 약 150mm 정도 나오게 하고 관이 찌그러지지 않게 주의하면서 단단히 물린다.
③ 나사가 완성되면 편심 핸들을 급히 풀고 절삭기를 뺀다.
④ 나사 절삭기를 관에 끼우고 래칫을 조정한 다음 약 3회씩 회전시킨다.

18 **냉동장치에서 압력과 온도를 낮추고 동시에 증발기로 유입되는 냉매량을 조절해 주는 장치는?**

① 수액기 ② 압축기
③ 응축기 ④ 팽창밸브

팽창밸브는 고온, 고압의 냉매액을 증발기에서 교축작용에 의해 단열팽창시켜 저온, 저압으로 낮춰 주는 작용을 하는 동시에 냉동부하의 변온에 대응하여 냉매량을 조절한다.

19 **냉동능력이 29980kcal/h인 냉동장치에서 응축기의 냉각수 온도가 입구온도 32℃, 출구 온도 37℃일 때, 냉각수 수량이 120L/min이라고 하면 이 냉동기의 축동력은? (단, 열손실은 없는 것으로 가정한다.)**

① 5kW ② 6kW
③ 7kW ④ 8kW

- 응축열량 = 120×1×(37−32) = 36000kcal/h
- 압축기 열량 = 36000 − 29980 = 6020kcal/h
- 6020 / 860 = 7kW (∵ 1kW = 860kcal/h)

20 **2원 냉동장치에 대한 설명으로 틀린 것은?**

① 주로 약 −80℃ 정도의 극저온을 얻는데 사용된다.
② 비등점이 높은 냉매는 고온측 냉동기에 사용된다.
③ 저온부 응축기는 고온부 증발기와 열교환을 한다.
④ 중간 냉각기를 설치하여 고온측과 저온측을 열교환시킨다.

21 **강관에서 나타내는 스케줄 번호(schedule number)에 대한 설명으로 틀린 것은?**

① 관의 두께를 나타내는 호칭이다.
② 유체의 사용 압력에 비례하고 배관의 허용응력에 반비례한다.
③ 번호가 클수록 관 두께가 두꺼워진다.
④ 호칭지름이 같은 관은 스케줄 번호가 같다.

22 **2단 압축 냉동사이클에서 중간냉각을 행하는 목적이 아닌 것은?**

① 고단 압축기가 과열되는 것을 방지한다.
② 고압 냉매액을 과냉시켜 냉동효과를 증대시킨다.
③ 고압측 압축기의 흡입가스 중 액을 분리시킨다.
④ 저단측 압축기의 토출가스를 과열시켜 체적효율을 증대시킨다.

23 **기체의 용해도에 대한 설명으로 옳은 경은?**

① 고온 · 고압일수록 용해도가 커진다.
② 저온 · 저압일수록 용해도가 커진다.
③ 저온 · 고압일수록 용해도가 커진다.
④ 고온 · 저압일수록 용해도가 커진다.

24 **전류계의 측정범위를 넓히는 데 사용되는 것은?**

① 배율기 ② 분류기
③ 역률기 ④ 용량분압기

분류기는 전류계에 병렬로 접속시켜서 전류의 측정 범위를 넓히기 위해 사용하는 일종의 저항기이다.

25 **어떤 회로에 220V의 교류전압으로 10A의 전류를 통과시켜 1.8kW의 전력을 소비하였다면 이 회로의 역률은?**

① 0.72 ② 0.81
③ 0.96 ④ 1.35

역률 $= \dfrac{P}{VI} = \dfrac{1800}{220 \times 10} \fallingdotseq 0.81$

26 유분리기의 설치 위치로서 적당한 곳은?

① 압축기와 응축기 사이
② 응축기와 수액기 사이
③ 수액기와 증발기 사이
④ 증발기와 압축기 사이

- 암모니아 냉동기 : 압축기와 응축기 사이의 응축기 가까운 곳에 설치
- 프레온 냉동기 : 압축기와 응축기 사이의 압축기 가까운 곳에 설치

27 강관의 전기용접 접합 시의 특징(가스용접에 비해)으로 옳은 것은?

① 유해 광선의 발생이 적다.
② 용접속도가 빠르고 변형이 적다.
③ 박판용접에 적당하다.
④ 열량조절이 비교적 자유롭다.

28 다음 중 공비혼합물 냉매는?

① R-11 ② R-123
③ R-717 ④ R-500

공비 혼합물 냉매는 프레온 냉매 중 서로 다른 두 가지 냉매를 적당한 중량비로 혼합하면 액체 상태나 기체상태에서 처음 냉매들과 전혀 다른 하나의 새로운 특성을 나타내게 되는 냉매로 R-500 단위로 시작된다.

29 관의 지름이 다를 때 사용하는 이음쇠가 아닌 것은?

① 부싱 ② 레듀서
③ 리턴 밴드 ④ 편심 이경 소켓

리턴 밴드는 방향 전환 시 사용된다.

30 KS규격에서 SPPW는 무엇을 나타내는가?

① 배관용 탄소강 강관
② 압력배관용 탄소강 강관
③ 수도용 아연도금 강관
④ 일반구조용 탄소강 강관

- 배관용 탄소강 강관 : SPP
- 압력배관용 탄소강 강관 : SPPS
- 일반 구조용 탄소강 강관 : SPS

31 다음 냉동장치의 제어장치 중 온도제어 장치에 해당되는 것은?

① T.C ② L.P.S
③ E.P.R ④ O.P.S

32 공기 냉각용 증발기로서 주로 벽 코일 동결실의 선반으로 사용되는 증발기의 형식은?

① 만액식 쉘 앤 튜브식 증발기
② 보데로 증발기
③ 탱크식 증발기
④ 캐스케이드식 증발기

캐스케이드식 증발기는 냉매액을 냉각관 내에 순환시켜 도중에 증발된 냉매가스를 분리하면서 냉각하는 방식으로 공기 동결용 선반, 벽 코일로 제작 사용된다.

33 CA냉장고의 주된 용도는?

① 제빙용 ② 청과물보관용
③ 공조용 ④ 해산물보관용

34 전기장의 세기를 나타내는 것은?

① 유전속 밀도 ② 전하 밀도
③ 정전력 ④ 전기력선 밀도

전기력선은 정전하에서 부전하로 이동하고, 전기력선의 접선방향으로 전계의 방향, 전기력선의 밀도로 전계의 강도를 표시한다.

35 고속다기통 압축기에 관한 설명으로 틀린 것은?

① 고속이므로 냉동능력에 비하여 소형경량이다.
② 다른 압축기에 비하여 체적효율이 양호하며, 각 부품 교환이 간단하다.
③ 동적 밸런스가 양호하여 진동이 적어 운전 중 소음이 적다.
④ 용량제어가 타 기기에 비하여 용이하고, 자동운전 및 무부하 기동이 가능하다.

36 **논리곱 회로라고 하며 입력신호 A, B가 있을 때 A, B 모두가 "1" 신호로 됐을 때만 출력 C가 "1" 신호로 되는 회로는? (단, 논리식은 A · B = C이다.)**

① OR 회로
② NOT 회로
③ AND 회로
④ NOR 회로

• OR 회로 : 입력신호 A, B 중 어느 하나라도 1이면 출력 C가 1
• NOR 회로 : 입력신호 A, B가 동시에 0일 때만 출력 C가 1
• NOT 회로 : 입력신호 A가 0일 때만 출력 C가 1

37 **30℃에서 2Ω의 동선이 온도 70℃로 상승하였을 때, 저항은 얼마가 되는가? (단, 동선의 저항온도계수는 0.0042이다.)**

① 2.3Ω ② 3.3Ω
③ 5.3Ω ④ 6.3Ω

$2 \times [1 + 0.0042 \times (70 - 30)] \fallingdotseq 2.3\Omega$

38 **단열압축, 등온압축, 폴리트로픽 압축에 관한 사항 중 틀린 것은?**

① 압축일량은 등온압축이 제일 작다.
② 압축일량은 단열압축이 제일 크다.
③ 압축가스 온도는 폴리트로픽 압축이 제일 높다.
④ 실제 냉동기의 압축 방식은 폴리트로픽 압축이다.

39 **다음 설명 중 틀린 것은?**

① 냉동능력 2kW는 약 0.52냉동톤(RT)이다.
② 냉동능력 10kW, 압축기 동력 4kW인 냉동장치의 응축부하는 14kW이다.
③ 냉매증기를 단열 압축하면 온도는 높아지지 않는다.
④ 진공계의 지시값이 10cmHg인 경우, 절대 압력은 약 0.9kgf/cm^{2}이다.

냉매증기를 단열 압축하면 온도가 상승한다.

40 **P-h선도의 등건조도선에 대한 설명으로 틀린 것은?**

① 습증기 구역 내에서만 존재하는 선이다.
② 건도가 0.2는 습증기 중 20%는 액체, 80%는 건조 포화 증기를 의미한다.
③ 포화액의 건도는 0이고 건조포화증기의 건도는 1이다.
④ 등건조도선을 이용하여 팽창밸브 통과 후 발생한 플래시 가스량을 알 수 있다.

건도가 0.2는 습증기 중 20%가 건조 포화 증기이며, 80%는 포화액임을 의미한다.

41 **펌프의 캐비테이션 방지대책으로 틀린 것은?**

① 양흡입 펌프를 사용한다.
② 흡입관경을 크게 하고 길이를 짧게 한다.
③ 펌프의 설치 위치를 낮춘다.
④ 펌프 회전수를 빠르게 한다.

펌프의 회전수를 낮추어 속도를 줄여야 한다.

42 **왕복동식과 비교하여 회전식 압축기에 관한 설명으로 틀린 것은?**

① 잔류가스의 재팽창에 의한 체적효율의 감소가 적다.
② 직결구동에 용이하며 왕복동에 비해 부품수가 적고 구조가 간단하다.
③ 회전식 압축기는 조립이나 조정에 있어 정밀도가 요구되지 않는다.
④ 왕복동식에 비해 진동과 소음이 적다.

회전식 압축기의 특징
• 잔류가스의 재팽창에 의한 체적효율 감소가 적다.
• 직결구동에 용이하여 왕복동에 비해 구조가 간단하다.
• 왕복동식에 비해 진동과 소음이 적다.
• 압축이 연속적이므로 고진공을 얻을 수 있다.
• 기동시 무부하로 기동될 수 있으며 전력 소비가 적다.
• 소용량에 많이 쓰이며 흡입밸브가 없고 크랭크케이스 내는 고압이다.

43 **원심식 냉동기의 서징 현상에 대한 설명 중 옳지 않은 것은?**

① 흡입가스 유량이 증가되어 냉매가 어느 한계치 이상으로 운전될 때 주로 발생한다.
② 서징현상 발생 시 전류계의 지침이 심하게 움직인다.
③ 운전 중 고 · 저압의 차가 증가하여 냉매가 임펠러를 통과할 때 역류하는 현상이다.
④ 소음과 진동을 수반하고 베어링 등운동 부분에서 급격한 마모현상이 발생한다.

44 **다음 중 응축기와 관계가 없는 것은?**

① 스월(swirl)
② 쉘 앤 튜브(shell and tube)
③ 로핀 튜브(low finned tube)
④ 감온통(thermo sensing bulb)

> 감온통은 증발기 출구에 설치된다.

45 **흡수식 냉동장치에 설치되는 안전장치의 설치 목적으로 가장 거리가 먼 것은?**

① 냉수 동결방지 ② 흡수액 결정방지
③ 압력상승방지 ④ 압축기 보호

46 **다음 중 효율은 그다지 높지 않고 풍량과 동력의 변화가 비교적 많으며 환기 · 공조 저속덕트용으로 주로 사용되는 송풍기는?**

① 시로코 팬 ② 축류 송풍기
③ 에어 포일팬 ④ 프로펠러형 송풍기

> 시로콘 팬은 송풍기의 회전 다익 날개가 회전 방향으로 전굴(前屈)하고 있다. 공기 조화, 환기 등의 송풍기에 가장 널리 사용된다.

47 **히트펌프 방식에서 냉 · 난방 전환을 위해 필요한 밸브는?**

① 감압 밸브 ② 2방 밸브
③ 4방 밸브 ④ 전동 밸브

> 4방 밸브는 히트펌프의 압축기에서 토출된 냉매가 흐르는 방향을 바꿔서 난방모도와 냉방모드를 변환시켜 주는 밸브이다.

48 **실내 취득 감열량이 35000kcal/h이고, 실내로 유입되는 송풍량이 9000m³/h일 때 실내의 온도를 25℃로 유지하려면 실내로 유입되는 공기의 온도를 약 몇 ℃로 해야 되는가? (단, 공기의 비중량은 1.29kg/m³, 공기의 비열은 0.24kcal/kg℃로 한다.)**

① 9.5℃ ② 10.6℃
③ 12.6℃ ④ 148℃

> $\frac{35000}{9000 \times 1.29 \times 0.24} \fallingdotseq 12.6$

49 **냉각코일의 종류 중 증발관 내에 냉매를 팽창시켜 그 냉매의 증발잠열을 이용하여 공기를 냉각시키는 것은?**

① 건코일
② 냉수코일
③ 간접팽창코일
④ 직접팽창코일

> 직접팽창코일의 장점과 단점
> • 장점 : 냉매 증발온도가 높고 시설이 간단하며, 냉매 순환량이 적다.
> • 단점 : 냉매 누설에 의한 냉장품의 오염 우려가 있고, 냉장실 온도가 상승한다.

50 **다음 중 상대습도를 맞게 표시한 것은?**

① φ = (습공기수증기분압 / 포화수증기압) × 100
② φ = (포화수증기압 / 습공기수증기분압) × 100
③ φ = (습공기수증기중량 / 포화수증기압) × 100
④ φ = (포화수증기중량 / 습공기수증기중량) × 100

51 **팬형가습기에 대한 설명으로 틀린 것은?**

① 가습의 응답속도가 느리다.
② 팬속의 물을 강제적으로 증발시켜 가습한다.
③ 패키지형의 소형 공조기에 많이 사용한다.
④ 가습장치 중 효율이 가장 우수하며, 가습량을 자유로이 변화시킬 수 있다.

팬형 가습기는 수조안의 물을 전열기로 가열하고 수면으로부터 증발하는 증기에 의해 가습하는 것으로 주로 패키지형 공조기에 이용되며 수중의 불순물이 농축, 석출되어 스케일(녹)이 되고, 이것이 전열기에 부착되므로 매년 이것을 제거해야 하는 것이 매우 중요하다.

52 **건물의 바닥, 천정, 벽 등에 온수를 통하는 관을 구조체에 매설하고 아파트, 주택 등에 주로 사용되는 난방 방법은?**

① 복사난방　② 증기난방
③ 온풍난방　④ 전기히터난방

복사난방은 건축물의 바닥, 천정, 벽 등에 온수코일을 매립하여 증기나 온수를 순환시켜 발생하는 복사열에 의해 난방하는 방식이다.

53 **어떤 방의 체적이 2×3×2.5m이고, 실내온도를 21℃로 유지하기 위하여 실외온도 5℃의 공기를 3회로 도입할 때 환기에 의한 손실열량은? (단, 공기의 비열은 0.24kcal/kg · ℃, 비중량은 1.2kg/m^{3}이다.)**

① 207.4kcal/h　② 381.2kcal/h
③ 465.7kcal/h　④ 727.2kcal/h

54 **환수주관을 보일러 수면보다 높은 위치에 배관하는 것은?**

① 강제순환식
② 건식환수관식
③ 습식환수관식
④ 진공환수관식

- 건식 : 환수주관을 보일러 수면보다 높은 위치에 배관
- 습식 : 환수주관을 보일러 수면보다 낮은 위치에 배관

55 **온풍난방에 사용되는 온풍로의 배치에 대한 설명으로 틀린 것은?**

① 덕트 배관은 짧게 한다.
② 굴뚝의 위치가 되도록이면 가까워야 한다.
③ 온풍로의 후면(방문쪽)은 벽에 붙여 고정한다.
④ 습기와 먼지가 적은 장소를 선택한다.

56 **공기조화 방식의 중앙식 공조방식에서 수–공기 방식에 해당되지 않는 것은?**

① 이중 덕트방식
② 유인 유닛방식
③ 팬 코일 유닛방식(덕트병용)
④ 복사 냉난방 방식(덕트병용)

- 전공기방식 : 단일 덕트방식, 이중 덕트방식, 각층 유닛 방식
- 수–공기방식 : 유도형 유닛방식, 복사패널 방식, 팬 코일 유닛 방식

57 **다음 중 대기압 이하의 열매증기를 방출하는 구조로 되어 있는 보일러는?**

① 무압 온수보일러
② 콘덴싱 보일러
③ 유동층 연소보일러
④ 진공식 온수보일러

진공식 온수 보일러는 대기압 보다 낮은 진공상태로 유지할 수 있어 팽창, 파열, 파손의 위험이 없고 3중 4중의 안전장치를 설치해 매우 안전하다.

58 **실내오염 공기의 유입을 방지해야 하는 곳에 적합한 환기법은?**

① 자연환기법　② 제1종 환기법
③ 제2종 환기법　④ 제3종 환기법

- 1종 환기(병용식) : 급기팬 + 배기팬(보일러실, 병원수술실 등)
- 2종 환기(압입식) : 급기팬 + 배기구(실내정압, 반도체공장, 무균실 등)
- 3종 환기(흡출식) : 급기구 + 배기팬(실내부압, 화장실, 주방, 차고 등)

59 **배관 및 덕트에 사용되는 보온 단열재가 갖추어야 할 조건이 아닌 것은?**

① 열전도율이 클 것
② 안전 사용 온도 범위에 적합할 것
③ 불연성 재료로서 흡습성이 작을 것
④ 물리 · 화학적 강도가 크고 시공이 용이할 것

단열재는 열전도율이 적어야 열손실이 적다.

60 **냉열원기기에서 열교환기를 설치하는 목적으로 틀린 것은?**

① 압축기 흡입가스를 과열시켜 액압축을 방지시킨다.
② 프레온 냉동장치에서 액을 과냉각시켜 냉동효과를 증대시킨다.
③ 플래시 가스 발생을 최소화한다.
④ 증발기에서의 냉매 순환량을 증가시킨다.

정답 최근기출문제 – 2016년 1회

01 ④	02 ③	03 ③	04 ①	05 ①
06 ①	07 ②	08 ①	09 ④	10 ④
11 ④	12 ①	13 ①	14 ④	15 ②
16 ④	17 ③	18 ④	19 ③	20 ④
21 ④	22 ④	23 ③	24 ②	25 ②
26 ①	27 ②	28 ④	29 ③	30 ③
31 ①	32 ④	33 ②	34 ④	35 ②
36 ③	37 ①	38 ③	39 ③	40 ②
41 ④	42 ③	43 ①	44 ④	45 ④
46 ①	47 ③	48 ③	49 ④	50 ①
51 ④	52 ①	53 ①	54 ②	55 ③
56 ①	57 ④	58 ③	59 ①	60 ④

2016년 2회

최근기출문제

01 용접기 취급상 주의사항으로 틀린 것은?

① 용접기는 환기가 잘되는 곳에 두어야 한다.
② 2차측 단자의 한쪽 및 용접기의 외통은 접지를 확실히 해 둔다.
③ 용접기는 지표보다 약간 낮게 두어 습기의 침입을 막아 주어야 한다.
④ 감전의 우려가 있는 곳에서는 반드시 전격방지기를 설치한 용접기를 사용한다.

02 냉동기 검사에 합격한 냉동기에는 다음 사항을 명확히 각인한 금속박판을 부착하여야 한다. 각인할 내용에 해당되지 않는 것은?

① 냉매가스의 종류
② 냉동능력(RT)
③ 냉동기 제조자의 명칭 또는 약호
④ 냉동기 운전조건(주위온도)

냉동기의 운전조건은 각인할 필요가 없다.

03 냉동장치를 정상적으로 운전하기 위한 유의사항이 아닌 것은?

① 이상고압이 되지 않도록 주의한다.
② 냉매부족이 없도록 한다.
③ 습압축이 되도록 한다.
④ 각 부의 가스 누설이 없도록 유의한다.

04 전동공구 작업 시 감전의 위험성을 방지하기 위해 해야 하는 조치는?

① 단전 ② 감지
③ 단락 ④ 접지

접지는 감전 등의 전기사고 예방 목적으로 전기기기와 대지(大地)를 도선으로 연결하여 기기의 전위를 0으로 유지하는 것으로 어스라 한다.

05 냉동장치를 설비 후 운전할 때 (보기)의 작업순서로 올바르게 나열된 것은?

㉠ 냉각운전	㉡ 냉매충전
㉢ 누설시험	㉣ 진공시험
㉤ 배관의 방열공사	

① ㉢ → ㉣ → ㉡ → ㉤ → ㉠
② ㉣ → ㉤ → ㉢ → ㉡ → ㉠
③ ㉢ → ㉤ → ㉣ → ㉡ → ㉠
④ ㉣ → ㉡ → ㉢ → ㉤ → ㉠

06 배관 작업 시 공구 사용에 대한 주의사항으로 틀린 것은?

① 파이프 리머를 사용하여 관 안쪽에 생기는 거스러미 제거 시 손가락에 상처를 입을 수 있으므로 주의해야 한다.
② 스패너 사용 시 볼트에 적합한 것을 사용해야 한다.
③ 쇠톱 절단 시 당기면서 절단한다.
④ 리드형 나사절삭기 사용 시 조(jaw) 부분을 고정시킨 다음 작업에 임한다.

쇠톱 절단 시 밀면서 절단한다.

07 다음 중 소화방법으로 건조사를 이용하는 화재는?

① A급 ② B급
③ C급 ④ D급

D급 화재는 금속화재로 건조사를 이용한다.

08 해머 작업 시 안전수칙으로 틀린 것은?

① 사용 전에 반드시 주위를 살핀다.
② 장갑을 끼고 작업하지 않는다.
③ 담금질된 재료는 강하게 친다.
④ 공동해머 사용 시 호흡을 잘 맞춘다.

09 기계설비의 본질적 안전화를 위해 추구해야 할 사항으로 가장 거리가 먼 것은?

① 풀 프루프(fool proof)의 기능을 가져야 한다.
② 안전 기능이 기계설비에 내장되어 있지 않도록 한다.
③ 조작상 위험이 가능한 없도록 한다.
④ 페일 세이프(fail safe)의 기능을 가져야 한다.

10 산업안전보건기준에 관한 규칙에 의하면 작업장의 계단의 폭은 얼마 이상으로 하여야 하는가?

① 50㎝
② 100㎝
③ 150㎝
④ 200㎝

작업장의 계단 폭은 100㎝ 이상으로 해야 한다.

11 안전모와 안전대의 용도로 적당한 것은?

① 물체 비산 방지용이다.
② 추락재해 방지용이다.
③ 전도 방지용이다.
④ 용접작업 보호용이다.

안전모는 일반적으로 물체의 낙하 또는 날아옴 및 추락에 의한 위험을 방지 또는 경감시키는 보호구이며, 안전대는 높은 곳에서의 작업 시 작업자의 추락을 방지하기 위한 보호구이다.

12 공구의 취급에 관한 설명으로 틀린 것은?

① 드라이버에 망치질을 하여 충격을 가할 때에는 관통 드라이버를 사용하여야 한다.
② 손 망치는 타격의 세기에 따라 적당한 무게의 것을 골라서 사용하여야 한다.
③ 나사 다이스는 구멍에 암나사를 내는데 쓰고, 핸드 탭은 수나사를 내는데 사용한다.
④ 파이프 렌치의 입에는 이가 있어 상처를 주기 쉬우므로 연질 배관에는 사용하지 않는다.

나사 다이스는 수나사를, 핸드 탭은 암나사를 내는데 사용된다.

13 가스보일러의 점화 시 착화가 실패하여 연소실의 환기가 필요한 경우, 열손실 용적의 약 몇 배 이상 공기량을 보내어 환기를 행해야 하는가?

① 2
② 4
③ 8
④ 10

14 컨베이어 등을 사용하여 작업할 때 작업시작 전 점검사항으로 해당되지 않는 것은?

① 원동기 및 풀리 기능의 이상 유무
② 이탈 등의 방지장치 기능의 이상 유무
③ 비상정지장치 기능의 이상 유무
④ 작업면의 기울기 또는 요철유무

15 산소 압력 조정기의 취급에 대한 설명으로 틀린 것은?

① 조정기를 견고하게 설치한 다음 가스누설 여부를 비눗물로 점검한다.
② 조정기는 정밀하므로 충격이 가해지지 않도록 한다.
③ 조정기는 사용 후에 조정나사를 늦추어서 다시 사용할 때 가스가 한꺼번에 흘러나오는 것을 방지한다.
④ 조정기의 각부에 작동이 원활하도록 기름을 친다.

압력 조정기 설치구 나사부나 조정기의 각부에 그리스나 기름 등을 사용하지 않아야 한다.

16 1kg 기체가 압력 200kPa, 체적 0.5m^3 상태로부터 압력 600kPa, 체적 1.5m^3로 상태변화하였다. 이 변화에서 기체내부의 에너지변화가 없다고 하면 엔탈피의 변화는?

① 500kJ만큼 증가
② 600kJ만큼 증가
③ 700kJ만큼 증가
④ 800kJ만큼 증가

17 **냉동장치의 냉매 배관의 시공상 주의점으로 틀린 것은?**

① 흡입관에서 두 개의 흐름이 합류하는 곳은 T 이음으로 연결한다.
② 압축기와 응축기가 같은 위치에 있는 경우 토출관은 일단 세워 올려 하향구배로 한다.
③ 흡입관의 입상이 매우 길 때는 약 10m마다 중간에 트랩을 설치한다.
④ 2대 이상의 압축기가 각각 독립된 응축기에 연결된 경우 토출관 내부에 가능한 응축기 입구 가까이에 균압관을 설치한다.

18 **냉동장치의 냉매계통 중에 수분이 침입하였을 때 일어나는 현상을 열거한 것으로 틀린 것은?**

① 프레온 냉매는 수분에 용해되지 않으므로 팽창밸브를 동결 폐쇄시킨다.
② 침입한 수분이 냉매나 금속과 화학반응을 일으켜 냉매계통의 부식, 윤활유의 열화 등을 일으킨다.
③ 암모니아는 물에 잘 녹으므로 침입한 수분이 동결하는 장애가 적은 편이다.
④ R-12는 R-22보다 많은 수분을 용해하므로, 팽창밸브 등에서의 수분동결의 현상이 적게 일어난다.

19 **프레온계 냉매의 특성에 관한 설명으로 틀린 것은?**

① 열에 대한 안정성이 좋다.
② 수분의 용해성이 극히 크다.
③ 무색, 무취로 누설 시 발견이 어렵다.
④ 전기 절연성이 우수하므로 밀폐형 압축기에 적합하다.

20 **만액식 증발기에서 냉매측 전열을 좋게 하는 조건으로 틀린 것은?**

① 냉각관이 냉매에 잠겨 있거나 접촉해 있을 것
② 열전달 증가를 위해 관 간격이 넓을 것
③ 유막이 존재하지 않을 것
④ 평균 온도차가 클 것

> 열전달을 좋게 하기 위해 관 간격을 좁혀야 한다.

21 **냉동장치의 배관 설치 시 주의사항으로 틀린 것은?**

① 냉매의 종류, 온도 등에 따라 배관재료를 선택한다.
② 온도변화에 의한 배관의 신축을 고려한다.
③ 기기 조작, 보수, 점검에 지장이 없도록 한다.
④ 굴곡부는 가능한 적게 하고 곡률 반경을 작게 한다.

> 배관 설치 시 굴곡부는 가능한 적게 하고, 곡률 반경은 크게 하여야 한다.

22 **흡입배관에서 압력손실이 발생하면 나타나는 현상이 아닌 것은?**

① 흡입압력의 저하
② 토출가스 온도의 상승
③ 비체적 감소
④ 체적효율 저하

23 **흡수식 냉동사이클에서 흡수기와 재생기는 증기 압축식 냉동사이클의 무엇과 같은 역할을 하는가?**

① 증발기 ② 응축기
③ 압축기 ④ 팽창밸브

> 흡수식 냉동기는 흡수기와 재생기가 압축기 역할을 하며 NH_3 용액의 순환 펌프를 필요로 한다.

24 **어떤 저항 R에 100V의 전압이 인가해서 10A의 전류가 1분간 흘렀다면 저항 R에 발생한 에너지는?**

① 70000J
② 60000J
③ 50000J
④ 40000J

> 전력$(P) = V \times I = 100 \times 10 = 1{,}000$
> 에너지 $=$ 전력 $\times 60 = 1{,}000 \times 60$
> $= 60{,}000$

25 임계점에 대한 설명으로 옳은 것은?

① 어느 압력 이상에서 포화액이 증발이 시작됨과 동시에 건포화 증기로 변하게 되는데, 포화액선과 건포화 증기선이 만나는 점
② 포화온도 하에서 증발이 시작되어 모두 증발하기까지의 온도
③ 물이 어느 온도에 도달하면 온도는 더 이상 상승하지 않고 증발이 시작하는 온도
④ 일정한 압력하에서 물체의 온도가 변화하지 않고 상(相)이 변화하는 점

임계점은 액체와 기체의 두 상태를 서로 분간할 수 없게 되는 임계상태에서의 온도와 이때의 증기압이다.

26 관의 직경이 크거나 기계적 강도가 문제될 때 유니언 대용으로 결합하여 쓸 수 있는 것은?

① 이경소켓 ② 플랜지
③ 니플 ④ 부싱

27 동관 작업 시 사용되는 공구와 용도에 관한 설명으로 틀린 것은?

① 플레어링 툴 세트 – 관을 압축 접합할 때 사용
② 튜브 벤더 – 관을 구부릴 때 사용
③ 익스 팬더 – 관 끝을 오므릴 때 사용
④ 사이징 툴 – 관을 원형으로 정형할 때 사용

익스 팬더는 관 끝을 확관할 때 사용한다.

28 액순환식 증발기에 대한 설명으로 옳은 것은?

① 오일이 체류할 우려가 크고 제상 자동화가 어렵다.
② 냉매량이 적게 소요되며 액펌프, 저압수액기 등 설비가 간단하다.
③ 증발기 출구에서 액은 80% 정도이고, 기체는 20% 정도 차지한다.
④ 증발기가 하나라도 여러 개의 팽창밸브가 필요하다.

- 자동화가 용이하며, 냉매량이 많이 소요되며, 액펌프, 저압수액기 등 설비가 복잡하다.
- 증발기가 여러 대라도 팽창밸브는 하나면 된다.

29 팽창밸브에 대한 설명으로 옳은 것은?

① 압축 증대장치로 압력을 높이고 냉각시킨다.
② 액봉이 쉽게 일어나고 있는 곳이다.
③ 냉동부하에 따른 냉매액의 유량을 조절한다.
④ 플래시 가스가 발생하지 않는 곳이며, 일명 냉각 장치라 부른다.

팽창밸브는 고온, 고압의 냉매액을 증발기에서 교축작용에 의해 단열팽창시켜 저온, 저압으로 낮춰주는 작용을 하며 냉동부하의 변동에 대응하여 냉매량을 조절한다.

30 증기 압축식 냉동장치의 냉동원리에 관한 설명으로 가장 적합한 것은?

① 냉매의 팽창열을 이용한다.
② 냉매의 증발잠열을 이용한다.
③ 고체의 승화열을 이용한다.
④ 기체의 온도차에 의한 현열변화를 이용한다.

31 정현파 교류에서 전압의 실효값(V)을 나타내는 식으로 옳은 것은? (단, 전압의 최대값을 V_m, 평균값을 V_a라고 한다.)

① $V = V_a / \sqrt{2}$ ② $V = V_m / \sqrt{2}$
③ $V = \sqrt{2} / V_a$ ④ $V = \sqrt{2} / V_m$

32 용적형 압축기에 대한 설명으로 틀린 것은?

① 압축실 내의 체적을 감소시켜 냉매의 압력을 증가시킨다.
② 압축기의 성능은 냉동능력, 소비동력, 소음, 진동값 및 수명 등 종합적인 평가가 요구된다.
③ 압축기의 성능을 측정하는 유용한 두 가지 방법은 성능계수와 단위 냉동능력당 소비동력을 측정하는 것이다.
④ 개방형 압축기의 성능계수는 전동기와 압축기의 운전효율을 포함하는 반면, 밀폐형 압축기의 성능계수에는 전동기효율이 포함되지 않는다.

개방형은 전동기와 압축기가 따로 분리되어 있고, 밀폐형은 압축기 내에 전동기가 같이 들어있는 구조이다.

33 **냉매 건조기(dryer)에 관한 설명으로 옳은 것은?**

① 암모니아 가스관에 설치하여 수분을 제거한다.
② 압축기와 응축기 사이에 설치한다.
③ 프레온은 수분에 잘 용해되지 않으므로 팽창밸브에서의 동결을 방지하기 위하여 설치한다.
④ 건조제로는 황산, 염화칼슘 등의 물질을 사용한다.

건조기는 프레온 냉동장치에서 수분을 제거하여 팽창밸브 통과 시 수분이 팽창밸브 출구에 동결 폐쇄되는 것을 방지하는 것으로 팽창밸브 직전의 고압배관에 설치한다.

34 **스윙(swing)형 체크밸브에 관한 설명으로 틀린 것은?**

① 호칭치수가 큰 관에 사용된다.
② 유체의 저항이 리프트(lift)형보다 적다.
③ 수평배관에만 사용할 수 있다.
④ 핀을 축으로 하여 회전시켜 개폐한다.

스윙형 체크밸브는 수직배관에만 사용한다.

35 **냉동사이클 내를 순환하는 동작유체로서 잠열에 의해 열을 운반하는 냉매로 가장 거리가 먼 것은?**

① 1차 냉매　② 암모니아(NH_3)
③ 프레온(freon)　④ 브라인(brine)

브라인은 2차 냉매로 냉동장치 밖을 순환하면서 상태변화 없이 감열로 열을 운반하는 동작 유체이다.

36 **직접 식품에 브라인을 접촉시키는 것이 아니고 얇은 금속판 내에 브라인이나 냉매를 통하게 하여 금속판의 외면과 식품을 접촉시켜 동결하는 장치는?**

① 접촉식 동결장치
② 터널식 공기 동결장치
③ 브라인 동결장치
④ 송풍 동결장치

37 **냉동 부속 장치 중 응축기와 팽창 밸브사이의 고압관에 설치하며, 증발기의 부하 변동에 대응하여 냉매 공급을 원활하게 하는 것은?**

① 유분리기　② 수액기
③ 액분리기　④ 중간 냉각기

수액기는 응축기에서 응축된 냉매액을 일시 저장하는 장치로 응축기와 팽창밸브 사이에 설치한다.

38 **냉매의 구비조건으로 틀린 것은?**

① 증발잠열이 클 것
② 표면장력이 작을 것
③ 임계온도가 상온보다 높을 것
④ 증발압력이 대기압보다 낮을 것

냉매 구비조건
• 저온에서도 대기압 이상의 압력에서도 쉽게 증발할 것
• 증발 잠열이 클 것
• 점도 및 표면 장력이 작고 전열이 양호할 것
• 임계온도가 높고 상온에서 쉽게 액화할 것

39 **비열비를 나타내는 공식으로 옳은 것은?**

① 정적비열 / 비중　② 정압비열 / 비중
③ 정압비열 / 정적비열　④ 정적비열 / 정압비열

40 **LNG 냉열이용 동결장치의 특징으로 틀린 것은?**

① 식품과 직접 접촉하여 급속 동결이 가능하다.
② 외기가 흡입되는 것을 방지한다.
③ 공기에 분산되어 있는 먼지를 철저히 제거하여 장치내부에 눈이 생기는 것을 방지한다.
④ 저온공기의 풍속을 일정하게 확보함으로써 식품과의 열전달계수를 저하시킨다.

41 **열에너지를 효율적으로 이용할 수 있는 방법 중 하나인 축열장치의 특징에 관한 설명으로 틀린 것은?**

① 저속 연속운전에 의한 고효율 정격운전이 가능하다.
② 냉동기 및 열원설비의 용량을 감소할 수 있다.
③ 열회수 시스템의 적용이 가능하다.
④ 수질관리 및 소음관리가 필요 없다.

42 암모니아 냉동장치에서 팽창밸브 직전의 온도가 25℃, 흡입가스의 온도가 -10℃인 건조포화 증기인 경우, 냉매 1kg당 냉동효과가 350kcal이고, 냉동능력 15RT가 요구될 때의 냉매순환량은?

① 139kg/h
② 142kg/h
③ 188kg/h
④ 176kg/h

$$냉매순환량 = \frac{냉동능력}{냉동효과} = \frac{15 \times 3320}{350} \fallingdotseq 142$$

43 흡수식 냉동기에서 냉매순환과정을 바르게 나타낸 것은?

① 재생(발생)기 → 응축기 → 냉각(증발)기 → 흡수기
② 재생(발생)기 → 냉각(증발)기 → 흡수기 → 응축기
③ 응축기 → 재생(발생)기 → 냉각(증발)기 → 흡수기
④ 냉각(증발)기 → 응축기 → 흡수기 → 재생(발생)기

44 증발기 내의 압력에 의해서 작동하는 팽창밸브는?

① 저압측 플로트 밸브
② 정압식 자동팽창 밸브
③ 온도식 자동팽창 밸브
④ 수동 팽창 밸브

정압식 자동팽창 밸브는 증발 부하 변동이 일정하거나 변동 폭이 적은 냉동장치의 팽창밸브로 적합하다.

45 2단 압축 냉동사이클에서 중간냉각기가 하는 역할로 틀린 것은?

① 저단압축기의 토출가스 온도를 낮춘다.
② 냉매가스를 과냉각시켜 압축비를 상승시킨다.
③ 고단압축기로의 냉매액 흡입을 방지한다.
④ 냉매액을 과냉각시켜 냉동효과를 증대시킨다.

중간냉각기는 저단 압축기의 출구에 설치하여 저단 압축기 토출 가스의 과열도를 낮춘 후 고압 냉매액을 과냉시켜 냉동 효과를 증대시키며, 고압측 압축기의 흡입가스 중의 액을 분리시켜 리퀴드 백을 방지한다.

46 어떤 상태의 공기가 노점온도보다 낮은 냉각코일을 통과하였을 때 상태변화를 설명한 것으로 틀린 것은?

① 절대습도 저하
② 상대습도 저하
③ 비체적 저하
④ 건구온도 저하

47 팬의 효율을 표시하는데 있어서 사용되는 전압효율에 대한 올바른 정의는?

① 축동력 / 공기동력
② 공기동력 / 축동력
③ 회전속도 / 송풍기의 크기
④ 송풍기의 크기 / 회전속도

48 다음 중 일반적으로 실내공기의 오염정도를 알아보는 지표로 사용하는 것은?

① CO_2 농도
② CO 농도
③ PM 농도
④ H 농도

49 덕트에서 사용되는 댐퍼의 사용 목적에 관한 설명으로 틀린 것은?

① 풍량조절 댐퍼 - 공기량을 조절하는 댐퍼
② 배연 댐퍼 - 배연덕트에서 사용되는 댐퍼
③ 방화 댐퍼 - 화재 시에 연기를 배출하기 위한 댐퍼
④ 모터 댐퍼 - 자동제어 장치에 의해 풍량조절을 위해 모터로 구동되는 댐퍼

방화 댐퍼는 실내의 화재 발생으로 화염이 덕트를 통하여 다른 구역으로 확산되는 것을 방지한다.

50 실내 현열 손실량이 5000kcal/h일 때, 실내온도를 20℃로 유지하기 위해 36℃ 공기 몇 m^3/h를 실내로 송풍해야 하는가? (단, 공기의 비중량은 1.2kgf/m^3, 정압비열은 0.24kcal/kg · ℃이다.)

① 985m^3/h
② 1085m^3/h
③ 1250m^3/h
④ 1350m^3/h

51 공기세정기에서 유입되는 공기를 정화시키기 위해 설치하는 것은?

① 루버
② 댐퍼
③ 분무노즐
④ 엘리미네이터

루버는 큰 가로 날개가 바깥쪽의 아래로 경사지게 고정되어 외부에서 비나 눈의 침입을 방지하고 외부에서는 곤충류의 침입을 방지하기 위해 설치한 것이다.

52 단일덕트 정풍량 방식의 특징으로 옳은 것은?

① 각 실마다 부하변동에 대응하기가 곤란하다.
② 외기도입을 충분히 할 수 없다.
③ 냉풍과 온풍을 동시에 공급할 수가 있다.
④ 변풍량에 비하여 에너지 소비가 적다.

53 보일러에서 배기가스의 현열을 이용하여 급수를 예열하는 장치는?

① 절탄기
② 재열기
③ 증기 과열기
④ 공기 가열기

증기 과열기는 보일러의 포화증기를 압력변화없이 온도만 상승시켜 급수를 예열하는 장치이다.

54 감습장치에 대한 설명으로 옳은 것은?

① 냉각식 감습장치는 감습만을 목적으로 사용하는 경우 경제적이다.
② 압축식 감습장치는 감습만을 목적으로 하면 소요동력이 커서 비경제적이다.
③ 흡착식 감습장치는 액체에 의한 감습법보다 효율이 좋으나 낮은 노점까지 감습이 어려워 주로 큰 용량의 것에 적합하다.
④ 흡수식 감습장치는 흡착식에 비해 감습효율이 떨어져 소규모 용량에만 적합하다.

55 실내 상태점을 통과하는 현열비선과 포화곡선과의 교점을 나타내는 온도로서 취출 공기가 실내 잠열부하에 상당하는 수분을 제거하는데 필요한 코일표면온도를 무엇이라 하는가?

① 혼합온도 ② 바이패스 온도
③ 실내 장치노점온도 ④ 설계온도

56 다음 중 개별식 공조방식에 해당되는 것은?

① 팬코일 유닛 방식(덕트병용)
② 유인 유닛 방식
③ 패키지 유닛 방식
④ 단일 덕트 방식

개별식 : 룸 쿨러식, 패키지 유닛 방식, 멀티 유닛 방식

57 증기난방에 사용되는 부속기기인 감압밸브를 설치하는 데 있어서 주의사항으로 틀린 것은?

① 감압밸브는 가능한 사용개소에 가까운 곳에 설치한다.
② 감압밸브로 응축수를 제거한 증기가 들어오지 않도록 한다.
③ 감압밸브 앞에는 반드시 스트레이너를 설치하도록 한다.
④ 바이패스는 수평 또는 위로 설치하고, 감압밸브의 구경과 동일한 구경으로 하거나 1차측 배관지름보다 한 치수 적은 것으로 한다.

감압밸브는 응축수를 제거한 증기가 들어오게 한다.

58 회전식 전열교환기의 특징에 관한 설명으로 틀린 것은?

① 로터의 상부에 외기공기를 통과하고 하부에 실내공기가 통과한다.
② 열교환은 현열뿐 아니라 잠열도 동시에 이루어진다.
③ 로터를 회전시키면서 실내공기의 배기공기와 외기공기를 열교환한다.
④ 배기공기는 오염물질이 포함되지 않으므로 필터를 설치할 필요가 없다.

59 온풍난방에 대한 장점이 아닌 것은?

① 예열시간이 짧다.
② 실내 온습도 조절이 비교적 용이하다.
③ 기기설치 장소의 선정이 자유롭다.
④ 단열 및 기밀성이 좋지 않은 건물에 적합하다.

온풍난방은 단열 및 기밀성이 좋은 건물에 적합하다.

60 다음 설명 중 틀린 것은?

① 대기압에서 0℃ 물의 증발잠열은 약 597.3kcal/kg이다.
② 대기압에서 0℃ 공기의 정압비열은 약 0.44kcal/kg · ℃이다.
③ 대기압에서 20℃의 공기 비중량은 약 1.2kgf/m^3이다.
④ 공기의 평균 분자량은 약 28.96kg/kmol이다.

- 건공기 정압비열 : 0.24kcal/kg · ℃
- 수증기 정압비열 : 0.44kcal/kg · ℃

정답 최근기출문제 – 2016년 2회

01 ③	02 ④	03 ③	04 ④	05 ①
06 ③	07 ④	08 ③	09 ②	10 ②
11 ②	12 ③	13 ②	14 ④	15 ④
16 ④	17 ①	18 ④	19 ②	20 ②
21 ④	22 ③	23 ③	24 ②	25 ①
26 ②	27 ③	28 ③	29 ③	30 ②
31 ②	32 ④	33 ③	34 ③	35 ④
36 ①	37 ②	38 ④	39 ③	40 ④
41 ④	42 ②	43 ①	44 ②	45 ②
46 ②	47 ②	48 ①	49 ③	50 ②
51 ①	52 ①	53 ①	54 ②	55 ③
56 ③	57 ②	58 ④	59 ④	60 ②

2016년 3회

최근기출문제

01 보일러 운전 중 수위가 저하되었을 때 위해를 방지하기 위한 장치는?

① 화염 검출기　② 압력차단기
③ 방폭문　④ 저수위 경보장치

> 저수위 경보장치는 보일러 수위가 안전 저수면까지 저하했을 때 경보를 발생하는 장치로 저수위 경보를 발생함과 동시에 버너의 연소 차단, 즉 연소 차단 신호를 보내는 저수위 차단기가 사용된다.

02 보호구를 선택 시 유의 사항으로 적절하지 않은 것은?

① 용도에 알맞아야 한다.
② 품질이 보증된 것이어야 한다.
③ 쓰기 쉽고 취급이 쉬워야 한다.
④ 겉모양이 호화스러워야 한다.

03 보일러 취급 시 주의사항으로 틀린 것은?

① 보일러의 수면계 수위는 중간위치를 기준수위로 한다.
② 점화 전에 미연소 가스를 방출시킨다.
③ 연료계통의 누설 여부를 수시로 확인한다.
④ 보일러 저부의 침전물 배출은 부하가 가장 클 때 하는 것이 좋다.

> 보일러 저부의 침천물 배출은 부하가 가장 적을 때 해야 한다.

04 보일러 취급 부주의로 작업자가 화상을 입었을 때 응급처치 방법으로 적당하지 않은 것은?

① 냉수를 이용하여 화상부의 화기를 빼도록 한다.
② 물집이 생겼으면 터뜨리지 말고 그냥 둔다.
③ 기계유나 변압기유를 바른다.
④ 상처부위를 깨끗이 소독한 다음 상처를 보호한다.

05 가스용접 작업 시 유의사항으로 적절하지 못한 것은?

① 산소병은 60℃ 이하 온도에서 보관하고 직사광선을 피해야 한다.
② 작업자의 눈을 보호하기 위해 차광안경을 착용해야 한다.
③ 가스누설의 점검을 수시로 해야 하며 점검은 비눗물로 한다.
④ 가스용접장치는 화기로부터 일정거리 이상 떨어진 곳에 설치해야 한다.

> 산소병은 40℃ 이하 온도로 보관해야 한다.

06 발화온도가 낮아지는 조건 중 옳은 것은?

① 발열량이 높을수록
② 압력이 낮을수록
③ 산소농도가 낮을수록
④ 열전도도가 낮을수록

> 발열량이 높을수록, 압력이 높을수록, 산소농도가 높을수록 발화온도는 낮아진다.

07 산소-아세틸렌 용접 시 역화의 원인으로 틀린 것은?

① 토치 팁이 과열되었을 때
② 토치에 절연장치가 없을 때
③ 사용가스의 압력이 부적당할 때
④ 토치 팁 끝이 이물질로 막혔을 때

08 안전사고의 원인으로 불안전한 행동(인적원인)에 해당하는 것은?

① 불안전한 상태 방치
② 구조재료의 부적합
③ 작업환경의 결함
④ 복장 보호구의 결함

09 기계설비에서 일어나는 사고의 위험요소로 가장 거리가 먼 것은?

① 협착점 ② 끼임점
③ 고정점 ④ 절단점

10 줄 작업 시 안전사항으로 틀린 것은?

① 줄의 균열 유무를 확인한다.
② 부러진 줄은 용접하여 사용한다.
③ 줄은 손잡이가 정상인 것만을 사용한다.
④ 줄 작업에서 생긴 가루는 입으로 불지 않는다.

11 해머(hammer)의 사용에 관한 유의사항으로 가장 거리가 먼 것은?

① 쇄기를 박아서 손잡이가 튼튼하게 박힌 것을 사용한다.
② 열간 작업 시에는 식히는 작업을 하지 않아도 계속해서 작업할 수 있다.
③ 타격면이 닳아 경사진 것은 사용하지 않는다.
④ 장갑을 끼지 않고 작업을 진행한다.

12 재해예방의 4가지 기본원칙에 해당되지 않는 것은?

① 대책선정의 원칙
② 손실우연의 원칙
③ 예방가능의 원칙
④ 재해통계의 원칙

재해예방의 4원칙 : 손실우연의 원칙, 원인계기의 원칙, 예방가능의 원칙, 대책선정의 원칙

13 아크용접작업 기구 중 보호구와 관계없는 것은?

① 용접용 보안면
② 용접용 앞치마
③ 용접용 홀더
④ 용접용 장갑

용접용 홀더는 아크 용접시에 용접봉의 비피복 부분(stub end)을 끼우고, 용접 전류를 케이블로부터 용접봉에 전하는 기구이다.

14 안전관리 관리 감독자의 업무로 가장 거리가 먼 것은?

① 작업 전후 안전점검 실시
② 안전작업에 관한 교육훈련
③ 작업의 감독 및 지시
④ 재해 보고서 작성

15 정(chisel)의 사용 시 안전관리에 적합하지 않은 것은?

① 비산 방지판을 세운다.
② 올바른 치수와 형태의 것을 사용한다.
③ 칩이 끊어져 나갈 무렵에는 힘주어서 때린다.
④ 담금질한 재료는 정으로 작업하지 않는다.

16 저항이 250Ω이고 40W인 전구가 있다. 점등 시 전구에 흐르는 전류는?

① 0.1A ② 0.4A
③ 2.5A ④ 6.2A

전력(P) = 전류^2 × 저항

$$전류 = \sqrt{\frac{전력}{저항}} = \sqrt{\frac{40}{250}} = 0.4$$

17 바깥지름 54mm, 길이 2.66m, 냉각관수 28개로 된 응축기가 있다. 입구 냉각수온 22℃, 출구 냉각수온 28℃이며 응축온도는 30℃이다. 이 때 응축부하는? (단, 냉각관의 열통과율은 900kcal/m^2 · h · ℃이고, 온도차는 산술평균 온도차를 이용한다.)

① 25300 kcal/h ② 43700 kcal/h
③ 56835 kcal/h ④ 79682 kcal/h

$Q = K \times F \times \Delta t_m$

$F = \pi \cdot d \cdot \ell \cdot n = 3.14 \times 0.054 \times 2.66 \times 2.8 \fallingdotseq 12.63$

$\therefore Q = 900 \times 12.63 \times \left(30 - \frac{22+28}{2}\right) = 56835\text{kcal/h}$

18 관 절단 후 절단부에 생기는 거스러미를 제거하는 공구로 가장 적절한 것은?

① 클립 ② 사이징 툴
③ 파이프 리머 ④ 쇠 톱

파이프 리머는 관 내경을 경사지게 하고 거스러미를 제거하는 공구이다.

19 **암모니아(NH_3) 냉매에 대한 설명으로 틀린 것은?**

① 수분에 잘 용해된다.
② 윤활유에 잘 용해된다.
③ 독성, 가연성, 폭발성이 있다.
④ 전열 성능이 양호하다.

20 **자기유지(self holding)에 관한 설명으로 옳은 것은?**

① 계전기 코일에 전류를 흘려서 여자시키는 것
② 계전기 코일에 전류를 차단하여 자화 성질을 잃게 되는 것
③ 기기의 미소 시간 동작을 위해 동작되는 것
④ 계전기가 여자된 후에도 동작 기능이 계속해서 유지되는 것

21 **냉동기에서 열교환기는 고온유체와 저온유체를 직접 혼합 또는 원형동관으로 유체를 분리하여 열교환하는데 다음 설명 중 옳은 것은?**

① 동관 내부를 흐르는 유체는 전도에 의한 열전달이 된다.
② 동관 내벽에서 외벽으로 통과할 때는 복사에 의한 열전달이 된다.
③ 동관 외벽에서는 대류에 의한 열전달이 된다.
④ 동관 내부에서 외벽까지 복사, 전도, 대류의 열전달이 된다.

22 **증발열을 이용한 냉동법이 아닌 것은?**

① 압축 기체 팽창 냉동법
② 증기분사식 냉동법
③ 증기 압축식 냉동법
④ 흡수식 냉동법

23 **열전 냉동법의 특징에 관한 설명으로 틀린 것은?**

① 운전부분으로 인해 소음과 진동이 생긴다.
② 냉매가 필요 없으므로 냉매 누설로 인한 환경 오염이 없다.
③ 성적계수가 증기 압축식에 비하여 월등히 떨어진다.
④ 열전소자의 크기가 작고 가벼워 냉동기를 소형, 경량으로 만들 수 있다.

24 **왕복식 압축기 크랭크축이 관통하는 부분에 냉매나 오일이 누설되는 것을 방지하는 것은?**

① 오일링
② 압축링
③ 축봉장치
④ 실린더 재킷

25 **냉동장치에 사용하는 윤활유인 냉동기유의 구비조건으로 틀린 것은?**

① 응고점이 낮아 저온에서도 유동성이 좋을 것
② 인화점이 높을 것
③ 냉매와 분리성이 좋을 것
④ 왁스(wax) 성분이 많을 것

냉동기유는 왁스 성분이 적어야 한다.

26 **불연속 제어에 속하는 것은?**

① ON-OFF 제어
② 비례 제어
③ 미분 제어
④ 적분 제어

• 불연속 제어 : ON-OFF 제어, 다위치 제어 등
• 연속 제어 : 비례, 적분, 미분, 비례적분, 비례적분미분 제어 등

27 **다음의 P-h(모리엘)선도는 어떤 상태를 나타내는 사이클인가?**

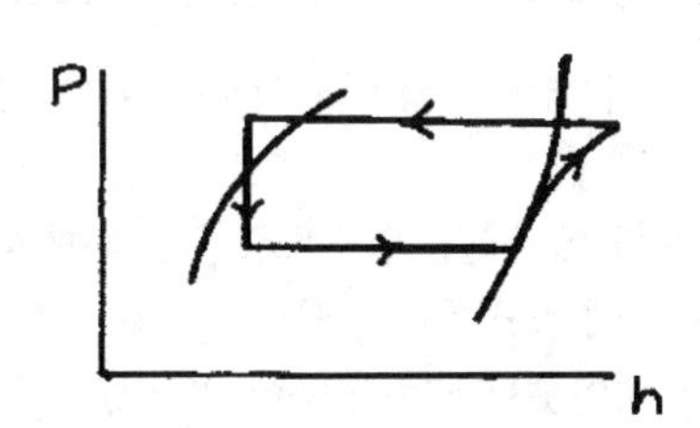

① 습냉각 ② 과열냉각
③ 습압축 ④ 과냉각

28 냉동기에 냉매를 충전하는 방법으로 틀린 것은?

① 액관으로 충전한다.
② 수액기로 충전한다.
③ 유분리기로 충전한다.
④ 압축기 흡입측에 냉매를 기화시켜 충전한다.

29 브라인을 사용할 때 금속의 부식방지법으로 틀린 것은?

① 브라인 pH를 7.5~8.2 정도로 유지한다.
② 공기와 접촉시키고, 산소를 용입시킨다.
③ 산성이 강하면 가성소다로 중화시킨다.
④ 방청제를 첨가한다.

30 흡수식 냉동기에 관한 설명으로 틀린 것은?

① 압축식에 비해 소음과 진동이 적다.
② 증기, 온수 등 배열을 이용할 수 있다.
③ 압축식에 비해 설치면적 및 중량이 크다.
④ 흡수식은 냉매를 기계적으로 압축하는 방식이며, 열적(熱的)으로 압축하는 방식은 증기 압축식이다.

31 주파수가 60Hz인 상용 교류에서 각속도는?

① 141rad/s
② 171rad/s
③ 377rad/s
④ 623rad/s

$w = 2\pi f = 2 \times 3.14 \times 60 ≒ 377$

32 흡입압력 조정밸브(SPR)에 대한 설명으로 틀린 것은?

① 흡입압력이 일정압력 이하가 되는 것을 방지한다.
② 저전압에서 높은 압력으로 운전될 때 사용된다.
③ 종류에는 직동식, 내부 파이롯트 작동식, 외부 파이롯트 작동식 등이 있다.
④ 흡입압력의 변동이 많은 경우에 사용한다.

33 다음 중 제빙 장치의 주요 기기에 해당되지 않는 것은?

① 교반기　② 양빙기
③ 송풍기　④ 탈빙기

34 다음 중 프로세서 제어에 속하는 것은?

① 전압　② 전류
③ 유량　④ 속도

프로세서 제어 : 온도, 압력, 유량, 액면 등과 같은 일반 공업량일 때의 제어

35 배관의 신축 이음쇠의 종류로 가장 거리가 먼 것은?

① 스위블형　② 루프형
③ 트랩형　④ 벨로즈형

신축 이음쇠 종류에는 루프형, 벨로즈형, 스위블형, 슬리브형이 있다.

36 증기분사 냉동법 설명으로 가장 옳은 것은?

① 융해열을 이용하는 방법
② 승화열을 이용하는 방법
③ 증발열을 이용하는 방법
④ 펠티어 효과를 이용하는 방법

37 냉동장치에 수분이 침입되었을 때 에멀전 현상이 일어나는 냉매는?

① 황산　② R-12
③ R-22　④ NH_3

38 역 카르노 사이클에 대한 설명 중 옳은 것은?

① 2개의 압축과정과 2개의 증발과정으로 이루어져 있다.
② 2개의 압축과정과 2개의 응축과정으로 이루어져 있다.
③ 2개의 단열과정과 2개의 등온과정으로 이루어져 있다.
④ 2개의 증발과정과 2개의 응축과정으로 이루어져 있다.

39 프레온 냉동장치의 배관에 사용되는 재료로 가장 거리가 먼 것은?

① 배관용 탄소 강관
② 배관용 스테인레스 강관
③ 이음매 없는 동관
④ 탈산 동관

40 표준냉동사이클의 모리엘(P-h) 선도에서 압력이 일정하고, 온도가 저하되는 과정은?

① 압축과정　② 응축과정
③ 팽창과정　④ 증발과정

41 냉동 장치에서 가스 퍼저(purger)를 설치할 경우, 가스의 인입선은 어디에 설치해야 하는가?

① 응축기와 증발기 사이에 한다.
② 수액기와 팽창 밸브 사이에 한다.
③ 응축기와 수액기의 균압관에 한다.
④ 압축기의 토출관으로부터 응축기의 3/4 되는 곳에 한다.

42 배관의 중간이나 밸브, 각종 기기의 접속 및 보수점검을 위하여 관의 해체 또는 교환 시 필요한 부속품은?

① 플랜지　② 소켓
③ 밴드　④ 바이패스관

바이패스관은 우회회로로 안전, 수리를 쉽게 하기 위해 설치한다.

43 저단측 토출가스의 온도를 냉각시켜 고단측 압축기가 과열되는 것을 방지하는 것은?

① 부스터　② 인터쿨러
③ 팽창탱크　④ 콤파운드 압축기

44 축봉장치(shaft seal)의 역할로 가장 거리가 먼 것은?

① 냉매 누설 방지
② 오일 누설 방지
③ 외기 침입 방지
④ 전동기의 슬립(slip) 방지

축봉장치는 크랭크 케이스에 축이 관통하는 부분에서 냉매나 오일이 누설되거나, 진공 운전시 공기의 침입을 방지하기 위한 장치이다.

45 냉동사이클에서 증발온도를 일정하게 하고 응축온도를 상승시켰을 경우의 상태변화로 옳은 것은?

① 소요동력 감소　② 냉동능력 증대
③ 성적계수 증대　④ 토출가스 온도 상승

46 개별 공조방식의 특징이 아닌 것은?

① 취급이 간단하다.
② 외기 냉방을 할 수 있다.
③ 국소적인 운전이 자유롭다.
④ 중앙방식에 비해 소음과 진동이 크다.

개별 공조방식은 냉동기를 내장한 패키지 유닛을 필요한 장소에 설치하여 공조하는 방식으로 외기 냉방이 어렵고, 대규모에 부적합하며 소음, 진동이 발생하며 분산배치에 따른 유지관리가 어렵다.

47 공조방식 중 각층 유닛방식의 특징으로 틀린 것은?

① 각 층의 공조기 설치로 소음과 진동의 발생이 없다.
② 각 층별로 부분 부하운전이 가능하다.
③ 중앙기계실의 면적을 적게 차지하고 송풍기 동력도 적게 든다.
④ 각 층 슬래브의 관통 덕트가 없게 되므로 방재상 유리하다.

각층 유닛 방식은 많은 층의 대형, 중규모 이상의 고층 건물 등의 방송국, 백화점, 신문사, 임대사무소 등에 많이 사용되며, 각 층의 공조기 설치로 소음과 진동이 발생한다.

48 환기방법 중 제1종 환기법으로 옳은 것은?

① 자연급기와 강제배기
② 강제급기와 자연배기
③ 강제급기와 강제배기
④ 자연급기와 자연배기

제1종 환기는 병용식으로 강제급기와 강제배기로 보일러, 병원 수술실 등에 이용된다.

49 외기온도 -5℃일 때 공급공기를 18℃로 유지하는 열펌프로 난방을 한다. 방의 총 열손실이 50000kcal/h일 때 외기로 부터 얻은 열량은 약 몇 kcal/h 인가?

① 43500kcal/h ② 46047kcal/h
③ 50000kcal/h ④ 53255kcal/h

> 열펌프의 성적계수
> $COP = \frac{Q_1}{AW} = \frac{Q_1}{Q_1 - Q_2} = \frac{T_1}{T_1 - T_2}$
> $\therefore Q_2 = Q_1 - \frac{Q_1(T_1 - T_2)}{T_1}$
> • $Q_2 = 50000 - \frac{50000(291 - 268)}{297} ≒ 46047kcal/h$

50 외기온도가 32.3℃, 실내온도가 26℃이고, 일사를 받은 벽의 상당온도차가 22.5℃, 벽체의 열관류율이 3kcal/m²·h·℃일 때, 벽체의 단위면적당 이동하는 열량은?

① 18.9kcal/m²·h ② 67.5kcal/m²·h
③ 96.9kcal/m²·h ④ 101.8kcal/m²·h

> $3 \times 22.5 = 67.5$

51 프로펠러의 회전에 의하여 축 방향으로 공기를 흐르게 하는 송풍기는?

① 관류 송풍기 ② 축류 송풍기
③ 터보 송풍기 ④ 크로스 플로우 송풍기

> 축류 송풍기는 프로펠러의 회전으로 축 방향으로 기체를 유동시킨 것으로, 다른 송풍기에 비해 고속 운전에 적당하고, 전동기와 직결할 수 있으므로 관로의 도중에 간단하게 설치할 수 있다. 저풍압, 대용량에 적당한 송풍기로 통풍, 환기, 배연, 보일러의 압입 통풍 등에 이용되고 있다.

52 (가), (나), (다)와 같은 관로의 국부저항계수(전압기준)가 큰 것부터 작은 순서로 나열한 것은?

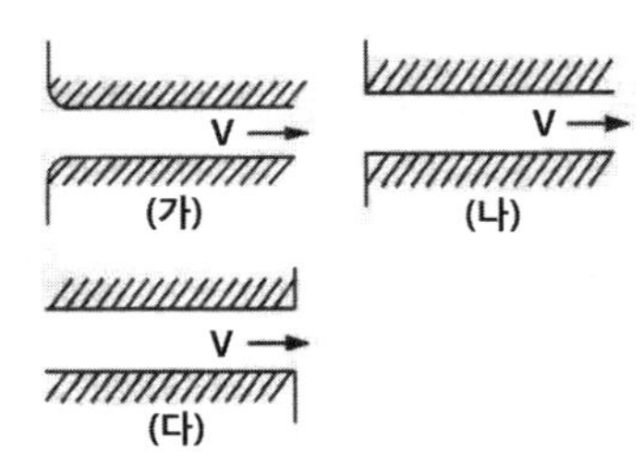

① (가) > (나) > (다) ② (가) > (다) > (나)
③ (나) > (다) > (가) ④ (다) > (나) > (가)

53 다음 중 건조 공기의 구성요소가 아닌 것은?

① 산소 ② 질소
③ 수증기 ④ 이산화탄소

> 순수한 공기에서 수증기를 제외한 모든 기체를 건조 공기(dry air)라 하며, 수증기를 포함한 공기를 습윤 공기(wet air)라 한다.

54 쉘 앤 튜브(shell & tube)형 열교환기에 관한 설명으로 옳은 것은?

① 전열관 내 유속은 내식성이나 내마모성을 고려하여 약 1.8m/s 이하가 되도록 하는 것이 바람직하다.
② 동관을 전열관으로 사용할 경우 유체온도는 200℃ 이상이 좋다.
③ 증기와 온수의 흐름은 열교환 측면에서 병행류가 바람직하다.
④ 열관류율은 재료와 유체의 종류에 상관없이 거의 일정하다.

55 보일러에서 공기 예열기 사용에 따라 나타나는 현상으로 틀린 것은?

① 열효율 증가
② 연소 효율 증대
③ 저질탄 연소 가능
④ 노 내 연소속도 감소

> 공기 예열기는 연도 가스의 여열을 이용하여 연소용 공기를 예열하는 장치로 연소 온도가 높아져 전열효과가 커지고 완전연소 하기 쉽고 연소 효율이 높아져 연료가 절감되며, 보일러 효율도 향상된다.

56 공기조화시스템의 열원장치 중 보일러에 부착되는 안전장치가 아닌 것은?

① 감압밸브 ② 안전밸브
③ 화염검출기 ④ 저수위 경보장치

> 감압밸브는 유체의 압력을 감소시키는 밸브로 증기 압력을 감압할 때 사용된다.

57 **가습방식에 따른 분류로 수분무식 가습기가 아닌 것은?**

① 원심식
② 초음파식
③ 모세관식
④ 분무식

• 수분무식 : 원심식, 초음파식, 분무식
• 증기발생식 : 전열식, 전극식, 적외선식
• 증발식 : 회전식, 모세관식, 적하식

58 **물질의 상태는 변화하지 않고, 온도만 변화시키는 열을 무엇이라고 하는가?**

① 현열
② 잠열
③ 비열
④ 융해열

• 현열(감열) : 물체의 온도 변화에 사용되는 열
• 잠열(숨은열) : 물체의 상태 변화에 사용되는 열

59 **축류형 송풍기의 크기는 송풍기의 번호로 나타내는데, 회전날개의 지름(mm)을 얼마로 나눈 것을 번호(NO)로 나타내는가?**

① 100
② 150
③ 175
④ 200

• 원심형 송풍기 : No = 회전날개의 지름(mm) / 150
• 축류형 송풍기 : No = 회전날개의 지름(mm) / 100

60 **송풍기의 풍량 제어 방식에 대한 설명으로 옳은 것은?**

① 토출댐퍼 제어방식에서 토출댐퍼를 조이면 송풍량은 감소하나 출구 압력이 증가한다.
② 흡입 베인 제어 방식에서 흡입측 베인을 조금씩 닫으면 송풍량 및 출구 압력이 모두 증가한다.
③ 흡입 댐퍼 제어 방식에서 흡입댐퍼를 조이면 송풍량 및 송풍 압력이 모두 증가한다.
④ 가변피치 제어 방식에서 피치각도를 증가시키면 송풍량은 증가하지만 압력은 감소한다.

정답 최근기출문제 – 2016년 3회

01 ④	02 ④	03 ④	04 ③	05 ①
06 ①	07 ②	08 ①	09 ③	10 ②
11 ②	12 ④	13 ③	14 ①	15 ③
16 ②	17 ③	18 ③	19 ②	20 ④
21 ③	22 ①	23 ①	24 ③	25 ④
26 ①	27 ④	28 ③	29 ②	30 ④
31 ③	32 ①	33 ③	34 ③	35 ③
36 ③	37 ④	38 ③	39 ①	40 ②
41 ③	42 ①	43 ②	44 ④	45 ④
46 ②	47 ①	48 ③	49 ②	50 ②
51 ②	52 ④	53 ③	54 ①	55 ④
56 ①	57 ③	58 ①	59 ①	60 ①

CHAPTER

03

Craftsman **Air-Conditioning and Refrigerating Machinery**

CBT 대비 적중모의고사

제 1 회 CBT 대비 적중모의고사

QUESTIONS FROM PREVIOUS TESTS

적중 모의고사

01 작업자의 신체를 보호하기 위한 보호구의 구비조건으로 가장 거리가 먼 것은?

① 착용이 간편할 것
② 방호성능이 충분한 것일 것
③ 정비가 간단하고 점검, 검사가 용이할 것
④ 견고하고 값비싼 고급 품질일 것

외관과 디자인이 양호하고 마무리 상태가 좋아야 하며, 꼭 값비싼 고급 품질일 필요는 없다.

02 가스용접 작업 시 유의사항이다. 적절하지 못한 것은?

① 산소병은 60℃ 이하 온도에서 보관하고, 직사광선을 피해야 한다.
② 작업자의 눈을 보호하기 위해 차광안경을 착용해야 한다.
③ 가스누설의 점검을 수시로 해야 하며, 점검은 비눗물로 한다.
④ 가스용접장치는 화기로부터 5m 이상 떨어진 곳에 설치해야 한다.

산소병은 40℃ 이하 온도에서 보관해야 한다.

03 안전사고 예방의 사고예방원리 5단계를 단계별로 바르게 나타낸 것은?

① 사실의 발견→평가분석→시정책의 선정→조직→시정책의 적용
② 조직→사실의 발견→평가분석→시정책의 선정→시정책의 적용
③ 사실의 발견→시정책의 선정→평가분석→시정책의 적용→조직
④ 조직→사실의 발견→시정책의 선정→시정책의 적용→평가분석

재해예방 대책
- 1단계(조직) : 안전관리 조직
- 2단계(사실 발견) : 재해현상을 파악, 불안전 요소 파악
- 3단계(분석 평가) : 원인규명
- 4단계(시정책 선정) : 대책 선정
- 5단계(시정책 적용) : 목표 달성

04 드릴링 작업을 할 때의 안전수칙을 설명한 것으로 바른 것은?

① 옷소매가 긴 작업복이나 장갑을 착용한다.
② 드릴의 착탈은 회전이 완전히 멈춘 다음 행한다.
③ 드릴작업을 하면서 칩을 가끔 손으로 제거한다.
④ 드릴작업 시에는 보안경을 착용해서는 안 된다.

05 도수율(빈도율)이 30인 사업장의 연천인율은 얼마인가?

① 24　② 36
③ 72　④ 96

도수율은 연 근로시간 100만 시간당 발생한 재해건수

$$\text{도수율}(FR) = \frac{\text{산업재해건수}(N)}{\text{연 근로시간}(H)} \times 1{,}000{,}000$$

연천인율 ≒ 도수율 × 2.4 = 30 × 2.4 = 72

06 소화효과의 원리가 아닌 것은?

① 질식 효과
② 제거 효과
③ 냉각 효과
④ 단열 효과

- 질식 소화: 공기 중의 산소 농도를 감소시켜 산소공급을 차단하여 소화하는 방법
- 제거 소화: 가연물을 제거하여 소화하는 방법
- 냉각 소화: 물이나 그 밖에 액체의 증발잠열을 이용하여 냉각시키는 방법
- 화학 소화: 연소의 연쇄반응을 억제하여 소화하는 방법으로 불꽃연소에는 매우 효과적이지만 특별한 경우를 제외하고는 표면연소에는 효과가 없다.

07 냉동제조시설기준에 대한 설명 중 틀린 것은?

① 냉매설비에는 상용압력을 초과하는 경우 즉시 그 압력을 상용압력 이하로 되돌릴 수 있는 안전장치를 설치할 것
② 암모니아 냉동설비의 전기설비는 반드시 방폭 성능을 가지는 것일 것
③ 냉매설비에는 긴급사태가 발생하는 것을 방지하기 위해 자동제어장치를 설치할 것
④ 가연성가스 또는 독성가스 냉매설비의 배관에서 냉매가스가 누출될 경우 그 가스가 체류하지 않도록 필요한 조치를 할 것

08 안전관리의 목적을 가장 올바르게 설명한 것은?

① 기능 향상을 도모한다.
② 경영의 혁신을 도모한다.
③ 기업의 시설투자를 확대한다.
④ 근로자의 안전과 능률을 향상시킨다.

> 안전관리 목적으로 인명존중, 사회복지의 증진, 생산성 향상 등이다.

09 공조 설비에 사용되는 NH_3 냉매가 눈에 들어간 경우 조치 방법으로 적당한 것은?

① 레몬주스 또는 20%의 식초를 바른다.
② 2%의 붕산액으로 세척하고 유동파라핀을 점안한다.
③ 치아황산나트륨 포화용액으로 씻어낸다.
④ 암모니아수로 씻는다.

10 보일러에 스케일 부착으로 인한 영향으로 틀린 것은?

① 전열량 증가
② 연료소비량 증가
③ 과열로 인하 파열사고 위험 발생
④ 보일러효율 저하

> 스케일이 부착되어 있으면 전열량은 감소한다.

11 안전보건표지의 색채에서 바탕은 파란색, 관련 그림은 흰색으로 된 표지로 맞는 것은?

① 금지표지 ② 경고표지
③ 지시표지 ④ 안내표지

> • 금지표지 : 적색 원형모양에 흑색부호
> • 경고표지 : 황색 삼각형 모양에 흑색 부호
> • 지시표지 : 청색 원형 바탕에 백색 부호
> • 안내표지 : 녹색 사각형 바탕에 백색 부호

12 토출 압력이 너무 낮은 경우의 원인으로 적절하지 못한 것은?

① 냉매 충전량 과다
② 토출밸브에서의 누설
③ 냉각수 수온이 너무 낮아서
④ 냉각 수량이 너무 많아서

13 전기기계 기구에서 절연상태를 측정하는 계기로 맞는 것은?

① 검류계
② 전류계
③ 절연 저항계
④ 접지 저항계

14 전기 용접작업을 할 때 옳지 않은 것은?

① 비 오는 날 옥외에서 작업하지 않는다.
② 소화기를 준비한다.
③ 가스관에 접지한다.
④ 화상에 주의한다.

15 정 작업 시 안전 작업수칙으로 옳지 않은 것은?

① 정의 머리가 둥글게 된 것은 사용하지 말 것
② 처음에는 가볍게 때리고 점차 타격을 가할 것
③ 철재를 절단할 때에는 철면이 날아 튀는 것에 주의할 것
④ 표면이 단단한 열처리 부분은 정으로 가공할 것

16 다음 설명 중 틀린 것은?

① 유압 보호 스위치의 종류는 바이메탈식과 가스통식이 있다.
② 단수 릴레이는 수랭식 응축기에서 브라인이나 냉각수가 단수 또는 감수 시 압축기를 정지시키는 스위치다.
③ 가용전은 토출가스의 영향을 직접 받지 않는 곳에 설치한다.
④ 파열판은 일단 동작된 후 내부 압력이 낮아지면 가스방출이 정지되며, 다시 사용할 수 있다.

> 파열판은 재 사용할 수 없다.

17 내식성이 우수하고 열전도율이 비교적 크며 굽힘성 등이 좋아 냉난방관, 급수관 등에 널리 이용되는 관은?

① 구리관 ② 납관
③ 합성수지관 ④ 합금강 강관

18 열용량에 대한 설명으로 맞는 것은?

① 어떤 물질 1kg의 온도를 10℃ 올리는데 필요한 열량을 뜻한다.
② 어떤 물질의 온도를 1℃ 올리는데 필요한 열량을 뜻한다.
③ 물 1kg의 온도를 0.1℃ 올리는데 필요한 열량을 뜻한다.
④ 물 1ℓb의 온도를 1℉ 올리는데 필요한 열량을 뜻한다.

19 브라인 냉매에 관한 설명 중 틀린 것은?

① 무기질 브라인 중 염화나트륨이 염화칼슘보다 부식성이 더 크다.
② 염화칼슘 브라인은 공정점이 낮아 제빙, 냉장 등으로 사용된다.
③ 브라인 냉매의 pH값은 7.5～8.2(약알칼리)로 유지하는 것이 좋다.
④ 브라인은 유기질과 무기질로 구분되며, 유기질 브라인의 부식성이 더 크다.

20 주기가 0.002S일 때 주파수는 몇 Hz인가?

① 400 ② 450
③ 500 ④ 550

> 주파수 $= \frac{1}{주기} = \frac{1}{0.002} = 500$

21 액순환식 증발기에 대한 설명 중 맞는 것은?

① 오일이 체류할 우려가 크고 제상 자동화가 어렵다.
② 냉매량이 적게 소요되며 액펌프, 저압수액기 등 설비가 간단하다.
③ 증발기 출구에서 액은 80% 정도이고, 기체는 20% 정도 차지한다.
④ 증발기가 하나라도 여러 개의 팽창밸브가 필요하다.

22 배관시공 시 진동 및 충격을 완화시키기 위하여 설치하는 기기는?

① 행거 ② 서포트
③ 브레이스 ④ 레스트레인트

> 브레이스(Brace) : 펌프, 압축기 등에서 발생하는 기계의 진동, 서징, 수격작용 등에 의한 진동, 충격 등을 완화하는 완충기이다.

23 냉동기유의 구비조건 중 옳지 않은 것은?

① 응고점과 유동점이 높을 것
② 인화점이 높을 것
③ 점도가 적당할 것
④ 전기절연 내력이 클 것

> 냉동기유는 응고점이 낮아야 한다.

24 단 압축냉동장치에서 저압측(흡입압력)이 0kgf/cm²g, 고압측(토출압력)이 15kgf/cm²g이었다. 이때 중간압력은 약 몇 kg/cm²g인가?

① 2.03 ② 3.03
③ 4.03 ④ 5.03

$\sqrt{P_1 \times P_2} = \sqrt{(0+1.0332)\times(15+1.0332)}$
$= 4.07$
이므로 중간압력은 4.07 − 1.0332 = 3.03kg/cm²g 이다.

25 터보 냉동기 윤활 사이클에서 마그네틱 플러그가 하는 역할은?

① 오일 쿨러의 냉각수 온도를 일정하게 유지하는 역할
② 오일 중의 수분을 제거하는 역할
③ 윤활 사이클로 공급되는 유압을 일정하게 하여 주는 역할
④ 윤활 사이클로 공급되는 철분을 제거하여 장치의 마모를 방지하는 역할

26 수액기에 부착되지 않는 것은?

① 액면계 ② 안전밸브
③ 전자밸브 ④ 오일드레인 밸브

27 두 가지 금속으로 폐회로를 만들었을 때 접합점에 온도 차이를 주면 열기전력이 발생하는 현상은?

① 평형효과 ② 톰슨효과
③ 열전효과 ④ 펠티어효과

28 흡입배관에서 압력손실이 발생하면 나타나는 현상이 아닌 것은?

① 흡입압력의 저하 ② 토출가스 온도의 상승
③ 비체적 감소 ④ 체적효율 저하

29 유니언 나사 이음의 도시기호로 맞는 것은?

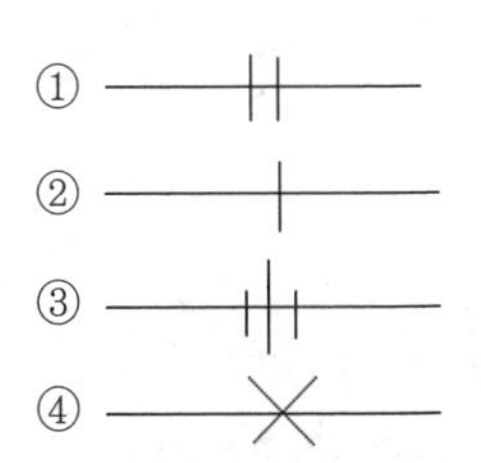

①: 플랜지 이음 ②: 나사 이음 ③: 유니언 이음 ④: 용접 이음

30 가열원이 필요하며 압축기가 필요 없는 냉동기는?

① 터보 냉동기 ② 흡수식 냉동기
③ 회전식 냉동기 ④ 왕복동식 냉동기

31 옴의 법칙에 대한 설명 중 옳은 것은?

① 전류는 전압에 비례한다.
② 전류는 저항에 비례한다.
③ 전류는 전압의 2승에 비례한다.
④ 전류는 저항의 2승에 비례한다.

$I = \frac{V}{R}$

32 주철관을 절단할 때 사용하는 공구는?

① 원판 그라인더 ② 링크형 파이프커터
③ 오스터 ④ 체인블럭

주철관 공구에는 납 용해용 공구셋, 클립, 코킹 정, 링크형 파이프 커터가 있다.

33 냉동기의 스크류 압축기(Screw Compressor)에 대한 특징 설명 중 잘못된 것은?

① 암, 수 2개 나선형 로터의 맞물림에 의해 냉매가스를 압축한다.
② 액격 및 유격이 적다.
③ 왕복동식과 비교하여 동일 냉동능력일 때 압축기 체적이 크다.
④ 흡입토출 밸브가 없다.

스크류 압축기는 왕복동식과 비교하여 동일 냉동능력일 때 압축기 체적이 적다.

34 만액식 증발기에 사용되는 팽창 밸브는?

① 저압식 플로트 밸브
② 온도식 자동 팽창밸브
③ 정압식 자동 팽창밸브
④ 모세관 팽창밸브

만액식 증발기의 팽창밸브는 대부분 플로트 밸브를 사용한다.

35 다음의 역 카르노 사이클에서 냉동장치의 각 기기에 해당되는 구간이 바르게 연결된 것은?

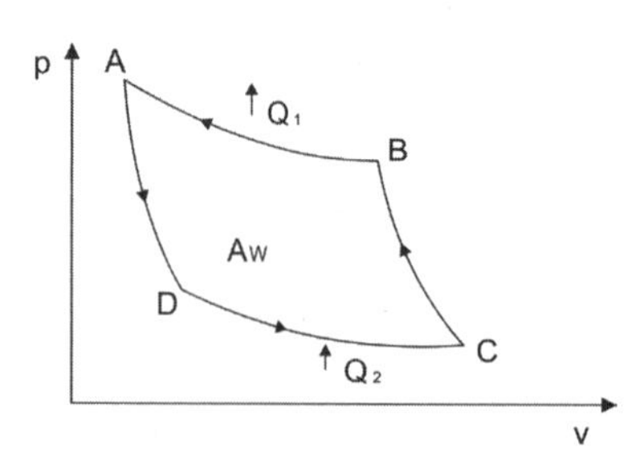

① B→A : 응축기, C→B : 팽창변, D→C : 증발기, A→D : 압축기
② B→A : 증발기, C→B : 압축기, D→C : 응축기, A→D : 팽창변
③ B→A : 응축기, C→B : 압축기, D→C : 증발기, A→D : 팽창변
④ B→A : 압축기, C→B : 응축기, D→C : 증발기, A→D : 팽창변

36 다음 용어의 설명 중 맞지 않는 것은?

① 냉각 : 식품을 얼리지 않는 범위 내에서 온도를 낮추는 것
② 제빙 : 물을 동결하여 얼음을 생산하는 것
③ 동결 : 어떤 물체를 가열하여 얼리는 것
④ 저빙 : 생산된 얼음을 저장하는 것

냉동(동결) : 어떤 물질이 상하지 않게 −20～−25℃ 정도로 얼리는 것

37 냉매의 건조도가 가장 큰 상태는?

① 과냉액 ② 습포화 증기
③ 포화액 ④ 건조포화 증기

38 안전사용 최고온도가 가장 높은 배관 보온재는?

① 우모펠트 ② 폼 폴리스티렌
③ 규산칼슘 ④ 탄산마그네슘

• 우모펠트 : 100℃ 이하 • 폼 폴리스티렌 : 80℃ 이하
• 규산칼슘 : 30～650℃ • 탄산마그네슘 : 250℃

39 어떤 냉동기의 냉동능력이 4300kJ/h, 성적계수 6, 냉동효과 7.1kJ/kg, 응축기 발열량 8.36kJ/kg일 경우 냉매 순환량은 약 얼마인가?

① 450kg/h ② 505kg/h
③ 550kg/h ④ 605kg/h

$냉매순환량 = \frac{냉동능력}{냉동효과} = \frac{4300}{7.1} ≒ 605$

40 냉동능력이 45냉동톤인 냉동장치의 수직형 쉘 앤드 튜브응축기에 필요한 냉각수량은 약 얼마인가?(단, 응축기 입구 온도는 23℃이며, 응축기 출구 온도는 28℃이다.)

① 38844(L/h)
② 43200(L/h)
③ 51870(L/h)
④ 60250(L/h)

방열계수가 없으므로 표준상태인 1.3을 적용하면
$냉각수량 = \frac{45 \times 3320 \times 1.3}{1 \times (28-23)} = 38844$

41 다음 p-h 선도는 NH_3를 냉매로 하는 냉동 장치의 운전상태를 냉동 사이클로 표시한 것이다. 이 냉동장치의 부하가 50000kcal/h일 때 이 응축기에서 제거해야 할 열량은 약 얼마인가?

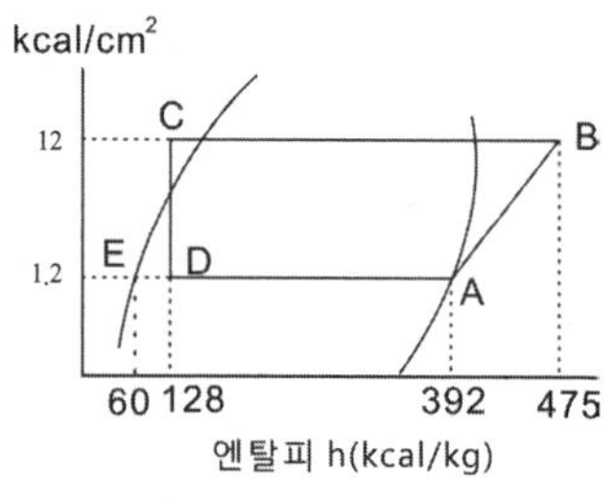

① 209032kcal/h
② 41813kcal/h
③ 65720kcal/h
④ 52258kcal/h

$냉매순환량 = \frac{50000}{392-128} = 189.39kg/h$
증발기의 냉동능력과 압축기의 추가 일량을 합하면
$50000 + [189.39 \times (475-392)] ≒ 65720kcal/h$

42 냉동장치의 능력을 나타내는 단위로서 냉동톤(RT)이 있다. 1냉동톤을 설명한 것으로 옳은 것은?

① 0℃의 물 1kg을 24시간에 0℃의 얼음으로 만드는데 필요한 열량
② 0℃의 물 1ton을 24시간에 0℃의 얼음으로 만드는데 필요한 열량
③ 0℃의 물 1kg을 1시간에 0℃의 얼음으로 만드는데 필요한 열량
④ 0℃의 물 1ton을 1시간에 0℃의 얼음으로 만드는데 필요한 열량

43 공정점이 -55℃로 얼음제조에 사용되는 무기질 브라인으로 가장 일반적으로 쓰이는 것은?

① 염화칼슘 수용액 ② 염화마그네슘 수용액
③ 에틸렌글리콜 ④ 프로필렌글리콜

44 왕복 압축기에서 이론적 피스톤 압출량(m^3/h)의 산출식으로 옳은 것은? (단, 기통수 N, 실린더내경 D[m], 회전수 R[rpm], 피스톤행정 L[m]이다.)

① $V = D \cdot L \cdot R \cdot N \cdot 60$
② $V = \frac{\pi}{4} D \cdot L \cdot R \cdot N$
③ $V = \frac{\pi}{4} D \cdot L \cdot R \cdot N \cdot 60$
④ $V = \frac{\pi}{4} D^2 \cdot L \cdot R \cdot N \cdot 60$

45 용접 접합을 나사 접합에 비교한 것 중 옳지 않은 것은?

① 누수의 우려가 적다.
② 유체의 마찰 손실이 많다.
③ 배관 상으로 공간 효율이 좋다.
④ 접합부의 강도가 크다.

46 보일러의 종류 중 원통형 보일러에 해당하지 않는 것은?

① 입형 보일러 ② 노통 보일러
③ 관류 보일러 ④ 연관 보일러

관류 보일러는 수관식 보일러에 속한다.

47 공기조화기에 사용되는 공기가열 코일이 아닌 것은?

① 직접팽창코일 ② 온수코일
③ 증기코일 ④ 전열코일

- 공기 가열 코일의 종류에는 온수코일, 증기코일, 전열코일이 있다.
- 직접팽창코일은 냉각코일이다.

48 공기를 가습하는 방법으로 적당하지 않은 것은?

① 직접 팽창코일의 이용 ② 공기세정기의 이용
③ 증기의 직접분무 ④ 온수의 직접분무

49 급기, 배기 모두 기계를 이용한 환기법으로 보일러실 등에 사용되는 것은?

① 제1종 기계 환기법 ② 제2종 기계 환기법
③ 제3종 기계 환기법 ④ 제4종 기계 환기법

50 상대습도에 대한 설명 중 맞는 것은?

① 습공기에 포함되는 수증기의 양과 건조공기 양과의 중량비
② 습공기의 수증기압과 동일 온도에 있어서 포화공기의 수증기압의 비
③ 포화상태의 수증기와 분량과의 비
④ 습공기의 절대습도와 그와 동일 온도의 포화 습공기의 절대 습도의 비

51 원심송풍기의 풍량 제어방법으로 적당하지 않은 것은?

① 온오프제어 ② 회전수제어
③ 흡입 베인제어 ④ 댐퍼제어

52 캐비테이션(공동 현상)의 방지대책이 아닌 것은?

① 펌프의 흡입양정을 짧게 한다.
② 펌프의 회전수를 적게 한다.
③ 양흡입 펌프를 단흡입 펌프로 바꾼다.
④ 흡입관경은 크게 하며 굽힘을 적게 한다.

캐비테이션 방지하기 위해 양흡입 펌프를 사용해야 한다.

53 다음의 그림은 열 흐름을 나타낸 것이다. 열 흐름에 대한 용어로 틀린 것은?

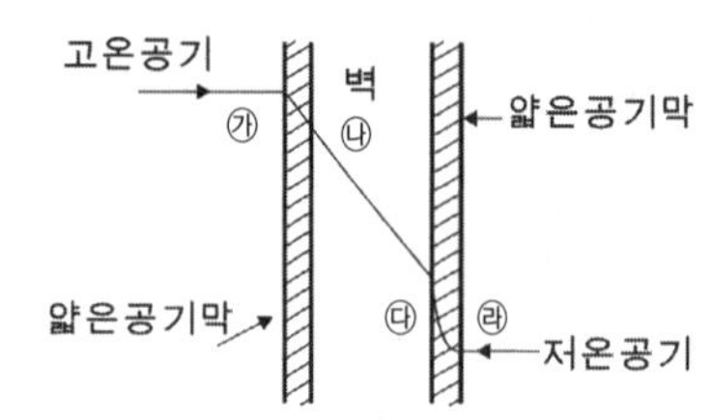

① ㉮ → ㉯ : 열전달　② ㉯ → ㉰ : 열관류
③ ㉰ → ㉱ : 열전달　④ ㉱ → ㉮ : 열통과

54 보건용 공기조화에서 쾌적한 상태를 제공하여 주는 4가지 주요한 요소에 해당되지 않는 것은?

① 온도　② 습도
③ 기류　④ 음향

55 공조방식 중 각 층 유닛방식의 장점으로 틀린 것은?

① 각 층의 공조기 설치로 소음과 진동의 발생이 없다.
② 각 층별로 부분 부하운전이 가능하다.
③ 중앙기계실의 면적을 적게 차지하고 송풍기 동력도 적게 든다.
④ 각 층 슬래브의 관통 덕트가 없게 되므로 방재상 유리하다.

56 난방부하가 3600kcal/h인 실에 온수를 열매로 하는 방열기를 설치하는 경우 소요방열 면적은 몇 m^2인가?(단, 방열기의 방열량은 표준방열량[kcal/m^2h]을 기준으로 한다.)

① 2.0　② 4.0
③ 6.0　④ 8.0

방열면적 $= \frac{\text{난방부하}}{\text{상당방열량}} = \frac{3600}{450} = 8$

57 공조되는 인접실과 5℃의 온도차가 나는 경우에 벽체를 통한 관류열량은?(단, 벽체의 열관류율은 0.5kcal/m^2h℃이며, 인접실과 접한 벽체의 면적은 300m^2이다.)

① 215kcal/h　② 325kcal/h
③ 750kcal/h　④ 1500kcal/h

58 공조용 저속 덕트를 등마찰법으로 설계할 때 사용하는 단위마찰 저항으로 맞는 것은?

① 0.08~0.15mmAq/m　② 0.8~1.5mmAq/m
③ 8~15mmAq/m　④ 80~150mmAq/m

59 온풍난방의 장점이 아닌 것은?

① 예열시간이 짧아 비교적 연료소비량이 적다.
② 온도의 자동제어가 용이하다.
③ 필터를 채택하므로 깨끗한 공기를 유지할 수 있다.
④ 실내온도 분포가 균등하다.

60 보일러로부터의 증기 또는 온수나, 냉동기로부터의 냉수를 객실에 있는 유닛으로 공급시켜 냉·난방을 하는 것으로 덕트 스페이스가 필요 없고, 각 실의 제어가 쉬워서 주택, 여관 등과 같이 재실인원이 적은 방에 적절한 방식은?

① 전 공기 방식　② 전 수 방식
③ 공기 – 수 방식　④ 냉매 방식

정답 제1회 CBT 대비 적중모의고사

01 ④	02 ①	03 ②	04 ②	05 ③
06 ④	07 ②	08 ④	09 ②	10 ①
11 ③	12 ①	13 ③	14 ③	15 ④
16 ④	17 ①	18 ②	19 ④	20 ③
21 ③	22 ③	23 ①	24 ②	25 ④
26 ③	27 ③	28 ③	29 ③	30 ②
31 ①	32 ②	33 ③	34 ①	35 ③
36 ③	37 ④	38 ③	39 ④	40 ①
41 ③	42 ②	43 ①	44 ④	45 ②
46 ③	47 ①	48 ①	49 ①	50 ②
51 ①	52 ③	53 ②	54 ④	55 ①
56 ④	57 ③	58 ①	59 ④	60 ②

제2회 CBT 대비 적중모의고사

적중 모의고사

01 **냉동기의 메인 스위치를 차단하고 전기 시설을 점검하던 중 감전사고가 있었다면 어떤 전기부품 때문인가?**

① 콘덴서 ② 마그네트
③ 릴레이 ④ 타이머

02 **작업복에 대한 설명 중 옳지 않은 것은?**

① 작업복의 스타일은 착용자의 연령, 성별 등을 고려할 필요가 없다.
② 화기사용 작업자는 방염성, 불연성의 작업복을 착용한다.
③ 작업복은 항상 깨끗이 하여야 한다.
④ 작업복은 몸에 맞고 동작이 편하며, 상의 끝이나 바지자락 등이 기계에 말려 들어갈 위험이 없도록 한다.

> 작업복은 연령, 성별 등을 고려해야 한다.

03 **재해율 중 연천인율을 구하는 식으로 옳은 것은?**

① 연천인율 = (연간 재해자수/연평균근로자수) × 1000
② 연천인율 = (연평균근로자수/재해발생건수) × 1000
③ 연천인율 = (재해발생건수/근로총시간수) × 1000
④ 연천인율 = (근로총시간수/재해발생건수) × 1000

04 **가스용접 토치가 과열되었을 때 가장 적절한 조치 사항은?**

① 아세틸렌가스를 멈추고 산소 가스만을 분출시킨 상태로 물속에서 냉각시킨다.
② 산소 가스를 멈추고 아세틸렌가스만을 분출시킨 상태로 물속에서 냉각시킨다.
③ 아세틸렌 산소 가스를 분출시킨 상태로 물속에서 냉각시킨다.
④ 아세틸렌가스만을 분출시킨 상태로 팁 클리너를 사용하여 팁을 소제하고 공기 중에서 냉각시킨다.

> 과열시 냉각을 시켜야 하고, 먼저 가연성 가스를 차단하고 토치 끝부분을 물속에 넣어 냉각시키며, 물이 염공으로 침입하지 않도록 산소를 분출시킨 상태로 냉각해야 한다.

05 **보호 장구는 필요할 때 언제라도 착용할 수 있도록 청결하고 성능이 유지된 상태에서 보관되어야 한다. 보관방법으로 틀린 것은?**

① 광선을 피하고 통풍이 잘되는 장소에 보관할 것
② 부식성, 유해성, 인화성 액체 등과 혼합하여 보관하지 말 것
③ 모래, 진흙 등이 묻은 경우는 깨끗이 씻고 햇빛에서 말릴 것
④ 발열성 물질을 보관하는 주변에 가까이 두지 말 것

06 **다음 중 불안전한 상태라 볼 수 없는 것은?**

① 환기 불량 ② 위험물의 방지
③ 안전교육의 미 참여 ④ 기계기구의 정비 불량

07 **냉동 제조 설비의 안전관리자의 인원에 대한 설명 중 올바른 것은?**

① 냉동능력 300톤 초과(냉매가 프레온일 경우는 600톤 초과)인 경우 안전관리원은 3명 이상이어야 한다.
② 냉동능력이 100톤 초가 300톤 이하(냉매가 프레온일 경우는 200톤 초과 600톤 이하)인 경우 안전관리원은 1명 이상이어야 한다.
③ 냉동능력 50톤 초과 100톤 이하(냉매가 프레온일 경우는 100톤 초과 200톤 이하)인 경우 안전관리총괄자는 없어도 상관없다.
④ 냉동능력 50톤 이하(냉매가 프레온일 경우는 100톤 이하)인 경우 안전관리 책임자는 없어도 상관없다.

08 보일러 파열사고의 원인으로 적절하지 못한 것은?

① 압력 초과 ② 취급 불량
③ 수위 유지 ④ 과열

보일러 파열사고로 압력 초과, 취급 불량, 과열 등이 있다.

09 수공구 안전에 대한 일반적인 유의사항으로 잘못된 것은?

① 사용 전에 이상 유무를 반드시 점검한다.
② 작업에 적합한 공구가 없을 경우 대용으로 유사한 것을 사용한다.
③ 수공구 사용 시에는 필요한 보호구를 착용한다.
④ 수공구 사용 전에 충분한 사용법을 숙지하고 익히도록 한다.

10 응축기에서 응축 액화된 냉매가 수액기로 원활히 흐르지 못하는 가장 큰 원인은?

① 액 유입관경이 크다.
② 액 유출관경이 크다.
③ 안전밸브의 구경이 작다.
④ 균압관의 관경이 작다.

11 전기화재 발생 시 가장 좋은 소화기는?

① 산알칼리 소화기 ② 포말 소화기
③ 모래 ④ 분말 소화기

12 산소용접 중 역화현상이 일어났을 때 조치 방법으로 가장 적합한 것은?

① 아세틸렌 밸브를 즉시 닫는다.
② 토치 속의 공기를 배출한다.
③ 아세틸렌 압력을 높인다.
④ 산소압력을 용접조건에 맞춘다.

13 고압선과 저압 가공선이 병가된 경우 접촉으로 인해 발생하는 것과 변압기의 1,2차 코일의 절연파괴로 인하여 발생하는 현상과 관계있는 것은?

① 단락 ② 지락
③ 혼촉 ④ 누전

- 단락 : 전선의 일부가 합선됨
- 지락 : 전선 중 일부가 대지로 연결됨
- 누전 : 절연이 불완전하여 전기 일부가 전선 밖의 도체로 흐르는 현상
- 단선 : 전선이 끊어짐

14 양중기의 종류 중 동력을 사용하여 중량물을 매달아 상하 및 좌우로 운반하는 기계장치는?

① 크레인
② 리프트
③ 곤돌라
④ 승강기

15 사업주는 보일러의 안전한 운전을 위하여 근로자에게 보일러의 운전방법을 교육하여 안전사고를 방지하여야 한다. 다음 중 교육내용에 해당하지 않는 것은?

① 보일러의 각종 부속장치의 누설상태를 점검할 것
② 압력방출장치, 압력제한스위치, 화염 검출기의 설치 및 정상작동 여부를 점검할 것
③ 압력방출장치의 개방된 상태를 확인할 것
④ 고저수의조절장치와 급수펌프와의 상호 기능 상태를 점검할 것

압력방출장치는 보일러 내부 압력이 규정치 이상으로 초과될 때 증기를 외부로 배출하며 평상 시에는 닫혀 있다.

16 다음 용어 설명 중 잘못된 것은?

① 냉각(cooling) : 상온보다 낮은 온도로 열을 제거하는 것
② 동결(freezing) : 냉각작용에 의해 물질을 응고점 이하까지 열을 제거하여 고체상태로 만든 것
③ 냉장(storage) : 냉각장치를 이용, 0℃이상의 온도에서 식품이나 공기 등을 상변화 없이 저장하는 것
④ 냉방(air conditioning) : 실내공기에 열을 가하여 주위 온도보다 높게 하는 방법

냉방은 실내 공기의 열을 제거하여 낮게 하는 방법이다.

17 윤활유의 사용목적으로 거리가 먼 것은?

① 운동 면에 윤활작용으로 마모 방지
② 기계적 효율 향상과 소손방지
③ 패킹재료를 보호하여 냉각작용을 억제
④ 유막형성으로 냉매가스 누설방지

패킹재료를 보호하여 산화를 방지한다.

18 팽창밸브 선정 시 고려할 사항 중 관계없는 것은?

① 관의 두께　② 냉동기의 냉동능력
③ 사용 냉매의 종류　④ 증발기의 형식 및 크기

냉동능력에 따라 냉매순환량이 다르며 냉매 종류에 따라 증발 압력이 다르다.

19 다음 그림과 같이 20A 강관을 45° 엘보에 나사 연결할 때 관의 실제 소요길이는 약 얼마인가?(단, 엘보 중심 길이 25㎜, 나사물림 길이 13㎜이다.)

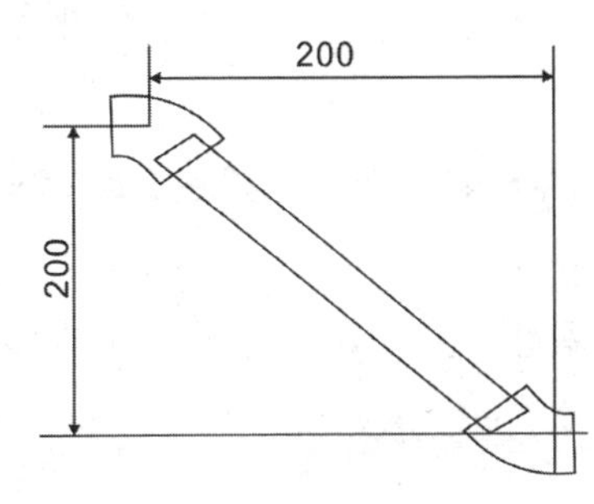

① 255.8㎜　② 258.8㎜
③ 274.8㎜　④ 282.8㎜

$200 \times \sqrt{2} \fallingdotseq 282.84mm$ 이므로
$282.84-[2\times(25-13)] \fallingdotseq 258.8$mm

20 2단 압축 1단 팽창 냉동장치에 대한 설명 중 옳은 것은?

① 단단 압축 시스템에서 압축비가 작을 때 사용된다.
② 냉동부하가 감소하면 중간 냉각기는 필요 없다.
③ 단단 압축 시스템보다 응축능력을 크게 하기 위해 사용된다.
④ −30℃ 이하의 비교적 낮은 증발온도를 요하는 곳에 주로 사용된다.

21 2중 효용 흡수식 냉동기에 대한 설명 중 옳지 않은 것은?

① 단중 효용 흡수식 냉동기에 비해 효율이 높다.
② 2개의 재생기가 있다.
③ 2개의 증발기가 있다.
④ 2개의 열교환기를 가지고 있다.

2중 효용 흡수식 냉동기는 고온발생기, 저온발생기로 발생기가 2개이며 냉매분리가 잘 되어 단중 효용 흡수식에 비해 효율이 높으며 열교환기도 2개이다.

22 아래와 같은 배관의 도시기호는 어느 이음인가?

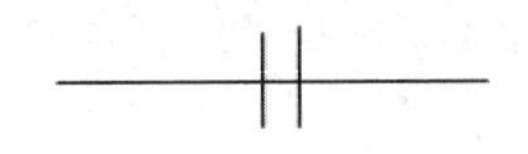

① 나사식 이음　② 플랜지식 이음
③ 용접식 이음　④ 턱걸이식 이음

23 영국의 마력 1[HP]를 열량으로 환산할 때 맞는 것은?

① 102 [kcal/h]　② 632 [kcal/h]
③ 860 [kcal/h]　④ 641 [kcal/h]

$1HP = 76kgfm/s = 76 \times \frac{1}{427} \times 3600$
$\fallingdotseq 641kcal/h$

24 저항 3Ω과 유도 리액턴스 4Ω이 직렬로 접속된 회로 역률은?

① 0.4　② 0.5
③ 0.6　④ 0.8

저항 – 코일직렬연결에서
역률$(Pf) = \frac{R}{\sqrt{R^2+(\omega L)^2}} = \frac{3}{\sqrt{3^2+4^2}} = 0.6$

25 동결장치 상부에 냉각코일을 집중적으로 설치하고 공기를 유동시켜 피냉각물체를 동결시키는 장치는?

① 송풍 동결장치
② 공기 동결장치
③ 접촉 동결장치
④ 브라인 동결장치

26 다음은 NH_3 표준냉동사이클의 P-h선도이다. 플래시 가스 열량은 얼마인가?

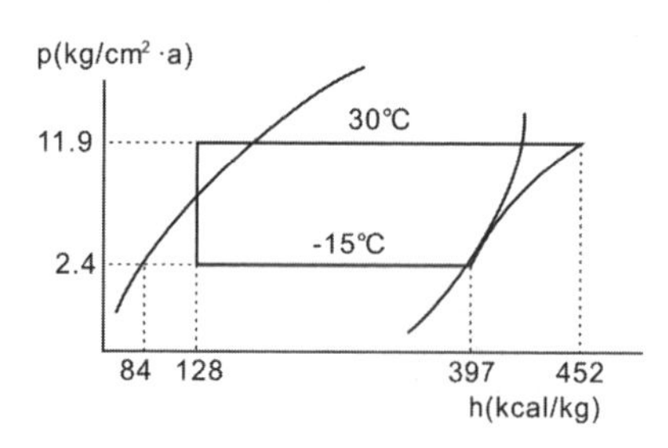

① 44kcal/kg ② 55kcal/kg
③ 313kcal/kg ④ 368kcal/kg

> 플래시 가스 열량은 128 − 84 = 44kcal/kg

27 지열을 이용하는 열펌프(Heat Pump)의 종류가 아닌 것은?

① 엔진구동 열펌프
② 지하수 이용 열펌프
③ 지표수 이용 열펌프
④ 지중열 이용 열펌프

28 냉동장치의 배관에 있어서 유의할 사항으로 틀린 것은?

① 관의 강도가 적합한 규격이어야 한다.
② 냉매의 종류에 따라 관의 재질을 선택해야 한다.
③ 관내부의 유체 압력 손실이 커야 한다.
④ 관의 온도 변화에 의한 신축을 고려해야 한다.

29 제빙용으로 브라인(brine)의 냉각에 적당한 증발기는?

① 관코일 증발기 ② 헤링본 증발기
③ 원통형 증발기 ④ 평판상 증발기

> 탱크형 증발기를 헤링본 증발기라 한다.

30 전자냉동은 어떠한 원리를 이용한 것인가?

① 제백효과 ② 안티효과
③ 펠티에효과 ④ 증발효과

31 증발기의 성에부착을 제거하기 위한 제상 방법이 아닌 것은?

① 전열제상 ② 핫 가스제상
③ 산 살포제상 ④ 부동액 살포제상

32 증발 온도가 낮을 때 미치는 영향 중 틀린 것은?

① 냉동능력 감소
② 소요동력 감소
③ 압축비 증대로 인한 실린더 과열
④ 성적 계수 저하

> 증발기 온도가 낮으면 압축비, 압축일, 소요동력, 토출가스온도가 증가하며 체적효율 및 성적계수는 감소한다.

33 온도가 다른 두 물체를 접촉시키면 열은 고온에서 저온의 물체로 이동한다. 이것은 어떤 법칙인가?

① 주울의 법칙 ② 열역학 제2법칙
③ 헤스의 법칙 ④ 열역학 제1법칙

34 배관의 부식방지를 위해 사용하는 도료가 아닌 것은?

① 광명단 ② 연산칼슘
③ 크롬산아연 ④ 탄산마그네슘

> 탄산마그네슘은 보온재이다.

35 암모니아 냉매의 특성에 대한 것으로 틀린 것은?

① 동 및 동합금, 아연을 부식시킨다.
② 철 및 강을 부식시킨다.
③ 물에 잘 용해되지만 윤활유에는 잘 녹지 않는다.
④ 염산이나 유황의 불꽃과 반응하여 흰 연기를 발생시킨다.

36 강관용 이음쇠를 이음방법에 따라 분류한 것이 아닌 것은?

① 용접식 ② 압축식
③ 플랜지식 ④ 나사식

압축식 이음은 플레어 이음이라 하며 동관 이음 방법을 말한다.

37 **회전식(Rotary)압축기의 설명 중 틀린 것은?**

① 흡입밸브가 없다.
② 압축이 연속적이다.
③ 회전수가 200rpm 정도로 매우 적다.
④ 왕복동에 비해 구조가 간단하다.

38 **냉매가 팽창밸브(expansion valve)를 통과할 때 변하는 것은?(단, 이론상의 표준냉동 사이클)**

① 엔탈피와 압력　② 온도와 엔탈피
③ 압력과 온도　④ 엔탈피와 비체적

39 **임계점에 대한 설명으로 맞는 것은?**

① 어느 압력 이상에서 포화액이 증발이 시작됨과 동시에 건포화 증기로 변하게 되는데, 포화액선과 건포화 증기선이 만나는 점
② 포화온도 하에서 증발이 시작되어 모두 증발하기까지의 온도
③ 물이 어느 온도에 도달하면 온도는 더 이상 상승하지 않고 증발이 시작되는 온도
④ 일정한 압력 하에서 물체의 온도가 변화하지 않고 상이 변화하는 점

40 **다음 중 계전기 b접점을 나타낸 것은?**

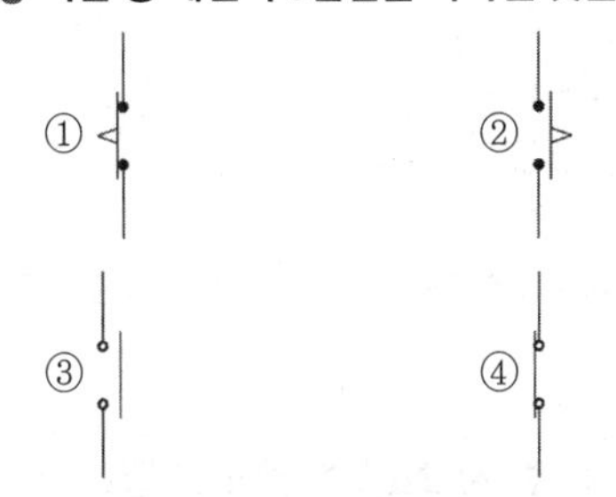

a접점 : 평상시 off, 누르면 on
b접점 : 평상시 on, 누르면 off
② 한시접점 a(타이머)
③ 계전기 a
④ 계전기 b

41 **냉동장치의 냉매계통 중에 수분이 침입하였을 때 일어나는 현상을 열거한 것 중 잘못된 것은?**

① 유리된 수분이 물방울이 되어 프레온 냉매계통을 순환하다가 팽창밸브에서 동결한다.
② 침입한 수분이 냉매나 금속과 화학반응을 일으켜 냉매계통에 부식, 윤활유의 열화 등을 일으킨다.
③ 암모니아는 물에 잘 녹으므로 침입한 수분이 동결하는 장애가 적은 편이다.
④ R-12는 R-22보다 많은 수분을 용해하므로, 팽창 밸브 등에서의 수분동결 현상이 적게 일어난다.

프레온은 종류에 관계없이 수분과 용해하지 않는다.

42 **증발식 응축기에 관한 설명으로 옳은 것은?**

① 일반적으로 물의 소비량이 수랭식 응축기보다 현저하게 적다.
② 대기의 습구온도가 낮아지면 응축온도가 높아진다.
③ 송풍량이 적어지면 응축능력이 증가한다.
④ 냉각작용 3가지(수랭, 공랭, 증발) 중 1가지(증발)에 의해서만 응축이 된다.

대기의 습구온도가 낮아지면 응축온도가 내려간다. 송풍량이 적으면 냉각효과가 떨어져 응축압력, 온도가 증가하며 증발식은 냉각작용 3가지가 동시에 작용하여 응축되며 증발에 의한 효과가 가장 크다.

43 **순저항(R)만으로 구성된 회로에 흐르는 전류와 전압과의 위상 관계는?**

① 90° 앞선다.　② 90° 뒤진다.
③ 180° 앞선다.　④ 동위상이다.

44 **냉동장치의 고압측에 안전장치로 사용되는 것 중 옳지 않은 것은?**

① 스프링식 안전밸브　② 플로우트 스위치
③ 고압차단스위치　④ 가용전

플로우트 스위치는 액면의 높이에 따라 작동되므로 고압측 안전장치와 관계없다.

45 보기의 내용 중 브라인의 구비 조건으로 적절한 것만 골라놓은 것은?

㉠ 비열과 열전도율이 클 것 ㉡ 끓는점이 높고, 불연성일 것 ㉢ 동결온도가 높을 것 ㉣ 점성이 크고 부식성이 클 것

① ㉠, ㉡　② ㉠, ㉢
③ ㉡, ㉢　④ ㉠, ㉣

> 브라인은 동결온도가 낮고, 점성이 작고, 부식성이 없어야 한다.

46 다음 중 개별 공기조화 방식은?

① 패키지 유닛 방식　② 단일 덕트 방식
③ 팬코일 유닛 방식　④ 멀티존 방식

47 다음 중 배연방식이 아닌 것은?

① 자연 배연방식　② 국소 배연방식
③ 스모크타워방식　④ 기계 배연방식

48 공기조화의 개념을 가장 올바르게 설명한 것은?

① 실내 공기의 청정도를 적합하도록 조절하는 것
② 실내 공기의 온도를 적합하도록 조절하는 것
③ 실내 공기의 습도를 적합하도록 조절하는 것
④ 실내 또는 특정한 장소의 공기의 기류속도, 습도, 청정도 등을 사용 목적에 적합하도록 조절하는 것

49 그림과 같이 공기가 상태변화를 하였을 때 바르게 설명한 것은?

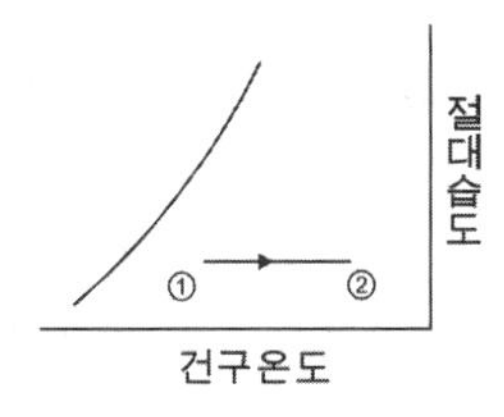

① 절대 습도 증가　② 상대 습도 감소
③ 수증기 분압 감소　④ 현열량 감소

> 가습 및 감습 없이 단순히 공기를 가열할 경우 수증기량(절대 습도)은 일정하지만 상대 습도는 감소한다.

50 시간당 5000m³의 공기가 지름 80cm의 원형 덕트 내를 흐를 때 풍속은 약 몇 m/s인가?

① 1.81　② 2.32
③ 2.76　④ 3.25

> $$속도 = \frac{유량}{면적} = \frac{5000}{\frac{3600 \times \pi \times 0.8^2}{4}}$$
> $$\fallingdotseq 2.76m/s$$

51 다음 중 부하의 양이 가장 큰 것은?

① 실내부하　② 냉각코일부하
③ 냉동기부하　④ 외기부하

52 온풍난방의 특징에 대한 설명 중 맞는 것은?

① 예열부하가 작아 예열시간이 짧다.
② 송풍기의 전력소비가 작다.
③ 송풍 덕트의 스페이스가 필요 없다.
④ 실온과 동시에 실내의 습도와 기류의 조정이 어렵다.

53 신축곡관이라고도 하며 관의 구부림을 이용하여 신축을 흡수하는 신축이음장치는?

① 슬리브형 신축이음
② 벨로스형 신축이음
③ 루프형 신축이음
④ 스위블형 신축이음

> 루프형은 신축곡관으로 굽힘 반경의 6배이다.

54 기계배기와 적당한 자연급기에 의한 환기방식으로써 화장실, 탕비실, 소규모 조리장의 환기 설비에 적당한 환기법은?

① 제1종 환기법　② 제2종 환기법
③ 제3종 환기법　④ 제4종 환기법

55 감습 장치에 대한 내용 중 옳지 않은 것은?

① 압축 감습 장치는 동력소비가 적다.
② 냉각 감습 장치는 노점 온도 이하로 감습 한다.
③ 흡수식 감습 장치는 흡수성이 큰 용액을 이용한다.
④ 흡착식 감습 장치는 고체 흡수제를 이용한다.

56 공기조화설비의 구성요소 중에서 열원장치에 속하는 것은?

① 송풍기
② 덕트
③ 자동제어장치
④ 흡수식 냉온수기

57 어느 실내온도가 25℃이고, 온수방열기의 방열면적이 10m² EDR인 실내의 방열량은 얼마인가?

① 1250kcal/h ② 2500kcal/h
③ 4500kcal/h ④ 6000kcal/h

실내 방열량 = 10 × 450 = 4500

58 다음 공기조화방식 중에서 덕트 방식이 아닌 것은?

① 팬코일 유닛 방식
② 유인 유닛 방식
③ 각층 유닛 방식
④ 전 공기 방식

팬코일 유닛 방식은 덕트를 사용 않고 냉온수를 배관을 통해 실내로 공급하는 방식이다.

59 송풍기의 크기가 정수일 때 풍량은 회전속도에 비례하며, 압력은 회전속도비의 2제곱에 비례하고, 동력은 회전속도비의 3제곱에 비례한다는 법칙으로 맞는 것은?

① 상압의 법칙
② 상속의 법칙
③ 상사의 법칙
④ 상동의 법칙

60 실내공기의 흡입구 중 펀칭메탈형 흡입구의 자유 면적비는 펀칭메탈의 관통된 구멍의 총면적과 무엇의 비율인가?

① 전체면적 ② 디퓨저의 수
③ 격자의 수 ④ 자유면적

자유면적비 = 구멍면적 / 전체면적

정답 제2회 CBT 대비 적중모의고사

01 ①	02 ①	03 ①	04 ①	05 ③
06 ③	07 ②	08 ③	09 ②	10 ④
11 ④	12 ①	13 ③	14 ①	15 ③
16 ④	17 ③	18 ①	19 ②	20 ④
21 ③	22 ②	23 ④	24 ③	25 ①
26 ①	27 ①	28 ③	29 ②	30 ③
31 ③	32 ②	33 ②	34 ④	35 ②
36 ②	37 ③	38 ③	39 ①	40 ④
41 ④	42 ①	43 ④	44 ②	45 ①
46 ①	47 ②	48 ④	49 ②	50 ③
51 ③	52 ①	53 ③	54 ③	55 ①
56 ④	57 ③	58 ①	59 ③	60 ①

제 3 회 CBT 대비 적중모의고사

QUESTIONS FROM PREVIOUS TESTS

적중 모의고사

01 재해의 직접적인 원인에 해당되는 것은?

① 불안전한 상태 ② 기술적인 원인
③ 관리적인 원인 ④ 교육적인 원인

• 직접적 원인 : 불안전 상태(물적 요인), 불안전 행동(인적 요인)
• 관리적 원인 : 기술적 원인, 교육적 원인

02 냉동 장치 내에 불응축 가스가 침입되었을 때 미치는 영향 중 틀린 것은?

① 압축비 증대 ② 응축압력 상승
③ 소요동력 증대 ④ 토출가스 온도저하

불응축 가스는 응축기에서 액화되지 않은 가스로 불응축 가스의 분압 만큼 응축 압력이 상승하고, 압축기 과열로 소요 동력 증대, 압축비 증대, 토출가스 온도 상승으로 냉동능 력 감소 등에 영향을 준다.

03 작업장에서 계단을 설치할 때 폭은 몇 m 이상으로 하여야 하는가?

① 0.2 ② 1
③ 2 ④ 5

계단을 설치하는 경우 그 폭을 1m 이상으로 하여야 하며, 계단에 손잡이 외의 다른 물건 등을 설치하거나 쌓아 두어서는 안 된다.

04 안전수칙을 지킴으로 발생될 수 있는 효과로 거리가 가장 먼 것은?

① 기업의 신뢰도를 높여준다.
② 기업의 이직률이 감소된다.
③ 기업의 투자경비가 늘어난다.
④ 상하 동료 간의 인간관계가 개선된다.

안전수칙을 지키는 행위가 기업의 투자경비 증가를 가져오지는 않는다. 또한, 안전을 위한 제반 경비의 사용은 단기적으로는 경비가 늘어날 수 있지만, 장기적으로는 재해에 따른 손실을 감소시킴으로써 비용의 절감 효과를 가져올 수 있다.

05 기계설비의 안전한 사용을 위하여 지급되는 보호구를 설명한 것이다. 올바른 것은?

① 용접 시 불꽃 또는 물체가 날아 흩어질 위험이 있는 작업 : 보안면
② 물체가 떨어지거나 날아올 위험, 근로자가 감전되거나 추락할 위험이 있는 작업 : 안전대
③ 감전의 위험이 있는 작업 : 보안경
④ 고열에 의한 화상 등의 위험이 있는 작업 : 방화복

② 안전모, ③ 절연 장갑, ④ 방열복

06 소화기 보관상의 주의사항으로 잘못된 것은?

① 겨울철에는 얼지 않도록 보온에 유의 한다.
② 소화기 뚜껑은 조금 열어놓고 봉인하지 않고 보관한다.
③ 습기가 적고 서늘한 곳에 둔다.
④ 가스를 채워 넣는 소화기는 가스를 채울 때 반드시 제조업자에게 의뢰 하도록 한다.

소화기 뚜껑은 닫고, 봉인하여 보관해야 한다.

07 공기압축기를 가동하는 때의 시작 전 점검사항에 해당되지 않는 것은?

① 공기저장 압력용기의 외관상태
② 드레인 밸브의 조작 및 배수
③ 압력방출장치의 기능
④ 비상 정지장치 및 비상 하강방지장치 기능의 이상유무

비상 정지 및 하강 방지 장치 기능의 이상유무는 정기 점검 항목이다.

08 **전기용접 작업의 안전사항에 해당되지 않는 것은?**

① 용접 작업 시 보호 장비를 착용토록 한다.
② 홀더나 용접봉은 맨손으로 취급하지 않는다.
③ 작업 전에 소화기 및 방화사를 준비한다.
④ 용접이 끝나면 용접봉은 홀더에서 빼지 않는다.

> 용접이 끝나면 용접봉은 홀더에서 분리해야 한다.

09 **정(chisel)의 사용 시 안전관리에 적합하지 않은 것은?**

① 비산 방지판을 세운다.
② 올바른 치수와 형태의 것을 사용한다.
③ 칩이 끊어져 나갈 무렵에는 힘주어서 때린다.
④ 담금질 한 재료는 정으로 작업하지 않는다.

> 정 작업은 처음에는 가볍게 두들기고 목표가 정해진 후에 차츰 세게 두들긴다. 또 작업이 끝날 때에는 타격을 약하게 한다.

10 **안전모가 내전압성을 가졌다는 말은 최대 몇 볼트의 전압에 견디는 것을 말하는가?**

① 600V ② 720V
③ 1000V ④ 7000V

> 내전압성은 7000V이하의 전압에 견디어야 한다.

11 **고압 가스 안전 관리법에 의거 원심식 압축기의 냉동설비 중 그 압축기의 원동기 냉동능력 산정기준으로 맞는 것은?**

① 정격출력 1.0kW를 1일의 냉동능력 1톤으로 본다.
② 정격출력 1.2kW를 1일의 냉동능력 1톤으로 본다.
③ 정격출력 1.5kW를 1일의 냉동능력 1톤으로 본다.
④ 정격출력 2.0kW를 1일의 냉동능력 1톤으로 본다.

> 원심식 압축기를 사용하는 냉동설비는 그 압축기의 원동기 정격출력 1.2kW를 1일의 냉동 능력 1톤으로 보고 흡수식 냉동설비는 발생기를 가열하는 1시간의 입열량 6640kcal를 1일 의 냉동능력 1톤으로 본다.

12 **보일러에 부착된 안전밸브의 구비조건 중 틀린 것은?**

① 밸브 개폐 동작이 서서히 이루어질 것
② 안전밸브의 지름과 압력분출장치 크기가 적정할 것
③ 정상 압력으로 될 때 분출을 정지할 것
④ 보일러 정격용량 이상 분출할 수 있어야할 것

> 밸브 개폐 동작은 자유롭고 신속하게 해야 한다.

13 **휘발성 유류의 취급 시 지켜야 할 안전 사항으로 옳지 않은 것은?**

① 실내의 공기가 외부와 차단 되도록 한다.
② 수시로 인화물질의 누설여부를 점검한다.
③ 소화기를 규정에 맞게 준비하고, 평상시에 조작방법을 익혀둔다.
④ 정전기가 발생하는 작업복의 착용을 금한다.

> 휘발성 유류는 유출된 증기에 의한 화재발생 우려가 있으므로 환기가 필요하다.

14 **보호구 사용 시 유의사항으로 옳지 않은 것은?**

① 작업에 적절한 보호구를 선정한다.
② 작업장에는 필요한 수량의 보호구를 비치한다.
③ 보호구는 사용하는데 불편이 없도록 관리를 철저히 한다.
④ 작업을 할 때 개인에 따라 보호구는 사용 안 해도 된다.

15 **중량물을 운반하기 위하여 크레인을 사용하고자 한다. 크레인의 안전한 사용을 위해 지정거리에서 권상을 정지시키는 방호장치는?**

① 과부하 방지 장치
② 권과 방지 장치
③ 비상 정지 장치
④ 해지 장치

> 권과방지장치는 와이어로프를 많이 감아 인양물이나 흑이 붐의 끝단과 충돌하는 것을 방지하기 위한 안전장치이다.

16 어떤 냉동기를 사용하여 25℃의 순수한 물 100ℓ를 -10℃의 얼음으로 만드는데 10분이 걸렸다.고 한다.면, 이 냉동기는 약 몇 냉동톤인가?(단, 1냉동톤은 3320kcal/h, 냉동기의 모든 효율은 100%이다.)

① 3 냉동톤
② 16 냉동톤
③ 20 냉동톤
④ 25 냉동톤

$Q_1 = 100 \times 25 \times 1 = 2500$
$Q_2 = 100 \times 79.68 \times 1 = 7968$
$Q_3 = 100 \times 0.5 \times 10 = 500$
$Q = Q_1 + Q_2 + Q_3$
$= 2500 + 7968 + 500 = 10968kcal$
냉동톤은 시간단위이므로
$$\frac{10968 \times \frac{60}{10}}{3320} = 19.82RT$$

17 동관 공작용 작업 공구이다. 해당사항이 적은 것은?

① 익스팬더 ② 사이징 툴
③ 튜브 벤더 ④ 봄볼

봄볼은 연관용 공구로 주관에 구멍 뚫는 공구이다.

18 만액식 증발기의 전열을 좋게 하기 위한 것이 아닌 것은?

① 냉각관이 냉매액에 잠겨 있거나 접촉해 있을 것
② 증발기 관에 핀(fin)을 부착할 것
③ 평균 온도차가 작고 유속이 빠를 것
④ 유막이 없을 것

만액식 증발기 전열을 좋게 하기 위해서 평균 온도차가 7℃이상으로 크고 유속이 적당해야 한다.

19 다음 중 압축기와 관계없는 효율은?

① 체적효율 ② 기계효율
③ 압축효율 ④ 팽창효율

압축기 효율은 체적효율, 압축효율, 기계효율이 있다.

20 냉동장치 내에 냉매가 부족할 때 일어나는 현상으로 옳은 것은?

① 흡입관에 서리가 보다 많이 붙는다.
② 토출압력이 높아진다.
③ 냉동능력이 증가한다.
④ 흡입압력이 낮아진다.

냉매가 부족하면 액체 냉매의 온도가 높고, 흡입압력과 토출압력이 낮고 증발관에 성에가 끼지 않고 심하면 성에가 녹는다.

21 냉동장치의 부속기기에 대한 설명에서 잘못된 것은?

① 여과기는 냉매계통중의 이물질을 제거하기 위해 사용한다.
② 암모니아 냉동장치의 유 분리기에서 분리된 유는 냉매와 분리 후 회수한다.
③ 액순환식 냉동장치에 있어 유 분리기는 압축기의 흡입부에 부착한다.
④ 프레온 냉동장치에 있어서는 냉매와 유가 잘 혼합되므로 특별한 유회수장치가 필요하다.

유분리기는 암모니아 냉동기에는 압축기 토출부와 응축기 사이 3/4지점에 프레온 냉동기 는 1/4지점이 적합하다.

22 저단 측 토출가스의 온도를 냉각시켜 고단 측 압축기가 과열되는 것을 방지 하는 것은?

① 부스터 ② 인터쿨러
③ 콤파운드 압축기 ④ 익스펜션탱크

2단 압축에서 인터쿨러(중간 냉각기)는 토출 가스 온도 강화 및 증발기에 공급되는 냉매 액을 과냉삭시켜 냉동효과를 증대시키는 역할을 한다.

23 열에 관한 설명으로 틀린 것은?

① 승화열은 고체가 기체로 되면서 주위에서 빼앗는 열량이다.
② 잠열은 물체의 상태를 바꾸는 작용을 하는 열이다.
③ 현열은 상태변화 없이 온도변화에 필요한 열이다.
④ 융해열은 현열의 일종이며, 고체를 액체로 바꾸는데 필요한 열이다.

24 암모니아와 프레온 냉동 장치를 비교 설명한 것 중 옳은 것은?

① 압축기의 실린더 과열은 프레온보다 암모니아가 심하다.
② 냉동 장치 내에 수분이 있을 경우, 장치에 미치는 영향은 프레온보다 암모니아가 심하다.
③ 냉동 장치 내에 윤활유가 많은 경우, 프레온보다 암모니아가 문제성이 적다.
④ 동일 조건에서는 성능, 효율 및 모든 제원이 같다.

> 프레온 압축기는 실린더 과열을 방지하기 위해 워터 재킷을 설치한다

25 팽창밸브 선정 시 고려할 사항 중 관계없는 것은?

① 관 두께
② 냉동기의 냉동능력
③ 사용냉매 종류
④ 증발기의 형식 및 크기

> 팽창밸브는 고온·고압의 냉매액을 증발기에서 증발하기 쉽도록 교축작용에 의하여 단열팽창(교축)시켜 저온·저압으로 낮춰주는 작용을 하는 동시에 냉동부하(증발부하)의 변동에 대응하여 냉매량을 조절하는 것으로 관 두께는 고려사항이 아니다.

26 다음 중 나사용 패킹으로 냉매배관에 주로 많이 쓰이는 것은?

① 고무　　② 일산화연
③ 몰드　　④ 오일시일

> 일산화연은 냉매배관에 많이 사용하며 빨리 응고되어 페인트에 일산화연을 조금 섞어서 사 용한다.

27 다음 설명 중 옳은 것은?

① 냉장실의 온도는 열복사에 의해서 균일하게 된다.
② 냉장실의 방열벽에는 열전도율이 큰 재료를 사용한다.
③ 물은 얼음 보다는 열전도율이 적으나 공기보다는 크다.
④ 수냉 응축기에서 냉각관의 전열은 물때의 영향은 받으나 냉각수의 유속과는 관계가 없다.

28 터보 냉동기의 특징을 설명한 것이다. 옳은 것은?

① 마찰부분이 많아 마모가 크다.
② 제어범위가 좁아 정밀제어가 곤란하다.
③ 저온장치에서는 압축단수가 작아지며 효율이 좋다.
④ 저압냉매를 사용하므로 취급이 용이하고 위험이 적다.

> 터보 냉동기는 마찰부분이 없어 마모가 적으며 제어범위가 광범위하며 정밀 제어가 가능 하고 1단의 압축으로 압축비를 크게 할 수 없다.

29 냉동기 오일에 관한 설명 중 틀린 것은?

① 윤활 방식에는 비말식과 강제급유식이 있다.
② 사용 오일은 응고점이 높고 인화점이 낮아야 한다.
③ 수분의 함유량이 적고 장기간 사용하여도 변질이 적어야 한다.
④ 일반적으로 고속다기통 압축기의 경우 윤활유의 온도는 50~60℃ 정도이다.

> 냉동기 오일은 응고점이 낮고 인화점이 높아야 한다.

30 2원 냉동장치의 설명으로 볼 수가 없는 것은?

① 약 -80℃ 이하의 저온을 얻는데 사용된다.
② 비등점이 높은 냉매는 고온 측 냉동기에 사용된다.
③ 저온 측 압축기의 흡입관에는 팽창탱크가 설치되어 있다.
④ 중간 냉각기를 설치하여 고온 측과 저온 측을 열 교환 시킨다.

> 중간 냉각기는 2단 압축에 필요하고 2원 냉동장치에는 카스게이드 콘덴서가 필요하다.

31 다음은 용접이음용 크로스(cross)를 나타낸 것이다. 호칭표시가 맞는 것은 어느 것인가?

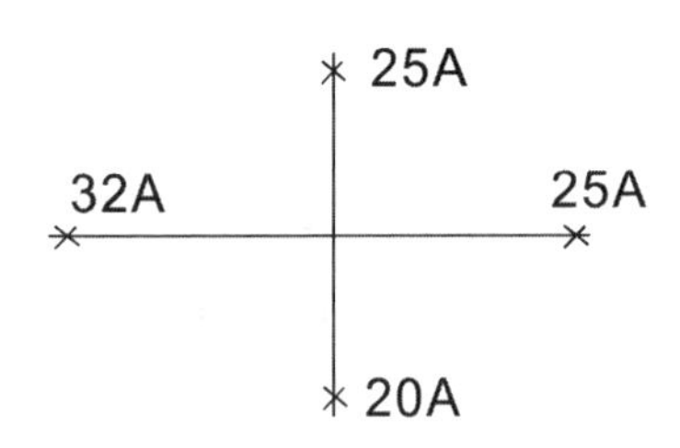

① 크로스 : 25A×25A×20A×32A
② 크로스 : 32A×25A×25A×20A
③ 크로스 : 20A×25A×25A×32A
④ 크로스 : 32A×20A×25A×25A

32 전자밸브는 다음 어느 동작에 해당되는가?

① 비례동작 ② 적분동작
③ 미분동작 ④ 2위치동작

> 전자밸브는 전자석의 원리(전류에 위한 자기 작용)를 이용하여 밸브를 On-Off시키는 2위치 동작을 수행한다.

33 프레온계 냉매 중에서 수소원자(H)를 가지고 있지 않은 것은?

① R - 21 ② R - 22
③ R - 502 ④ R - 114

> • R-21 : $CHC\ell_2F$ R-22 : $CHC\ell F_2$
> • R-502 : $CHC\ell F_2 + CC\ell F_2CF_3$
> • R-114 : $C_2C\ell_2F_4$

34 공정점이 -55℃ 이고 저온용 브라인으로서 일반적으로 제빙, 냉장 및 공업용으로 많이 사용되고 있는 것은?

① 염화칼슘 ② 염화나트륨
③ 염화마그네슘 ④ 프로필렌글리콜

> • 염화칼슘 : 현재 가장 널리 사용되며 주로 제빙, 냉장용으로 사용
> • 염화나트륨 : 식료품과 직접 접촉하여도 지장이 없는 생선류의 냉동 및 냉장에 사용
> • 염화마그네슘 : 거의 사용되지 않음
> • 프로필렌글리콜 : 부식성이 적으며 식품 냉동용
> • 에틸렌글리콜, 글리세린 : 소형 냉동기에 사용, 저온용

35 원심(Turbo)식 압축기의 특징이 아닌 것은?

① 진동이 적다.
② 1대로 대용량이 가능하다.
③ 접동부가 없다.
④ 용량에 비해 대형이다.

> 원심식 압축기는 용량에 비해 소형이다.

36 기준냉동사이클의 증발 과정에서 증발압력과 증발온도는 어떻게 변화 하는가?

① 압력과 온도가 모두 상승한다.
② 압력과 온도가 모두 일정하다.
③ 압력은 상승하고 온도는 일정하다.
④ 압력은 일정하고 온도는 상승한다.

37 회전식 압축기의 특징에 해당 되지 않는 것은?

① 조립이나 조정에 있어서 고도의 정밀도가 요구된다.
② 대형압축기의 저온용 압축기에 많이 사용한다.
③ 왕복동식 보다 부품수가 적으며, 흡입밸브가 없다.
④ 압축이 연속적으로 이루어져 진공펌프로도 사용된다.

> 왕복식 압축기는 대형, 고온용이다.

38 가용전(fusible plug)에 대한 설명으로 틀린 것은?

① 불의의 사고(화재 등)시 일정온도에서 녹아 냉동장치의 파손을 방지하는 역할을 한다.
② 용융점은 냉동기에서 68~75℃ 이하로 한다.
③ 구성 성분은 주석, 구리, 납으로 되어 있다.
④ 토출가스의 영향을 직접 받지 않는 곳에 설치해야 한다.

> 가용전은 주석, 카드뮴, 비스무트의 성분으로 75℃이하에서 용융되도록 설계했다.

39 일반적으로 보온재와 보냉재를 구분하는 기준으로 맞는 것은?

① 사용압력 ② 내화도
③ 열전도율 ④ 안전사용 온도

40 단단 증기 압축식 이론 냉동사이클에서 응축부하가 10 ㎾이고 냉동능력이 6㎾일 때 이론 성적계수는 얼마인가?

① 0.6 ② 1.5
③ 1.67 ④ 2.5

$COP = \frac{Q_2}{A_w} = \frac{T_2}{T_1 - T_2} = \frac{6}{10-6} = 1.5$

41 다음 중 흡수식냉동기의 용량제어방법이 아닌 것은?

① 구동열원 입구제어
② 증기토출 제어
③ 발생기 공급 용액량 조절
④ 증발기 압력제어

증발기 압력 제어 방법은 기계적 냉동 방법이다.

42 서로 다른 지름의 관을 이을 때 사용되는 것은?

① 소켓 ② 유니온
③ 플러그 ④ 부싱

서로 다른 지름관 직선 연결시 레듀셔, 줄임티, 부싱, 이경 엘보우를 사용한다.

43 어떤 물질을 산성, 알칼리성 여부를 측정하는 단위는?

① CHU ② RT
③ pH ④ BTU

- 1CHU : 물 1[lb]의 온도를 1℃ 올리는데 필요한 열량
- 1RT : 0℃의 물 1ton을 24시간 동안 0℃ 얼음으로 만드는데 시간당 제거해야 할 열량
- 1pH : 용액의 액성을 수소 이온 농도로 나타내는 값 (1~14), 중성 $pH_7.0$을 기준으로 7보다 낮으면 산성 높으면 염기성
- 1BTU : 물 1[lb]의 온도를 1℉ 올리는데 필요한 열량

44 팽창변 직후의 냉매 건조도 X=0.14이고, 증발잠열이 400kcal/kg이라면 냉동효과는?

① 56 kcal/kg ② 213 kcal/kg
③ 344 kcal/kg ④ 566 kcal/kg

$400-(0.14 \times 400) = 344$

45 지열을 이용하는 열펌프(Heat Pump)의 종류가 아닌 것은?

① 엔진구동 열펌프
② 지하수 이용 열펌프
③ 지표수 이용 열펌프
④ 지중열 이용 열펌프

46 다음 수관식 보일러에 대한 설명으로 틀린 것은?

① 부하변동에 따른 압력변화가 크다.
② 급수의 순도가 낮아도 스케일 발생이 잘 안 된다.
③ 보유수량이 적어 파열시 피해가 적다.
④ 고온 고압의 증기발생으로 열의 이용도를 높였다.

수관식 보일러는 보유수량이 적어 파열시 피해가 적다.

47 공기조화설비의 구성을 나타낸 것 중 관계가 없는 것은?

① 열원장치 : 가열기, 펌프
② 공기처리장치 : 냉각기, 에어필터
③ 열운반장치 : 송풍기, 덕트
④ 자동제어장치 : 온도조절장치, 습도조절장치

열원장치 : 공조기로 냉각 혹은 가열하기 위해 필요한 냉수, 온수, 증기를 만드는 냉동기 나 보일러 등을 말한다.

48 개별 공조 방식의 특징 설명으로 틀린 것은?

① 설치 및 철거가 간편하다.
② 개별제어가 어렵다.
③ 히트 펌프식은 냉난방을 겸할 수 있다.
④ 실내 유닛이 분리되어 있지 않는 경우는 소음과 진동이 있다.

49 복사난방에 관한 설명 중 맞지 않는 것은?

① 바닥면의 이용도가 높고 열손실이 적다.
② 단열층 공사비가 많이 들고 배관의 고장 발견이 어렵다.
③ 대류 난방에 비하여 설비비가 많이 든다.
④ 방열체의 열용량이 적으므로 외기온도에 따라 방열량의 조절이 쉽다.

복사난방은 외기 온도 변화에 대한 조절이 어렵다.

50 고온수 난방의 특징으로 적당하지 않은 것은?

① 고온수 난방은 증기난방에 비하여 연료절약이 된다.
② 고온수 난방방식의 설계는 일반적인 온수난방 방식보다 쉽다.
③ 공급과 환수의 온도차를 크게 할 수 있으므로 열 수송량이 크다.
④ 장거리 열 수송에 고온수일수록 배관경이 작아진다.

고온수 난방은 설계가 복잡하다.

51 덕트의 부속품에 대한 설명으로 잘못된 것은?

① 소형의 풍량 조절용으로는 버터플라이 댐퍼를 사용한다.
② 공조 덕트의 분기부에는 베인형 댐퍼를 사용한다.
③ 화재 시 화염이 덕트 내에 침입하였을 때 자동적으로 폐쇄가 되도록 방화 댐퍼를 사용한다.
④ 화재의 초기 시 연기감지로 다른 방화구역에 연기가 침입하는 것을 방지하는 방연댐퍼를 사용한다.

공조덕트 분기부는 스프릿 댐퍼를 사용한다.

52 어떤 상태의 공기가 노점온도보다 낮은 냉각코일을 통과 하였을 때의 상태를 설명한 것 중 틀린 것은?

① 절대습도 저하
② 비체적 저하
③ 건구온도 저하
④ 상대습도 저하

53 다음 중 공기의 감습 방법에 해당되지 않는 것은?

① 흡수식 ② 흡착식
③ 냉각식 ④ 가열식

감습방법에는 냉각식, 흡착식, 흡수식이 있다.

54 1차공조기로부터 보내온 고속공기가 노즐 속을 통과할 때의 유인력에 의하여 2차 공기를 유인하여 냉각 또는 가열하는 방식을 무엇이라고 하는가?

① 패키지 유닛방식
② 유인 유닛방식
③ FCU방식
④ 바이패스 방식

55 연도나 굴뚝으로 배출되는 배기가스에 선회력을 부여함으로서 원심력에 의해 연소가스 중에 있는 입자를 제거하는 집진기는?

① 세정식 집진기
② 싸이크론 집진기
③ 전기 집진기
④ 자석식 집진기

56 다음의 냉방부하 중에서 현열 부하만 발생하는 것은?

① 극간풍에 의한 열량
② 인체의 발생 열량
③ 벽체로부터의 열량
④ 실내기구의 발생 열량

현열부하 : 벽체, 유리창을 통한 취득 열량, 기기부하, 재열부하, 조명부하 등

57 다음 중 현열비를 구하는 식은?

① $현열비 = \frac{현열부하}{잠열부하}$

② $현열비 = \frac{잠열부하}{잠열부하+현열부하}$

③ $현열비 = \frac{현열부하}{잠열부하+현열부하}$

④ $현열비 = \frac{잠열부하}{현열부하}$

58 다음 중 온풍난방의 장점이 아닌 것은?

① 예열시간이 짧아 비교적 연료소비량이 적다.
② 온도의 자공제어가 용이하다.
③ 필터를 채택하므로 깨끗한 공기를 유지할 수 있다.
④ 실내온도 분포가 균등하다.

온풍난방은 가열한 공기를 실내에 공급하는 간접 난방으로 타 난방 방식에 비해 열용량이 적고 예열시간이 짧다.

59 화재발생시 연기를 방연구획 등의 건축물의 일정한 구획 내에 가둬넣고 이것을 건물에서 배출하는 설비는?

① 환기설비 ② 급기설비
③ 통풍설비 ④ 배연설비

배연설비는 소방설비로 화재 발생시 연기를 자연적, 인위적으로 배출할 수 있도록 하는 설비이다.

60 상대습도(RH)가 100%일 때 동일하지 않은 온도는?

① 건구온도 ② 습구온도
③ 작용온도 ④ 노점온도

작용온도는 기온, 기류, 주위 면의 온도를 종합한 인체의 체감도를 나타내는 척도이다.

정답 제3회 CBT 대비 적중모의고사

01 ①	02 ④	03 ②	04 ③	05 ①
06 ②	07 ④	08 ④	09 ③	10 ④
11 ②	12 ①	13 ①	14 ④	15 ②
16 ③	17 ④	18 ③	19 ④	20 ④
21 ③	22 ②	23 ④	24 ①	25 ①
26 ②	27 ③	28 ④	29 ②	30 ④
31 ②	32 ④	33 ④	34 ①	35 ④
36 ②	37 ②	38 ③	39 ④	40 ②
41 ④	42 ④	43 ③	44 ③	45 ①
46 ②	47 ①	48 ②	49 ④	50 ②
51 ②	52 ④	53 ④	54 ②	55 ②
56 ③	57 ③	58 ④	59 ④	60 ③

제4회 CBT 대비 적중모의고사

QUESTIONS FROM PREVIOUS TESTS

적중 모의고사

01 가스 용접기를 이용하여 동관을 용접하였다. 용접을 마친 후 조치로서 올바른 것은?(단, 용기의 베인 밸브는 추후 닫는 것으로 한다.)

① 산소 밸브를 먼저 닫고 아세틸렌 밸브를 닫을 것
② 아세틸렌 밸브를 먼저 닫고 산소 밸브를 닫을 것
③ 산소 및 아세틸렌 밸브를 동시에 닫을 것
④ 가스 압력조정기를 닫은 후 호스 내 가스를 유지시킬 것

> 용접 작업 후 산소밸브를 먼저 닫고 아세틸렌 밸브를 닫는다.

02 해머 작업 시 지켜야 할 사항 중 적절하지 못한 것은?

① 녹슨 것을 때릴 때 주의하도록 한다.
② 해머는 처음부터 힘을 주어 때리도록 한다.
③ 작업 시에는 타격하려는 곳에 눈을 집중시킨다.
④ 열처리 된 것은 해머로 때리지 않도록 한다.

03 작업자의 안전태도를 형성하기 위한 가장 유효한 방법은?

① 안전한 보호구 준비
② 안전한 환경의 조성
③ 안전 표지판의 부착
④ 안전에 관한 교육 실시

04 재해 발생 중 사람이 건축물, 비계, 기계, 사다리, 계단 등에서 떨어지는 것을 무엇이라고 하는가?

① 도괴 ② 낙하
③ 비래 ④ 추락

> 도괴 : 건축물 따위가 무너짐
> 낙하(비래) : 물건이 주체가 되어 사람이 맞는 것

05 피뢰기가 구비해야 할 성능조건으로 옳지 않은 것은?

① 반복 동작이 가능할 것
② 견고하고 특성변화가 없을 것
③ 충격방전 개시전압이 높을 것
④ 뇌 전류의 방전능력이 클 것

> 피뢰기 성능 구비 조건
> • 반복 동작이 가능하고 견고하고 특성변화가 없을 것
> • 뇌 전류의 방전능력이 크고, 제한 전압이 낮을 것
> • 충격 방전 개시 전압이 낮고 속류의 차단이 확실할 것

06 보일러의 안전한 운전을 위하여 근로자에게 보일러의 운전방법을 교육하여 안전사고를 방지하여야 한다. 다음 중 교육내용에 해당되지 않는 것은?

① 가동 중인 보일러에는 작업자가 항상 정위치를 떠나지 아니할 것
② 압력방출장치, 압력제한스위치, 화염 검출기의 설치 및 정상 작동여부를 점검할 것
③ 압력방출장치의 개방된 형태를 확인할 것
④ 고저수위 조정 장치와 급수펌프와의 상호 기능 상태를 점검할 것

07 압축가스의 저장탱크에는 그 저장탱크 내용적의 몇 %를 초과하여 충전하면 안 되는가?

① 90% ② 80%
③ 75% ④ 70%

> 90% 이상 과충전 되는 것을 방지한다.

08 불응축 가스가 냉동장치 운전에 미치는 영향으로 옳지 않은 것은?

① 응축압력이 낮아진다.
② 냉동능력이 감소한다.
③ 소비전력이 증가한다.
④ 응축압력이 상승한다.

불응축 가스는 응축기에서 냉매가 액화되지 않은 가스로 응축압력이 높아진다.

09 보일러 점화 직전 운전원이 반드시 제일 먼저 점검해야 할 사항은?

① 공기온도 측정
② 보일러 수위 확인
③ 연료의 발열량 측정
④ 연소실의 잔류가스 측정

10 방폭성능을 가진 전기기기의 구조 분류에 해당 되지 않는 것은?

① 내압 방폭구조
② 유압 방폭구조
③ 압력 방폭구조
④ 자체 방폭구조

방폭구조에는 내압(d), 유입(o), 압력(p), 안전증(e), 본질안전(ia), 특수(s)방폭 구조가 있다.

11 산업재해의 직접적인 원인에 해당되지 않는 것은?

① 안전장치의 기능상실
② 불안전한 자세와 동작
③ 위험물의 취급 부주의
④ 기계장치 등의 설계불량

직접 원인 : 인적 원인(불안전한 행동), 물적 원인(불안전한 상태)
간접 원인 : 기술적, 교육적, 신체적, 정신적, 작업관리상 원인

12 안전에 관한 정보를 제공하기 위한 안내표지의 구성색으로 맞는 것은?

① 녹색과 흰색
② 적색과 흑색
③ 노란색과 흑색
④ 청색과 흰색

녹색과 흰색 : 안내표지, 적색과 흑색 : 금지표지
황색에 흑색 : 경고표지, 청색에 흰색 : 지시표지

13 냉동제조 시설의 안전관리 규정 작성 요령에 대한 설명 중 잘못된 것은?

① 안전관리자의 직무, 조직에 관한 사항을 규정할 것
② 종업원의 훈련에 관한사항을 규정할 것
③ 종업원의 후생복지에 관한 사항을 규정할 것
④ 사업소시설의 공사 유지에 관한사항을 규정할 것

냉동제조 시설 안전관리 규정 작성요령
- 안전관리자 직무, 조직에 관한 사항
- 종업원 훈련에 관한 사항
- 사업소 시설의 공사 유지에 관한 사항
- 위해 발생시 소집방법, 조치, 훈련에 관한 사항
- 시설에 대한 자율 검사방법 및 안전유지에 관한 사항

14 산업재해의 발생 원인별 순서로 맞는 것은?

① 불안정한 상태 〉 불안정한 행위 〉 불가항력
② 불안전한 행위 〉 불안전한 상태 〉 불가항력
③ 불안전한 상태 〉 불가항력 〉 불안전한 행위
④ 불안전한 행위 〉 불가항력 〉 불안전한 상태

산업재해 직접 원인으로 인적원인, 물적원인, 천재지변 등이 있다.

15 목재화재 시에는 물을 소화재로 이용하는데 주된 소화효과는?

① 제거효과 ② 질식효과
③ 냉각효과 ④ 억제효과

냉각효과는 물의 증발잠열을 이용한 소화 효과이다.

16 다음 중 치수식 응축기라고도 하며 나선 모양의 관에 냉매를 통과 시키고 이 나선관을 구형 또는 원형의 수조에 담그고 순환시켜 냉매를 응축시키는 응축기는?

① 쉘 앤 코일식 응축기
② 증발식 응축기
③ 공랭식 응축기
④ 대기식 응축기

17 **냉동장치에 사용하는 냉동기유에 대한 설명 및 구비조건으로 잘못된 것은?**

① 적당한 점도를 가지며, 유막형성 능력이 뛰어날 것
② 인화점이 충분히 높아 고온에서도 변하지 않을 것
③ 밀폐형에 사용하는 것은 전기절연도가 클 것
④ 냉매와 접촉하여도 화학반응을 하지 않고, 냉매와의 분리가 어려울 것

18 **다음 압축기 중에서 압축 방법이 다른 것은?**

① 고속다기통 압축기
② 터보 압축기
③ 스크루 압축기
④ 회전식 압축기

- 터보 압축기 : 원심식, 축류, 혼류식
- 용적 압축기 : 왕복동식, 스크루식, 회전식

19 **1초 동안에 75kgf · m의 일을 할 경우 시간당 발생하는 열량은 약 몇 kcal/h 인가?**

① 651kcal/h
② 632kcal/h
③ 653kcal/h
④ 675kcal/h

$75\text{kgf}\cdot\text{m/s} \times \dfrac{1\text{kcal}}{427\text{kgf}\cdot\text{m}} \times 3600\text{s/h} = 632\text{kcal/h}$

20 **냉동장치내에 냉매가 부족할 때 일어나는 현상이 아닌 것은?**

① 냉동능력이 감소한다.
② 고압측 압력이 상승한다.
③ 흡입관에 심이 붙지 않는다.
④ 흡입가스가 과열된다.

냉매가 부족하면 고압측 압력이 저하된다.

21 **냉동 부속 장치 중 응축기와 팽창 밸브사이의 고압관에 설치하며 증발기의 부하 반응에 대응하여 냉매 공급을 원활하게 하는 것은?**

① 유 분리기 ② 수액기
③ 액 분리기 ④ 중간 냉각기

22 **다음 중 350℃~450℃의 배관에 사용하는 탄소강관으로서 과열증기관 등의 배관에 가장 적합한 관은?**

① SPPH ② SPHT
③ SPW ④ SPPA

- SPHT : 고온 배관용 탄소강관
- SPPH : 고압배관용 탄소강관
- SPW : 배관용 아크용접 탄소강관

23 **다음 중 이상적인 냉동사이클에 해당되는 것은?**

① 오토 사이클 ② 카르노 사이클
③ 사바테 사이클 ④ 역카르노 사이클

24 **관속을 흐르는 유체가 가스일 경우 도시 기호는?**

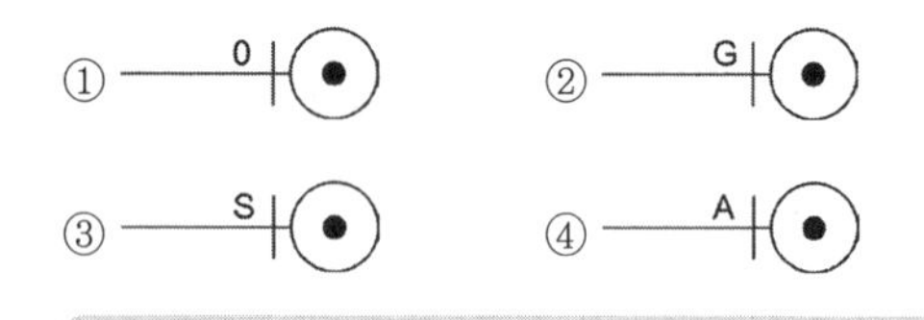

O : 오일, G : 가스, S : 수증기, A : 공기

25 **관로를 흐르는 유체의 유속 및 유량에 대한 설명으로 틀린 것은?**

① 동일 유량이 흐르는 관로에서는 연속의 법칙에 의해 관의 단면 크기에 따라 유속은 다르게 나타난다.
② 단위시간에 흐르는 물의 양을 유속이라 한다.
③ 유량의 측정은 용기에 의한 방법, 오리피스에 의한 방법 등이 사용된다.
④ 유속은 베르누이 정리에 의해 중력가속도, 에너지수두에 의해 결정된다.

단위시간에 흐르는 물의 양을 유량이라 한다.

26 다음 중 보온재의 구비조건 중 틀린 것은?

① 열전도성이 적을 것
② 수분 흡수가 좋을 것
③ 내구성이 있을 것
④ 설치공사가 쉬울 것

보온재는 흡수 및 흡습성이 적어야 한다.

27 2단 압축 2단 팽창 사이클로 운전되는 암모니아 냉동장치에서 저단측 압축기의 피스톤 압출량이 444.4㎥/h일 때 저단측 냉매순환량(kg/h)은 얼마인가?(단, 저단측 및 고단측 압축기의 체적효율은 각각 0.7 및 0.8이며, 저단측 및 고단측 흡입가스의 비체적은 각각 1.55㎥/kg 및 0.42㎥/kg 이다.)

① 100.2　② 200.7
③ 300.7　④ 400.5

v(피스톤압출량)=G(냉매순환량) × V'(저단측흡입가스비체적)

$$G = \frac{V \times \eta}{V^1} = \frac{444.4 \times 0.7}{1.55} = 200.7$$

28 암모니아 흡수냉동사이클에 관한 설명 중 틀린 것은?

① 흡수기에서 암모니아 증기가 농축된 농용액이 된다.
② 발생기에서는 남은 희박용액을 흡수기로 되돌려 보낸다.
③ 열교환기에서는 발생기로부터 흡수기로 가는 희박용액이 가열된다.
④ 발생기 내에서는 물의 일부도 증발한다.

열교환기에서는 흡수기에서 희석된 용약은 펌프에 의해 열교환기에 공급되고 발생기에서 되돌아오는 고온의 농흡수액과 열교환되어 열효율이 증대된다.

29 절대압력 0.5165kgf/㎠일 때 복합 압력계로 표시되는 진공도는 약 얼마인가?

① 28 cmHgV　② 22.8 cmHgV
③ 38 cmHgV　④ 32.8 cmHgV

절대압 = 대기압 − 진공압
진공압 = 대기압 − 절대압 =

$$76\text{cmHg} - \frac{0.5165\text{kgf/cm}^2}{[1.0332\text{kgf/cm}^2] \times 76\text{cmHg}}$$

= 38cmHgV

30 응축기에서 제거되는 열량은?

① 증발기에서 흡수한 열량
② 압축기에서 가해진 열량
③ 증발기에서 흡수한 열량과 압축기에서 가해진 열량
④ 압축기에서 가해진 열량과 기계실 내에서 가해진 열량

31 다음 중 불응축 가스가 주로 모이는 곳은?

① 증발기　② 역분리기
③ 압축기　④ 응축기

32 도선이 전류가 흐를 때 발생하는 열량으로 옳은 것은?

① 전류의 세기에 비례한다.
② 전류의 세기에 반비례한다.
③ 전류의 세기의 제곱에 비례한다.
④ 전류의 세기에 제곱에 반비례한다.

열량은 전류세기 제곱에 비례하고 저항, 시간에 비례한다.

33 대기 중의 습도에 따라 냉매의 응축에 영향을 많이 받는 응축기는?

① 입형 쉘 앤 튜브 응축기
② 이중관식 응축기
③ 횡형 쉘 앤 튜브 응축기
④ 증발식 응축기

34 가정용 세탁기나 커피자동 판매기처럼 미리 정해진 순서에 따라 조작부가 동작하여 제어목표를 달성하는 제어는?

① ON-OFF 제어　② 시퀀스 제어
③ 공정 제어　④ 서어보 제어

35 압축기 체적 효율에 영향을 미치지 않는 것은?

① 격간 용적
② 전동기의 슬립효율
③ 실린더 과열
④ 흡입밸브의 저항

압축기 체적 효율 좋게 하는 방법으로 클리어런스 용적을 작게 하고 실린더 과열 운전을 피하며 기통체적을 크게 해야 한다.

36 다음 P-h(압력-엔탈피) 선도에서 응축기 출구의 포화액을 표시하는 점은?

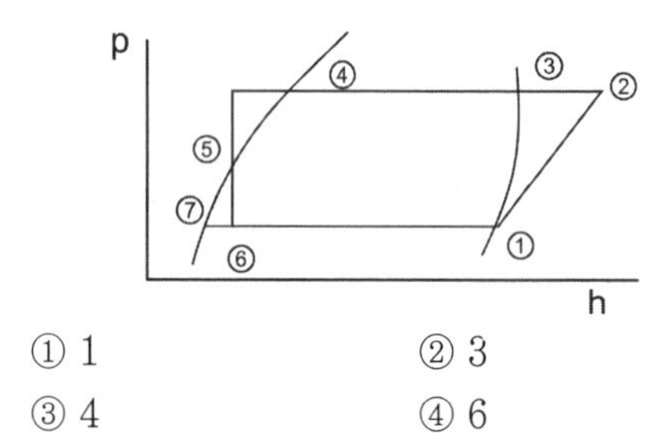

① 1　　② 3
③ 4　　④ 6

1: 압축기 입구, 2: 압축기 출구, 3: 응축기 입구, 4: 응축기 출구, 5: 팽창밸브 입구, 6: 증발기 입구

37 브라인에 대한 설명 중 옳지 못한 것은?

① 일반적으로 무기질 브라인은 유기질 브라인에 비해 부식성이 크다.
② 브라인은 용액의 농도에 따라 동결온도가 달라진다.
③ 브라인은 2차 냉매라고도 한다.
④ 브라인의 구비조건으로는 비중이 적당하고 점도가 커야 한다.

38 표준 냉동 사이클에서 냉동효과가 큰 냉매 순서로 맞는 것은?

① 암모니아 〉 프레온114 〉 프레온22
② 프레온22 〉 프레온114 〉 암모니아
③ 프레온114 〉 프레온22 〉 암모니아
④ 암모니아 〉 프레온22 〉 프레온114

39 원심(Turbo)식 압축기의 특징이 아닌 것은?

① 진동이 적다.
② 1대로 대용량이 가능하다.
③ 접동부가 없다.
④ 용량에 비해 대형이다.

원심식 압축기 특징
- 진동이 적고 대용량이 가능하며 접동부가 없다.
- 용량에 비해 소형이며, 마찰부가 적어 고장, 마모가 적다.
- 수명이 길고, 보수가 용이하다.

40 회전식 압축기의 특징을 설명한 것으로 틀린 것은?

① 회전식 압축기는 조립이나 조정에 있어 정밀도가 요구 되지 않는다.
② 잔류가스의 재팽창에 의한 체적효율의 감소가 적다.
③ 직경구동에 용이하며 왕복동에 비해 부품수가 적고 구조가 간단하다.
④ 왕복동식에 비해 진동과 소음이 적다.

회전식 압축기는 조립이나 조정에 있어 정밀도가 요구된다.

41 압축기 보호 장치 중 고압차단 스위치(HPS)의 작동압력을 정상적인 고압에 몇 kgf/㎠ 정도 높게 설정하는가?

① 1　　② 4
③ 10　　④ 25

- 고압차단 스위치 작동압력 : 정상 고압 + 4kgf/㎠
  안전밸브 작동압력 : 정상고압 + 5kgf/㎠

42 동력나사 절삭기의 종류가 아닌 것은?

① 오스터식
② 다이 하드식
③ 로터리식
④ 호브 식

- 동력 나사 절삭기 : 오스터, 다이헤드, 호브식
- 수동 나사 절삭기 : 오스터, 리드식

43 다음 중 냉동에 대한 정의 설명으로 가장 적합한 것은?

① 물질의 온도를 인위적으로 주위의 온도보다 낮게 하는 것을 말한다.
② 열이 높은데서 낮은 곳으로 흐르는 것을 말한다.
③ 물체 자체의 열을 이용하여 일정한 온도를 유지하는 것을 말한다.
④ 기체가 액체로 변화할 때의 기화열에 의한 것을 말한다.

44 온도작동식 자동팽창 밸브에 대한 설명으로 옳은 것은?

① 실온을 서모스탯에 의하여 감지하고, 밸브의 개도를 조정한다.
② 팽창밸브 직전의 냉매온도에 의하여 자동적으로 개도를 조정한다.
③ 증발기 출구의 냉매온도에 의하여 자동적으로 개도를 조정한다.
④ 압축기의 토출 냉매온도에 의하여 자동적으로 개도를 조정한다.

45 열펌프에 대한 설명 중 옳은 것은?

① 저온부에서 열을 흡수하여 고온부에서 열을 방출한다.
② 성적계수는 냉동기 성적계수보다 압축소요동력 만큼 낮다.
③ 제빙용으로 사용이 가능하다.
④ 성적계수는 증발온도가 높고, 응축온도가 낮을수록 작다.

> 열펌프는 저온부에서 열을 흡수하여 고온부에서 열을 방출하는 것을 말한다.

46 다음 중 송풍기의 풍량제어 방법이 아닌 것은?

① 댐퍼 제어 ② 회전수 제어
③ 베인 제어 ④ 자기 제어

> 송풍기의 풍량 조절방법 : 송풍기의 회전수 변화, 댐퍼의 넓이 조절, 흡입 베인의 조절, 가변피치 제어

47 공기조화기의 열원장치에 사용되는 온수보일러의 밀폐형 팽창탱크에 설치되지 않는 부속설비는?

① 배기관 ② 압력계
③ 수면계 ④ 안전밸브

> 팽창탱크 종류
> • 개방식 : 보통 온수(100℃이하),일반 주택 등에 사용하며 급수관, 배수관, 방출관, 배기관, 오버플로관, 팽창관을 설치한다.
> • 밀폐식 : 100℃이상의 고온수 난방에 사용하며 급수관, 배수관, 방출관, 수위계, 압력계, 압축 공기관을 설치한다.

48 공기정화장치인 에어필터에 대한 설명으로 틀린 것은?

① 유닛형 필터는 유닛형의 틀 안에 여재를 고정시킨 것으로 건식과 점착식이 있다.
② 고성능의 HEPA 필터는 포집률이 좋아 클린룸이나 방사성 물질을 취급하는 시설 등에서 사용된다.
③ 중형 필터는 포집률은 높지 않으나 보수관리가 용이하므로 일반 공조용으로 많이 사용된다.
④ 포집률의 측정법에는 계수법, 비색법, 농도법, 중량법으로 4가지 방법이 있다.

49 겨울철 환기를 위해 실내를 지나는 덕트내의 공기 온도가 노점온도 이하의 상태로 통과되면 덕트에 이슬이 발생하는데 이를 방지하기 위한 조치로서 가장 적당한 것은?

① 방식 피복 ② 배기 보온
③ 방로 피복 ④ 덕트 은폐

50 1보일러 마력은 약 몇 kcal/h의 증발량에 상당 하는가?

① 7205 kcal/h
② 8435 kcal/h
③ 9500 kcal/h
④ 10800 kcal/h

> 보일러 1마력 : 539kcal/kg × 15.65kg/h = 8435kcal/h

51 **쉘 튜브(shell & tube)형 열교환기에 관한 설명으로 옳은 것은?**

① 진열관 내 유속은 내식성이나 내마모성을 고려하여 1.8㎧ 이하가 되도록 하는 것이 바람직하다.
② 동관을 전열관으로 사용할 경우 유체 온도가 150℃ 이상이 좋다.
③ 증기와 온수의 흐름을 열 교환 측면에서 병행류가 바람직하다.
④ 열관류율은 재료와 유체의 종류에 따라 거의 일정하다.

쉘튜브형 열교환기는 전열관 내 유속을 1.8m/s 이하로 하여 내식성, 내마모성을 줄인다.

52 **실내에 있는 사람이 느끼는 더위, 추위의 체감에 영향을 미치는 수정 유효온도의 주요 요소는?**

① 기온, 습도, 기류, 복사열
② 기온, 기류, 불쾌지수, 복사열
③ 기온, 사람의 체온, 기류, 복사열
④ 기온, 주위의 멱변온도, 기류, 복사열

온열요인 : 기온, 기습, 기류, 복사열

53 **공기조화 과정 중에서 80℃의 온수를 분무시켜 가습하고자 한다. 이때의 열수분비는 몇 kcal/kg 인가?**

① 30 ② 80
③ 539 ④ 640

열수분비는 공기 중의 수분량의 변화량에 따른 엔탈피 변화량을 말한다.

54 **다음 중 공기조화기의 구성요소가 아닌 것은?**

① 공기 여과기
② 공기 가열기
③ 공기 세정기
④ 공기 압축기

55 **다음 중 환기의 목적이 아닌 것은?**

① 이산화탄소의 공급
② 신선한 공기의 공급
③ 재실자의 건강, 안전, 쾌적, 작업 능률 등의 유지
④ 공기환경의 악화로부터 제품과 주변기기의 손상방지

이산화탄소는 실내공기 오염의 지표로 이산화탄소가 7% 이상이면 호흡이 곤란해지고, 10% 이상이면 질식사 할 수 있다.

56 **실내의 바닥, 천정 또는 벽면 등에 파이프코일을 설치하고 그면을 복사면 으로 하여 냉 · 난방의 목적을 달성할 수 있는 방식은 무엇인가?**

① 각층 유닛 방식
② 유인 유닛 방식
③ 복사 냉난방 방식
④ 팬 코일 유닛 방식

57 **온풍난방에 대한 설명 중 맞는 것은?**

① 설비비는 다른 난방에 비하여 고가이다.
② 예열부하가 크므로 예열시간이 길다.
③ 습도조절이 불가능 하다.
④ 실내 층고가 높을 경우에는 상하의 온도차가 크다.

58 **다음 방열기 중 고압증기 사용에 가장 적합한 것은?**

① 대류 방열기 ② 복사 방열기
③ 길드 방열기 ④ 관 방열기

59 **공기조화용 취출구 종류 중 관에 일정한 크기의 구멍을 뚫어 토출 구를 만들었으며 천정설치용으로 적당하며, 확산효과가 크기 때문에 도달거리가 짧은 것은?**

① 아네모스텟(annemostat)형
② 라인(line)형
③ 팬(pan)형
④ 다공판형

- 아네모스텟형 : 여러 개의 원형 또는 각 형의 콘을 덕트 개구단에 설치하고 천장부근의 실내공기를 유인하여 취출하는 방식으로 항온 항습실, 클린룸 등에 사용
- 라인형 : 신개념의 인테리어와 조화시키기 좋고 외주부 천장 또는 창틀 위에 설치하여 출입구의 에어커튼 역할을 한다.
- 팬형 : 천장의 덕트 개구단 아랴에 원형, 원추형의 팬으로 토출

60 다음 중 현열만 함유한 부하는?

① 인체의 발생부하
② 환기용 외기부하
③ 극간풍에 의한 부하
④ 조명(형광등)에 의한 부하

- 현열 : 벽체, 유리창을 통한 취득 열량, 기기부하, 재열부하, 조명부하 등
- 현열 + 잠열 : 실내기구 발생 열량, 인체의 발생부하, 외기부하, 극간풍 부하 등

정답 제4회 CBT 대비 적중모의고사

01 ①	02 ②	03 ④	04 ④	05 ③
06 ③	07 ①	08 ①	09 ②	10 ④
11 ④	12 ①	13 ③	14 ②	15 ③
16 ①	17 ④	18 ②	19 ②	20 ②
21 ②	22 ②	23 ④	24 ②	25 ②
26 ②	27 ②	28 ③	29 ③	30 ③
31 ④	32 ③	33 ④	34 ②	35 ②
36 ③	37 ④	38 ④	39 ④	40 ①
41 ②	42 ③	43 ①	44 ③	45 ①
46 ④	47 ①	48 ④	49 ③	50 ②
51 ①	52 ①	53 ②	54 ④	55 ①
56 ③	57 ④	58 ④	59 ④	60 ④

제5회 CBT 대비 적중모의고사

QUESTIONS FROM PREVIOUS TESTS

적중 모의고사

01 고압가스 안전관리법에 의하면 냉동기를 사용하여 고압가스를 제조하는 자는 안전 관리자를 해임하거나, 퇴직한 때에는 지체 없이 이를 허가 또는 신고 관청에 신고하고, 해임 또는 퇴직한 날로부터 며칠 이내에 다른 안전 관리자를 선임하여야 하는가?

① 7일 ② 10일
③ 20일 ④ 30일

안전관리자 선임, 해임 신고 기간은 30일이다.

02 줄 작업 시 주의사항으로 잘못된 것은?

① 줄 작업은 되도록 빠른 속도로 한다.
② 줄 작업의 높이는 작업자의 팔꿈치 높이로 하는 것이 좋다.
③ 줄의 손잡이는 작업 전에 잘 고정되어 있는지 확인한다.
④ 칩(chip)은 브러시로 제거한다.

03 프레온 냉매가 누설되어 사고가 발생되었을 때의 응급조치 방법이 바르지 않은 것은?

① 프레온이 눈에 들어갔을 경우 응급조치로 묽은 붕산용액으로 눈을 씻어준다.
② 프레온은 공기보다 가벼우므로 머리를 아래로 한다.
③ 프레온이 피부에 닿으면 동상의 위험이 있으므로 물로 씻고, 피크르산 용액을 얇게 뿌린다.
④ 프레온이 불꽃에 닿으면 유독한 포스겐가스가 발생하여 더 큰 피해가 발생하므로 주의한다.

04 플래시가스(flash gas)가 냉동장치의 운전에 미치는 영향 중 부적당한 것은?

① 냉동능력이 감소 ② 압축비 저하
③ 소요 동력이 증대 ④ 토출가스 온도상승

05 안전사고의 원인 중 물적 원인(불안전한 상태)이라고 볼 수 없는 것은?

① 불충분한 방호
② 빈약한 조명 및 환기
③ 개인 보호구 비 착용
④ 지나친 소음

06 다음 중 호흡용 보호구에 해당 되지 않는 것은?

① 방진 마스크 ② 방수 마스크
③ 방독 마스크 ④ 송기 마스크

07 보일러의 전열 면적이 10㎡를 초과하는 경우의 급수 밸브 및 체크밸브의 크기로 옳은 것은?

① 15A 이상 ② 20A 이상
③ 25A 이상 ④ 32A 이상

08 산업안전보건법의 제정 목적과 가장 관계가 적은 것은?

① 산업재해 예방
② 쾌적한 작업환경 조성
③ 근로자의 안전과 보건을 유지, 증진
④ 산업안전에 관한 정책 수립

09 위험을 예방하기 위하여 사업수가 취해야 할 안전상의 조치로 적당하지 않은 것은?

① 시설에 대한 안전대책
② 기계에 대한 안전대책
③ 근로수당에 대한 안전대책
④ 작업방법에 대한 안전대책

사업주는 산업재해 예방기준을 준수하며 안전보건에 관한 정보의 제공과 근로조건의 개선 을 통하여 근로자의 건강 장해를 예방하고 근로자의 생명보전과 안전 및 보건을 유지증진 하도록 해야 한다.

10 **화재 시 소화제로 물을 사용하는 이유로 가장 적당한 것은?**

① 산소를 잘 흡수하기 때문에
② 증발잠열이 크기 때문에
③ 연소하지 않기 때문에
④ 산소와 가연성 물질을 분리시키기 때문에

물은 증발잠열이 커서 냉각효과를 얻을 수 있기 때문이다.

11 **아크 용접 작업 시 주의할 사항으로 틀린 것은?**

① 우천 시 옥외 작업을 금한다.
② 눈 및 피부를 노출시키지 않는다.
③ 용접이 끝나면 반드시 용접봉에 빼어 놓는다.
④ 장소가 협소한 곳에서는 전격 방지기를 설치하지 않는다.

아크용접은 공작물과 전극 사이에 전력를 가해 아크 방전을 일으켜 발생한 열로 용접하는 방법으로 반드시 전격방지기가 설치되어야 한다.

12 **정전기의 예방 대책으로 적당하지 않은 것은?**

① 설비 주변에 적외선을 쪼인다.
② 설비 주변의 공기를 가습한다.
③ 설비의 금속 부분을 접지 한다.
④ 설비에 정전기 발생 방지 도장을 한다.

정전기 예방 대책
- 공기를 70%이상 가습하고 정전기 발생 우려되는 부분에 접지한다.
- 공기를 이온화하여 정전기 발생을 예방한다.
- 정전기의 발생 방지 도장을 한다.

13 **가스 용접장치에 대한 안전수칙으로 틀린 것은?**

① 가스의 누설검사는 비눗물로 한다.
② 가스용기의 밸브는 빨리 열고 닫는다.
③ 용접 작업 전에 소화기 및 방화사 등을 준비한다.
④ 역화의 위험을 방지하기 위하여 역화방지기를 설치한다.

가스용기 밸브는 서서히 열고 닫는다.

14 **작업장의 출입문에 대한 설명이다. 옳지 않은 것은?**

① 담당자 외에는 쉽게 열고 닫을 수 없게 해야 한다.
② 출입문 위치 및 크기는 작업장 용도에 적합해야 한다.
③ 운반기계용인 출입구는 보행자용 문을 따로 설치해야 한다.
④ 통로의 출입구는 근로자의 안전을 위해 경보장치를 해야 한다.

15 **산업안전 표시 중 다음 그림이 나타내는 의미는?**

① 방사성 물질 경고
② 낙하물 경고
③ 부식성 물질 경고
④ 몸 균형 상실 경고

16 **1대의 압축기를 이용해 저온의 증발 온도를 얻으려 할 경우 여러 문제점이 발생되어 2단 압축 방식을 택한다. 1단 압축으로 발생되는 문제점으로 틀린 것은?**

① 압축기의 과열
② 냉동능력 저하
③ 체적 효율 증가
④ 성적계수 저하

1단 압축의 단점으로 압축기 과열, 냉동 능력및 체적효율 저하, 성적계수 저하 등이 있다.

17 **강관의 특징을 설명한 것이다. 맞지 않는 것은?**

① 내충격성, 굴요성이 크다.
② 관의 접합 작업이 용이하다.
③ 연관, 주철관에 비해 가볍고 인장강도가 크다.
④ 합성수지관보다 가격이 저렴하다.

합성수지관이 강관에 비해 가격이 저렴하다.

18 다음 증발기 중 공기 냉각용 증발기는?

① 셸 앤 코일형 증발기
② 캐스케이드 증발기
③ 보데로 증발기
④ 탱크형 증발기

- 셸 앤 코일형 : 음료수 냉각용
- 캐스케이드형 : 공기 냉각용
- 보데로 형 : 물, 식품이나 우유 등 냉각용
- 탱크형 : 만액식으로 암모니아용 제빙장치

19 냉동기에 사용하는 윤활유의 구비 조건으로서 틀린 것은?

① 불순물을 함유하지 않을 것
② 인화점이 높을 것
③ 냉매와 분리되지 않을 것
④ 응고점이 낮을 것

20 냉매 건조기(Dryer)에 관한 설명 중 맞는 것은?

① 암모니아 가스관에 설치하여 수분을 제거한다.
② 압축기와 응축기 사이에 설치한다.
③ 프레온은 수부에 잘 용해하지 않으므로 팽창밸브에서의 동결을 방지하기 위하여 설치한다.
④ 건조제로는 황산, 염화칼슘 등의 물질을 사용한다.

냉매 건조기는 암모니아 냉매는 수분과 친화력이 있어 용해됨으로 건조기를 설치하지 않 고 프레온 냉매에 설치하여 팽창밸브에서의 동결을 방지하기 위해 설치한다.

21 보온재 선정 시 고려사항으로 거리가 먼 것은?

① 열전도율
② 물리적, 화학적 성질
③ 전기 전도율
④ 사용온도 범위

보온재 구비 조건
- 열전도율, 부피, 비중이 작을 것
- 독립 기포의 고다공질이며 균일할 것
- 흡습성, 흡수성이 적을 것

22 [kcal/mh℃] 의 단위는 무엇인가?

① 열전도율 ② 비열
③ 열관류율 ④ 오염계수

열전도율 : kcal/mh℃, 비열 : kcal/kg℃, 열관류율 : kcal/m²h℃, 오염계수 : m²h℃/kcal

23 다음 냉매 중 대기압 하에서 냉동력이 가장 큰 냉매는?

① R-11 ② R-12
③ R-21 ④ R-22

24 역카르노 사이클에 대한 설명 중 옳은 것은?

① 2개의 압축과정과 2개의 증발과정으로 이루어져 있다.
② 2개의 압축과정과 2개의 응축과정으로 이루어져 있다.
③ 2개의 단열과정과 2개의 등온과정으로 이루어져 있다.
④ 2개의 증발과정과 2개의 응축과정으로 이루어져 있다.

25 암모니아를 냉매로 하는 냉동장치의 기밀시험에 사용하면 안 되는 기체는?

① 질소 ② 아르곤
③ 공기 ④ 산소

암모니아는 가연성으로 산소와 결합하면 폭발위험이 있어 기밀시험에 사용할 수 없다.

26 NH_3를 냉매로 하고 물을 흡수제로 하는 흡수식 냉동기에서 열교환기의 기능을 잘 나타낸 것은?

① 흡수기의 물과 발생기의 NH_3와의 열교환
② 흡수기의 진한 NH_3 수용액과 발생기의 묽은 NH_3 수용액과의 열교환
③ 응축기에서 냉매와 브라인과의 열교환
④ 증발기에서 NH_3냉매액과 브라인과의 열교환

27 표준 냉동 사이클을 모리엘 선도 상에 나타내었을 때 온도와 압력이 변화지 않는 과정을?

① 과냉각과정 ② 팽창과정
③ 증발과정 ④ 압축과정

28 밀폐형 압축기의 특징으로 잘못된 것은?

① 냉매의 누설이 적다.
② 소음이 적다.
③ 과부하운전이 가능하다.
④ 냉동능력에 비해 대형으로 설치면적이 크다.

> 밀폐형 압축기 특징
> • 소형이며 경량이다.
> • 냉매 누설 및 소음이 적다.
> • 과부하 운전이 가능하다.

29 다음 브라인의 부식성 크기순서가 맞는 것은?

① NaCℓ 〉 $MgCℓ_2$ 〉 $CaCℓ_2$
② NaCℓ 〉 $CaCℓ_2$ 〉 $MgCℓ_2$
③ MgCℓ 〉 $CaCℓ_2$ 〉 NaCℓ
④ $MgCℓ_2$ 〉 NaCℓ 〉 $CaCℓ_2$

30 LNG 냉열이용 동결장치의 특징으로 맞지 않는 것은?

① 식품과 직접 접촉하여 급속 동결이 가능하다.
② 외기가 흡입되는 것을 방지한다.
③ 공기에 분산되어 있는 먼지를 철저히 제거하여 장치내부에 눈이 생기는 것을 방지한다.
④ 저온공기의 풍속을 일정하게 확보함으로써 식품과의 열전달계수를 저하시킨다.

31 암모니아 냉동장치에서 팽창밸브 직전의 온도가 25℃, 흡입가스의 온도가 -15℃인 건조포화 증기인 경우, 냉매 1kg당의 냉동효과가 280kcal 라면 냉동능력 15RT가 요구될 때의 냉매 순환량은 얼마인가?

① 약 178 kg/h ② 약 195 kg/h
③ 약 188 kg/h ④ 약 200 kg/h

> 냉매순환량 $= \frac{\text{냉동능력}}{\text{냉동효과}} = \frac{15 \times 3320}{280} = 177.85$

32 냉동능력 10 RT이고 압축일량이 10kW 일 때 응축기의 방열량은 약 얼마인가?

① 41800 kcal/h
② 22900 kcal/h
③ 2400 kcal/h
④ 18600 kcal/h

> 응축기발열량 = 냉동능력 + 압축일량
> $= (10 \times 3320) + (10 \times 860)$
> = 41800kcal/h

33 냉동 장치에서는 자동제어를 위하여 사용되는 전자밸브의 역할로 볼 수 없는 것은?

① 액 압축 방지
② 냉매 및 브라인 등의 흐름제어
③ 용량 및 액면제어
④ 고수위 경보

> 전자밸브는 전기적인 조작에 의해 밸브를 자동적으로 온-오프하여 용량제어, 액면조정, 온도제어, 리퀴드백 방지 및 냉매나 브라인, 냉각수 흐름제어에 사용된다.

34 자기유지(self holding)란 무엇인가?

① 계전기 코일에 전류를 흘려서 여자 시키는 것
② 계전기 코일에 전류를 차단하여 자화 성질을 잃게 되는 것
③ 기기의 미소 시간 동작을 위해 동작되는 것
④ 계전기가 여자 된 후에도 동작 기능이 계속해서 유지 되는 것

> 자기유지는 입력신호가 계전기에 가해지면 입력신호가 제거되어도 계전기의 동작을 계속 적으로 지켜주는 회로를 말한다.

35 자연적인 냉동방법의 특징으로 틀린 것은?

① 온도조절이 자유롭지 않다.
② 얼음의 융해열을 이용할 수 있다.
③ 다량의 물품을 냉동할 수 없다.
④ 연속적으로 냉동효과를 얻을 수 있다.

36 프레온계 냉매용 횡형 셸 앤 튜브(shell and tube)식 응축기에서 냉각관의 설명으로서 맞는 것은?

① 재료는 강이고 냉각수축의 전열저항에 비해 냉매 측의 전열저항이 매우 크므로 외측의 전열면적을 증가시킨 핀 튜브가 사용된다.
② 재료는 동이고 냉각수축의 전열저항에 비해 냉매 측의 전열저항이 매우 크므로 외측의 전열면적을 증가시킨 핀 튜브가 사용된다.
③ 재료는 강이고 냉각수축의 전열저항에 비해 냉매 측의 전열저항이 매우 크므로 내측의 전열면적을 증가시킨 핀 튜브가 사용된다.
④ 재료는 동이고 냉각수축의 전열저항에 비해 냉매 측의 전열저항이 매우 크므로 내측의 전열면적을 증가시킨 핀 튜브가 사용된다.

37 열의 이동에 관한 설명으로 틀린 것은?

① 열에너지가 중간물질에는 관계없이 열선의 형태를 갖고 전달되는 전열형식을 복사라 한다.
② 대류는 기체나 액체 운동에 의한 열의 이동현상을 말한다.
③ 온도가 다른 두 물체가 접촉할 때 고온에서 저온으로 열이 이동하는 것을 전도라 한다.
④ 물체 내부를 열이 이동할 때 전열량은 온도차에 반비례하고, 거리에 비례한다.

38 가스엔진 구동형 열펌프(GHP)의 특징이 아닌 것은?

① 폐열의 유효이용으로 외기온도 저하에 따른 난방능력의 저하를 보충한다.
② 소음 및 진동이 없다.
③ 제상운전이 필요 없다.
④ 난방 시 기동 특성이 빨라 쾌적 난방이 가능하다.

GHP 특징
- 난방능력이 외부 기온에 따라 변하므로 동절기 및 피크시간대에도 안정적인 난방이 가능
- 토출되는 열풍의 온도가 높다.
- 제상작업 공정이 없으며 초기 난방 속도가 빠르다.
- 운전 소음이 적다.

39 아래 그림에서 온도식 자동 팽창 밸브의 감온통 부착 위치로 가장 적당한 곳은?

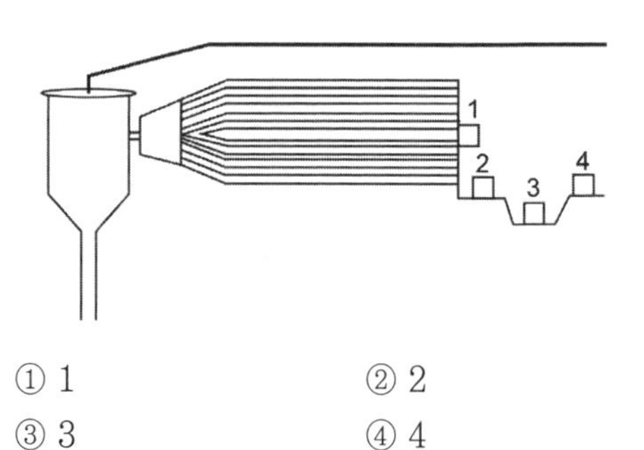

① 1　　② 2
③ 3　　④ 4

감온통 부착 위치는 증발기 출구의 흡입관 수평부분에 설치하고 트랩이 될 것 같은 곳은 부적당하다.

40 터보냉동기의 주요 부품이 아닌 것은?

① 임펠러
② 피스톤링
③ 추기 회수장치
④ 흡입 가이드 베인

피스톤링은 왕복동 압축기 부품에 해당
터보 압축기 부품으로 임펠러, 추기회수장치, 흡입 가이드 베인, 헬리컬 기어 등

41 모리엘 선도로서 계산할 수 없는 것은?

① 냉동능력　　② 성적계수
③ 냉매 순환량　　④ 오염계수

42 정전 시 냉동장치의 조치 사항으로 틀린 것은?

① 냉각수 공급을 중단한다.
② 수액기 출구 밸브를 닫는다.
③ 흡입밸브를 닫고 모터가 정지한 후 토출밸브를 닫는다.
④ 냉동기의 주 전원 스위치는 계속 통전 시킨다.

정전 시 냉동장치의 조치 사항 순서
① 주 전원을 차단하고 수액기 출구 밸브를 닫는다.
② 흡입밸브를 닫고 모터가 정치한 후 토출 밸브를 닫는다.
③ 냉각수 공급을 중단한다.

43 다음 그림의 회로에서 a, b 양단의 합성 정전용량은 얼마인가?

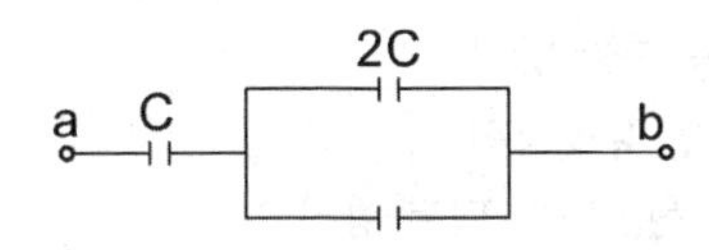

① $\frac{C}{4}$　　② $\frac{2C}{4}$

③ $\frac{3C}{4}$　　④ C

$C = \frac{C_1 \times C_2}{C_1 + C_2} = \frac{1C \times 3C}{1C + 3C} = \frac{3C}{4}$

44 스크류(screw) 압축기의 특징으로 틀린 것은?

① 액격(liquid hammer) 및 유격(oil hammer)이 적다.
② 부품수가 적고 수명이 길다.
③ 오일펌프를 따로 설치하여야 한다.
④ 비교적 소음이 적다.

스크류 압축기의 단점
- 윤활유 소비량이 많아 별도의 오일펌프와 오일쿨러 및 유분리가 필요하다.
- 3,500rpm 정도의 고속이므로 소음이 크다.
- 분해 조립시 특별한 기술을 필요로 한다.
- 경부하시에도 동력소모가 크다.

45 강관 이음법 중 용접 이음의 이점을 설명한 것으로 옳지 않은 것은?

① 유체의 마찰손실이 적다.
② 관의 해체와 교환이 쉽다.
③ 접합부 강도가 강하며, 누수의 염려가 적다.
④ 중량이 가볍고 시설의 보수 유지비가 절감된다.

용접이음의 장점
- 강판의 두께에 제한이 없다.
- 이음효율이 높다.
- 대형가공 공작기계가 불필요하다.
- 가공이 용이하고 가공비용이 저렴하다.
- 소음이 발생하지 않는다.
- 기밀과 수밀이 유지된다.

46 공기 세정기에서 유입되는 공기를 정화시키기 위한 것은?

① 루버
② 댐퍼
③ 분무노즐
④ 엘리미네이터

루버는 공기 세정기에서 유입되는 수분의 침입을 막기 위해 격자형의 물막이가 붙어 있어 공기를 정화한다.

47 공기조화에 관한 설명이다. 틀린 것은?

① 공기조화는 쾌감공조와 산업공조로 분류할 수 있다.
② 산업공조는 노동능률을 향상시키는데 그 목적이 있다.
③ 쾌감공조는 인간의 보건, 위생을 그 목적으로 한다.
④ 산업공조는 물품의 환경조성을 그 목적으로 한다.

48 소규모의 건물에 가장 적합한 공조방식은?

① 패키지 유닛 방식
② 변풍량 단일 덕트 방식
③ 이중 덕트 방식
④ 복사 냉난방 방식

패키지 유닛 방식은 냉동기, 냉각코일, 송풍기, 필터 등이 하나의 케이싱 내에 조립되어 있는 것으로 소규모 건물용이다.

49 가습 팬에 의한 가습장치의 설명으로 틀린 것은?

① 온수가열용에는 증기 또는 전기가열기가 사용된다.
② 가습장치 중 효율이 가장 우수하다.
③ 응답속도가 느리다.
④ 소형 공조기에 사용한다.

가습팬은 저렴하고 취급이 간단하고 제어성이 좋지 않고 조잡한 제어로 패키지용으로 효 율이 떨어진다.

50 공기 여과기의 분류에 해당하지 않는 것은?

① 건식 공기 여과기
② 습식 공기 여과기
③ 점착식 공기 여과기
④ 가스 중력 집진기

공기 여과기에는 충돌 점착식, 건성 여과식, 습식 여과식(활성탄 흡착식), 전기식이 있다.

51 실내의 현열부하가 52000kcal/h이고, 잠열부하가 20000kcal/h 일 때 현열비(SHF)는 약 얼마인가?

① 0.72 ② 0.67
③ 0.38 ④ 0.25

현열비(SHF) = $\frac{\text{현열량}}{\text{현연량} + \text{잠열량}}$

$= \frac{52000}{52000+20000} = 0.72$

52 환기의 효과가 가장 큰 환기법은?

① 제1종 환기 ② 제2종 환기
③ 제3종 환기 ④ 제4종 환기

기계 환기의 구분
- 제1종 환기(병용식) : 급기팬 + 배기팬(보일러실, 병원수술실 등)
- 제2종 환기(압입식) : 급기팬 + 배기구(실내정압, 반도체공장, 무균실 등)
- 제3종 환기(흡출식) : 급기구 + 배기팬(실내부압, 화장실, 주방, 차고 등)

53 실내 취득 감열량이 30000kcal/h이고 실내로 유입되는 송풍량이 6470㎥/h일 때 실내의 온도를 25℃로 유지하려면 실내로 유입되는 공기의 온도를 약 몇 ℃로 해야 되는가?(단, 공기의 비중량은 1.2kg/㎥, 비열은 0.24kcal/kg℃로 한다.)

① 8 ② 10
③ 12 ④ 14

30000 = 9470 × 1.2 × 0.24 × (25 − 유입공기온도)
따라서, 유입공기온도는 11℃이다.

54 각 실의 부하변동에 따라 풍량을 제어하여 실내온도를 유지하는 공조방식은?

① 2중 덕트 방식
② 유인 유닛방식
③ 변풍량 단일 덕트 방식
④ 단일 덕트 재열방식

변풍량 단일 덕트 방식은 각실의 부하변동에 따라 풍량을 제어하여 실내온도를 유지하는 공조 방식이다.

55 공기조화용 베인격자형 취출구에서 냉방 및 난방의 경우에 편리하며 세로방향과 가로방향의 베인을 모두 갖추고 있는 것은?

① V형 ② H형
③ S형 ④ V.H형

56 현열교환기에 대한 설명으로 잘못된 것은?

① 보건용 공조로 사용한다.
② 연도배기 가스의 열회수용으로 사용한다.
③ 회전형과 히트파이프가 있다.
④ 산업용 공조에 주로 사용한다.

현열교환기는 외기의 습도가 실내로 들어오기 때문에 여름에는 고습하고 겨울에는 실내가 건조해진다. 특히, 동절기에 실내 습도가 낮아짐에 따라 호흡기 질환이 발생될 수 있어 보건용 공조로는 부적절하다.

57 일정한 크기의 시험입자를 사용하여 먼지의 수를 계측하는 에어필터의 효율측정법으로 옳은 것은?

① 중량법 ② 비색법
③ 계수법 ④ 변색도법

여과 효율 측정법
- 중량법 : 비교적 큰 입자를 대상으로 필터에서 제거되는 먼지 중량으로 측정
- 비색법 : 비교적 작은 입자를 대상으로 공기를 여과지에 통과시켜 광전관으로 측정
- 계수법 : 고성능 필터를 측정하는 방법으로 먼지의 수를 계측하여 사용

58 **온수난방의 구분에서 저온수식의 온수온도는 몇℃ 미만인가?**

① 100　　② 150
③ 200　　④ 250

> 보통 온수식(저온수식) : 85 ~ 90℃, 고온수식 : 100℃ 이상

59 **공기조화기의 가열코일에서 30℃ DB의 공기 3000kg/h를 40℃ DB까지 가열하였을 때의 가열 열량은 얼마인가?(단, 공기의 비열은 0.24kcal/kg℃ 이다.)**

① 7200 kcal/h
② 8700 kcal/h
③ 6200 kcal/h
④ 5040 kcal/h

> 가열열량(kcal/h)
> $3000 \times 0.24 \times (40-30) = 7200$

60 **공기조화시스템의 열원장치 중 보일러에 부착되는 안전장치가 아닌 것은?**

① 감압밸브
② 안전밸브
③ 저수위 경보장치
④ 화염 검출기

> • 안전장치 : 안전밸브, 저수위 경보기, 화염 검출기 등
> • 송기장치 : 주증기 밸브, 감압밸브 등

정답 제5회 CBT 대비 적중모의고사

01 ④	02 ①	03 ②	04 ②	05 ③
06 ②	07 ②	08 ④	09 ③	10 ②
11 ④	12 ①	13 ②	14 ①	15 ③
16 ③	17 ④	18 ②	19 ③	20 ③
21 ③	22 ①	23 ④	24 ③	25 ④
26 ②	27 ③	28 ④	29 ①	30 ④
31 ①	32 ①	33 ④	34 ④	35 ④
36 ②	37 ④	38 ②	39 ②	40 ②
41 ④	42 ④	43 ③	44 ④	45 ②
46 ①	47 ②	48 ①	49 ②	50 ④
51 ①	52 ①	53 ④	54 ③	55 ④
56 ①	57 ③	58 ①	59 ①	60 ①

공조냉동기계기능사 필기

최근기출문제(기출 + 적중모의고사)

2021년 1월 05일 인쇄
2021년 1월 20일 발행

저자 김인규, 나중식, 김병갑
발행처 (주)도서출판 책과상상
등록번호 제2020-000205호
발행인 이강복
주소 경기도 고양시 일산동구 장항로 203-191
대표전화 (02)3272-1703~4
팩스 (02)3272-1705

저자협의 인지생략

홈페이지 www.sangsangbooks.co.kr
ISBN 978-89-6676-736-6

값 15,000원